$$\int_a^b f(x)\,dx = \lim_{n\to\infty} S_n = \lim_{n\to\infty}\sum_{i=1}^{n} f(c_i)\,\Delta x_i$$

$p^k - p^{k-1}$ $\sqrt{2}$

$a^2 + b^2 = c$

π 3.14159265358979323846264338327950288419716939937510582097494459230781640628620899862803482534211706798214808651328230664709384460955058223172535940812848111745028410270193852110555964462294895493038196

$- \tan^{-1}\frac{1}{2}$

수학으로 세상을 바꾸다

gN

$(1/r)$

2, 3, 5, 8,

$10_{(2)} = 1 \times$

2^{7723}

$e^{\pi i} + 1 =$

1 1
1 1 1
1 2 1
1 3 3 1
1 4 6 4 1
1 5 10 10 5 1
1 6 15 20 15 6 1

삶의 지혜와
변화를 주는 수학

$f(b) - f(a) = f'($

$$e = \sum_{n=0}^{\infty}\frac{1}{n!}$$

양영오 지음

$\Phi = \sqrt{1+\sqrt{1+\sqrt{1}}}$

$$\int_{-\infty}^{\infty} e^{-x^2}\,dx = \sqrt{\pi}$$

청문각

음악이 악보의 기호들을 사용하여 아름다운 선율을 표현하는 것처럼, 수학은 수식과 도형을 이용하여 자연과 인간사회의 숨은 질서, 원리와 법칙, 수리적 모델, 사회문제 해결의 방법과 다양한 분야에의 응용 등을 보여준다.

고대 그리스 시대의 수학자 피타고라스는 '수는 만물의 근원'이라고 생각하여 모든 자연현상을 수와 도형으로 설명하고자 했다. 또한 이 시대에 유클리드 기하학은 하나의 완벽한 꽃을 피워 토지 측량, 건축 등 인간 생활에 유용하고 아름다운 정리들을 만들어냈다. 이 기하학에 의해 꽃피고 탄생한 합리적 정신과 수리적 추론, 연역의 철학적 사고, 그리고 수학의 아름다움 추구는 오늘날 현대문명을 지탱하는 이성과 합리, 미(美)의 견고한 토대가 되었다.

수학은 복잡한 현상을 가능한 가장 단순화시켜서 세상을 바라보기 때문에 기호와 숫자, 수식과 그래프가 단순성을 포착할 수 있는 유일한 방법이다. 우리는 수학을 이용해 새로운 세상을 발견할 뿐만 아니라 미지의 세계를 창조하기도 한다. 16세기에 근대과학을 탄생시킨 갈릴레이는 "자연이라는 책은 수학의 언어로 쓰여있다"고 주장하고 물체의 운동을 양적인 수식으로 나타냈다. 뉴턴은 나무에서 떨어지는 사과와 지구 주위를 도는 달의 움직임을 관찰하여 정확한 수학적 법칙을 얻었다. 18세기 다니엘 베르누이가 발견한 방정식은 비행기를 공중에 뜨게 만들었고, 가우스와 리만의 정수론은 디지털정보사회에서 새로운 비즈니스(검색, 암호, 통신, 유통 등)를 창출했다.

수학은 우리의 생활이나 주변에서도 쉽게 찾을 수 있다. 미적분을 이용해 내일의 날씨와 주가 변동 예측, 통계를 이용해 질병과 사고의 발생 가능성, 사망률 예측, 확률을 이용해 미래를 예측하거나 선거 결과 등을 예측하기도 한다.

이처럼 인간 정신의 창조적 산물인 수학은 오늘날 그 어느 때보다 우리의 삶의 많은 부분에 커다란 영향을 미치고 있다. 수학은 자연과학, 공학, 경제학, 사회과학, 인문과학 등 인간생활의 전 분야에 걸쳐 응용되고 인류의 문명과 더불어 발달해 왔다.

이 책은 수학의 5,000년 역사를 통해 세상을 바꾼 중요한 주제와 아름답고 재미있고 유용한 주제 등을 중심으로 한 기본적인 내용과 일상생활의 활용을 쉽게 이해할 수 있도록 기술하였다. 교양과목 '현대생활과 수학'에 초점을 맞춰 개발하여 중·고등학생은 물론 일반인도 큰 어려움 없이 읽을 수 있다고 본다. 또 수학교육의 목표인 창의적 문제해결능력을 길러주는 디딤돌이 되기를 바란다.

끝으로 이 책의 부족한 점을 계속하여 보완하여 발전시키고자 한다. 아울러 이 책의 내용을 입력하는 데 아낌없이 도와준 수학과 김현숙 조교와 이 책을 출판하는 데 수고를 해주신 청문각 사장님께 심심한 사의를 표한다.

2018년 12월
저자

차례

1 인류는 숫자를 어떻게 표현했을까

옛날 사람들은 필요한 물건을 물물교환으로 구했고 물물교환이 빈번해지면서 숫자를 사용하기 시작했다. 인류가 셈을 할 때 처음으로 손가락을 사용하였다고 본다. 손가락과 발가락, 조약돌+, 막대, 매듭, 멧돼지 어금니, 뼈 조각, 나무의 홈 등만으로는 셈을 하기 어려워지자 인간은 수의 개념을 표기한 기호를 쓰기 시작하였는데 이를 숫자

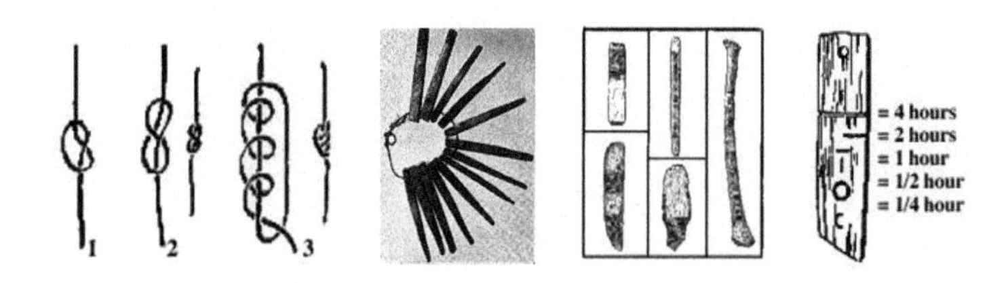

+ (호머시대의 전설) 율리시스가 외눈박이 거인 폴리페모스를 장님으로 만들고 키클로프스의 땅을 떠났을 때, 그 불행한 늙은 거인은 아침마다 자신의 동굴 입구에 앉아서 자신의 양을 한 마리씩 동굴에서 나오게 할 때마다 조약돌을 하나씩 집어 들었다. 그리고 저녁이 되어 양들이 되돌아 오면, 양을 한 마리씩 동굴에 들어가게 할 때마다 조약돌을 한 개씩 내려 놓았다. 이와 같은 방법으로, 그가 아침에 집어들었던 조약돌이 모두 없어지고 나면, 그는 양들이 저녁에 모두 되돌아 왔다는 사실을 확인할 수 있었다.

라 한다. 기록상 제일 오래된 숫자의 기록은 기원전 4만3000년경의 원숭이 뼈에 새겨진 것이다.

기수법이란 한 마디로 기호를 사용하여 수를 나타내는 방법이다. 오늘날 실제 물건들을 하나, 둘, 셋, …으로 세고, 수를 셀 때 0부터 9까지 10개 숫자로 표현한다. 이런 방법을 10진법이라 하고 그 숫자들로 표시된 수를 10진수라고 한다. 이처럼 개수를 세거나 순서를 정할 때 수는 오래 전부터 사용되었지만, 시대나 나라마다 각각 다른 모양, 다른 방식으로 표현되었다.

큰 수를 쉽게 세기 위해 중국, 인도, 이집트, 그리스인들은 손가락을 이용해 10진법을, 천문학이 발달한 고대 바빌로니아인들은 60진법을 사용하였다. 이밖에도 5진법, 12진법, 20진법이 쓰였다. 수학자 라이프니츠가 2진법을 개발했을 당시 사람들은 "2진법은 쓸모없다"고 했지만 2진법은 오늘날 컴퓨터가 발전하는 데에 크게 기여했다.

고대의 이집트, 그리스, 로마 숫자에서부터 현대에 쓰이는 인도-아라비아 숫자에 이르기까지 사용된 기수법은 다음과 같다.

이집트	I	II	III	IIII	[illegible]	[illegible]	[illegible]	[illegible]	[illegible]	∩	[illegible]
바빌로니아	[illegible]	[illegible]	[illegible]	[illegible]	[illegible]	[illegible]	[illegible]	[illegible]	[illegible]	<	[illegible]
로마	I	II	III	IV	V	VI	VII	VIII	IX	X	C
중국	一	二	三	四	五	六	七	八	九	十	百
인도	[illegible]	[illegible]	[illegible]	[illegible]	[illegible]	[illegible]	[illegible]	[illegible]	[illegible]	[illegible]	[illegible]
마야	•	••	•••	••••	—	[illegible]	[illegible]	[illegible]	[illegible]	[illegible]	[illegible]
아라비아	1	2	3	4	5	6	7	8	9	10	100

고대 문명의 수 표기 체계

로마숫자 – 13세기 말경까지 유럽에서 사용되었던 숫자

오늘날은 아라비아 숫자(인도 숫자)가 주로 사용되고 있으나, 로마 숫자(Roman numerals)는 시계의 문자판, 문장의 장절 표시, 논문집의 권

표시 등에 가끔 사용된다. 로마에서 사용한 기수법은 기본 숫자를 더하는 형식이다. 로마 숫자는 IV(5 − 1 = 4), VI(5 + 1 = 6)의 표기법과 같이 5진법의 자취를 엿볼 수 있으며, 숫자의 왼쪽은 뺄셈, 오른쪽은 덧셈으로 되어 있음을 알 수 있다.

자체(字體)의 기원은 분명하지 않으나, I, II, III은 막대기의 개수, V는 손을 폈을 때 엄지손가락과 집게손가락이 이루는 V자형이라고도 하고, X를 반으로 자른 것이라고도 한다. X는 막대기를 10개 묶은 모양이라고 추정된다. C는 라틴어의 100(centum), M은 1000(mille)의 머리글자이다. 예를 들어, 1985을 로마 숫자의 기수법에 따르면 MCMLXXXV이 되고 100+100+10+10+6 = CCXXVI = 226이다.

1	I	11	XI	30	XXX	300	CCC
2	II	12	XII	40	XL	400	CD
3	III	13	XIII	50	L	500	D
4	IV	14	XIV	60	LX	600	DC
5	V	15	XV	70	LXX	700	DCC
6	VI	16	XVI	80	LXXX	800	DCCC
7	VII	17	XVII	90	XC	900	CM
8	VIII	18	XVIII	99	IC	990	XM
9	IX	19	XIX	100	C	1000	M
10	X	20	XX	200	CC		

중국의 기수법 – 곱셈과 덧셈의 원리에 의해 수를 나타내다

중국에선 아래 표와 같이 기본 숫자를 사용해서 537을 五百三十七과 같이 표현했다. 이것은 곱셈과 덧셈의 원리에 의해 수를 나타내는 방법(승법적 기수법)을 사용한 것이다. 이렇게 로마와 중국식 기수법은 각 자리에 다른 기호를 써주는 방법으로 수를 나타냈기 때문에 큰 수를 나타내려면 더 많은 기호가 필요했고 계산에서는 쓰이지 않았다. 하지만 로마와 중국이 뛰어난 문명을 만들 수 있었던 것은 그들만의 계산법인 산목(算木)이나 주판이 있었기에 가능했다고 한다.

수	1	2	3	4	5	6	7	8	9	10	100	1000	10000
중국	一	二	三	四	五	六	七	八	九	十	百	千	萬
한국	일	이	삼	사	오	육	칠	팔	구	십	백	천	만

인도-아라비아 숫자 – 왜 우리는 인도-아라비아 숫자를 쓸까?

인도-아라비아 숫자는 오늘날 전 세계적으로 사용되는 공통언어이다. 보통 아라비아 숫자로 불리지만 아라비아에서 만들어진 것은 아니다. 628년에 인도의 수학자이자 천문학자인 브라마굽타가 쓴 천문학책 《브라마스푸타시단타》에서 0을 자릿수 표시뿐만 아니라, 1과 2처럼 다른 수와 함께 하나의 '수'로 다루는 규칙을 제시했다. 이렇게 0을 포함하여 수를 셀 때 0부터 9까지 10개 숫자로 표현하는 인도-아라비아 숫자체계는 1202년에 피사의 레오나르도 피보나치가 출판한 《산술교본》(Liber Abaci)을 통해 서구세계에 전파되었다. 인도-아라비아에서 사용한 기수법은 지금 우리가 쓰고 있는 10진법이다. 당시 아라비아는 인도에서 유럽으로 통하는 위치에서 상업을 통해 번창하였기 때문에 상인에게 있어서 계산의 중요성은 더할 나위 없다. 수학에서 아랍인의 공헌을 빼놓을 수 없다.

2 진법이란

고대 시대에서 현대생활에까지 각 나라나 민족에 따라 인류는 손가락과 발가락을 이용하여 5진법, 10진법, 20진법, 천문학이 발달한 고대 바빌로니아인들은 60진법 등을 사용하였다. 오늘날 디지털정보시대에는 10진법과 동양의 음양사상에서 착안한 2진법이 컴퓨터나 스마트폰 등 전자기기 등에 널리 사용되고 있다. 진법이란 무엇인가?

① p진법의 수를 10진법으로 나타내는 방법

p진법으로 표현된 수 $N = a_n a_{n-1} \cdots a_0$를 10진법으로 표현하면

$$N = a_n p^n + a_{n-1} p^{n-1} + \cdots + a_0$$

이다. 10진법에서 사용하는 숫자는 0, 1, 2, …, 9로 총 10개이며 9 다음의 수는 자릿수를 올려서 10이 된다. 같은 방법으로 p진법에서 사용하는 숫자는 p개이며, p번째 숫자 다음의 숫자는 자릿수를 높여서 표현한다. 예를 들면 다음과 같다.

$$1010_{(2)} = 1 \times 2^3 + 0 \times 2^2 + 1 \times 2 + 0 = 10$$

② 10진법의 수를 p진법으로 나타내는 방법

식 $N = a_n p^n + a_{n-1} p^{n-1} + \cdots + a_0$에서 a_0은 N을 p로 나눈 나머지이다. 그러면 식은 다음과 같이 바뀐다.

$$N = p(a_n p^{n-1} + a_{n-1} p^{n-2} + \cdots + a_1) + a_0$$

자연수 N을 p로 나눈 몫을 Q라고 하면 a_1은 Q를 다시 p로 나눈 나머지이다. 이런 방법으로 끝까지 계속하면 a_0부터 a_n까지 모두 찾아낼 수 있다. 예를 들어, 13을 이 방법을 적용해서 2진법으로 고치면 다음과 같다.

2) 13		
2) 6	…1	13을 2로 나누어 몫이 6이고 나머지 1
2) 3	…0	6을 2로 나누어 몫이 3이고 나머지 0
2) 1	…1	3을 2로 나누어 몫이 1이고 나머지 1
0	…1	1을 2로 나누어 몫이 0이고 나머지 1

$$\therefore 13 = 8 + 4 + 1 = 1 \times 2^3 + 1 \times 2^2 + 1 = 1101_{(2)}$$

컴퓨터가 2진법을 사용하는 까닭은 무엇일까?

2진법은 자릿값이 올라감에 따라 2배씩 커지는 수의 표시법이다. 수의 자리가 왼쪽으로 하나씩 올라감에 따라 자리의 값이 2배씩 커지는 수의 표시법을 2진법이라 한다. 2진법의 수에서는 0, 1의 2개의 숫자만을 사용하기 때문에 매우 쉽게 수를 나타낼 수 있다. 2진법의 수를 2의 거듭제곱을 써서 나타낸 식을 2진법의 전개식이라고 한다. 2진법의 전개식을 통해 2진법의 수 1011(2)은 10진법의 수로는 11을 나타낸다. 이렇게 2진법은 수를 나타내는 방법은 간단하지만 0과 1의 배열 길이는 10진법의 배열보다는 점점 더 길어진다. 하지만 수를 나타내는 방법이 간단해서 컴퓨터에서는 2진법의 수를 사용한다.

또한 2진법은 동양의 음양사상에서 찾아볼 수 있고 이 사상은 2진법에 기초한 것이다. 음양사상이란 태양과 달, 남자와 여자, 홀수와 짝수, 대와 소, 상과 하, …와 같이 세상의 모든 것을 음과 양으로 분류해서 생각하는 태도이다. 음양사상이 유럽으로도 전해져 그 영향을 받은 대표적 학자로 독일의 철학자이자 수학자인 라이프니츠(Leibnitz, 1646~1716)는 동양의 태극에서 2진법의 아이디어를 얻어 2진법을 발명한 것으로 알려진다. 1679년에 그는 중국 베이징에 있는 선교사로 파견되어 있던 프랑스예수회 선교사 부베(Bouvet)로부터 편지를 받았다고 한다. 이 편지에는 《주역본의》에 나오는 괘상도와 《주역》(周易)의 64괘에 대한 내용이 들어 있었다고 한다. 이것을 보던 라이프니츠는 음양의 자연법칙에서 힌트를 얻어 유와 무, 존재와 부재라는 철학적 사고로 2진법을 만들었다고 한다.

오늘날 컴퓨터의 수학적 구조는 2진법인데, 2진법의 수학이 사실은 동양의 음양사상의 영향을 받아 태어났다는 사실은 아주 흥미를 끈다. 일상생활에서 우리가 사용하는 수는 0에서 9까지의 10개 숫자를 사용하여 나타내는 10진법의 수이다. 그런데 왜 컴퓨터는 10진법의 수를 사용하지 않는가? 2진법을 이용하여 수를 나타내면 숫자가 더 길게 표현됨에도 불구하고 컴퓨터는 2진법의 수를 사용한다. 속도가 생명인 컴퓨터가 2진법의 수를 사용하는 까닭은 무엇인가?

첫째는 컴퓨터는 ON(0), OFF(1) 스위치에 의해 시스템이 작동되며, 논리회로에서도 0과 1을 사용하여 표현한다. 따라서 0과 1의 2개의 숫자만을 사용하는 2진법이 컴퓨터에 가장 알맞으며, 컴퓨터는 모든 정보를 2진법의 수로 받아들인다.

둘째는 2진법에서 사용하는 연산이 아래와 같이 간단하기 때문이다.

$$0+0=0,\ 1+0=1,\ 1+1=10,$$
$$0\times0=0,\ 1\times0=0,\ 1\times1=1$$

셋째는 2진법의 사용이 논리의 결합을 간단하게 하고, 컴퓨터의 활용을 극대화시키기 때문이다.

세계화·정보화·디지털시대의 속도를 빠르게 하는 데 가장 큰 역할을 한 컴퓨터가 2진법의 원리를 사용하여 만들어진 것은 매우 놀라운 일이다. 실제로 컴퓨터는 10진법의 수들을 0, 1로 바꿔서 이해하기 때문에 2진법의 수만을 사용한다. 만일 컴퓨터가 10진법 체계로 수학적 계산을 하려면, 먼저 10진법의 수를 2진법의 수로 변환시켜 문제를 해결한 후 2진법의 수를 다시 10진법의 수로 변환시켜 해답으로 제시해야 한다.

보기 1

다음에서 2진법으로 나타낸 수는 2진법의 전개식으로, 2진법의 전개식으로 나타낸 식은 2진법으로 고치시오.

(1) $1101_{(2)}$

(2) $1\times2^4+0\times2^3+1\times2^2+1\times2+0\times1$

풀이 (1) $1101_{(2)}=1\times2^3+1\times2^2+0\times2+1\times1$

(2) $1\times2^4+0\times2^3+1\times2^2+1\times2+0\times1=10110_{(2)}$

10진법 – 우리는 왜 10진법을 사용하게 되었을까?

옛날부터 인류는 처음에 수를 셀 때 손가락으로 셈을 하였고, 더 많은 수를 세야 할 때는 10이 채워질 때마다 돌멩이, 매듭, 나뭇가지, 동물의 이빨 등을 하나씩 놓아서 표시하였다. 이러한 셈법을 여러 번 반복하는 과정을 통하여 마침내 10진법을 완성하게 되었다. 그렇다면 우리는 왜 10진법을 사용할까? 이것은 사람의 손가락이 10개여서 10진법을 편리하게 생각할 수 있기 때문이다. 만약 사람의 손가락이 12개였다면, 지금쯤 우리는 12진법을 사용하고 있지 않았을까?

10진법은 자릿값이 올라감에 따라 10배씩 커지는 수의 표시법이다. 현재 우리는 인도의 영향을 받아 단지 10개의 숫자 0, 1, 2, …, 9만을 사용해서 많은 수를 나타내는 위치적 기수법인 10진법을 사용하고 있다. 1000, 100처럼 수의 자리가 왼쪽으로 하나씩 올라감에 따라 자리의 값이 10배씩 커지는 수의 표시법이다. 다시 말하면, 10을 한 묶음으로 자리가 올라간다. 즉, 1이 10개 모여 10, 10이 10개 모여 100, 100이 10개 모여 1000, …과 같이 자리가 하나씩 올라감에 따라 자리값이 10배씩 커지는 수의 표시 방법이 **10진법**이다.

예를 들어, 10진법으로 표시된 수 '3275'일 때 3은 1000의 자리, 2는 100의 자리, 7은 10의 자리, 5는 1의 자리의 수로 '1000이 3개, 100이 2개, 10이 7개, 1이 5개 있음'을 나타낸다. 즉, $3275 = 3\times10^3+2\times10^2+7\times10^1+5\times1$이다. 이처럼 10진법으로 나타낸 수를 각 자리의 숫자와 10의 거듭제곱을 써서 덧셈으로 연결한 식을 10진법의 전개식이라고 한다.

5진법 – 손가락 셈법

수의 자리가 왼쪽으로 하나씩 올라감에 따라 자리의 값이 5배씩 커지는 수의 표시법으로 2진법과 다른 점은 5진법의 수는 0, 1, 2, 3, 4의 5개의 숫자를 사용하여 나타낸다는 것이다. 5진법의 수를 5의 거듭제곱을 써서 나타낸 식을 5진법의 전개식이라 한다. 예를 들어, 5진법의 수 $423_{(5)}$을 전개식을 이용하여 10진법의 수로 나타내면 다음과 같다.

$$423_{(5)} = 4\times5^2 + 2\times5^1 + 3 = 4\times25 + 2\times5 + 3 = 113$$

12진법

12진법은 10진법보다 여러 면에서 사용하기 편리한 수 체계라고 한다. 왜냐하면 자리 수를 바꾸지 않고 2개의 수가 더 생기는 것도 편리하고, 정확히 나누어떨어지는 수도 훨씬 많기 때문이다. 예를 들어, 유럽 사람들에 의해 연필의 수를 나타내는 다스(1다스=12자루)가 하루를 나타내는 시간의 단위로도 사용됐다는 건 매우 놀라운 사실이다. 하루는 2다스의 시간으로, 1시간은 5다스의 분으로, 1분은 5다스의 초로 나타내었다고 한다. 또한 12진법은 영국의 단위계에서 널리 사용되었다. 길이를 나타내는 12라인(=1인치), 12인치(=1픗), 무게를 나타내는 12온스(=1파운드) 등이 있다.

음악에도 10진법보다는 12진법이 많이 사용된다. 마디나 음을 반이 아니라 3등분할 때의 개념은 바로 12진법에서 나온 것이다. 3박자, 셋잇단음표 등이 바로 그 예이다. 왜냐하면 2박자, 3박자, 4박자, 6박자는 전부 12의 약수이기 때문이다. 그리고 우리가 매일 쓰고 있는 컴퓨터의 키보드를 살펴보자. 맨 위에 위치한 키는 F1에서 F12까지 12개의 키이다. 과거의 키에는 F10까지만 있었지만 오늘날에는 효율성의 측면에서 모두 12개의 키를 사용하고 있다.

옛날 중국의 은(殷)과 전한(前漢) 시대에 만들어진 10간(十干)과 12지(十二支)가 있는데, 12지는 12개의 문자로 땅에서 변화하는 삼라만상의 조화를 가리키고 하루의 시각을 배당하는 것으로 생각하여 지지(地支)라고도 한다. 또 12지는 다음 표와 같이 12개의 동물과 양음을 대응시켰다.

자	축	인	묘	진	사	오	미	신	유	술	해
子	丑	寅	卯	辰	巳	午	未	申	酉	戌	亥
쥐	소	호랑이	토끼	용	뱀	말	양	원숭이	닭	개	돼지
+	−	+	−	+	−	+	−	+	−	+	−

소설 '걸리버 여행기'에 숨어 있는 12진법

소인국 왕은 붙잡힌 걸리버에게 1728명분의 식량과 음료를 지급하고, 음식을 지급하는 대가로 국가를 위한 여러 가지 일에 종사할 의무를 지게 하였다. 그런데 왜 하필이면 걸리버에게 제공되는 식사의 양을 1000명이나 2000명분의 식량이라고 했으면 편했을텐데 1728명분이라고 했을까?

당시 영국에서는 12진법을 사용하고 있었기 때문에 '걸리버 여행기'를 쓴 작가도 걸리버가 소인국 사람의 키보다 12배 크다고 썼던 것이다. 그래서 부피의 공식인 (부피) = (가로) × (세로) × (높이)를 사용하여 계산했을 때 걸리버의 부피는 12 × 12 × 12 = 1728(배) 크다고 생각하여 1728명분의 식사가 제공되어야 한다고 생각한 것이다.

60진법

천문학이 발달한 고대 바빌로니아에서는 60진법의 초기 자릿수 표현이 사용되었다. 또한 각도의 단위로도 활용이 된다. 지구의 공전 주기가 360일 정도가 된다는 사실을 알고 있었던 바빌로니아인들은 태양의 모습인 원을 360°로 생각하고, 360°를 6등분한 60°를 단위로 택해서 사용하였다. 이처럼 60진법은 고대에서 현재까지 다양하게 사용되고 있다. 예를 들어, 시간은 60초가 1분, 60분이 1시간과 같이 한 묶음으로 자리를 올린다. 옛날 중국의 은(殷)과 전한(前漢) 시대에 만들어진 10간(十干)과 12지(十二支)가 있는데, 10간(갑, 을, 병, 정, 무, 기, 경, 신, 임, 계)과 12지(자, 축, 인, 묘, 진, 사, 오, 미, 신, 유, 술,

해)의 서로 다른 60개 간지의 조합으로 만들어진 것을 60갑자(六十甲子)라 한다. 10과 12의 최소공배수가 60으로부터 나온 것으로 60갑자의 주기 또한 60진법을 이용한 것이다. 60갑자를 차례로 연도에 대응시켜서 해당년을 60진법의 60갑자로 표현한다. 1958년은 무술년이고 다시 반복되는 2018년도 무술년(戊戌年)이다.

그런데 왜 120개의 이름을 모두 사용하지 않고 60개만 사용했을까? 60갑자는 옛날 사람들의 수명을 생각하여 60년(회갑)을 한 사람의 일생, 즉 한 단위로 보고 60진법을 사용한 조상들의 지혜라고 추측할 수 있다.

3 2진법과 음양사상

2진법은 동양의 음양사상에서 찾아볼 수 있고 이 음양사상은 2진법에 기초한 사상이다. **음양사상**이란 태양과 달, 남자와 여자, 홀수와 짝수, 대와 소, 상과 하, …와 같이 세상의 모든 것을 음과 양으로 분류해서 생각하는 태도이다. 즉, 음양의 원리는 우주와 인간이 변화하고 생성, 소멸하는 이치를 상호작용으로 나타내는 것이다. 하늘, 해, 남자 등은 양이고 땅, 달, 여자 등은 음이다. 이와 같이 세상의 모든 것은 음과 양의 배합, 상호작용으로 이루어지는 것이며 단양(單陽), 단음(單陰)으로 이루어지는 것은 하나도 없다. 즉, 음양이란 사물(事物)의 현상을 표현하는 하나의 기호(記號)나 만물의 생성과 변화 근원이라고 할 수 있다. 음과 양이라는 2개의 기호에다 모든 사물을 포괄·귀속시키는 것이다. 음과 양은 서로 강함과 약함을 계속 반복하면서 순환하는 구조를 지니고 있으며 상대적으로 존재하는 개념이다. 이 사상은 동양 철학의 출발점이 된다. 남과 여, 하늘과 땅, 해와 달, 명(明)과 음(暗), 동적과 정적, 강함과 유함, 상과 하, 진(進)과 퇴(退), 대(大)와 소(小), 경(輕)과 중(重), 청과 탁 등과 같이 음양의 속성을 분류하고 있다.

음양의 속성 분류									
분류	공간	시간	계절	성별	온도	중량	명도	위치	위치
양陽)	천(天)	주(晝)	춘하 (春夏)	남	열(熱)	경(輕)	명(明)	상(上)	외(外)
음音)	지(地)	양(夜)	추동 (秋冬)	여	한(寒)	중(重)	암(暗)	하(下)	내(內)

인체의 부위, 생리와 음양			
분류	부위	생리기능	질병의 성질
양(陽)	표(表), 배(背), 상(上)	흥분, 항진, 활동	열증(熱症)
음(音)	리(裏), 복(腹), 하(下)	억제, 쇠퇴, 정지	한증(寒症)

음양을 인체에 적용시켜 보면 외(外)는 양이고 내(內)는 음이며, 심장·간장·폐장·비장·신장 등 오장(五臟)은 음에 속하고 대장·소장·쓸개·위·삼초(三焦)·방광 등 육부(六腑)는 양에 속한다. 인체의 생리기능상 혈압상승, 분비액의 증가 등은 양적(陽的) 현상이며, 혈압강하·분비액의 저하 등은 음적(陰的) 현상이다. 인체에서 이 음양의 조화가 깨어지면 병적인 현상이 일어나게 된다.

8괘, 64괘와 2진법

태극(太極)은 중국 고대의 사상으로, 우주 만물이 생성 전개되는 근원, 다시 말해 하늘과 땅이 아직 나뉘기 전의 세상 만물의 원시상태를 말한다. 음양(陰陽)의 이기(二氣)가 태극의 일원(一元)에서 생성했다고 하는 사상은 인간의 길흉화복을 점치는 책 《주역》(周易)의 계사상(繫辭上)에서 찾아볼 수 있다. 주역의 기본단위인 효(爻)에는 양 ━과 음 --이 있다. 음은 양의 가운데에 구멍을 뚫어 빈 공간을 둔 모양으로, '비어있다'는 0의 의미를 담고 있다. 따라서 양은 1로 상상할 수 있다. 이 원리를 적용해 라이프니츠가 2진법을 만든 것이다.

태극(太極)의 출발은 무극(無極), 즉 음과 양이 아무것도 없는 혼돈상태이다. 무극이 한 번 분화하면 양과 음(또는 하늘과 땅)의 양의(兩儀)

가 되고, 양의가 분화하면 양 바탕에 양이 덮이면 태양 ⚌, 음이 덮이면 소음 ⚍, 음 바탕에 양이 덮이면 소양 ⚎, 음이 덮이면 태음 ⚏의 사상(四象)으로 나누어지며, 사상이 분화하면 8괘(卦)의 형태가 된다.

사상이란 말은 《주역》에서 유래되었으며 역에 나타나는 음양(陰陽)의 네 종류의 형태가 바로 사상이다. 이것은 금·목·수·화 또는 음·양·강·유(陰陽剛柔)에서 발전한 것이 태양·소양·태음·소음이 된다. 주역 계사에 보면 "역에 태극이 있다. 여기서 양의(兩義)가 생기며 양의는 사상을 낳고 사상은 8괘를 낳는다."고 했다.

8괘는 건(乾)·태(兌)·이(離)·진(震)·손(巽)·감(坎)·간(艮)·곤(坤)을 말하고, 8괘는 중국 최고(最古)의 제왕 복희(伏羲)가 천문지리를 관찰해서 만들었다고 한다. 뒤에 8괘 2개씩을 겹쳐(8괘 각각을 둘씩 겹치는 자기 복제) 중괘(重卦) 64괘(六十四卦)를 만들어 이로써 사람의 길흉·화복(禍福)을 점치게 되었다.

옛날에는 두 가지 막대를 이용하여 앞으로 일어날 좋고 나쁜 일을 점쳤는데, 이것을 "역(易)"이라고 부른다. "8괘(八卦)"라고 부르는 이 원리는 8가지로 지금 "—"(양)을 1, "--"(음)을 0으로 생각하고 고쳐 쓰면

111, 011, 101, 001, 110, 010, 100, 000

과 같이 되어, 2진법의 0부터 7까지의 수와 꼭 들어맞는다. 따라서 태극도의 64괘 배열이 2진법의 수학이라는 것을 인식할 수 있다.

태극		태극(太極)							
양의		음(陰) --(0)				양(陽) —(1)			
사상		태음(太陰) ⚏ (00)		소양(少陽) ⚎ (01)		소음(少陰) ⚍ (10)		태양(太陽) ⚌ (11)	
8괘	괘	곤(坤) ☷	간(艮) ☶	감(坎) ☵	손(巽) ☴	진(震) ☳	이(離) ☲	태(兌) ☱	건(乾) ☰
	2진법	000	001	010	011	100	101	110	111

예를 들어, ䷦로 표시되는 64괘 중의 하나인 수산건(水山蹇)을 2진법으로 표시하면 001010이다.

태극기와 2진법

태극기에서도 2진법을 발견할 수 있다. 옛날의 태극기 모양은 지금의 태극기 모양과는 좀 다르다. 태극기 원래 모양에는 '8괘'라고 부르는 원리가 있다. 그러나 오늘날 태극기에는 8괘 중 건(乾), 곤(坤), 감(坎), 이(離)의 네 가지이다.

8괘 문양과 태극기

연습문제 01

1 다음 숫자를 로마 숫자로 나타내시오.

(1) 265, (2) 2283, (3) 1492 (4) 267 (5) 3281

2 다음 로마 숫자에 해당하는 숫자를 구하시오.

(1) CCL (2) CCCVIIVI (3) DCLXVI

(4) MCMXXXXV (5) MMXII

3 1g, 10g, 100g, 1000g의 저울추가 각각 5개씩 있다. 아래 물음에 답하시오.

(1) 어떤 물건을 측정하는 데 100g짜리 저울추 5개, 10g짜리 저울추 3개, 1g짜리 저울추 2개를 사용하였다면 이 물건의 무게는 몇 g인가?

(2) 무게가 3524g인 물건을 저울추를 사용하여 측정하려고 한다. 이때 추를 되도록 적게 사용하여 측정하려면, 각 저울추를 몇 개씩 사용하면 되겠는가?

4 10진법과 2진법에 대하여 다음 표의 빈칸을 채워 넣으시오.

	사용숫자	자릿값과 표현	전개식
10진법	0, 1 ~ 9 (10개)	(표현) 3 7 2 9 ↑ ↑ ↑ ↑ (자릿값) □ □ □ □	
2진법	0, 1 (2개)	(표현) 1 1 0 1 (2) ↑ ↑ ↑ ↑ (자릿값) □ □ □ □	

5 0에서 9까지 10개의 숫자를 2진법의 수로 고친 후, 1로 나타난 자리를 검정색으로 색칠하시오.

6 2진법에서 1로 나타난 자리를 검정색으로 색칠하여 나만의 바코드를 만드시오.

	키			몸무게		주민등록번호(뒷자리)						
10진법 수												
2진법 수												
바코드												

7 **암호를 만들어라!** 다음은 한글을 10진법으로 나타낸 수에 대응시킨 것이다. 한글로 된 문장을 2진법을 사용하여 암호화해보시오.

한글	ㄱ	ㄴ	ㄷ	ㄹ	ㅁ	ㅂ	ㅅ	ㅇ	ㅈ	ㅊ	ㅋ	ㅌ
10진법의 수	1	2	3	4	5	6	7	8	9	10	11	12
한글	ㅍ	ㅎ	ㅏ	ㅑ	ㅓ	ㅕ	ㅗ	ㅛ	ㅜ	ㅠ	ㅡ	ㅣ
10진법의 수	13	14	15	16	17	18	19	20	21	22	23	24

예를 들어, '수학'을 암호문으로 만들어 보시오.

한글	ㅅ	ㅜ	ㅎ	ㅏ	ㄱ
10진법의 수	7	21	14	15	1
암호화된 수	00111	10101	01110	01111	00001

위의 표에 따라 '수학'을 암호문으로 바꾸면, "001111010101 1100111100001"이 된다.

(1) 다음 암호문을 해독하면 무엇일까?

"0011110101011100111100001010001100001010100111100000000110011"

(2) 위와 같은 암호문으로 친구에게 편지를 써보시오.

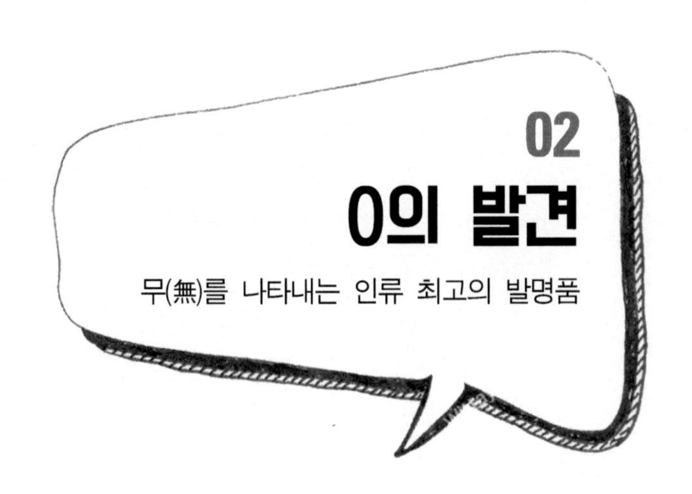

02
0의 발견
무(無)를 나타내는 인류 최고의 발명품

어린 시절에 우리는 과자, 사과, 바나나 등 실제 물건들을 하나, 둘, 셋, …하며 세고, 숫자 1을 시작으로 1, 2, 3, …을 배웠다. "나는 과자를 1개, 2개, 3개 가지고 있다"고 말할 기회는 많았지만, "나는 사과를 0개 가지고 있다"고 말할 일은 거의 없었다. 만약 사과가 없다면, "나는 사과를 가지고 있지 않다"고 하였다.

과학과 수학 분야에서 획기적인 도약을 이루었던 초기 그리스인이나 공학 분야에서 쌓아올린 업적으로 이름을 날린 로마인들조차 텅 빈 상자 안의 사과 개수에 대해 물으면 '아무것도 없다'고 대답할 뿐 이에 어떠한 이름도 붙이지 않았다. 기원전 350년경의 위대한 철학자 아리스토텔레스는 세상의 모든 것은 신이 완벽하게 창조한 산물이라고 주장하면서, 진공은 자연에 존재하지 않는다고 말했다. 이에 그리스인들은 아무것도 없는 것을 뜻하는 0마저 거부했다.

이집트 사람들도 나일 강 덕분에 0을 사용하지 않고도 측량술을 발전시켰고, 이는 기하학의 발전으로 연결된다. 땅을 삼각형이나 직사각형으로 분할하여 넓이를 계산하였고 피라미드의 부피를 측정할 수 있었다. 수학은 실질적인 것에서만 사용되었으므로 0은 길이, 넓이나 부피 등에서 결코 필요한 존재는 아니었다.

인도에서 처음 사용된 0은 그들의 기수법에서 빈자리를 나타내는 기호로 널리 쓰였다. 0이 등장하기 이전에는 어떤 자리가 비어있다는 것을 나타내기 위해 그냥 그 자리를 비워두었고 그에 따른 혼란과 불편이 매우 컸다. 하지만 0이라는 숫자가 만들어진 후 이런 불편은 일거에 해소되었다.

최근 공연작품 〈공·空·Zero〉는 다름에서 같음을 찾아가는 과정을 그리는 작품이다. 시간, 공간, 몸. 모든 것이 0이 된다면 우리 또한 차이가 없어질 것이라고 보여주었다. 영(zero), 공, 빵, 땡으로 불리는 이 친숙한 기호는 다른 여러 숫자들 가운데서도 특별한 존재다. '있음'을 표현하기 위해 만들어진 다른 자연수들과 달리 0은 '없음'을 표현하기 위해 만들어진 숫자다. 하지만 존재하지 않는 것을 표현하기 위해 만들어진 숫자임에도 0은 현대사회에서 가장 널리 쓰이는 기호 가운데 하나이고 동시에 가장 중요한 숫자가 되었다. 0의 특별함은 바로 여기에 있다. '없는 것'을 표기해야 한다는 발상의 전환이 공(空)이라는 새로운 수 0을 만들었고, 이를 통해 인류를 수의 새로운 세계에 접어들 수 있게 한 것은 그야말로 혁신이었다.

0에는 크게 세 가지 역할이 있다. 세 가지 기능을 모두 알고 0을 사용한 가장 오래된 기록이 바로 브라마굽타의 책이다.

① 아무것도 없는 상태를 나타낸다. 계산기에서 새로운 계산을 시작할 때 0으로 만드는 것이 이 기능이다.
② 자리 기호의 역할이다. 우리는 수를 쓸 때 일의 자리나 십의 자리, 백의 자리 등 어떤 자리가 비었을 때 0을 사용한다. 예를 들어, 2018은 백의 자리가 빈 경우다.
③ 1과 2가 고유한 수인 것과 마찬가지로 0 역시 엄연한 수로서 존재한다. 즉, '아무것도 없음'을 나타내는 수인 것이다. 그리고 0은 $2+0=2$, $3\times0=0$처럼 연산의 기능을 가지고 있다.

'아무것도 없음'의 의미 – 0은 인도에서 꽃피우다!

'아무것도 없음'을 나타내는 기호를 사용하게 된 기원은 수천년을 거슬러 올라가야 한다. 바빌로니아인들의 영향을 받은 그리스의 천문학자이자 기하학자인 클라디오스 프톨레마이오스(Claudius Ptolemaeus, 90-168)는 자신의 숫자 체계에서 현대의 0과 비슷한 기호를 독립적인 의미 없이 그냥 자릿수만 나타내는 것으로 사용했다. 그는 태양과 달, 다른 행성들의 운동에 대한 프톨레마이오스 체계라고 널리 알려지게 된 천동설(天動說)을 확립하여 그가 쓴 책 《알마게스트(위대한 천문학자)》에서 천동설에 대해 언급하고, 지구가 우주의 중심에 있으며 움직일 수 없다는 것을 증명하기 위한 많은 논증을 했다. 이 책에서 0과 비슷한 기호 ο(ου δεν, 없음)가 사용되었다. 그 후 1543년에 폴란드의 천문학자인 코페르니쿠스의 태양 중심설(지동설)이 천동설을 대체하게 되었다.

상황에 따라 눈치로 수를 구분해야 했던 바빌로니아인들과 달리 0을 자릿수 표시자로 사용함으로써 305와 35와 같은 수를 쉽게 구분할 수 있었다. 사실 초기 바빌로니아인들은 '공백'으로 자릿수를 표시했다. 305와 같이 십의 자리에 아무런 수도 없다는 것을 나타내기 위해 3과 5 사이를 약간 떼어서 쓰곤 했다. 그런데 빨리 쓰다보면 그 띄어 쓴 공간이 일정하지 않고 좁아질 수도 있다. 그러나 고대 마야 사람들은 0을 나타내는 기호 ( )를 만들어서 사용하였다고 한다.

고대 그리스에서 거부당한 0은 7세기경 인도에서 꽃을 피우게 된다. 628년에 인도의 수학자이자 천문학자인 브라마굽타가 쓴 천문학 책 《브라마스푸타시단타》에서 0을 자릿수 표시뿐만 아니라, 1과 2가 고유한 수처럼 다른 수와 함께 하나의 '수'로 다루는 규칙을 제시했다. 이 규칙에는 '양수와 0을 더한 값은 양수이다. 즉, a가 양수일 때 $a+0=$양수', '0과 0을 더한 값도 0이다. 즉, $0+0=0$' 등이 들어 있다. 그 이후에 아랍세계를 거쳐 유럽에 받아들여지기까지 수백 년이 지났다. 이렇게 0을 포함하는 인도-아라비아 숫자체계는 1202년에 피사의 레오나르도 피보나치가 출판한 《산술교본》(Liber Abaci)을 통해 서구세계에 전파되었다. 아라비아 숫자와 0은 인도에서 최초로 창조되어 서양으로 전파되어 꽃을 피운 것이다.

0의 위대한 발명

0의 발명은 인류 역사에 큰 영향을 끼쳤다. 만약 0이 없었다면 1부터 9까지만으로 큰 수를 나타내기 위해 몹시 불편하고 복잡한 방법을 사용해야 했다. 덧셈, 뺄셈, 곱셈, 나눗셈은 물론 제곱근 등 다양하고 복잡한 셈이 불가능하거나 어려웠다. 편리한 컴퓨터 역시 발명되지 않았을 것이다. 0을 써서 10이 될 때마다 한 자리씩 올라가는 것을 생각해낸 것은 굉장한 발명이 아닐 수 없다.

0을 덧셈과 곱셈에 이용하면 어떤 일이 생기는지 차근차근 짚어보자. 이 과정에서 어린이는 0이 연산에 적용될 때 어떤 구실을 하는지 자연스럽게 깨달을 수 있다. 나아가 숫자로서 0의 개념과 의미, 즉 1, 2, 3, 4, 5, 6, 7, 8, 9의 9개의 숫자와 0을 사용해 어떤 큰 숫자도 아주 간단하게 또 쉽게 만들어낼 수가 있다. 이 숫자가 유럽에 알려진 이후 셈이나 수의 기록이 아주 편리하게 되었고 그 후 유럽의 수학이 급속히 발달하였다.

0과 연산

| 덧셈, 뺄셈, 곱셈 | $a+0=a$, $a-0=a$와 같이 0을 더하고 빼는 것은 직관적인 문제이므로 논란의 여지가 없었다. 즉, 한 수에 0을 더하거나 빼면 그 숫자가 그대로 남는다. 뺄셈은 간단한 연산이지만 음수가 나올 수 있다. 예를 들어, $5-0=5$이고 $0-5=-5$이다.

0은 일반적인 수의 규칙에 어긋난다. 예를 들어, $1+1=2$, $3+3=6$과 같이 어떤 수 a에 자기 자신 a을 더하면 다른 수 $2a$가 된다.

하지만 $0+0=0$이다. 즉, 다른 수와 달리 0은 애초에 아무것도 더 하지 않은 것과 같다.

곱셈도 마찬가지다. 대개 어떤 수 a에 곱하기 2를 하면 그 수의 2배인 $2a$가 되고, 0.5를 곱하면 0.5배인 $0.5a$가 된다. 즉, 곱한 수만큼 배로 늘어나게 된다. 그런데 0은 어떤 수에 곱하면 결과는 항상 0이 된다. 즉, $a \times 0 = 0$이 된다.

| 나눗셈 | 24를 6으로 나누기를 기호로 표시하면 다음과 같다.

$$24 \div 6 = 4, \text{ 즉 } \frac{24}{6} = 4$$

양변에 6을 곱하면 $24 = 6 \times 4$로 다시 표현할 수 있다. 그렇다면 0을 6으로 나누면 어떻게 될까? 이 문제를 풀기 위해 답을 x라 하면

$$\frac{0}{6} = x$$

이다. 양변에 6을 곱하면 $0 = 6 \times x$이고 $6 \neq 0$이므로 $x = 0$이어야 한다. 여기까지는 큰 문제가 없다.

6을 0으로 나누려는 순간에 문제가 발생한다. $\frac{6}{0}$을 $\frac{0}{6}$을 풀 때와 마찬가지로 다루면 방정식 $\frac{6}{0} = x$가 나온다. 양변에 0을 곱하면 $6 = x \times 0$이 되고 결국 $6 = 0$이라는 모순이 되는 결과가 나온다. $\frac{6}{0}$이 하나의 수일 가능성을 인정하면 수 체계에 거대한 혼란을 몰고 올 가능성이 있다. 반면에 $\frac{6}{0}$은 정의할 수 없다고 하면 이 상황은 빠져나갈 수 있다. 오늘날 a는 0이 아닌 수일 때 $a \div 0 = \frac{a}{0}$는 불능(不能)이라 한다.

$\frac{0}{0}$은 어떻게 될 것인가? $\frac{0}{0} = x$로 놓고 양변에 0을 곱하면 $0 = x \times 0$이라는 방정식이 나오고, 결국 $0 = 0$이라는 사실이 나온다.

이 결론은 큰 의미가 있는 것은 아니지만, 그렇다고 의미가 전혀 없는 것도 아니다. 사실 x는 어떤 값이나 가능하므로 계산이 불가능하다고 결론을 내릴 수 없다. 결국 $\frac{0}{0}$은 어떤 값이나 가능하다는 결론에 도달한다. 오늘날 이것을 부정(不定)이라 한다.

아리스토텔레스는 0을 가리켜 '규칙에서 벗어난 수'라고 하였다. 나눗셈을 할 때 임의의 수를 0으로 나누면 당시로서는 도저히 이해할 수 없는 결과가 초래되었기 때문이다.

'0으로 나누기'로 무한에 대한 바스카라의 견해

12세기 인도 수학자 바스카라(Bháskara)는 브라마굽타가 남긴 발자취를 따라 0으로 나누는 것에 대해 생각해보고는 '어떤 수를 0으로 나누면 무한이 나온다'라는 답을 제안했다. 한 수를 0으로 나누면 몫으로 아주 큰 값이 나오기 때문이다. 예를 들어, 7을 $\frac{1}{10}$로 나누면 70이 되고, $\frac{1}{100}$로 나누면 700이 나온다. 궁극적으로 가장 작은 값인 0 그 자체로 나누면 그 값은 분명 무한이 될 것이 틀림없다. 이런 형식의 추론과정을 도입함으로써 무한이라는 개념을 설명해야 할 입장이 되었다.

10, 100, 100 등의 발명

1에서 9까지 9개의 숫자와 0을 사용하여 10이 될 때마다 한 자리씩 올려가는 것을 생각해낸 일은 인류의 역사상 매우 대단한 발명이다. 일과 십 10, 백 100, 천 1000, 만 10000 등을 구분하는 것은 앞에 붙은 숫자 일이 아니라 일의 숫자 뒤에 0을 붙이는 것만으로 각 숫자의 단위에 이름을 붙여 외워야 했던 불편을 일거에 해소할 수 있었다. 이런 숫자 덕분에 인도 사람들은 덧셈, 뺄셈, 곱셈, 나눗셈은 물론 이자 계산이라든가, 제곱근, 세제곱근을 구하는 등 복잡한 셈까지도 거뜬히 할 수 있었던 것이다. 이처럼 수는 일상과 관련한 산술적 계산에서 벗어나 추상화된 수학, 나아가 대수학의 영역까지 진입하였다. 인도 사람들이 이집트나 그리스, 로마 사람들이 수천 년이라는 긴 세월 동안에도 계산할 수 없었던 고도의 산수, 대수 계산에 익숙해진 것은 오직 이 숫자의 발명 때문이었다. 1에서 9까지의 숫자만으로 큰 수를 나타내려면 복잡한 방법이 필요하다.

0은 세계 발전의 원동력이다

0이 없이는 과학의 발전은 물론 아무것도 할 수 없다. 우리는 경도 0도, 온도 0도, 제로 에너지, 제로 중력(무중력), 제로 성장 등의 표현을 사용한다. 그리고 비과학 분야에서도 제로 아워(행동 개시 시간), 제로 똘레랑스(정상 참작이 없는 엄격한 법 적용) 등 제로라는 표현을 많이 사용한다.

우리나라 아파트나 빌딩의 엘리베이터에는 지하 1층과 지상 1층 사이에 0이란 숫자가 없다. 그런데 유럽에서는 0층(ground zero)이라는 표현을 사용하기도 한다. 즉, 지면과 같은 빌딩의 층은 0층이다.

우리나라에서 아이가 태어나면 한 살이다. 만약 12월 31일 밤 11시 59분 59초에 아이가 태어난다면 1초 지나면 이 아이의 나이는 바로 두 살이 되는 셈이다. 또한 새천년(new millennium)의 시작을 2000년 1월 1일로 당연히 여기고 있지만, 달력은 영(0)년으로 시작하지 않기에 2000년 1월 1일은 단지 1999번째 년의 기념일이다. 이처럼 하찮아 보이는 영(0)은 아직도 우리를 혼란에 빠뜨리고 있다.

우주부터 실생활까지 다양하게 활약하고 있는 대표적인 사례를 살펴보자. 우리는 컴퓨터가 없는 세상을 상상하기 어렵다. 0이 없었다면 0과 1로 이루어진 수를 연산하는 컴퓨터는 물론 스마트폰도 개발되지 못했을 것이다. 2진법을 착안한 독일의 수학자 라이프니츠(Leibniz, 1646~1716)는 오늘날의 컴퓨터 발전의 모습을 상상할 수 없었을 것이다. 2진법은 0과 1만으로 양의 정수, 즉 자연수를 나타내는 것으로, 이는 획기적인 일이다. 확실히 0과 1, 즉 점(點)과 멸(滅), on과 off처럼 여러 가지로 생각할 수 있다. 바꿔 말하면, 이것이 제로의 최대 이용한 예로 볼 수 있다. 오늘날 디지털혁명의 세상에서 전통적인 생산, 유통, 소비의 방식이 무너지고 새로운 삶의 방식이 도입되고 있다.

아인슈타인의 일반 상대성이론은 우주 어딘가에 있을지 모르는 특별한 존재를 예언했다. 바로 부피가 0이고 밀도가 무한대를 향해 수축하는 블랙홀이다. 그런데 0과 무한을 인정하지 않았다면 어땠을까? 어쩌면 지금까지 블랙홀의 존재를 알아내지 못했을지도 모른다.

건축물을 설계할 때는 건물이 안전하게 지탱할 수 있는 최대 무게를 구해야 한다. 이때 미분이 쓰인다. 미분을 이용하면 어떤 함수의 극대점, 극소점, 최댓값과 최솟값을 구할 수 있는데, 극대점, 극소점에서는 미분계수가 0이기 때문이다.

비행기의 제동거리는 미분을 이용해 구한다. 비행기의 속도와 가속도를 미분 계산을 통해 구하기 때문이다. 여기서 제동거리란, 브레이크가 작동할 때부터 완전히 멈출 때까지의 이동거리다.

경제성장률이 0, 즉 '올해의 생산량 = 작년 생산량'이 된다. 매년 감귤 소비량도 일정하다. 보통 이런 상태를 '제로 성장'이라 하고 경제 전문용어로는 '정상상태'라고 한다. 정상상태란 경제가 시간이 흘러도 발전하지 않고 일정 수준을 유지하는 환경이다.

우리 주변에서는 아무것도 없다는 의미를 가진 영(제로)을 추구하는 일이 많이 생기고 있다. 최근 들어 웰빙과 S라인의 유혹으로 남녀노소 할 것 없이 다이어트에 관심이 많으므로 음료수나 음식을 먹기 전에 항상 칼로리를 생각하지 않을 수 없다. 어떤 음료가 0 kcal라면 마음이 금방 쏠리고, 가격이 조금 비싸더라도 구매하게 된다. 조미료의 경우도 MSG 0% 또는 무첨가라는 조미료를 찾는 소비자가 많으므로 음식료업체에서는 영의 전쟁이 한창이다. 색소와 트랜스 지방 논란으로 타격을 입었던 업체들은 트랜스 지방 제로를 선언했고, 인

공색소를 사용하던 빙과류 업체들도 인공색소를 천연색소로 교체하여 인공색소 제로를 선언했다.

환경오염을 줄이기 위해 중국, 캐나다, 영국, 중동 등 여러 나라에서 '탄소제로도시'를 조성하고 있다. 탄소제로도시란 도시 전체가 배출하는 이산화탄소의 양이 다른 도시보다 현저하게 적거나, 그 도시가 배출하는 탄소량 이상으로 청정에너지를 생산해내는 친환경 도시를 말한다.

0과 수학

자연수의 세계가 기존의 수학적 우주의 전부였다면 0이라는 실존하지 않는 수의 발견을 통해 인류는 정수의 세계로 접어들게 되었다. 정수의 세계 속에서 0은 수직선과 좌표계, 양수와 음수 사이의 중심점이 되었다. 존재하는 모든 수 가운데서 균형을 잡는 수의 중심이 되었던 것이다. 0은 절대적인 균형자로서 특정한 수가 얼마나 치우쳐 있는지, 즉 얼마나 크고 작은지를 나타내는 기준점이 되었다.

'세상에서 가장 아름다운 식'이라는 오일러의 등식 $e^{\pi i}+1=0$에서도 0은 빠지지 않는다. 수의 집합과 연산을 이용하여 수의 세계에 어떤 체계를 갖추려고 할 때 0은 덧셈에 대한 항등원 역할을 한다. 덧셈에 대한 항등원이란 어떠한 수에든 항등원을 더했을 때 그 수 자신이 되는 수, 즉 $a+x=a$인 수로서, 0이 바로 항등원이다. 그러므로 0이 없으면 수의 세계에 어떤 구조를 만들 수 없게 된다. 그리고 어떤 수에든 0을 곱하면 0이 되어버린다. 소멸이다. 그래서 0은 불교에서 말하는 공(空), 무(無)와 같이 종교적, 철학적 의미를 가지기도 한다. 또한 $a=0.001$, 0.000001과 같이 아주 작은 값이라고 해도 0이 아닌 모든 수 a에 대해서 $a^0=1$이다. 그리고 0을 n번 곱해도 0, 즉 $0^n=0$이다. 0의 0 곱은 얼마일까?

종교에서 0의 의미

기원전 350년경 아리스토텔레스는 세상의 모든 것은 신이 완벽하게 창조한 산물이라고 주장하면서, 진공은 자연에 존재하지 않는다고 말했다. 이에 그리스인들은 아무것도 없는 것을 뜻하는 0마저 거부했다. 우리는 공기가 없으면 진공 상태라고 부르지만, 고대 그리스 시대에는 아무것도 없는 상태를 진공이라고 불렀다. 하지만 진공과 0을 인정하면 신의 존재를 부정하는 무신론과 이어졌다. 따라서 진공을 인정하지 않는 아리스토텔레스의 주장이 그리스의 사상을 지배했다. 이런 사상은 로마 제국까지 이어져 서양에서는 약 1000년 동안 진공과 0을 받아들이지 않았다. 이후 로마제국이 멸망했지만 과학의 암흑기로 불리는 중세시대가 1000년간 이어지면서, 결국 2000년 넘게 진공과 0을 거부하게 된다.

인도인들은 종교 때문에 오히려 0을 쉽게 받아들일 수 있었다. 인도의 힌두교에서는 우주가 무(無)에서 생겨났고, 그 크기가 무한하다고 믿는다. 따라서 인도인들은 무(無)와 무한을 성스러운 것으로 여겼다. 특히 힌두교의 주요 신인 시바신을 무(無) 자체로 여겨, 만물의 창조와 파괴가 모두 가능한 존재라고 믿었다. 결국 인도인들은 자신들이 섬기는 신의 가르침을 제대로 알기 위해 무(無)와 무한을 연구했다고 한다.

참고 사칙연산은 언제, 어떻게 만들어졌을까?

더하기, 빼기, 곱하기, 나누기의 기호인 +, −, ×, ÷을 이용하여 덧셈, 뺄셈, 곱셈, 나눗셈을 하는 셈을 사칙연산이라 한다.

기호의 역사는 +, −, ×, ÷, =는 15세기 중엽 독일에서 인쇄술이 발명되어 많은 고전과 타국의 번역본이 대량 출판되자, 기호의 정비와 계량도 함께 이루어졌다.

'+'는 13세기경 레오나르도 피사노(이탈리아 수학자)가 7 더하기

8을 '7과 8'로 쓴 것에서 시작되었다. 라틴어로 '과'는 et라고 쓰는데, 이를 줄여서 +기호가 만들어졌다고 한다. '+'는 두 수를 더할 때 사용하는 기호이다.

'−'는 1489년 비드만(독일의 수학자)이 '모자란다'는 라틴어 단어 minus의 약자 m에서 −만 따서 쓰게 되면서 생겨났다고 한다. '−'는 어떤 수에서 다른 수를 뺄 때 쓰는 기호이다.

'×'를 처음 사용한 사람은 영국의 윌리엄 오트렛이지만 어떻게 하여 이런 기호가 만들어졌는지 그 유래는 모른다.

'÷'는 오랜 옛날부터 쓰여 왔는데, 10세기경 수학 책에는 '10 나누기 ÷5' 등과 같이 '나누기'라는 말도 함께 썼다고 한다. 그러나 후대에 내려오면서 문자인 '나누기'는 없애고 지금은 ÷로만 쓰고 있다.

등호('=')는 1557년 R. 레코드(1510~1558)가 쓴 《지혜의 숫돌》이라는 책에 처음으로 쓰였다. 그 모양은 우리가 지금 쓰는 것보다 옆으로 더 길었다고 한다.

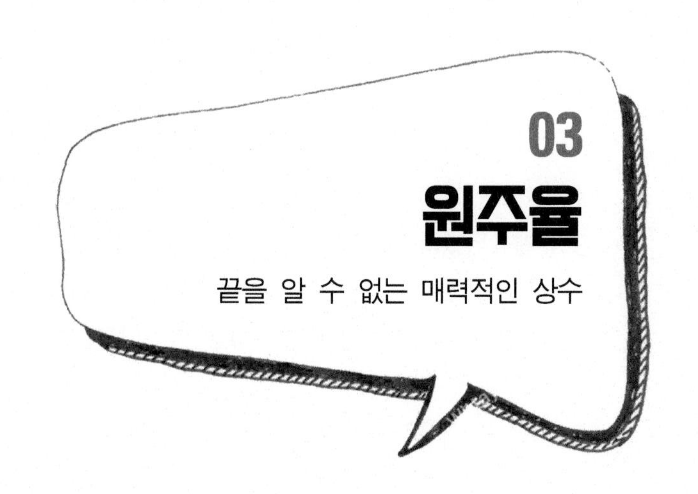

03 원주율

끝을 알 수 없는 매력적인 상수

우리는 일상생활에서 동전, 시계, 공, 달 등 수많은 원을 접하고 살아간다. 자연에서 원이 많은 이유는 겉넓이가 작으면서도 가장 내용물을 많이 담을 수 있는 모양이 원이기 때문이다. 이 중 인류를 발전시킨 세 가지 원을 꼽으라고 한다면 아마도 태양, 바퀴, 숫자 0일 것이다. 사실 숫자 0이 나오면서 인류가 소위 자릿값이라는 것을 만들게 된다. 원에 대한 정의를 수학적으로 나타내면 평면에서 같은 거리에 있는 점들의 집합을 일컫는다.

원주율은 우리와 가장 가까운 값이다. 수학뿐만 아니라 물리, 과학은 물론이고 건축, 예술, 공업, 날씨 등 온갖 분야에 존재한다. 만약 이 세상에 원주율이 없었다면 세상은 크게 다른 모습이 되었을지도 모른다.

인류는 원에 있어 가장 큰 관심을 가졌던 것이 바로 지름의 길이에 대한 원의 둘레(원주)의 비율, 즉 원주율 π에 대한 계산이었다. 기원전 2000년경 바빌로니아인들은 원둘레가 지름보다 대략 3배와 같다는 사실을 발견했다. 아르키메데스(기원전 287~212)는 π에 대한 수학적 이론을 체계적으로 연구를 시작하고 기원전 250년경에 π에 가까운 근삿값으로 $\frac{22}{7}$를 제시하였다. 그가 π의 값으로 약 3.14임을 구한 이래 컴퓨터를 이용하여 2016년 현재 소수점 아래 22.4조 자리까지 계산되었으며, 매일 자릿수가 갱신되고 있다. 원주율 계산에 컴퓨터를 도입한 이후 원주율 계산은 단순 알고리즘의 무한 반복에 불과한 작업이 되지만 이 계산은 종종 컴퓨터의 성능을 시험하기 위한 방법으로 사용한다.

원주율을 사용하면 원의 둘레나 원의 넓이, 구의 겉넓이나 부피도 구할 수 있다. 반지름이 r일 때

원의 둘레 = 지름의 길이$\times\pi = 2\pi r$

원의 넓이 = 반지름$\times$반지름 $\times\pi = \pi r^2$

구의 겉넓이 = $4\times$반지름$\times$반지름 $\times\pi = 4\pi r^2$

구의 부피 = $\frac{4}{3}\times$반지름$\times$반지름$\times$반지름 $\times\pi = \frac{4}{3}\pi r^3$

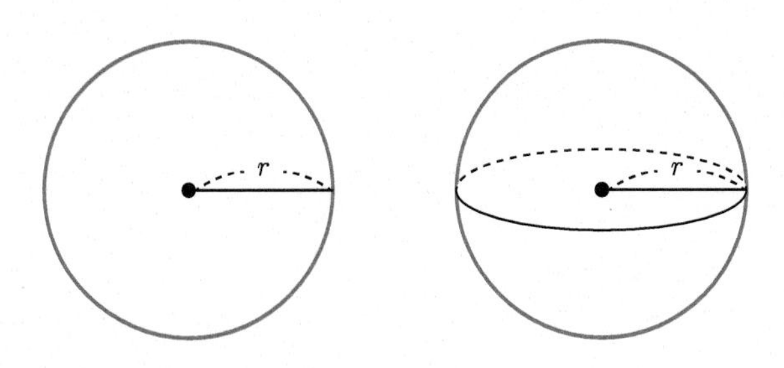

부피의 비와 아르키메데스의 비석

아르키메데스는 다음 쪽 그림에서 보듯이 원뿔의 부피 V_1 : 구의 부피 V_2 : 원기둥의 부피 $V_3 = 1:2:3$임을 발견하여 이 아름다운 비에 기쁨을 느꼈다고 한다. 그는 생전에 자신의 비석에는 '원통에 구(球)를 넣은 모양'을 조각해 달라고 유언한 것으로 유명하다. 원기둥과 원기둥에 내접하는 구의 부피의 비(3 : 2)를 처음 알아낸 기쁨을

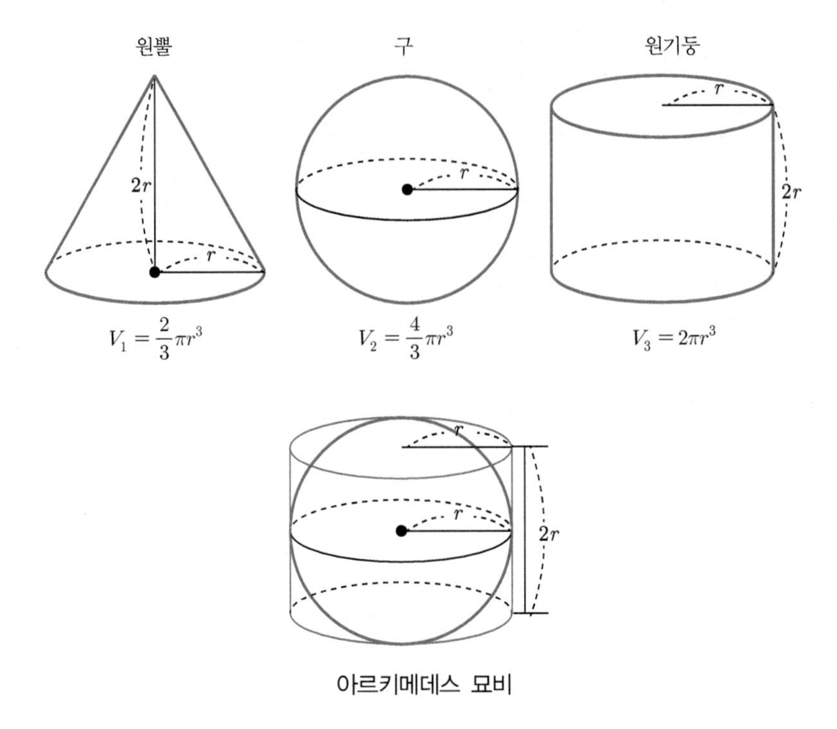

아르키메데스 묘비

묘비에까지 새기고 싶어했던 것이다. 시라쿠사를 점령한 로마의 장군 마르켈루스는 아르키메데스를 존경했던 인물로 그가 허망하게 살해된 것을 아쉬워하며 소원을 들어줬다고 한다.

원주율은 생활 속에 다양하게 사용되고 있다. 결혼이라는 인생의 중요한 순간에 기념반지를 만들 때도 원주율이 사용된다. 지금 반지를 끼고 있다면 반지를 빼서 반지름 안의 길이를 잰 다음 그 반지름의 길이에 3.14를 곱하면 여러분의 손가락 둘레이다.

또한 자동차의 타이어나 각종 기계에 사용되는 둥근 공 모양의 베어링 등을 만들 때도 원주율이 매우 중요한 역할을 한다. 원주율의 값이 정확하지 않으면 타이어가 원활하게 구르지 못해 안전성과 주행성에 영향을 끼친다. 그만큼 중요한 값이므로 타이어 제조회사는 원주율을 소수점 아래 몇 자릿수까지 사용하는지를 기업 비밀로 취급한다고 한다. 자동차의 속력이나 주행거리를 알려주는 계기판, 둥근 통에 들어 있는 연료의 양 측정에도 원주율이 사용된다.

볼링공이나 투포환도 원주율의 값을 어떻게 설정하느냐에 따라 모양은 물론 무게에도 오차가 생긴다. 경기에서 공의 무게가 다르면 제 실력을 발휘하지 못할 것이다. 투포환을 만들 때 사용하는 원주율은 소수점 아래 9자리, 즉 3.141592653이다. 이 정도로 정확하게 만들어야 하는 것이다.

또한 원주율은 우주 개발 분야에서도 중요한 역할을 한다. 일상생활에서는 신경 쓸 필요가 없는 오차도 우주 규모의 계산에서는 생명과 직결되는 것이다. 실제로 2010년 일본의 소혹성 탐사기 '하야부사'를 개발하여 발사와 지구로 무사히 귀환하는 데에는 정확한 궤도계산이 큰 몫을 했다. 이때 원주율은 소수점 아래 15자리까지 사용했다고 전해진다.

1986년 전 세계인을 놀라게 했던 미국의 우주왕복선 챌린저호의 공중폭발 원인도 원주율을 잘못 계산했기 때문이라는 사실이 뒤늦게 확인되었다고 한다. 또한 원주율은 주기적인 현상, 음악·소리·빛·전자기파 등 모든 파동에 관한 특성을 무한급수로 표현하거나 정규분포곡선, 확률밀도함수 등에 활용된다.

1 원주율 π란

원이 크든 작든 원의 지름과 원의 둘레 사이에는 일정한 비례관계가 성립한다. 원주율 π는 원둘레를 원의 지름으로 나눈 비이다. 즉, '원의 둘레가 지름의 길이의 몇 배인가'를 나타내는 값이다. 식으로 나타내면 다음과 같다.

$$\text{원의 둘레} \div \text{지름의 길이} = \text{원주율}$$

두 길이 사이의 비율을 나타내는 이 값은 원의 크기나 위치와 상관없이 항상 일정한 수학적 상수이다. π는 원의 속성에서 나온 값이지만, 원과 전혀 관계가 없는 분야에서 등장하기도 한다.

원주율을 π라는 기호로 쓴 최초의 사람은 1706년에 영국의 작가 윌리엄 존스(Willam Jones)이다. 원주율을 파이라고 부르는 이유는 둘레를 뜻하는 그리스어 'περιμετροζ'의 첫 글자 π에서 비롯된 것이다. π는 영어의 Pi에 해당한다. 원주율의 값은

$$3.14159265358979323846\cdots$$

와 같이 소수점 밑으로 0이 아닌 수가 끝없이 계속된다. 원주율 π는 연속 순환숫자가 없는 초월수이자 무리수로서, 소수점 이하로 영원히 진행되기 때문에 정확한 값을 알 수 없는 것으로도 유명하다. 특히 '원주율을 몇 자리까지 표현할 수 있는가'는 수많은 수학자들의 도전과제이기도 하다.

(1) 원주율의 기념일과 기념우표가 나오다

우리는 3월 14일을 발렌타인데이와 반대로 남자가 여자에게 사랑을 고백하는 날이라고 하여 화이트데이라 한다. 하지만 수학자들은 3월 14일을 원주율 π가 $3.1415926\cdots$임을 기념하기 위하여 '파이(π)데이'라고 이름 붙였다. 프랑스의 수학자이자 선교사인 자르투(P. Jartoux)가 고안해냈다고도 하고, 3월 14일이 천재 물리학자 아인슈타인의 생일이기 때문에 아인슈타인에게서 파이데이의 기원을 찾는 이들도 있다.

파이데이가 유명해진 것은 미국과 유럽을 중심으로 1990년대 초반 하버드, MIT, 옥스퍼드 등 미국과 유럽 대학에서 수학을 전공한 학생들이 파이클럽을 만들어 파이데이 기념행사들을 열기 시작하면서부터이다. 이들이 원주율 $3.14159\cdots$를 기념하기 위해 3월 14일 1시 59분에 만나는 행사를 벌인 것이다.

보통 3.14159라는 숫자에 맞추기 위해 오후 1시 59분에 기념하는데, 오후 1시 59분은 엄밀히 말하면 13:59이기 때문에 오전 1시 59분에 치러야 한다는 의견도 있다. 어쨌든 수학 선진국인 유럽이나 미국 등지에서 파이데이는 꽤나 보편화된 행사이다.

(2) π는 원의 넓이와 어떤 관계가 있을까

반지름이 r인 원의 넓이가 πr^2임을 이끌어내는 추론을 언급하고자 한다. 다음 쪽 그림과 같이 원을 밑면의 길이가 a이고 높이는 반지름 r과 거의 같은 좁은 이등변삼각형들로 $2n$개로 쪼개보면 원의 넓이와 근사적으로 같은 다각형을 만들 수 있다. 이등변삼각형들을 서로 이웃하는 것끼리 합치면 넓이가 대략 $a\times r$인 직사각형을 만들 수 있고, 다각형 전체의 넓이는 $n\times a\times r$이 된다. $n\times a$는 대략 원둘레의 절반에 해당하므로 그 값은 πr이다. 따라서 다각형의 넓이는 $\pi r\times r=\pi r^2$이다. 더 작은 삼각형으로 쪼갤수록 근삿값도 실제값에 더 가까워질 것이고, 극한을 적용하면 원의 넓이는 πr^2라는 결론을 내릴 수 있다.

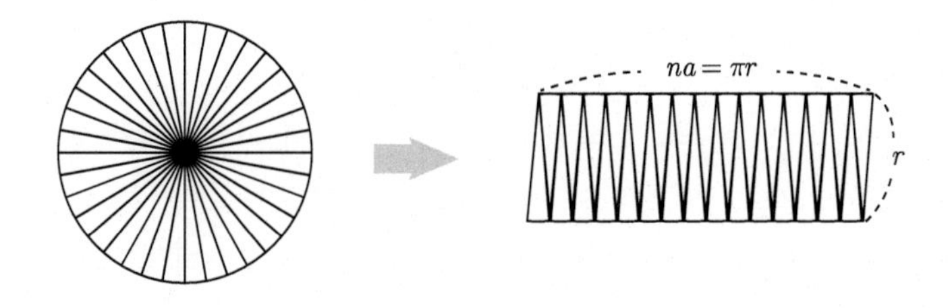

2 원주율의 근삿값 구하기

(1) 바빌로니아의 계산 방법

1936년에 바빌론에서 약 200마일 떨어진 곳에서 서판 하나를 발굴했는데 여기에는 정육각형의 둘레와 그 외접원의 원의 둘레의 비가 $\frac{57}{60}+\frac{36}{60^2}$으로 쓰여 있었다. 바빌로니아인들은 정육각형의 둘레가 외접원의 반지름에 정확히 6배가 된다는 사실을 알고 있었다. 따라서 r을 반지름의 길이, c를 외접원의 둘레로 하면 정육각형 둘레와 그 외접원 둘레의 비 $\frac{6r}{c}$의 값이 그 서판에 기록되어 있다. $\pi=\frac{c}{2r}$로 정의하면 $\frac{6r}{c}=\frac{3}{\pi}=\frac{57}{60}+\frac{36}{60^2}$이 되므로 $\pi=3\frac{1}{8}=3.125$로 계산하였다고 한다.

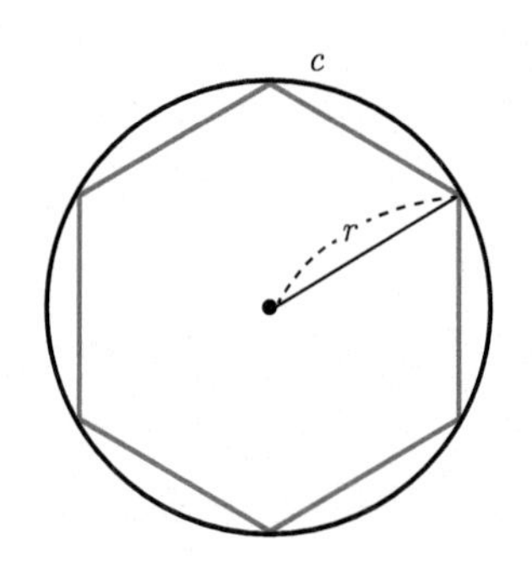

(2) 고대 이집트

구약성서 또는 탈무드에 보면 기원전 3000년경 고대시대에 원주율의 근삿값을 3으로 사용했다. 고대 이집트인들은 이집트 나일 강 주변의 모래판 위에서 막대와 끈만으로 π의 값을 구했다. 끈의 한쪽을 말뚝에 고정하고 다른 쪽에는 막대를 묶어 팽팽하게 당겨서 원을 그린다. 끈을 이용하여 원의 지름을 잰 후 원둘레를 따라 길이를 재어보면 원둘레는 지름의 3배보다 약간의 여분이 남게 된다는 것을 알았다. 이 여분의 길이에 해당하는 줄을 가지고 다시 지름의 길이를 측정해보면 일곱 번과 여덟 번 사이에 놓이게 된다. 이는 여분의 길이가 지름의 길이에 $\frac{1}{7}$과 $\frac{1}{8}$배 사이라고 측정되어 두 번째 측정값으로 $3\frac{1}{8} < \pi < 3\frac{1}{7}$을 얻을 수 있다. 사실 $\pi = 3 + \frac{1}{7} = 3.142857\cdots$이다.

기원전 1650년경 이집트의 서기 아메스(Ahmes)가 쓴 고대 이집트의 책 린드 《파피루스》에는 84개의 문제와 그 해답이 들어 있다. 이 중 50번 문제에서는 '원의 모양의 밭의 넓이가 지름의 $\frac{8}{9}$인 길이를 한 변으로 하는 정사각형의 넓이와 같다'고 가정하였다. 즉, 원의 반지름의 길이를 1이라 하면 원의 넓이 공식 $A = \pi r^2$을 이용하면

$$\pi = \left(2 \times \frac{8}{9}\right)^2 = \left(\frac{16}{9}\right)^2 = \frac{256}{81} = 3.1605\cdots$$

임을 알 수 있다. 이처럼 피라미드를 건설했던 고대 이집트 사람들은 실용적인 기하학 지식이 매우 뛰어났음을 짐작할 수 있다.

(3) 아르키메데스

그리스의 유명한 수학자 아르키메데스는 π값을 구하기 위하여, "원의 둘레는 그 원에 내접하는 다각형의 둘레보다는 길고 외접하는 다각형의 둘레보다는 짧다"는 성질을 이용하였다. 여러 일화들을 남긴

그는 정육각형에서 시작하여 정다각형의 변의 수를 두 배로 늘려가며 원에 내접, 외접하는 정96각형을 만들고 이를 이용하여 원주율을 계산한 결과, 3과 10/71보다는 크고, 3과 1/7보다는 작다는 사실을 알았다. 다시 말해, 다음과 같다.

$$3\frac{10}{71} < \pi < 3\frac{10}{70},\ \text{즉}\ 3.14084 < \pi < 3.142858$$

$\pi = 3.14\cdots$ 라는 값은 그가 밝힌 것이며 이 근삿값은 오늘날까지도 널리 쓰이고 있다.

보기 1

아래 그림과 같이 반지름 1인 원에 내접하는 정육각형, 외접하는 정육각형을 이용하여 원주율 π값의 범위를 구하시오.

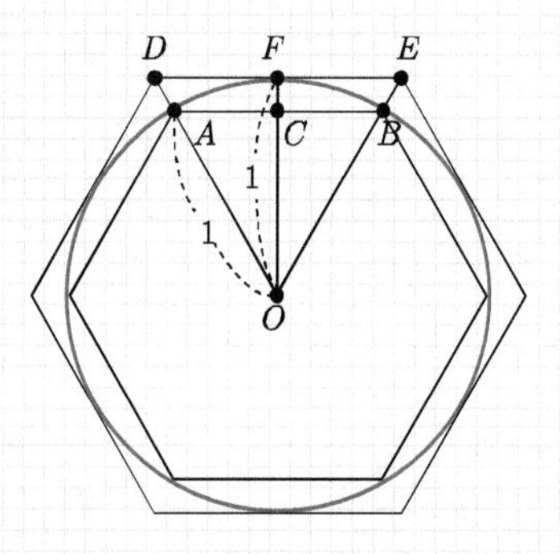

풀이 $\triangle AOB$는 정삼각형이므로 $\overline{AB}=1$이고 피타고라스 정리에 의하여 $\overline{OC}=\frac{\sqrt{3}}{2}$이다. $\triangle ACO$와 $\triangle DFO$에서 대응하는 두 각이 같으므로 $\triangle ACO$와 $\triangle DFO$는 닮은삼각형이다. 따라서 $\overline{OC}:\overline{OF}=\overline{AC}:\overline{DF}$이므로 $\frac{\sqrt{3}}{2}:1=\frac{1}{2}:\overline{DF}$, 즉 $\overline{DF}=\frac{1}{\sqrt{3}}$이다.

$\overline{AB}=1$, $\overline{DE}=2\overline{DF}=\frac{2}{\sqrt{3}}$는 내접하는 정육각형의 한 변의 길

이와 외접하는 정육각형의 한 변의 길이이므로 내접하는 정육각형의 둘레는 6이고, 외접하는 정육각형의 둘레는 $6\times\dfrac{2}{\sqrt{3}}=4\sqrt{3}$ 이다.
원주의 길이는 2π이므로 $6<2\pi<4\sqrt{3}$, 즉 $3<\pi<2\sqrt{3}$ 이다.

아래 표는 지름이 1인 원에 대하여 아르키메데스의 방법을 적용하여 얻은 값들이다. 여기서는 정사각형에서 시작하여 변의 수를 배씩 늘렸다.

정다각형의 변의 수	내접하는 정다각형의 둘레	외접하는 정다각형의 둘레
4	2.8284271	4.0000000
8	3.0614675	3.3137085
16	3.1214452	3.1825979
32	3.1365485	3.1517249
64	3.1403312	3.1441184
128	3.1412773	3.1422236
256	3.1415138	3.1417504
512	3.1415729	3.1416321
1024	3.1415877	3.1415025
2048	3.1415914	3.1415951

(4) 약 150년경 프톨레마이오스(Claudius Ptolemy)는 그의 유명한 책 《수학대계》에서 π를 3.1416으로 사용하였다.

(5) 중국의 원주율

고대 동양에서도 당시 서양 못지않게 정확한 원주율 값들을 계산한 바 있다. 1세기경에 쓰인 것으로 추측되는 고대 중국의 유명한 수학 교과서 《구장산술》(九章算術)은 246가지의 예제가 실려있는 당대 세계 최고 수준의 수학책이라 볼 수 있는데, 초기에 이 책에 나타난 원주율은 약 3 정도였다. 그러나 훗날 《구장산술》에 주석을 단 수학자 유휘(劉徽)는, 3세기경에 무한등비급수와 유사한 방법을 적용하여 아르키메데스보다 훨씬 더 정밀한 원주율 값을 계산했다. 또한 5세기경에 중국 남북조 시대 송(宋)나라의 수학자이자 과학자였던 조충지(祖沖之, 429~500)는 비슷한 방법으로 $\pi=3.1415926\cdots$라는 놀랄만한 원주율 값을 계산해 자신의 책 《철술》(綴術)에 기록하였다. 이는 355/113이라는 근삿값으로 서양에도 전해졌고, 이는 소수 6자리까지 정확한 π의 근삿값이다. 서양에서는 15세기까지도 이처럼 정확한 원주율 값은 나오지 않았다.

탐구문제

(1) 아래에 반지름이 1인 사분원(원의 사분의 일)이 있다. $\overline{AO}$는 $\frac{7}{8}$이고, 선분 AB 위에 $\overline{CB}$의 길이가 $\frac{1}{2}$이 되도록 점 C를 잡는다. 또 $\overline{AO}$와 평행하게 $\overline{CD}$를 긋고, $\overline{AD}$와 평행하게 $\overline{CE}$를 긋는다. 여기서 $\overline{AB}$의 길이를 구하시오.

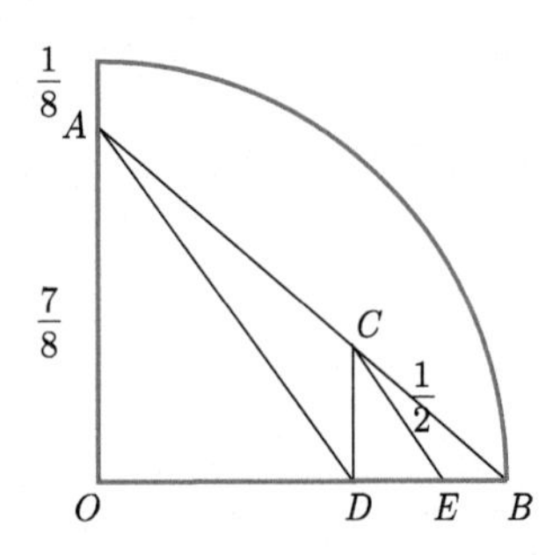

(2) $\triangle CDB$와 $\triangle AOB$는 서로 닮은삼각형이고, $\triangle CEB$와 $\triangle ADB$는 서로 닮은삼각형임을 설명하고, 이를 이용하여 $\overline{EB}$의 길이를 구하시오.

(3) π의 근삿값을 작도하시오.

(6) 인도의 원주율

고대 인도에서도 $\pi = 3.1416$을 사용했다는 기록을 380년에 출간된 《싯단타》(Siddhantes, 천문학체계)나 《아리아바티아》(Aryabhatiya, 천문학책) 등의 문헌에서 볼 수 있다. 또한 인도 수학자 브라마굽타는 서기 500년경에 π의 값으로 $\sqrt{10} = 3.162277\cdots$을 사용했다. 이 값은 π의 실제값과 비교하면 소수점 두 번째 자리부터 달라지기 때문에 대충 3이라고 해서 그리 나은 것이 없었다. 약 1150년경에 인도 수학자 바스카라는 π의 값을 3927/1250=3.1416으로 주었다.

(7) 근래의 원주율

1761년에 람베르트(J. Lambert)가 원주율 π가 무리수임을 증명하였다. 1882년 린데만은 π가 무리수로서, 특히 초월수라는 사실을 보여주었다. 이를 증명하는 과정에서 린데만은 원과 같은 넓이의 정사각형을 작도하는 것이 불가능하다는 사실도 함께 증명하였다.

오늘날 π는 수학에서 중요한 상수의 역할을 하고 있다. 특히 삼각함수나 무한급수이론, 그리고 주기함수를 계산하는 것은 그 수들의 배열에 어떤 규칙성이 있는지를 연구하는 것인데, 아직까지 π의 어떤 규칙성도 알려진 것이 없다.

3 원주율 π의 유명한 공식

π값을 구하는 데는 엄청난 계산과정이 필요하므로 새로 개발한 슈퍼컴퓨터 성능을 시험하거나 확인하는 방법으로 이용되기도 한다. 현재로는 전개 공식에 의한 π의 계산법이 π의 자릿수를 늘이는 유일한 방법이 된 것 같다. 여러 가지 전개 공식은 어느 것이나 장단점이 있다.

(1) 비에트의 공식(1579)

원에 내접하는 정i다각형의 넓이를 S_i로 나타내면 일반적으로 $S_i / S_{2i} = \cos(\pi / i)$이다. 원의 지름을 1로 하고, 이 원에 내접하는 정4, 8, 16, … 각형의 넓이를 계산한다. 먼저 원에 내접하는 정4각형의 넓이는 $\frac{1}{\sqrt{2}} \times \frac{1}{\sqrt{2}} = \frac{1}{2}$이고, 변수를 2배로 늘인 정8각형의 넓이 S_8과 다시 2배로 늘인 정16각형의 넓이 S_{16}는

$$S_8 = \frac{\sqrt{2}}{2} = \frac{1}{2\sqrt{\frac{1}{2}}}, \quad S_{16} = \frac{1}{2\sqrt{\frac{1}{2}} \cdot \sqrt{\frac{1}{2} + \frac{1}{2}\sqrt{\frac{1}{2}}}}$$

이다. 비에트는 이러한 계산의 결과를 바탕으로 내접 정다각형의 변수를 아주 크게 하면,

$$\frac{1}{2\sqrt{\frac{1}{2}} \cdot \sqrt{\frac{1}{2} + \frac{1}{2}\sqrt{\frac{1}{2}}} \cdot \sqrt{\frac{1}{2} + \frac{1}{2}\sqrt{\frac{1}{2} + \frac{1}{2}\sqrt{\frac{1}{2}}}} \cdots}$$

의 꼴로 표현될 것으로 추측하였다. 그런데 지름 1인 원의 넓이는 $\pi(1/2)^2$이므로 다음과 같은 비에트의 공식을 얻을 수 있다.

$$\frac{2}{\pi} = \sqrt{\frac{1}{2}} \cdot \sqrt{\frac{1}{2} + \frac{1}{2}\sqrt{\frac{1}{2}}} \cdot \sqrt{\frac{1}{2} + \frac{1}{2}\sqrt{\frac{1}{2} + \frac{1}{2}\sqrt{\frac{1}{2}}}} \cdots$$

(2) 월리스의 공식

미적분의 출현으로 새로운 접근방법을 이용해서 1655년에 왈리스(J. Wallis)는 다음 형태의 무한곱을 얻었다.

$$\frac{\pi}{2} = \frac{2}{1} \times \frac{2}{3} \times \frac{4}{3} \times \frac{4}{5} \times \frac{6}{5} \times \frac{6}{7} \times \cdots = \frac{2 \cdot 2 \cdot 4 \cdot 4 \cdot 6 \cdot 6 \cdots}{1 \cdot 3 \cdot 3 \cdot 5 \cdot 5 \cdot 7 \cdots}$$

(3) 그레고리-라이프니츠 급수(1673년)

$$\frac{\pi}{4} = 1 - \frac{1}{3} + \frac{1}{5} - \frac{1}{7} + \frac{1}{9} - \frac{1}{11} + \cdots$$

이 수식의 형식은 간단하지만 결점은 π에 수렴하는 과정이 매우 늦다는 것이다. 위 전개식은 1671년에 스코틀랜드의 수학자 그레고리(J. Gregory)가 얻은 무한급수

$$\tan^{-1}x = x - \frac{x^3}{3} + \frac{x^5}{5} - \frac{x^7}{7} + \cdots$$

에서 $x = 1$일 때 얻을 수 있다. 이 전개식을 조금 개선하면 수렴 속도가 빨라진다. 두 항씩 묶어

$$\begin{aligned}\frac{\pi}{4} &= \left(1 - \frac{1}{3}\right) + \left(\frac{1}{5} - \frac{1}{7}\right) + \left(\frac{1}{9} - \frac{1}{11}\right) + \cdots \\ &= \frac{2}{1\cdot 3} + \frac{2}{5\cdot 7} + \frac{2}{9\cdot 11} + \frac{2}{13\cdot 15} + \cdots\end{aligned}$$

로 계산하면 수렴 속도가 조금 나아진다.

(1) $\tan y = x$에서 x에 관하여 미분하면 $\sec^2 y\,\frac{dy}{dx} = 1$이므로

$$\frac{d}{dx}\tan^{-1}x = \frac{dy}{dx} = \frac{1}{\sec^2 y} = \frac{1}{1 + \tan^2 y} = \frac{1}{1 + x^2}$$

이다.

(2) $|t| < 1$일 때 기하급수

$$\frac{1}{1 + t^2} = 1 - t^2 + t^4 - t^6 + \cdots + (-1)^n t^{2n} + \cdots$$

로 전개 가능하고, 양변을 적분하면

$$\begin{aligned}\tan^{-1}x &= \int_0^x \frac{1}{1+t^2}\,dt \\ &= \int_0^x [1-t^2+t^4-t^6+\cdots+(-1)^n t^{2n}+\cdots]\,dt \\ &= x-\frac{x^3}{3}+\frac{x^5}{5}-\frac{x^7}{7}+\frac{x^9}{9}-\cdots\end{aligned}$$

이므로 위 그레고리의 무한급수를 얻을 수 있다.

(4) 마친의 공식(1706)

마친(J. Machin)은 그레고리 급수를 교묘히 조합하여 수렴이 빠르고 필산에 편리한 다음 공식을 만들었다.

$$\pi = 16\arctan\frac{1}{5} - 4\arctan\frac{1}{239}$$

이 식을 이용하여 1706년에 처음으로 π를 컴퓨터로 소수점 아래 100자리까지 구했다. 생크스(Shanks)는 이것으로 1873년에 π의 소수점 아래 707개의 숫자를 계산했으나 나중에 이 계산은 527번째 자리 수부터 틀렸다는 것이 밝혀졌다.

(5) 오일러

오일러는 1736년에 무한급수의 합으로 π의 값을 나타내는 방법 중에서 전혀 예상하지 못한 형태의 놀라운 다음과 같은 무한급수를 발견하였다.

$$\frac{\pi^2}{6}=1+\frac{1}{2^2}+\frac{1}{3^2}+\frac{1}{4^2}+\cdots,\quad \frac{\pi^4}{90}=\frac{1}{1^4}+\frac{1}{2^4}+\frac{1}{3^4}+\frac{1}{4^4}+\cdots$$

마친과 오일러의 공식은 실용적이고 수렴도 다른 것에 비하여 빠른 것 같지만 10항이나 20항에서는 기원전의 아르키메데스의 것에도 미치지 못했다. $\sin^{-1}\frac{1}{2}$을 사용한 뉴턴의 방법은 비교적 빨리 π로 수렴하는 것 같으나 실제 문제로써 실용 가치가 있었던 것 같다. 실제로 π의 근삿값은 3.1416이나 355/113으로 충분하다.

4 컴퓨터를 활용한 원주율의 근삿값 계산

원주율은 그 끝을 알 수 없는 무리수(두 정수의 비로 나타낼 수 없는 수)이고 초월수(대수 방정식의 근이 되지 못하는 수)이며, 어떤 특정한 규칙이 없기 때문에 π값을 구하는 데는 엄청난 계산과정이 필요하다.

인도 수학자 라마누잔(Ramanujan, Srinivasa)이 개발한 매우 효과적인 π의 계산법과 컴퓨터의 도움으로 π값 계산의 경쟁은 치열하다. 2016년 현재 슈퍼컴퓨터를 통해 소수점 아래 22.4조 자리까지 밝혀진 상태다. π값은 우리가 원하는 자릿수만큼 얼마든지 구할 수 있는가? 이 질문의 본질은 π값을 구하는 좀 더 빠른 알고리즘 개발과 컴퓨터의 발전을 의미한다. 사실 슈퍼컴퓨터의 개발 후 성능 시험용으로 π의 계산을 돌린다고도 한다.

1949년 9월에 최초로 컴퓨터 애니악(ENIAC)을 이용하여 마친의 공식

$$\frac{\pi}{4} = 4\tan^{-1}\frac{1}{5} - \tan^{-1}\frac{1}{239}$$

으로 70시간에 걸쳐 소수점 아래 2,037자리까지 계산하였다.

원주율 계산에 컴퓨터를 도입한 이후 원주율 계산은 단순 알고리즘의 무한 반복에 불과한 작업이 되어 수학적 의미를 잃는 점도 있다. π 계산의 동기는 이 계산으로 컴퓨터 하드웨어와 소프트웨어의

검사를 훌륭하게 할 수 있다는 점이다. 계산 과정의 단 하나의 오차가 있어도 최종결과는 거의 확실하게 틀리기 때문이다. 한편 π의 독립적인 두 계산이 일치한다면 두 컴퓨터는 모두 수십 억 또는 수조 번의 연산을 거의 확실하게 결점이 없이 수행했다고 본다. 예를 들어, 1986년에 π계산 프로그램으로 크레이-2 슈퍼 컴퓨터의 눈에 띄지 않는 하드웨어 결함을 찾아낸 바 있다.

1997년 일본 도쿄대학 대형계산기센터의 카네다 야스마사(金田 康正, Yasumasa Kanada) 교수팀이 최신 슈퍼컴퓨터를 이용, 원주율을 소수점 이하 515억 자리까지 계산했다.

2002년 9월에 일본 도쿄대학의 카네다 교수가 9명의 연구원과 함께 슈퍼컴퓨터를 4백 시간 동안 돌려 π값을 1조2411억 자리까지 계산했다(지구 62바퀴나 돌 수 있는 거리, A4 용지 3억7000만 장).

2009년 9월 일본 쓰쿠바(筑波)대학 계산과학연구센터는 슈퍼컴퓨터

발표 시기	계산한 사람	계산 기종	소요시간	소수점 이하 자릿수
1949	Reitwiesner등	ENIAC	70	2,037
1958	Felton	Pegasus	33	10,020
1961	Shanks & Wrench	IBM-7090	8시간 42분	100,265
1967	프랑스	CDC-6600		500,000
1973	Guilloud & Bouyer	CDC-7600	23	1,001,250
1983	金田 & 吉野	HITAC M-280H	30시간 이상	16,777,209
1988	金田 & 吉野	HITAC S-820 모델 80	5시간 57분	2억 132만 6,551
1989	Chudonovsky 형제	CRAY-2와 IBM 3090		4억 8천만
1989	金田	S-820	160시간	10억 7,374만
1991	Chudonovsky형제			21억 6천만
1993	Chudonovsky형제			16억 1,061만
1995	金田 康正	HITAC S-3800/480		64억
1997	金田 康正	HITAC SR-2201	66시간	515억3,960만7,552

를 이용해 원주율 수치를 2조5769억8037만 자리까지(73시간36분) 계산, 그 이후 프랑스에서는 2조7천억 자리까지 계산하였다.

2010년 8월 3일에는 일본의 회사원 곤도 시게루(近藤茂)가 소수점 이하 5조 자리까지 계산하였다(90일 7시간 소요, 검증 기간 포함, PC 사용).

2011년 10월 17일 일본 나가노현 이다시의 회사원 곤도 시게루가 자택 컴퓨터로 원주율을 소수점 이하 10조 자리까지, 2016년 11월 11일 스위스의 입자 물리학자인 페터 트뤼프(Peter Trüb)는 105일 동안 계산하여 원주율을 소수점 이하 22조4591억5771만8361자리까지 계산했다.

5 원주율의 빈도 문제와 특성

π값에서 0부터 9까지 10개의 숫자가 똑같은 빈도로 나타나는가? 1997년에 π값을 구하는 과정에서 0123456789라는 수의 배열을 처음으로 발견하였고 이 수의 배열은 소수 17,387,594,880째 자리에서 시작된다. 특정한 수의 배열이 나타나는지에 대한 관심은 "동일한 길이의 자리군이 똑같은 빈도로 나타나는가?"와도 관련이 있다. 흥미롭게도 '0123456789'는 5백억 자리까지 계산과정에 6번 나타나고, '9876543210'은 5번이 나타난다.

독일의 수학자 루돌프(Ludolph van Ceulen, 1540~1610)는 그의 전 생애를 바쳐 원주율을 계산했다. 원에 내접하는 정다각형과 외접하는 정다각형을 그려서 원주율을 소수점 아래 35자리까지 계산하였다. 그는 죽을 때, 그가 한평생 계산하여 얻은 원주율 값을 그의 묘비에 새겨줄 것을 유언했다고 한다. 처음에는 이러한 방법으로 원주율의 완전한 값을 구할 수 있을 것이라 생각했으나 16세기 중엽에 이르러서 프랑스의 수학자 프랑수아 비에타(1543~1603)가 원주율은 일정한 법칙에 따라 끝없이 계산할 수 있는 수라는 것을 증명했다.

영국의 수학자 뉴턴(Newton, 1642~1727)과 비슷한 시기에 살았던 윌리엄 존스(William Jones)는 그의 저서 《수학의 새로운 입문서》에서 원주율을, 지름의 길이가 1인 원의 둘레를 의미하는 Periphery로 할 것을 제안했다. 그리고 스위스의 수학자 오일러(Euler, 1707~1783)는 '둘레'를 뜻하는 그리스어 πρτψτετα의 첫 글자 π를 원주율로 나타내었는데, 이런 표기가 오늘에 이르게 된 것이다. 1767년에 람베르트는 π가 무리수이고, 1794년에 르장드르가 π^2이 무리수라는 것을 증명하였다. 그리고 한 세기가 지난 1882년에는 린데만이 "π는 대수적 수+가 될 수 없는 초월수"라는 사실을 증명했다.

오늘날에는 더 이상 정확한 원주율 값을 계산하려고 노력하는 사람은 거의 없을 것이고, 컴퓨터에 의한 원주율의 계산은 도리어 컴퓨터의 성능을 시험해보려는 것이 주요 목적일 것이다. 그러나 지금의 결과를 얻기까지 수많은 수학자, 과학자들의 피땀 어린 노력이 수천 년간 이어졌으며, 이는 곧 오늘날의 수학과 과학문명을 이루게 된 한 원동력이 되어 왔음을 잊지 말아야 할 것이다. 베토벤이 '자신의 음악이 99% 땀의 결정이며, 천재성이 발휘된 것은 1%에 지나지 않는다'고 이야기했듯이 원주율의 계산 등 수학에는 창의성과 끈기가 필요하다.

+ 어떤 수가 유리수를 계수로 갖는 다항식의 근이면 이 수를 대수적 수라 부르고, 그렇지 않으면 초월수라고 한다.

연습문제 03

1 **(옛날 사람의 방법으로 π의 근삿값 구하기)** 다음을 구하시오.

(1) 줄자를 이용하여 π값의 범위를 구하시오.

(2) 끈을 이용하여 π의 근삿값을 더 정확히 알 수 있는 방법을 생각하시오.

(3) 이집트의 파피루스에 의하면, 이집트 사람들은 원의 넓이를 원의 지름의 $\frac{8}{9}$가 되는 길이를 한 변으로 하는 정사각형의 넓이와 같다고 생각했다. 이집트 사람들은 π값을 얼마라고 생각했을까?

(4) 다음 그림을 보고 π의 근삿값을 구하시오.

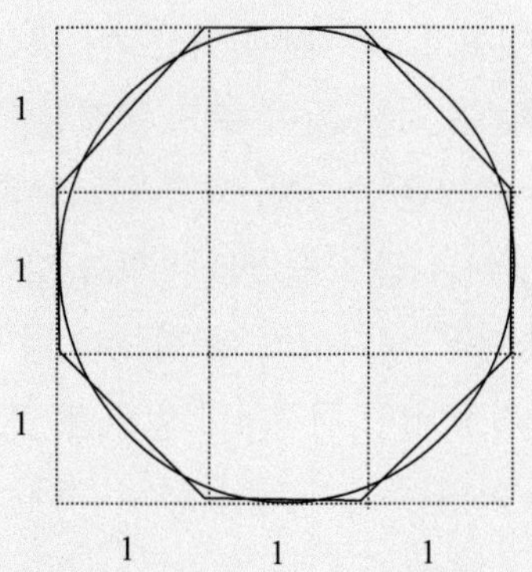

2 원 안의 정육각형 넓이와 원 밖의 정육각형 넓이를 구하여 원의 넓이가 얼마인지 어림하려고 한다. 삼각형 ㄴㅇㄹ의 넓이가 24 cm^2, 삼각형 ㄱㅇㄷ의 넓이가 32 cm^{2}이면 원의 넓이는 얼마인지 어림하시오.

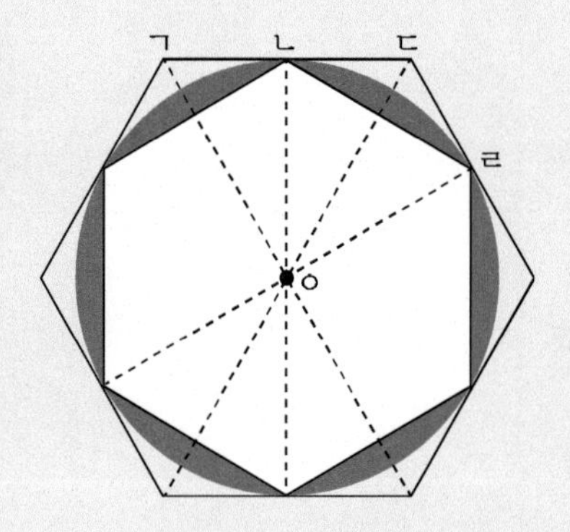

04 피타고라스의 정리

건물 설계와 건축의 중요한 요소

1 피타고라스의 정리란

우리는 중학교 3학년에서 피타고라스의 정리를 배운다. 피타고라스는 '직각삼각형에서 빗변의 길이의 제곱은 다른 두 변의 길이의 제곱의 합과 같다'는 사실을 처음으로 증명하였는데, 한 변의 길이가 1인 정사각형의 빗변의 길이가 $\sqrt{2}$ 가 된다.

직각을 정확히 잴 때, 두 변의 실측값을 가지고 실측할 수 없는 다른 변을 산출할 때 등에 사용되는 피타고라스의 정리는 아주 친근하다. 일상생활에서도 벽에 사다리를 기대어 세우거나 가구를 조립할 때, 직각을 구할 때 사용할 수 있다. 또한 텔레비전 화면의 크기는 대각선의 길이를 인치로 표기한 수치로 나타낸다. 42인치 텔레비전이면 그 대각선의 길이는 미터로 환산했을 때 약 1 m이다. 피타고라스의 정리는 평면 도형이나 입체 도형, 함수에도 활용되어 정리와 이론의 발견, 여러 가지 문제의 해결 등에 크게 공헌했다.

피타고라스의 정리

직각삼각형 ABC에서 직각을 낀 두 변의 길이를 각각 a, b라 하고, 빗변의 길이를 c라 하면 $a^2+b^2=c^2$이다.

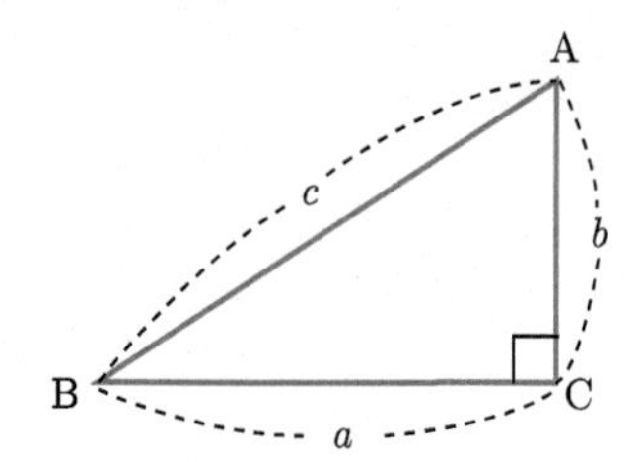

탐색문제

사람이 다니는 인도의 보도블록 모양에서 보듯이 아래 하늘색을 칠한 직각삼각형의 각 변 위에 두 정사각형의 넓이와 옆의 큰 사각형의 넓이를 비교해보아라. 회색을 칠한 두 작은 정사각형의 넓이의 합은 삼각형의 개수만 헤아려보아도 큰 정사각형의 넓이와 같다는 것을 쉽게 알 수 있다.

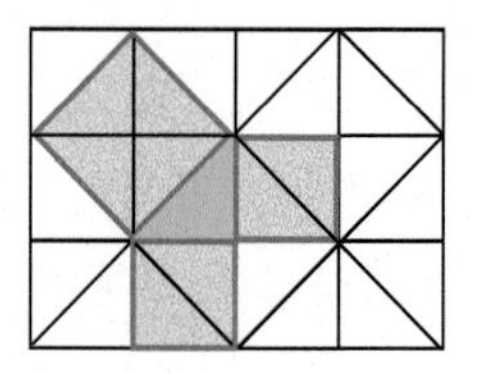

피타고라스의 정리를 넓이의 개념으로 이해하다

$\angle$C를 직각으로 하는 직각삼각형 ABC에서 피타고라스의 정리 $\overline{AB}^2=\overline{BC}^2+\overline{CA}^2$, 즉 $a^2+b^2=c^2$가 성립한다. 직각삼각형 ABC의 세 변의 길이가 $a=3$, $b=4$, $c=5$인 경우에 $3^2+4^2=5^2$을 만족하고, $a=5$, $b=12$, $c=13$인 경우에 $5^2+12^2=13^2$을 만족하듯

이 피타고라스의 정리는 직각삼각형의 빗변 c 위의 정사각형의 넓이는 다른 두 변 a, b 위의 정사각형의 넓이의 합과 같다는 것을 의미한다. 이 정리의 역도 성립한다.

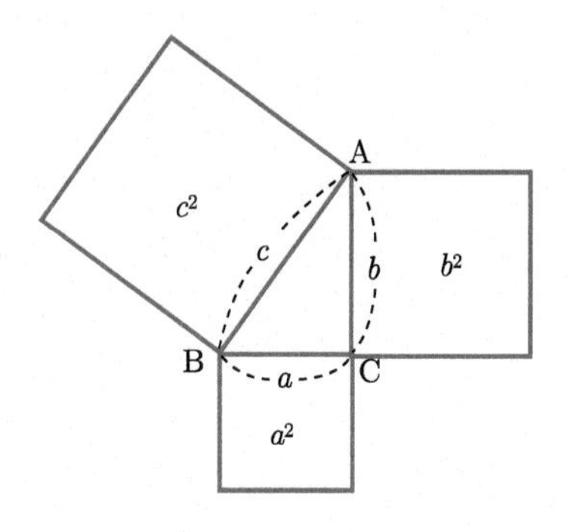

2 무리수의 발견과 존재성을 밝히다

직선 위에 원점 O을 정하고 한 변의 길이가 1인 정사각형을 작도한다. 이 정사각형의 대각선 길이는 피타고라스의 정리에 의하여 $\sqrt{2}$ 이다. 중심이 O이고 반지름 $\sqrt{2}$ 인 원을 그릴 때 주어진 직선과 만나는 점을 Q라 하면 $\overline{OQ}=\sqrt{2}$ 이다. 이처럼 직선 위에 $\sqrt{2}$ 를 표시할 수 있다.

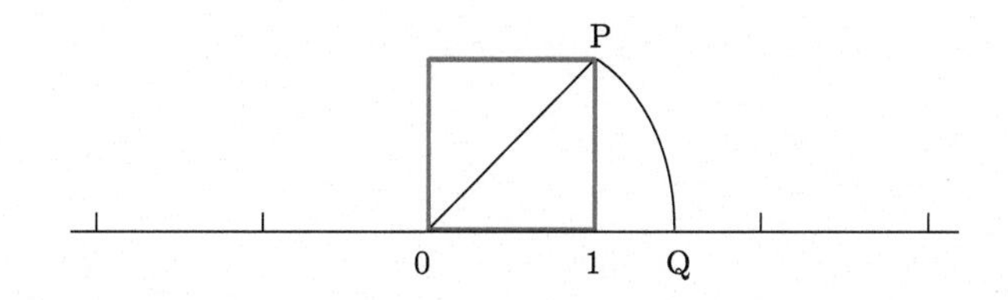

한 변의 길이가 1인 다음 정사각형 AA_1B_1B에서 $\overline{AB_1}=\overline{AA_2}$, $\overline{AB_2}=\overline{AA_3}$, $\overline{AB_3}=\overline{AA_4}$, $\overline{AB_4}=\overline{AA_5}$일 때 피타고라스의 정리

를 적용하면 $\overline{AB_2}= \sqrt{2}$, $\overline{AB_5}= \sqrt{3}$, $\overline{AB_4}= \sqrt{4}=2$, $\overline{AB_5}= \sqrt{5}$ 이다. 이처럼 직선 위에 무리수 $\sqrt{3}$, $\sqrt{5}$, $\sqrt{7}$, $\sqrt{11}$ 등을 표시할 수 있다.

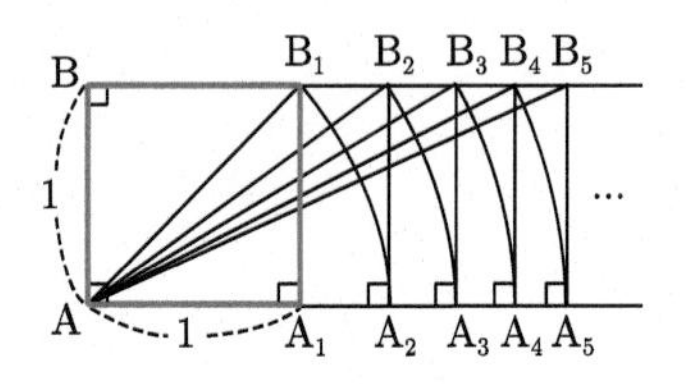

정리 $\sqrt{2}$는 무리수이다.

증명 $\sqrt{2}$는 유리수, 즉 $\sqrt{2}=\frac{p}{q}$(p, q는 서로소인 자연수)라고 가정하자. 그러면 $p=\sqrt{2}\,q$이므로 양변을 제곱하면 $p^2=2q^2$이다. p^2는 어떤 정수의 2배이므로 p^2는 짝수이다. 따라서 p는 짝수이므로 $p=2k$(단, k는 자연수)로 표현할 수 있다. 이를 위 식에 대입하면 $4k^2=2q^2$, 즉 $2k^2=q^2$이다. 따라서 q^2는 짝수이므로 q도 짝수이다. 따라서 p와 q는 짝수이므로 서로소라는 가정에 모순이다. 그러므로 $\sqrt{2}$는 무리수이다. ■

피타고라스의 제자 히파소스는 정사각형의 대각선의 길이를 표현할 수 있는 어떤 정수도 존재하지 않음을 증명하였다. 히파소스의 증명이 있기 전까지 모든 피타고라스학파 사람들은 정수의 비로 모든 기하학적인 대상을 표현할 수 있다고 믿고 있었다. 비록 한 변의 길이가 1인 정사각형의 대각선의 길이를 나타낼 수 있는 분수를 아무도 찾지는 못하였어도 그들은 아직 찾지 못한 어떤 정수의 비가 존재할 것이라고 믿었다. 피타고라스학파는 다른 수의 존재의 필요성을 받아들이려 하지 않았다. 따라서 히파소스의 증명으로 그들은 혼란에 빠졌고 대각선의 길이인 $\sqrt{2}$가 무리수가 아니라고 주장하였다.

3 피타고라스의 세 수

양의 정수 a, b, c에 대하여 $x=a$, $y=b$, $z=c$가 부정방정식(不定方程式) $x^2+y^2=z^2$의 해, 즉 $a^2+b^2=c^2$일 때, 양의 정수 a, b, c를 **피타고라스의 세 수**(Pythagorean triple)라고 한다. 특히, $(a, b)=1$일 때, $x=a$, $y=b$, $z=c$를 부정방정식 $x^2+y^2=z^2$의 **원시해**(primitive solution) 또는 원시적인 피타고라스의 세 수(primitive Pythagorean triple)라고 한다. 예를 들어, $x=9$, $y=12$, $z=15$는 $9^2+12^2=15^2$을 만족하므로 피타고라스의 세 수이다. 또한 $x=5$, $y=12$, $z=13$은 $5^2+12^2=13^2$을 만족하고, 5와 12는 서로소이므로, 부정방정식 $x^2+y^2=z^2$의 원시적인 피타고라스의 세 수이다.

세 양의 정수 a, b, c가 피타고라스의 세 수이면, b, a, c도 피타고라스의 세 수이고 또 임의의 정수 d에 대하여 $(da)^2+(db)^2=(dc)^2$이 되므로 da, db, dc도 피타고라스의 세 수이다.

또한 m, n이 $(m, n)=1$, $m>n\geq 1$인 정수이고 m, n 중 하나는 짝수이고, 다른 하나는 홀수라고 하면

m	n	a	b	c
		m^2-n^2	$2mn$	m^2+n^2
2	1	3	4	5
3	2	5	12	13
4	1	15	8	17
4	3	7	24	25
5	2	21	20	29
5	4	9	40	41
6	1	35	12	37
6	5	11	60	61
7	2	45	28	53
7	4	33	56	65
⋮	⋮	⋮	⋮	⋮

$$
\begin{aligned}
(m^2-n^2)^2+(2mn)^2 &= m^4-2m^2n^2+n^4+4m^2n^2 \\
&= m^4+2m^2n^2+n^4 \\
&= (m^2+n^2)^2
\end{aligned}
$$

이므로, m^2-n^2, $2mn$, m^2+n^2은 피타고라스의 세 수이다.

4 피타고라스의 정리에 대한 다양한 증명

'직각삼각형의 빗변의 제곱은 다른 두 변의 제곱의 합과 같다'는 피타고라스의 정리는 피타고라스 시대 이래로 수많은 증명이 나왔다. 루미스는 그의 책 《피타고라스 명제》에서 피타고라스 정리의 증명법을 367가지나 소개하였는데 그 중에는 레오나르도 다빈치의 증명법이나 미국의 가필드 대통령에 의한 증명법도 포함되어 있다. 또한 유클리드 증명법, 바스카라 증명법, 캄파의 증명법, 페리갈 증명법, 호킨스 증명법, 아나리지의 증명법, 원을 이용한 증명법, 삼각형의 닮음을 이용한 증명법, 도형분할을 이용한 증명법, 비례를 이용한 증명법 등이 있다.

(1) 피타고라스의 증명

피타고라스(Pythagoras, 기원전 570~479년경) 또는 그의 제자들이 다음과 같이 증명했을 것으로 추측하고 있는 증명법을 소개한다.

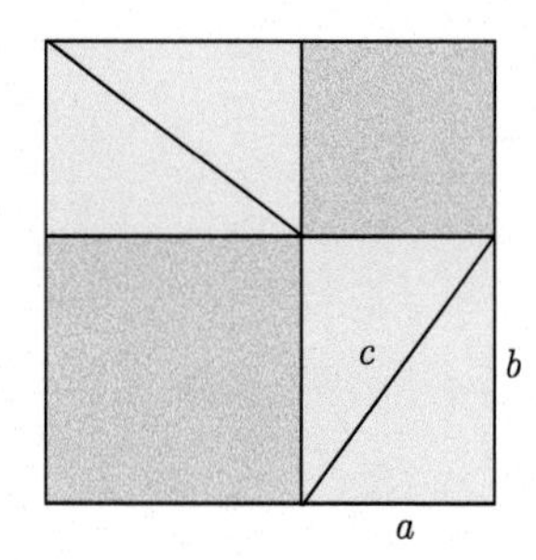

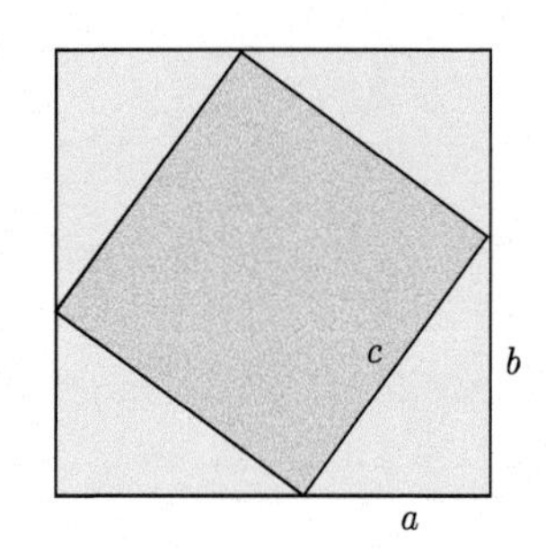

주어진 정사각형은 2개의 직사각형과 2개의 정사각형으로 이루어져 있으므로 주어진 정사각형의 넓이는 $ab+ab+a^2+b^2$이다. 한편, 주어진 정사각형은 4개의 직각삼각형과 한 변이 c인 정사각형으로 구성되므로 넓이는 $4\left(\frac{1}{2}ab\right)+c^2$이다. 따라서 $2ab+a^2+b^2=2ab+c^2$이므로 $a^2+b^2=c^2$이다.

(2) 유클리드의 원론에 따른 증명

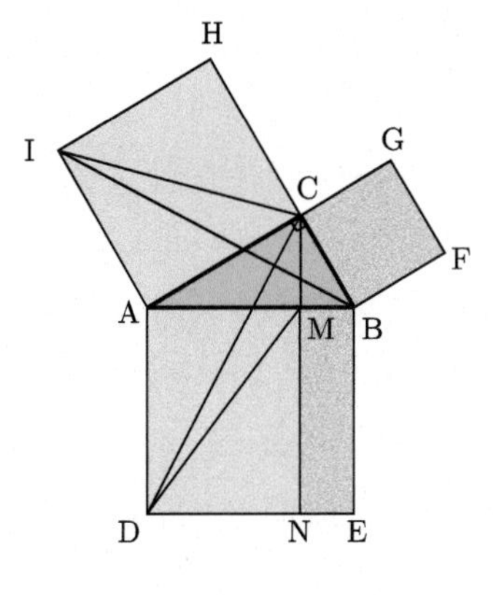

그림과 같이 $\angle C=90°$인 직각삼각형 ABC에 대하여 세 변의 길이를 각각 한 변의 길이로 하는 정사각형 ADEB, ACHI, BFGC를 그린다. 점 C에서 변 AB에 내린 수선의 발을 M, 그 연장선과 변 DE와 만나는 점을 N이라 하자. 이때

$\square ACHI=2\triangle ACI$ ······ ①

또한 밑변 AI의 길이와 높이가 각각 같으므로,

$\triangle ACI=\triangle ABI$ ······②

두 변의 길이와 그 끼인각의 크기가 각각 같으므로,

$\triangle ABI\equiv\triangle ADC$ ······③

밑변의 길이와 높이가 각각 같으므로,

$\triangle ADC=\triangle ADM$ ······④

또한 $\square ADNM=2\triangle ADM$ ······⑤

①, ②, ③, ④, ⑤에 의하여

$\square ACHI=\square ADNM$ ······⑥

같은 방법으로

$\square$BFGC $=$ $\square$MNEB ······⑦

⑥, ⑦에 의하여

$\square$ADEB $=$ $\square$ACHI $+$ $\square$BFGC

(3) 가필드의 증명

미국 20대 대통령 가필드(James Abram Garfield, 1831~1881)는 학창 시절에 초등수학에 대한 강렬한 흥미와 상당한 재능을 갖고 있었다. 대학 시절 수학을 공부한 가필드는 고향인 오하이오에서 교사 생활을 한 적이 있다고 한다. 그가 독창적으로 피타고라스 정리에 대한 멋진 증명을 발견했던 시기는 그가 대통령이 되기 5년 전인 하원의원 시절이었던 1876년이었다. 그는 다른 상원의원들과 수학에 대해서 토론을 하던 중에 그 증명이 떠올랐는데, 그 증명은 뒤에 뉴잉글랜드 교육잡지 〈The Joumal of Education〉에 게재되었다.

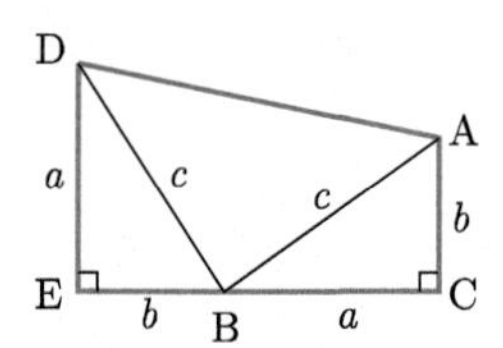

사다리꼴 ADEC의 넓이는 세 직각삼각형의 넓이들 합과 같으므로 다음과 같다.

$$\frac{1}{2}(a+b)(a+b)=\frac{c^2}{2}+2\left(\frac{1}{2}ab\right)$$

$$a^2+2ab+b^2=c^2+2ab$$

$$\therefore\ a^2+b^2=c^2$$

(4) 바스카라의 증명

인도 수학자 바스카라(Bháskara, 1114~1185)는 다음 도형을 그려놓고 'Behold(봐라)'라고만 써놓았다고 한다. 이는 별다른 해설이 필요없다는 뜻이다.

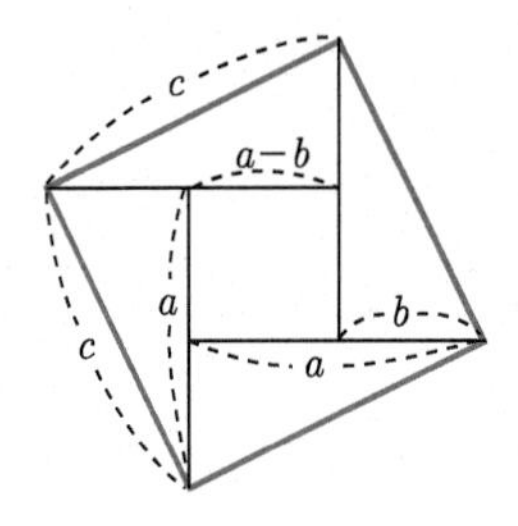

한 변이 c인 정사각형이므로 넓이는 c^2이다. 이 정사각형은 한 변이 $a-b$인 정사각형 1개와 두 변이 a, b인 직각삼각형 4개로 구성되므로 다음과 같다.

$$c^2 = 4 \times \left(\frac{ab}{2}\right) + (b-a)^2$$

따라서 이 식을 정리하면 $c^2 = a^2 + b^2$을 얻을 수 있다.

(5) 닮음비를 이용한 증명

직각삼각형 ABC의 직각인 꼭짓점 C에서 수선을 그어 밑변 AB와 만나는 점을 D라 하자. $\angle ADC = \angle C = 90°$이고 각 A는 공통각이므로 $\triangle ABC$와 $\triangle ACD$는 닮은삼각형이다. 따라서 대응하는 변의

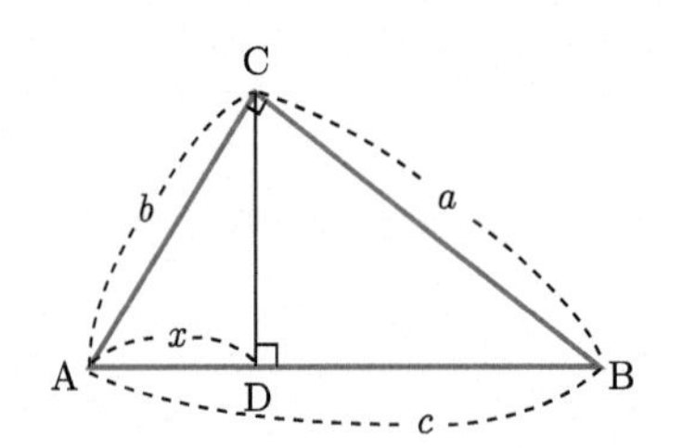

비는 $\frac{c}{b}=\frac{b}{x}$ 이므로 $cx=b^2$ 이다. 마찬가지로 $\triangle$ABC와 $\triangle$BCD는 닮은삼각형이므로 대응하는 변의 비는 $\frac{c}{a}=\frac{a}{y}$, 즉 $cy=a^2$ 이다. 따라서 $a^2+b^2=c(y+x)=c^2$ 이다.

(6) 원을 이용한 증명

A를 중심으로 반지름이 $\overline{\mathrm{AC}}$인 원을 그린다. $\angle \mathrm{C}=\angle \mathrm{R}$이므로 $\overline{\mathrm{BC}}$는 접선이다. 따라서

$$\begin{aligned}\overline{\mathrm{BC}}^2 &= \overline{\mathrm{BD}}\times\overline{\mathrm{BE}} = (\overline{\mathrm{AB}}-\overline{\mathrm{AC}})(\overline{\mathrm{AB}}+\overline{\mathrm{AE}})\\ &= (\overline{\mathrm{AB}}-\overline{\mathrm{AC}})(\overline{\mathrm{AB}}+\overline{\mathrm{AC}})=\overline{\mathrm{AB}}^2-\overline{\mathrm{AC}}^2\end{aligned}$$

이므로 $\overline{\mathrm{BC}}^2+\overline{\mathrm{AC}}^2=\overline{\mathrm{AB}}^2$이다.

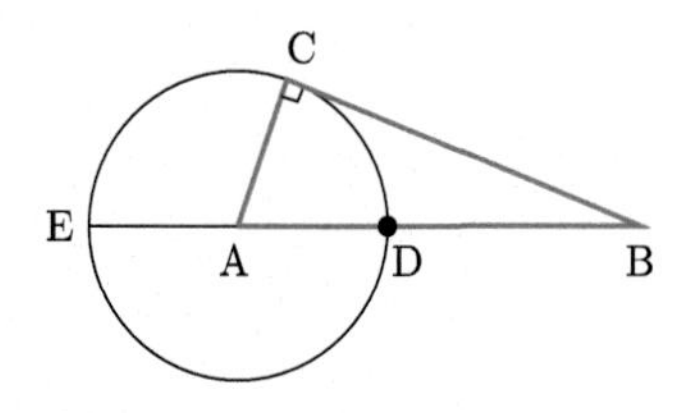

(7) 삼각형과 정사각형을 이용한 증명

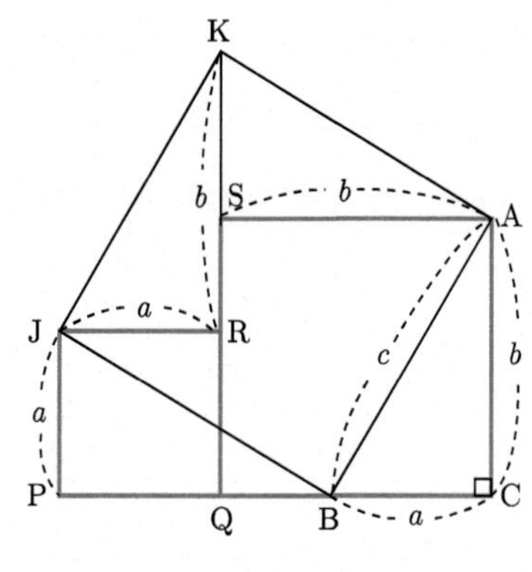

$$a^2+b^2+2\left(\frac{1}{2}ab\right)=c^2+2\left(\frac{1}{2}ab\right)$$

탐구문제

지름 60 cm인 통나무에서 가장 단면이 큰 정사각형의 각재를 잘라낼 때 한 변의 길이는 몇 cm일까?

풀이 각재의 한 변의 길이를 x cm라고 하면 피타고라스 정리에 의하여 $x^2+x^2=60^2$이므로 $2x^2=3600$, 즉 $x^2=1800$이다. 따라서 $x=30\sqrt{2}\fallingdotseq 42.4$ cm이다.

5 피타고라스의 정리 활용

우리 주변에 1, 2, 3, …과 같은 자연수뿐만 아니라 $\sqrt{2}$도 여러 곳에 존재하는 것을 살펴보자. 그것을 찾아서 볼 수 있는 수학적인 눈을 갖고 있느냐 하는 것이 문제일 뿐이다.

(1) 건축 속의 피타고리스 정리

건물을 신축할 때 여름철의 더위(팽창)와 겨울철 추위(축소), 비바람에 노출되고 눈이 쌓이고 태풍이나 지진 등에 흔들리면서도 쓰러지지 않고 계속 서 있으려면 그에 상응하는 강도가 필요하다. 무너지지 않는 건물을 짓기 위해 건물 자체의 무게, 사람과 가구 등의 무게, 지붕에 쌓이는 눈의 무게, 태풍 등 바람의 힘, 지진의 흔드는 힘을 계산한다. 그 결과를 바탕으로 기둥과 들보 등에 어떤 방향의 힘이 얼마나 가해지는지 자세히 계산한다. 걸리는 힘이 견뎌낼 수 있는 기둥의 굵기와 소재를 검토한 뒤에 수평이나 수직을 유지하고 변형이나 균열이 일어나지 않도록 상세한 설계를 한다. 이와 같이 예상되는 힘을 전부 고려해서 계산한 것이 구조계산(지붕형상계수, 지진층전단력분포계수 등의 계산)이고 이 구조계산에 사용하는 공식에는 제곱근, 피타고라스의 정리, 삼각함수 등이 자주 등장한다.

목수들이 집을 지을 때 사용하는 ㄱ 모양의 '곱자'라는 자를 아는가? 직각으로 구부러진 금속제 자로, 겉눈과 속눈이라고 부르는 두 종류의 눈금이 새겨져 있다. 겉눈으로는 실제의 길이를 잴 수가 있고, 속눈의 눈금은 겉눈의 $\sqrt{2}$ 배다. 통나무의 지름을 속눈으로 재면 그 값이 각재의 한 변의 길이가 되는 것이다.

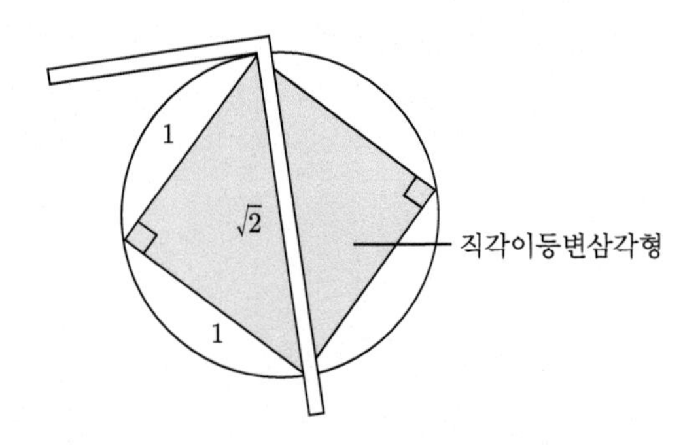

(2) 용지 속의 $\sqrt{2}$

가로 1, 세로 x인 직사각형을 반으로 접어서 자를 때 모양과 크기가 같으려면 가로와 세로의 비가 변하지 않아야 한다. 즉, $1 : x = \frac{x}{2} : 1$ 일 때 $x = \sqrt{2}$ 이다. 우리가 많이 사용하고 있는 A4 용지나 B4 용지에서도 $\sqrt{2}$ 를 찾을 수 있다. A계열에서 A4 용지를 반으로 접으면 A5가 되고, 두 장을 붙이면 A3가 된다. B계열의 용지에서도 마찬가지이다. 그런데 이처럼 반으로 접어도 처음과 같은 모양이 되도록 하려면 가로와 세로의 길이의 비가 $1 : \sqrt{2}$ 가 되어야 한다. 황금분할비인 $1 : 1.618$이 가장 아름다운 비율이라고 하지만 실제로 우리가 사용하고 있는 종이의 경우에는 그런 비율보다 $1 : \sqrt{2}$ 를 사용하고 있는 것이다. 그 이유는 종이를 반으로 잘랐을 때 처음 종이와 같은 모양이 되도록, 즉 잘라서 버려야 할 불필요한 부분이 생기지 않도록 하기 위한 것이다.

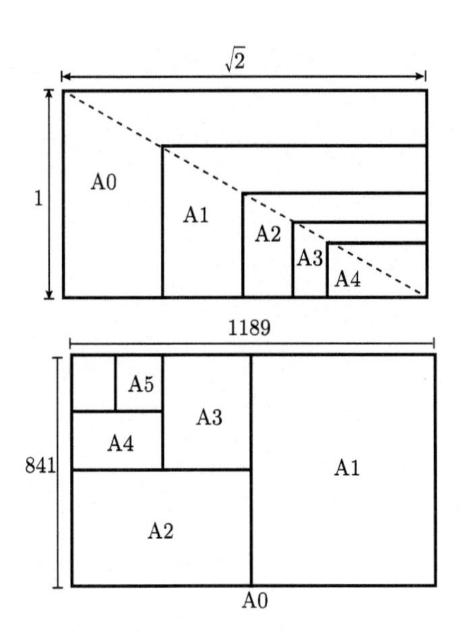

(3) 피아노 속의 $\sqrt{2}$

피아노에도 $\sqrt{2}$ 가 존재하고 있음을 아는가? 피타고라스가 서양의 7음계를 만든 이후 오랜 세월 동안 7음계를 수정해 왔다. 그래서 지금은 평균율을 채택하고 있다. 평균율은 7음계에 반음을 추가하여, '도, 도#, 레, 레#, 미, 파, 파#, 솔, 솔#, 라, 라#, 시, 도'와 같이 12음계로 구성된다. 그리고 낮은 도와 높은 도의 진동수를 낮은 도의 진동수의 2배가 되도록 하였다. 그러므로 각각의 음 사이의 진동수의 비는 a의 12제곱=2가 되는 값, 즉 $a \fallingdotseq 1.0595$이다. 그 중에서 파#의 진동수는 낮은 도의 진동수의 $\sqrt{2}$ 배가 된다.

(4) 카메라 속의 $\sqrt{2}$

조리개는 카메라에 빛이 들어오는 통로의 크기를 변화시켜 빛의 양을 조절하는 장치이다. 카메라의 렌즈를 둘러싸고 있는 둥근 원통 모양의 겉면에 2.8, 4, 5.6, 8, 11, 16과 같이 쓰인 수가 조리개의 값이다. 이 숫자는 무엇을 나타내는 것일까?

$$(\text{조리개의 값}) = \frac{(\text{카메라 렌즈의 초점거리})}{(\text{조리개의 빛이 들어오는 구멍의 지름})}$$

로 조리개가 열린 정도를 나타낸다.

카메라마다 렌즈의 초점거리는 일정하므로 조리개의 값은 조리개의 빛이 들어오는 구멍의 지름의 크기에 의하여 정해진다. 즉, 구멍 지름의 크기가 작을수록 조리개의 값은 커진다. 빛이 들어오는 양은 조리개의 구멍의 넓이에 비례하므로 빛이 들어오는 양을 반으로 줄이려면 빛이 들어오는 구멍의 넓이를 반으로 줄이면 된다. 즉, 넓이의 비가 2 : 1이면 구멍의 지름의 비는 $\sqrt{2}$: 1이다. 따라서 빛이 들어오는 양을 계속해서 반으로 줄일 때, 조리개의 값은 $\sqrt{2}$배만큼씩 늘어난다.

요즘은 휴대폰에 있는 카메라 기능 말고도 조그만 디지털카메라를 가지고 다니는 사람들이 많다. 편리하게 자동으로 맞춰놓고 사진을 찍어도 되지만 조금 더 나은 사진을 찍으려면 아무래도 날씨가 맑고 흐림에 따라서 수동으로 카메라를 조작해야 한다. 특히, 전문가들은 일부러 많은 빛에 노출시키거나 빛에 노출시키지 않기도 한다. 어두운 데서 우리 눈의 동공이 커지듯이 카메라도 빛의 양을 조절하는 곳이 있는데 그것이 조리개다. 조리개는 여러 개의 날개로 되어 있는데, 조리개의 값(F수)에 따라서 날개가 움직이며 빛의 양을 조절한다.

카메라 렌즈를 보면 F1.4, F2, F2.8, F4, F5.6, F8, F16, F22 등과 같이 표시된 숫자를 볼 수 있다. 이 수들을 자세히 관찰해보면 $\sqrt{2} \fallingdotseq 1.4$에 차례로 $\sqrt{2}$를 곱해준 값이라는 것을 알 수 있다. 왜 그렇게 만들었을까? 조리개는 그 수가 클수록 좁아지고, 작을수록 반대로 커지게 되어 있다. F수를 한 단계 높이면 조리개가 렌즈를 적당히 가려서 빛이 들어오는 부분의 넓이가 반으로 줄어든다. 원의 넓이는 π에 반지름의 제곱을 곱하게 되므로 넓이가 배가 되려면 반지름은

$\sqrt{2}$ 배가 되어야 하는 것이다. 그래서 조리개의 수치는 $\sqrt{2}$ 와 관계가 있는 것이다.

반면에, 셔터를 열고 닫는 속도 역시 빛의 양과 관계가 있다. 셔터의 개폐 속도는 B, 15, 8, 4, 2, 1, 1/2, 1/4, 1/8, 1/15, 1/30, 1/60, 1/125, 1/250, 1/500, 1/1000 등으로 구성되어 있어서 한 단계 옮기면 속도가 반으로 줄어들게 되어 셔터의 개폐 속도와 조리개의 F수를 잘 조합시켜야 좋은 사진을 찍을 수 있는 것이다.

참고 제곱근을 나타내는 기호

기호	최초 사용자	연도	특이사항
√	루돌프(C. Rudolff, 1945~1545)	1525	오일러는 근을 뜻하는 독일어 radix의 r을 변형한 것이라 추측
$\sqrt{\ }$	데카르트(R. Descartes, 1596~1650)	1637	다항식에 대한 양의 제곱근을 나타내기 위해 √에 괄호에 해당하는 '−'를 더하여 변형
$\sqrt[3]{\ }$	롤(M. Rolle, 1652~1719)	1690	1629년 지라드(A. Girard, 1595~1632)가 먼저 제안

연습문제

1 오른쪽 그림은 $\angle C=90^\circ$인 직각삼각형 ABC의 세 변을 각각 한 변으로 하는 세 정사각형을 그린 것이다. □ACDE의 넓이가 $20\,\text{cm}^2$, □BHIC의 넓이가 $12\,\text{cm}^2$일 때, $\overline{AB}$의 길이를 구하시오.

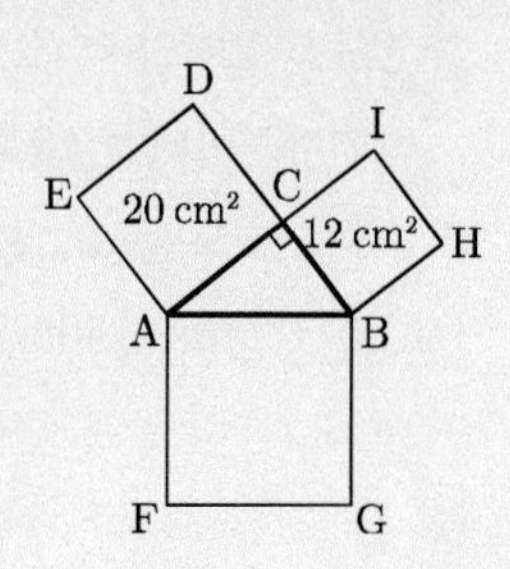

2 오른쪽 그림과 같이 $\angle A=90^\circ$인 직각삼각형 ABC의 세 변을 각각 한 변으로 하는 세 정사각형을 그렸다. $\overline{AB}=8\,\text{cm}$, $\overline{BC}=10\,\text{cm}$일 때, △AGC의 넓이를 구하시오.

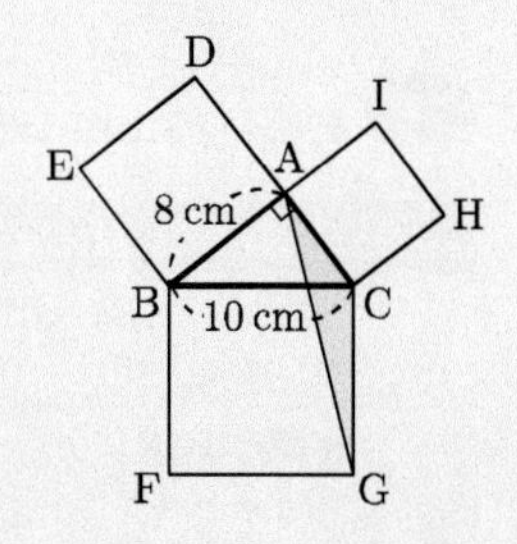

3 오른쪽 그림에서 □ABCD는 한 변의 길이가 6 cm인 정사각형이고 $\overline{AE}=\overline{BF}=\overline{CG}=\overline{DH}=4\,\text{cm}$일 때, □EFGH의 넓이를 구하시오.

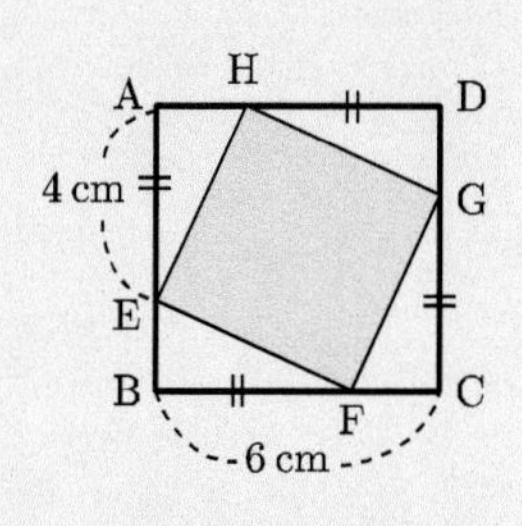

4 **(바스카라의 방법)** 오른쪽 그림에서 4개의 직각삼각형은 모두 합동이고 $\overline{AB}=13\,\text{cm}$, $\overline{CR}=5\,\text{cm}$일 때, □PQRS의 넓이를 구하시오.

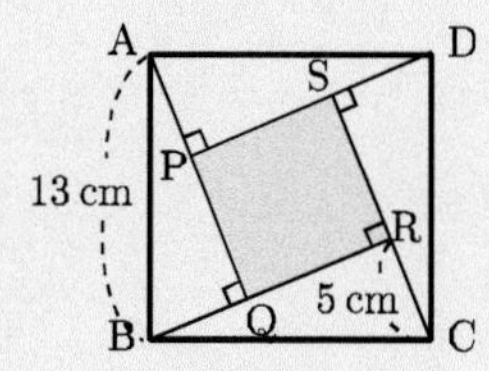

5 가필드의 방법 오른쪽 그림에서 $\triangle \mathrm{ABE} \equiv \triangle \mathrm{ECD}$이고 세 점 B, E, C는 한 직선 위에 있다. $\overline{\mathrm{AB}} = 6\,\mathrm{cm}$이고 $\triangle \mathrm{AED}$의 넓이는 $50\,\mathrm{cm}^2$일 때, 사다리꼴 ABCD의 넓이를 구하시오.

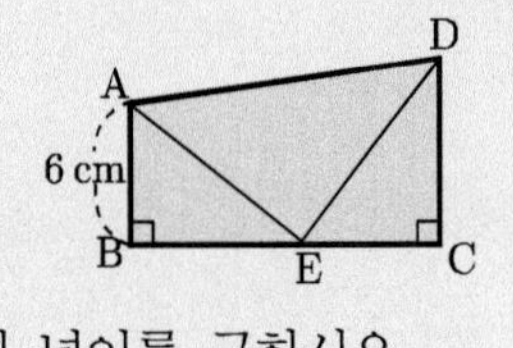

6 세 양의 정수 a, b, c가 부정방정식 $a^2 + b^2 = c^2$을 만족하는 원시적인 피타고라스의 세 수이면 다음이 성립함을 보이시오.

(1) $(a, c) = 1, (b, c) = 1$이다.

(2) a, b 중에서 하나는 짝수이고, 다른 하나는 홀수이다.

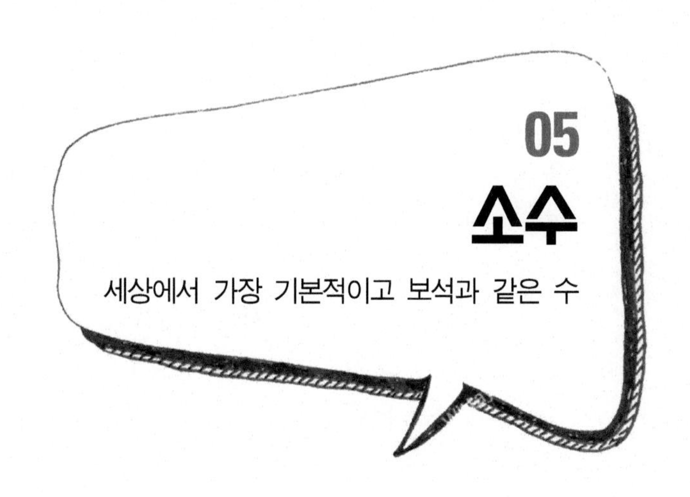

05 소수

세상에서 가장 기본적이고 보석과 같은 수

1 소수는 수학을 구성하는 원자

'7번방의 선물', '13일의 금요일', '59년 왕십리', '프로듀스 101', '1987'의 공통점은 무엇일까? 모3두 숫자가 들어간 영화와 노래, 예능 프로그램의 제목들이다. 그런데 이 숫자들이 특별하다. 왜냐하면 전부 소수(素數, prime number)이기 때문이다. 소수는 1과 자기 자신만으로 나눠지는 수다. 즉, 2, 3, 5, 7, 11, 13, 17 등과 같이 1과 자기 자신만을 약수로 갖는다. 한편 1보다 큰 자연수 a가 소수가 아닐 때 a를 합성수라고 한다. $6 = 2 \times 3$, $10 = 2 \times 5$, $12 = 2^2 \times 3$ 등과 같이 수는 소인수로 쪼갤 수 있듯이 다음 '정수론의 기본정리'가 있다.

정수론의 기본정리

2보다 큰 모든 정수 n은 유한개의 소수들 p_1, p_2, $\cdots$, p_k의 곱 $n = p_1 p_2 \cdots p_k$으로 표현할 수 있고 소수들의 순서를 고려하지 않는다면 이 표현은 유일하다.

그리스 시대에 기하학의 아버지 유클리드는 처음으로 소수를 정의했고 소수가 무한히 많다고 예언했다. 소수는 기본, 토대, 본래라는 뜻을 가지고 있다. 고귀한 소수를 알아가는 건 유한한 인간이 무한한 자연을 이해하기 위한 출발선이다. 또한 소수는 수학을 구성하는 원자로 볼 수 있다. 기본적인 화학원소에서 다른 모든 화합물이 만들어지듯이 소수를 이용하여 수학적 화합물을 만들 수 있다.

소수는 인류가 도전해야 할 미지의 세계라 불리는 만큼 많은 수학자들이 도전하는 문제와 중요한 결과들은 다음과 같이 볼 수 있다.

① 소수를 2, 3, 5, 7, 11, …와 같이 작은 순서대로 나열해보면 언뜻 보아도 불규칙적이다. 아직까지 완벽한 규칙을 발견하지 못했다. 또한 소수를 찾을 수 방법들은 어떤 것이 있는가?

② 소수는 언제까지라도 없어지지 않는다(소수의 무한성).

③ 소수는 수가 커질수록 출현빈도가 얼마나 줄어드는가(소수의 빈도수). 예를 들어, 1조까지의 수에 존재하는 소수의 비율은 약 3%이다.

④ 3과 5, 599와 601 등과 같이 **쌍둥이 소수**(twin prime)는 두 수의 차가 2인 소수의 쌍을 말한다. '무한히 많은 쌍둥이 소수들이 있는가'의 증명과 출현빈도의 근사식은 어떻게 구하는가이다.

⑤ $8=3=5$, $14=3+11$처럼 '2보다 큰 모든 짝수는 2개의 소수의 합으로 표시할 수 있다(골드바흐의 추측)'는 아직까지 미해결문제이다.

여기서 중요한 건 소수의 규칙들이 증명되지 못하고 가설과 추측으로 남아 있다는 사실이다.

2 소수는 어떻게 찾을 수 있는가

(1) 에라토스테네스의 체

인류에게는 아직 단번에 통하는 '소수 확인법'은 없다. 고대 그리스의 수학자 에라토스테네스(기원전 276~194)의 '체(걸러내는 도구)'를 지금도 활용하는 이유이다. '체'라고 하면 가루를 곱게 치거나 액체를 거르는 데 쓰는 기구를 뜻하는데, 체에다 자연수를 넣고 흔들면 소수가 아닌 1이나 합성수는 밑으로 빠지고 체에는 소수만 남는다는 이야기다.

① 먼저, 2부터 시작하여 찾고자 하는 범위의 자연수를 순서대로 나열한다. 2는 2보다 작은 약수는 없으므로 소수이기 때문이다.
② 2를 남겨 두고 그 뒤의 2의 배수를 지워나간다.
③ 남은 수 중 2 다음 수인 3을 남기고 그 뒤의 3의 배수를 모두 지운다. 3은 3보다 작은 약수가 없는 소수이기 때문이다.
④ 남은 수 중 3 다음 수인 5를 남기고 그 뒤의 5의 배수를 모두 지운다.
⑤ 이런 과정을 계속하여 지워나가면 살아남은 다음 수들은 모두

	2	3	~~4~~	5	~~6~~	7	~~8~~	~~9~~	~~10~~
11	~~12~~	13	~~14~~	~~15~~	~~16~~	17	~~18~~	19	~~20~~
~~21~~	~~22~~	23	~~24~~	~~25~~	~~26~~	~~27~~	~~28~~	29	~~30~~
31	~~32~~	~~33~~	~~34~~	~~35~~	~~36~~	37	~~38~~	~~39~~	~~40~~
41	~~42~~	43	44	~~45~~	~~46~~	47	~~48~~	~~49~~	~~50~~
~~51~~	~~52~~	53	~~54~~	~~55~~	~~56~~	~~57~~	~~58~~	59	~~60~~
61	~~62~~	~~63~~	~~64~~	~~65~~	~~66~~	67	~~68~~	~~69~~	~~70~~
71	~~72~~	73	~~74~~	~~75~~	~~76~~	~~77~~	~~78~~	79	~~80~~
~~81~~	~~82~~	83	~~84~~	~~85~~	~~86~~	~~87~~	~~88~~	89	~~90~~
~~91~~	~~92~~	~~93~~	~~94~~	~~95~~	~~96~~	97	~~98~~	~~99~~	~~100~~

에라토스테네스의 체

소수가 된다. 이렇게 소수를 찾아가는 방법을 **에라토스테네스의 체**(Sieve of Eratosthenes)라 한다.

2, 3, 5, 7, 11, 13, 17, 19, 23, 29, 31, 41, 43, 47, 53, 59, 61, 67, 71, 73, 79, 83, 89, 97, ⋯

정리(유클리드) 소수는 무한히 많다.

증명 소수의 개수가 유한하다고 가정하고, $p_1, p_2, \cdots, p_r$가 모든 소수의 목록이라 하자. 자연수 $N = p_1 p_2 \cdots p_r + 1$을 정의하자. N은 각 소수 p_i로 나누어 나머지가 1이므로, 1과 자신 이외의 약수를 가지지 않는다. 따라서 N은 소수이다. 한편 N은 p_1, $p_2, \cdots, p_r$과 같지 않으므로, 기존의 목록에 있지 않은 새로운 소수가 된다. 이것은 모순이다. 따라서 소수는 무한히 많다. ■

위 정리처럼 소수가 무한하게 존재하지만 소수가 어떤 규칙적인 패턴을 띠고 존재하고 있는지를 규명한 예는 아직까지 없다.

(2) 메르센 소수

어떤 주어진 수가 소수인지 아닌지는 어떻게 판단할 수 있을까? 예를 들어, 19,071과 19,073 같은 수는 소수인가? 소수 2와 5를 제외하면 모든 소수는 1, 3, 7, 9로 끝나야 하지만 이들 숫자로 끝난다고 해서 모두 소수인 것은 아니다. 끝이 1, 3, 7, 9로 끝나는 큰 수가 소수인지 아닌지를 알아내려면 가능한 소수의 조합을 이리저리 시도해 보는 수밖에 없다. 예를 들어, 19,071은 $19{,}071 = 3^2 \times 13 \times 163$과 같이 소인수분해가 되므로 소수가 아니지만 19,073은 소수이다.

1644년에 프랑스의 수도사, 철학자이자 수학자인 마랭 메르센(1588~1648)은 '소수의 형태가 2의 거듭제곱에서 1을 뺀 수로 나타난다'고 밝혔다. 즉, 메르센 수는 $2^n - 1$ 형태의 수이다. 예를 들어, 2의 제곱

지수 n	거듭제곱값 2^n	메르센수 2^n-1	소수 여부
2	4	3	소수
3	8	7	소수
4	16	15	소수 아님
5	32	31	소수
6	64	63	소수 아님
7	128	127	소수
8	256	255	소수 아님
9	512	511	소수 아님
10	1,024	1,023	소수 아님
11	2,048	2,047	소수 아님
12	4,096	4,095	소수 아님
13	8,192	8,191	소수
14	16,384	16,383	소수 아님
15	32,768	32,767	소수 아님

에서 1을 빼면 소수인 3($2^2-1=3$), 2의 세제곱에서 1을 빼면 소수인 7($=2^3-1$)이다. 이처럼 2를 여러 번 곱한 것에서 1을 뺀 것이 소수일 때 이를 **메르센 소수**라고 한다. 예를 들어, 3, 7, 31은 모두 메르센 소수이다. 메르센은 거듭제곱이 2, 3, 5, 7, 13, 17, 19, 31, 61, 127일 때에 소수가 된다고 설명했다. 메르센 소수는 n이 소수일 때 2^n-1의 형태를 가지는 특별히 드문 소수다. 메르센 소수는 기원전 350년에 유클리드에 의해 처음 논의된 후 정수론 중심으로 자리를 잡았다. 이후 많은 사람들이 이러한 규칙을 갖는 메르센 소수들을 찾으려고 노력하였고 계속 발견되고 있다.

1963년 미국 일리노이 대학에서는 23번째 메르센 소수를 발견했는데 이를 기념하기 위하여 '$2^{11213}-1$은 소수다'라고 새긴 우편 스탬프를 찍기도 했다.

1990년 알려진 가장 큰 소수는 $391,581 \times 2^{216091} - 1$이다. 이를 소수 여부를 판단하는데 초대형 컴퓨터가 1년 이상 쉬지 않고 작동하여 계산하였다. 1994년에 미국에서 슈퍼컴퓨터를 이용해서 지금까지 확인된 것 중 가장 큰 25만8천7백16자리의 소수 $2^{859433} - 1$을 찾아냈다. 이 수를 적으려면 신문 8면 정도의 양이 필요하다.

2006년 9월 4일에 쿠퍼와 본 박사팀이 수백 대의 컴퓨터를 연결하여 980만8358자리 수인 44번째 메르센 소수를 발견하였고, 그 수는 $2^{32582657} - 1$이다. 2008년에 캘리포니아 대학의 한 연구팀이 처음으로 1천만 자리의 소수 $2^{43112609} - 1$을 발견했고 괴물과 같은 이런 거대한 소수는 정확히 12,978,189자리 수다. 전자프런티어재단 EFF는 1억 자리의 소수 최초 발견에 15만 달러, 10억 자리가 넘어가는 소수에는 25만 달러의 상금을 내거는 바람에 이 연구팀은 이 재단으로부터 10만 달러의 상금을 받았다.

2016년 1월 20일에 센트럴미주리대 컴퓨터사이언스학과 커티스 쿠퍼 교수는 2233만8618자리인 소수 $2^{74207281} - 1$을 발견했다. 이번에 발견한 소수는 지금까지 발견된 가장 큰 소수보다 500만 자리가 큰 소수다. 1초에 숫자 10을 셀 수 있다고 할 때 아무것도 안하고 넉 달 동안 세어야 하는 숫자다. 이 연구팀은 31일 동안 컴퓨터를 가동해 이 소수를 찾아냈다. 쿠퍼 교수는 총 네 번의 가장 큰 소수 발견 기록을 갖고 있다.

쿠퍼 교수는 '인터넷 메르센 소수 탐색프로젝트(Great Internet Mersenne Prime Search)'에 참여해왔다. 그를 비롯해 세계 6만 명 이상 연구자가 이 프로젝트에 참여하고 있다.

2017년 12월 26일에 50번째 메르센 소수 $M_{77232917} = 2^{77232917} - 1$이라고 불리는 최대 소수는 2324만9425개의 자릿수를 갖고 있다. 미국 테네시 주의 전기 기사인 조너선 페이스는 14년 동안 메르센 소수를 찾아 헤맸다. 그는 메르센 소수를 찾는 소프트웨어 'Prime95'

를 구동시켜 결국 최대 자릿수의 소수 기록을 깼다. 이 숫자가 얼마나 큰지, 출력을 하면 대략 9000쪽에 달한다. 이 숫자가 소수임을 검증하는 데만 밤낮없이 6일이나 걸렸다. 4명의 전문가가 각기 다른 성능의 4군데 하드웨어에서, 각기 다른 네 가지 소수 검증 소프트웨어로 그 결과를 테스트했다. 페이스는 상금으로 3000달러를 받았다. 50번째 메르센 소수 발견자로 공식 등록된 이름엔 소프트웨어 개발자 2명도 함께 올랐다.

소수는 숫자가 점점 커지며 계속 나타난다. 현재 발견한 것 중 가장 자릿수가 큰 소수들은 대부분 메르센 소수인데, 메르센 소수가 무한개인지는 아무도 모른다.

(3) 골드바흐 문제

프로이센 수학자 골드바흐(1690~1764)가 1742년에 오일러에게 "2보다 큰 자연수는 세 소수의 합으로 나타낼 수 있다"고 편지를 썼는데, 이것은 틀린 내용이다. 그래서 오일러는 이를 수정하여 "2보다 큰 모든 짝수는 2개의 소수의 합으로 나타낼 수 있다"고 하였는데, 이를 골드바흐의 추측이라고 부른다. 예를 들어, $4=2+2$, $6=3+3$, $8=3+5$, $10=3+7=5+5$와 같이 2보다 큰 짝수를 두 소수의 합으로 나타낼 수 있다. 지금까지 엄청나게 큰 범위의 수에 적용해본 결과로는 이 추측이 옳다는 것을 알 수 있지만 '모든' 짝수에 대해서 이런 일이 가능한지는 아직까지 증명되지 않았다. 중국 수학자 첸징룬은 "충분히 큰 모든 짝수는 두 소수의 합이나, 혹은 하나의 소수와 하나의 준소수(두 소수를 곱해서 나온 수)의 합으로 나타낼 수 있다"는 것을 증명하였다. 이처럼 어느 정도 진전이 있기 때문에 증명할 날이 그리 멀지 않았다고 믿는 학자들도 있다.

3 소수의 분포에 어떤 패턴이 있는가

오일러 ϕ함수는 1부터 n까지 자연수 중에 n과 서로소인 자연수의 개수를 나타내는 함수이고, 함숫값을 $\phi(n)$으로 나타낸다. 예를 들어, $\phi(1)=1$, $\phi(2)=1$, $\phi(3)=2$이고 표로 나타내면 다음과 같다.

n	1	2	3	4	5	6	7	8	9	10	11	12	13	14	15
$\phi(n)$	1	1	2	2	4	2	6	4	6	4	10	4	12	6	8
n	16	17	18	19	20	21	22	23	24	25	26	27	28	29	30
$\phi(n)$	8	16	6	18	8	12	10	22	8	20	12	18	12	28	8

성질 1 소수 p에 대하여 $\phi(p)=p-1$이다.

성질 2 p가 소수이고 $k>0$이면 $\phi(p^k)=p^k-p^{k-1}$이다.

증명 분명히 $\gcd(n,p^k)=1$일 필요충분조건은 $p \nmid n$이다. 그러므로 1과 p^k 사이에 p의 배수들은 p, $2p$, $3p$, $\cdots$, $(p^{k-1})p$이다. 따라서 p^k와 서로소가 되는 것들은 p^k-p^{k-1}개 있다. 따라서 $\phi(p^k)=p^k-p^{k-1}$이다. ■

성질 3 서로 다른 소수 p와 q에 대하여 $n=pq$일 때

$$\phi(n)=\phi(pq)=\phi(p)\times\phi(q)=(p-1)\times(q-1)$$

이다.

이제 1부터 1,00까지를 100단위의 구간별로 나누었을 때 각각의 구간마다 소수가 얼마나 많은지 알아보자.

범위	1 ~ 100	101 ~ 200	201 ~ 300	301 ~ 400	401 ~ 500	501 ~ 600	601 ~ 700	701 ~ 800	801 ~ 900	901 ~ 1000	1 ~ 1000
소수의 개수	25	21	16	16	17	14	16	14	15	14	168

우리가 소수의 목록을 계속 작성하다 보면 소수가 점점 드물게 나타난다는 사실을 발견하게 된다. 1 ~ 100 사이에 들어 있는 소수의 개수는 101 ~ 200 사이의 소수의 개수보다 많다. 0 ~ 10 사이에는 4개(40%)의 소수가 있고 0 ~ 100 사이에는 25개(25%), 0 ~ 1000 사이에는 168개(16.8%), 0 ~ 10000 사이에 1,229(12.3%), 0 ~ 100000 사이에 9592개(9.5%), 0 ~ 1000000 사이에는 78,498(7.8%)의 소수가 있다.

1792년 당시 15세에 불과한 가우스는 주어진 자연수 n 이하인 소수의 개수를 추정하는 공식 $\pi(n)$을 제안하였다. 예를 들어, n을 1,000으로 택하면 이 공식은 172라는 근삿값을 제시하였지만 실제로 $\pi(n) = 168$이다. $n = 10^{371}$일 때 소수의 실제 개수는 추정값보다 크다.

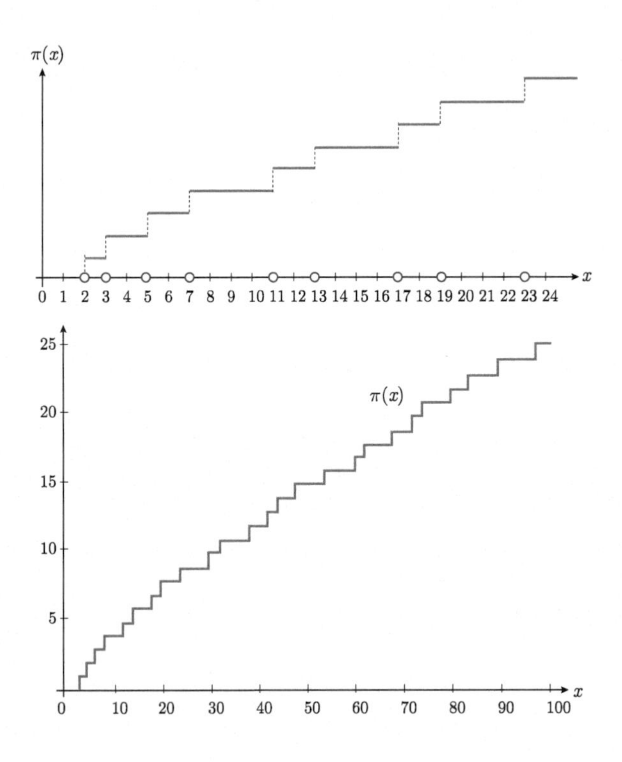

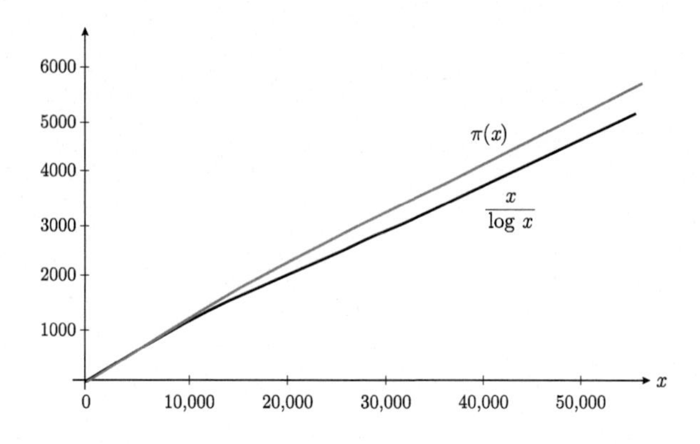

가우스의 소수정리

n 이하인 소수의 개수 $\pi(n)$은 n이 무한히 증가함에 따라 점진적으로 $\frac{n}{\log n}$에 가깝다. 사실 $\pi(n)$과 $\frac{n}{\log n}$의 차이는 위아래로 4%를 벗어나지 않는다.

1896년에 아다마르(Hadamard)와 푸생(Poussin)은 독립적으로 **소수정리**+(prime number theorem)로 불리는

$$\pi(n) \approx \frac{n}{\log n} \quad (n \to \infty), \text{ 즉 } \lim_{n \to \infty} \frac{\pi(n)}{n/\log n} = 1$$

을 증명하였다. 예를 들어, 한 자리 소수부터 10자리 소수까지의 총 개수는 대략

$$\frac{10^{10}}{\log(10^{10})} = \frac{10^{10}}{10 \log 10} = \frac{10^9}{\log 10}$$

이다. $\log 10 = \log_e 10 = 2.302585093\cdots$이므로

$$\frac{1}{\log 10} \approx \frac{1}{2.302585093} \approx 0.4342944819$$

+ 이에 대한 편리한 증명: N. Levinson, A motivated account of an elementary proof of the prime number theory, Amer. Math. Monthly, 76(1969), 225–245.

이다. 따라서

$$\frac{10^9}{\log 10} \approx 0.4342944819 \times 10^9 = 434294481.9$$

이다.

소수의 발생빈도가 점점 줄어들고 있으므로 결국 없어지지 않을까? 즉 "소수의 개수는 유한하고 가장 큰 소수가 있는 것이 아닐까?" 이러한 의문에 대한 답은 이미 기원전 300년경에 소수의 개수는 무한개라고 유클리드가 증명하였다.

4 소인수분해와 암호

요즘 컴퓨터를 사용하여 좀 더 큰 소수를 찾으려는 노력이 계속되고 있다. 현재까지 발견된 소수보다 더 큰 소수를 찾아내는 일은 손으로는 불가능하다. 컴퓨터를 이용한다고 해도 몇 달이 걸리는 힘든 작업이다. 소수는 수천 년 전부터 인류를 매혹시켰지만 인류는 고성능컴퓨터가 시작된 후에야 비로소 소수를 본격적으로 이용하기 시작하였다.

소수는 예로부터 수학자들의 관심을 한몸에 받아온 매력적인 수이다. 특히 현대의 실생활에서도 없어서는 안 될 존재가 된 것이다. 왜냐하면 인터넷을 포함한 최첨단 IT기술이 네트워크에서 기밀을 유지시키는 데 소수가 절대적으로 필요하기 때문이다. 따라서 각종 신용카드, 통장, 전자메일, 금융거래, 전자상거래, 기업 활동, 군사용 무기나 전쟁 등에는 비밀정보가 암호화되는 것이다. 암호 기술에서 바로 소수가 사용되고 있다.

RSA는 공개키 암호시스템의 하나로, 암호화뿐만 아니라 전자서명이 가능한 최초의 알고리즘으로 알려져 있다. RSA가 갖는 전자서명 기능은 인증을 요구하는 전자 상거래 등에 RSA의 광범위한 활용을 가능하게 하였다. 이 암호화 방식은 1978년 3명의 수학자 로널드 라이베스트(Ron Rivest), 아디 샤미르(Adi Shamir), 레너드 애들먼(Leonard Adleman)의 연구에 의해 체계화되었으며, RSA라는 이름은 이들 3명의 이름 앞글자를 딴 것이다.

RSA 암호체계의 안정성은 큰 숫자를 소인수분해하는 것이 어렵다는 것에 기반을 두고 있다. 최근에 개발된 소수 판정방법에 의하면, 100자릿수를 판정하는 데에 약 45초, 200자릿수는 약 6분 정도 걸린다고 한다. 이처럼 RSA 암호체계는 소수 판정은 빨리할 수 있지만 큰 자연수의 소인수분해는 많은 시간이 걸린다는 사실을 이용하여 만들어진 암호체계이다.

예를 들어, 2개의 소수 673과 967을 알고 있다고 하면 이 두 수를 곱하면 650791라는 답을 간단히 알 수 있다. 하지만 그 곱셈의 값인 650791을 보고 언뜻 2개의 소수 673과 967을 구하는 것은 그렇게 쉽지 않다. 그래서 이 2개의 소수를 곱한 값을 공개키로 사용하는 것이다. 그리고 이 공개키로 암호화한 문장은 원래의 2개의 소수를 알고 있는 사람밖에 해독할 수 없게 된다. 즉, 원래의 소수 2개의 값이 비밀키가 되는 것이다. 실제로는 2개의 소수와 그 소수를 곱한 값만으로 암호를 만들고 해독하는 것이 아니다. 여기에 약간 복잡한 계산 과정을 덧붙여서 암호를 만들어 사용하는 것이다.

이처럼 규모가 큰 소수 2개의 곱은 연상 효과가 낮기 때문에 풀기 힘든 암호가 된다. 다시 말해, 어떤 수 A를 암호로 쓸 때, 소인수인 a, b를 알아야 암호를 풀 수 있다고 하면 A가 2개의 100자릿수의 곱으로 주어질 경우, 컴퓨터의 힘을 빌리더라도 이런 수를 소인수분해하는 데는 무척 오랜 시간이 걸린다고 한다. 현재까지 알려진 가장 빠른 방법은 75자릿수는 한 달, 100자릿수는 백 년 정도가 소요된다고 한다. 가령 몇 년 만에 소인수분해에 성공해서 암호를 풀었다고 해도 그 때는 이미 암호는 바뀌어 있을 테고, 결국 소용없는 일이 되어 버릴 가능성이 크다.

2014년, RSA암호로 이용되는 공개키는 309자리 혹은 617자리로 그보다 더 크다. 이것은 컴퓨터의 속도가 빨라지고 있어도 당분간은 해독하기 힘든 암호화 공개키로 알려져 있다. 만약 이것을 해독할 수 있는 슈퍼컴퓨터가 등장했다면, 이보다 더 큰 자릿수의 공개키를 만들어 사용하기만 하면 된다.+ 이와 같이 소수는 자연수의 성질을 알려줄 뿐만 아니라 암호를 만드는 데도 매우 중요하게 쓰이고 있다.

+ 노구치 데츠노리, 생각의 틀을 바꾸는 수의 힘: 숫자의 법칙, 어바웃어북, 2015. 7.

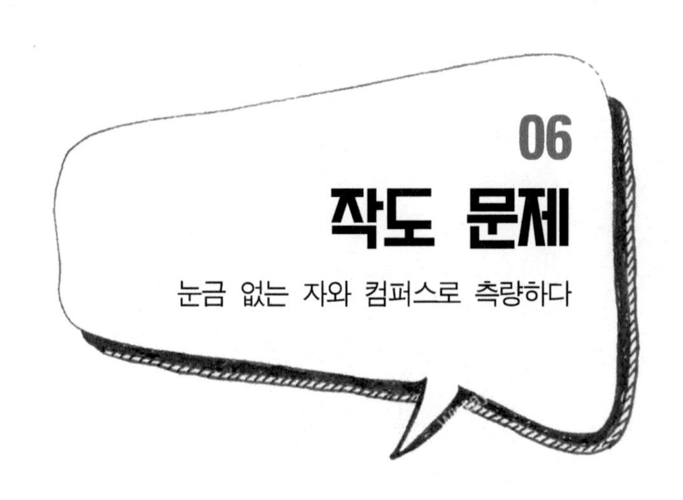

06 작도 문제

눈금 없는 자와 컴퍼스로 측량하다

고대 그리스로부터 유래된 유명한 문제 중 하나로 작도 문제가 있다. 그리스 사람들은 눈금 없는 자와 컴퍼스만을 사용하여 어떠한 도형을 작도할 수 있는가 하는 문제를 연구하였다. 그들의 생각에 자의 눈금을 써서 길이를 읽어내는 것은 실용적인 분야에서나 관심을 가질만한 것이고, 철학자나 수학자에게는 눈금이 없는 '이상적인 자'와 컴퍼스만으로 어떠한 작업을 할 수 있는지가 정말로 중요한 문제라고 생각하였다.

자와 컴퍼스만을 사용하여 작도한다는 것은 다음과 같은 조건을 가정한다.

(1) 자는 직선을 긋고, 컴퍼스는 원을 그릴 때만 사용한다. 이때 연필로 그린 선의 굵기나 작도의 부정확성은 무시된다.

(2) (자에는 눈금이 없기 때문에) 자를 사용하여 선분의 길이를 알아내거나, 두 선분이 합동임을 알아내는 것은 불가능하다.

(3) 컴퍼스는 주어진 점 P를 중심으로 또 다른 점 Q를 지나는 원을 그리는 데에만 사용된다.

유명한 3대 작도 불가능 문제는 다음과 같다.

① (입방배적 문제) 주어진 정육면체 부피의 두 배의 부피를 갖는 정육면체의 한 모서리의 길이 작도하기

② (각의 삼등분 문제) 임의의 주어진 각 삼등분하기

③ (원적 문제) 주어진 원과 같은 넓이를 가지는 정사각형 작도하기

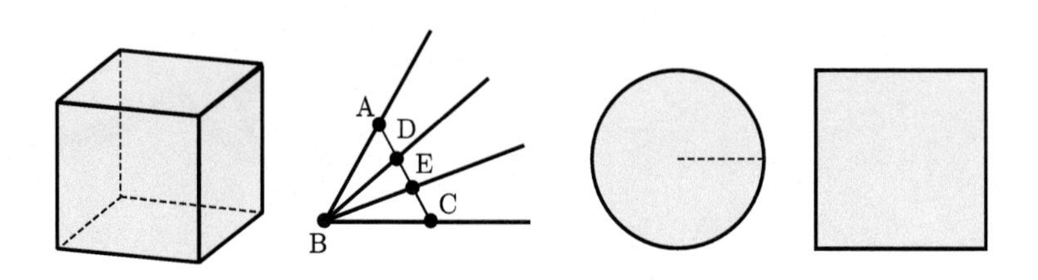

처음 두 가지가 불가능함은 1837년 완첼(P. L. Wantzel)에 의하여 증명되었고, 마지막의 작도 불가능함은 1882년 독일의 수학자 린데만(C. L. F. Lindemann)이 π가 초월수+임을 밝힘으로써 증명이 되었다.

1 작도 가능한 수

(1) 더하기

주어진 두 선분 AB와 CD에 대하여 점 B가 중심이고 반지름이 선분 CD의 길이인 원을 그려서 선분 AB의 연장선과 원이 점 B의 오른쪽에 만나는 점을 E라고 하면 선분 AE의 길이는 두 선분 AB와 CD의 합이다. 즉, $\overline{AE}=\overline{AB}+\overline{CD}$이다. 따라서 작도 가능한 두 수 a와 b의 합 $a+b$는 작도 가능하다.

+ 대수적 수란 유리수를 계수로 갖는 n차 방정식의 해를 말하며, 초월수는 대수적 수가 아닌 수이다. π, e, e^2, π^2+1 등은 초월수이다. 2개 이상의 초월수를 임의로 섞는다고 해서 반드시 초월수가 된다는 보장이 없다. 예를 들어, $e+\pi$는 초월수인가? 아직 아무도 모른다.

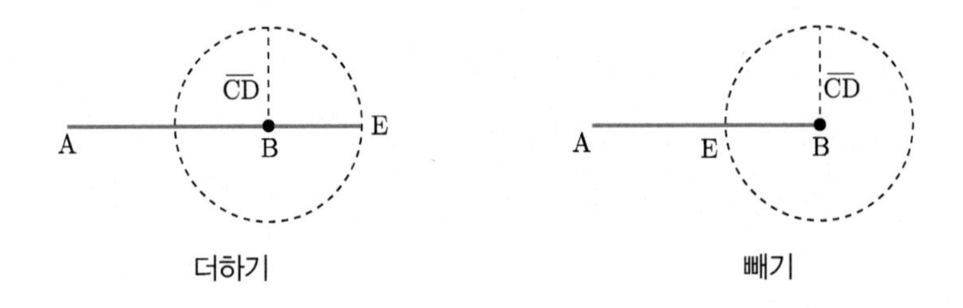

(2) 빼기

$\overline{AB} > \overline{CD}$ 인 주어진 두 선분 AB와 CD에 대하여 점 B가 중심이고 반지름이 선분 CD의 길이인 원을 그려서 선분 AB와 만나는 점을 E라 하면 선분 AE의 길이는 두 선분 AB와 CD의 길이 차이다. 즉, $\overline{AE} = \overline{AB} - \overline{CD}$ 이다. 따라서 작도 가능한 두 수 a와 b의 차 $a-b$는 작도 가능하다.

(3) 곱하기

$\overline{OA} = a$, $\overline{OB} = 1$, $\overline{BD} = b$일 때 선분 DC를 선분 BA에 평행하게 그리면 △AOB와 △COD는 닮은삼각형이다. AC$=x$라 하면 $(a+x):(1+b) = a:1$이므로 $x = ab$이다. 따라서 작도 가능한 두 수 a와 b의 곱 ab는 작도 가능하다.

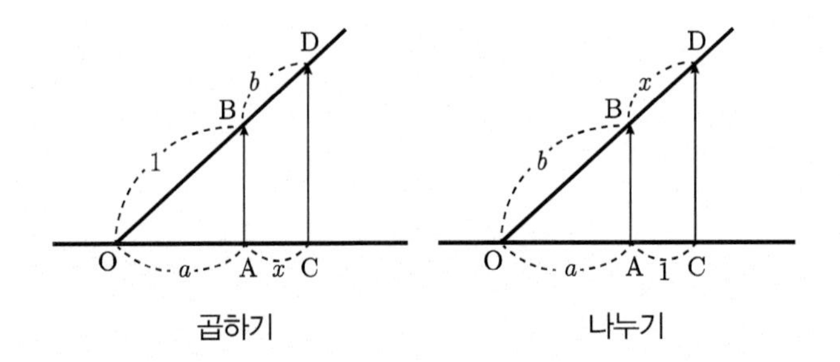

(4) 나누기

앞 그림에서 $\triangle$AOB와 $\triangle$COD는 닮음삼각형이다. $\overline{\mathrm{BD}}=x$라 하면 $x=\frac{b}{a}$이다. 따라서 작도 가능한 두 수 a와 b의 나누기 $\frac{b}{a}$는 작도 가능하다.

(5) 임의의 정수와 유리수는 작도 가능

앞에서 보인 바와 같이 작도 가능한 두 수 a와 b의 합 $a+b$와 차 $a-b$는 작도 가능하므로 a의 임의의 정수배도 작도 가능하다. 이것은 임의의 정수가 작도 가능함을 보여준다.

또한 위의 나누기 과정에 의하여 작도 가능한 두 수 a와 $b(\neq 0)$인 몫 $\frac{a}{b}$도 작도 가능하므로 임의의 유리수는 작도 가능하다.

(6) 제곱근의 작도

아래 그림에서 $\overline{\mathrm{PQ}}=1$, $\overline{\mathrm{QR}}=a$, $\overline{\mathrm{SQ}}=x$라 하면 $\angle$PSR은 직각이므로 $\triangle$PQS와 $\triangle$QRS는 닮은삼각형이므로 $a : x = x : 1$이다. 따라서 $x=\sqrt{a}$이므로 작도 가능한 수 a의 제곱근 $\sqrt{a}$는 작도 가능하다.

또한 작도 가능한 두 수 a와 b가 주어질 때 ab는 작도 가능하므로 $ab=x^2$의 해 $x=\sqrt{ab}$도 작도 가능하다. 여기서 $a=1$, $b=\frac{1}{a}$일 때 $\frac{1}{\sqrt{a}}$은 작도 가능하다.

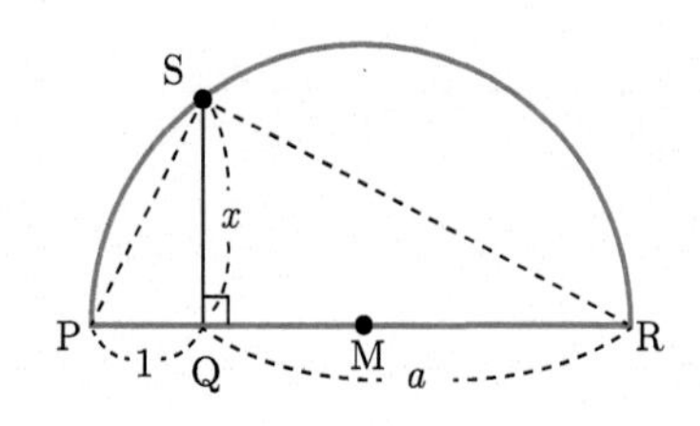

(7) $\sqrt{2}$, $\sqrt{3}$, $\sqrt{4}$, $\sqrt{5}$, $\sqrt{6}$, …의 작도

다음 그림에서 보는 바와 같이 $\overline{\mathrm{AA_1}}=\overline{\mathrm{AB}}=1$일 때 $\overline{\mathrm{AA_2}}=\sqrt{2}$, $\overline{\mathrm{AA_3}}=\sqrt{3}$, $\overline{\mathrm{AA_4}}=\sqrt{4}$, $\overline{\mathrm{AA_5}}=\sqrt{5}$ 등을 작도할 수 있다. 이와 같이 임의의 자연수의 제곱근은 작도 가능하다.

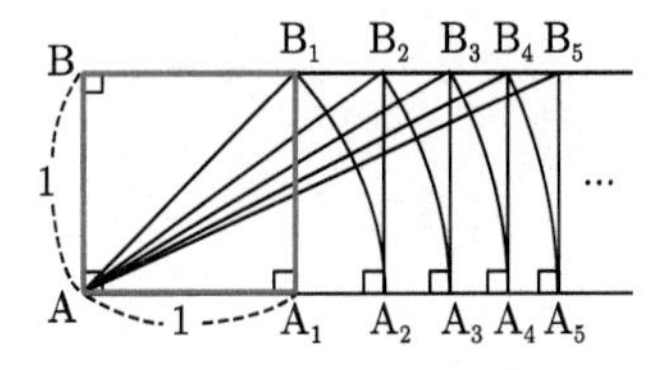

(8) 이차방정식 $ax^2+bx+c=0$의 근 작도

길이가 각각 1, a, b인 선분이 주어질 때, 앞의 작도과정에 의하여 자와 컴퍼스만으로 길이가 각각

$$a \pm b,\quad \frac{1}{a},\quad ab,\quad \frac{b}{a},\quad \sqrt{a}$$

인 선분들을 작도할 수 있다. 따라서 이차방정식 $ax^2+bx+c=0$의 근

$$\frac{-b \pm \sqrt{b^2-4ac}}{2a}$$

는 작도 가능하다. 또한 유리수를 계수로 하는 2변수 1차식, 2차식을 반복 연립하면 유리수를 계수로 하는 1차식, 2차식, 4차식, 8차식, 16차식, …으로 바뀐다. 따라서 작도 가능한 수는 유리수 계수인 1, 2, 4, 8, 16, …차 방정식의 근이어야만 한다. 이에 대한 정확하고 자세한 증명은 체론(field theory)의 지식이 필요하므로 생략한다. 그러나 일반적으로 무리수는 모두 작도 가능하지 않다. 앞에서 보듯이 $\sqrt{2}$, $\sqrt{3}$, …와 같은 무리수는 작도 가능하지만, $\sqrt[3]{2}$와 같은 무리수는 작도 불가능하다.

2 수직이등분선과 평행선의 작도

(1) 각의 이등분선의 작도

'각의 이등분선 위의 한 점에서 각의 두 변에 이르는 거리는 같다'는 성질을 이용한다.

① 점 O를 중심으로 하여 원을 그린다.
② 점 C를 중심으로 하여 원을 그린다.
③ 점 D를 중심으로 하여 ②와 같은 반지름의 원을 그린다.
④ 점 O와 P를 잇는다.

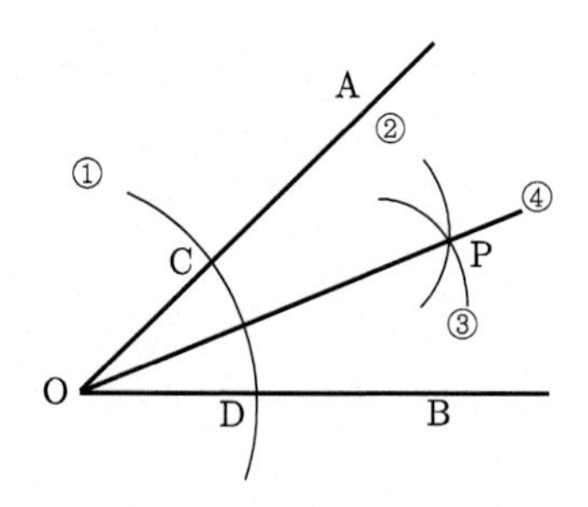

(2) 선분의 수직이등분선의 작도

'선분의 수직이등분선 위의 점에서 선분의 양 끝점까지의 거리는 같다'는 성질을 이용한다.

① 점 A를 중심으로 하여 반지름의 길이가 $\overline{AB}$의 $\frac{1}{2}$보다 큰 원을 그린다.
② 점 B를 중심으로 하여 ①과 같은 반지름의 원을 그린다.
③ 두 원의 교점을 잇는다.

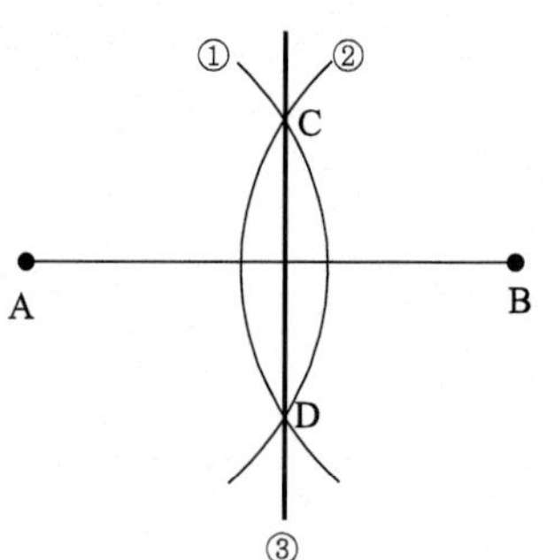

(3) 주어진 각과 크기가 같은 각의 작도

'각의 크기가 같으면 두 각은 포개어진다'는 성질을 이용한다.

① 점 O를 중심으로 하여 원을 그린다.

② $\overrightarrow{PQ}$ 위의 점 P를 중심으로 하여 ①과 같은 반지름의 원을 그린다.

③ 점 B를 중심으로 하여 점 A를 지나는 원을 그린다.

④ 점 B′을 중심으로 하여 ③과 같은 반지름의 원을 그린다.

⑤ 점 P와 A′을 잇는다.

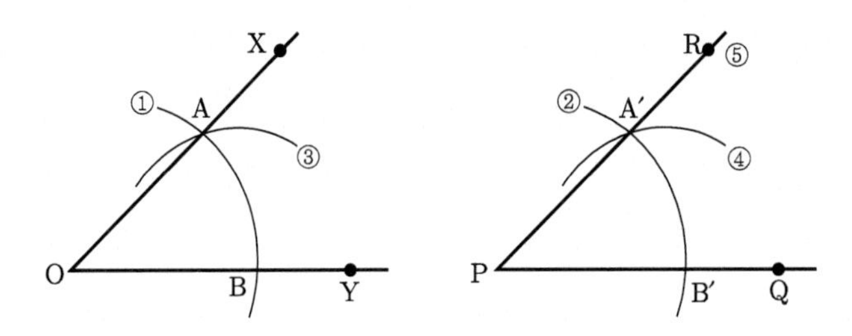

(4) 평행선의 작도

'동위각의 크기가 같으면 두 직선은 평행하다'는 성질을 이용한다.

① 점 P를 지나며 직선 XY와 만나는 직선을 긋는다.

② 점 A를 중심으로 하여 원을 그린다.

③ 점 P를 중심으로 하여 ②와 같은 반지름의 원을 그린다.

④ 점 B를 중심으로 하여 점 C를 지나는 원을 그린다.

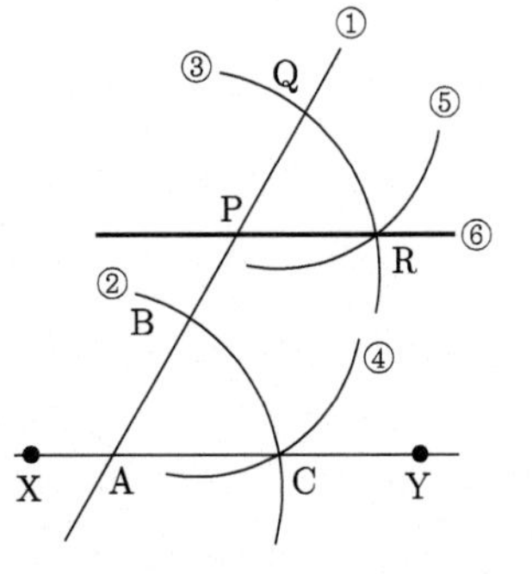

⑤ 점 Q를 중심으로 하여 ④와 같은 반지름의 원을 그린다.

⑥ $\overleftrightarrow{PR}$을 긋는다.

3 정삼각형, 정사각형, 정오각형, 정17각형의 작도

(1) 정삼각형, 정사각형의 작도

아래 그림과 같이 반지름이 같은 두 원을 서로의 중심을 지나도록 그린 후, 두 원의 중심과 두 원의 교점을 연결하면 세 변의 길이가 원의 반지름의 길이와 같은 정삼각형을 작도할 수 있다.

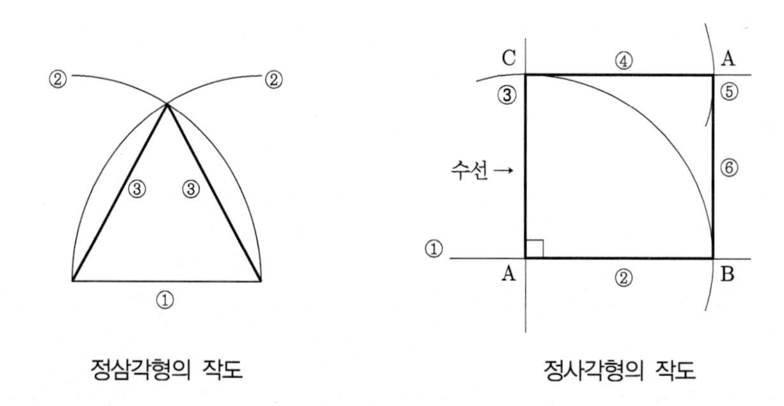

정삼각형의 작도　　　　정사각형의 작도

(2) 정오각형의 작도

피타고라스(또는 피타고라스 학파)는 다음과 같이 정오각형을 작도했다.

① 먼저 선분 $\overline{AB}$의 길이를 1로 잡고 그 중점을 지나는 수직선 위에 1만큼의 거리에 점 M을 정하면, 직각삼각형의 빗변 $\overline{AM}$의 길이는 피타고라스의 정리에 의해서

$$\overline{AM} = \sqrt{\left(\frac{1}{2}\right)^2 + 1^2} = \frac{\sqrt{5}}{2}$$

임을 알 수 있다.

② $\overline{\mathrm{AM}}$을 더 연장하여 그 연장선 위에 $\overline{\mathrm{ML}}$의 길이가 $\frac{1}{2}$이 되도록 점 L을 잡으면 $\overline{\mathrm{AL}}=\frac{1+\sqrt{5}}{2}$, 즉 $\overline{\mathrm{AL}}$은 한 변의 길이가 1인 정오각형의 대각선이 된다.

③ 점 A를 중심으로, 그리고 대각선의 길이 $\overline{\mathrm{AL}}$을 반지름으로 하여 원을 그려서 수직선과 만나는 점을 C라고 하면 점 C는 정오각형의 한 꼭짓점이다.

④ 이제 남은 것은 그 밖의 두 꼭짓점을 정하는 일이다. 그것은 A, C를 중심으로 하여 반지름 1인 원을 그리고, 또 마찬가지로 B, C를 중심으로 원을 그려서 만나는 점을 찾으면 된다.

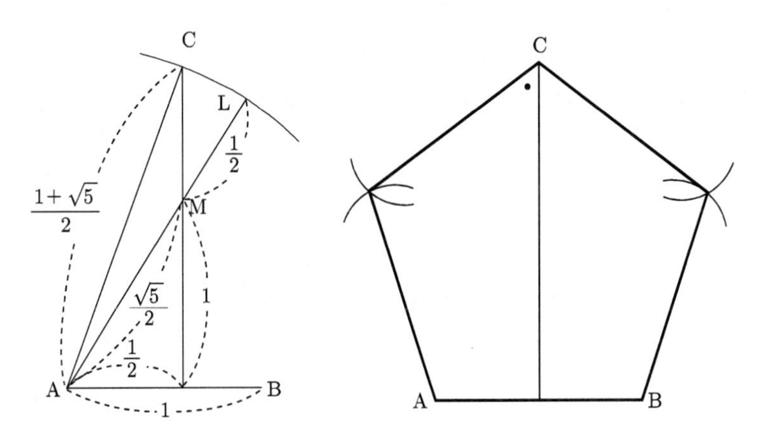

(3) 정17각형의 작도

가우스(Gauss)는 19세 때(1796년) 자와 컴퍼스를 가지고 정17각형을 작도할 수 있음을 발견했는데 이것이 바로 그의 일생을 법률학 연구를 포기하고 수학에 바치게 한 계기가 되었다고 전해진다. 가우스는 이 발견에 대한 긍지가 대단하여 자기가 죽으면 자신의 묘비에 정17각형의 그림을 새겨 달라고 유언하였다고 한다. 비록 그의 요구대로 되지는 않았지만 독일의 브룬스비크(Brunswick)에 있는 그의 고향에 세워진 가우스 기념비의 밑면은 정17각형으로 만들어져 있다.

가우스의 발견은, 유클리드(Euclid) 이후 거의 발전이 없었던 작도법이 다시 수학적 관심의 대상이 되도록 하였다는 수학사적 의미도 갖고 있다.

정17각형 작도하는 방법은 다음과 같다.

① 주어진 점 O에 대하여 O를 중심으로 하는 원을 그리고 O를 지나는 지름을 그린다.

② 지름의 오른쪽 끝을 P_1으로 놓는다.

③ 지름의 수직이등분선 OB를 작도한다.

④ $\overline{OB}$의 4등분점 J를 작도한다($4\overline{OJ}=\overline{OB}$).

⑤ 선분 JP_1을 긋고, $\angle OJE = \frac{1}{4}\angle OJP_1$이 되도록 하는 점 E를 작도한다.

⑥ $\angle EJF = 45°$가 되도록 하는 점 F를 작도한다.

⑦ 지름이 FP_1인 반원을 그린다.

⑧ 이 반원과 선분 OB의 교점 K를 작도한다.

⑨ 중심이 E이고 반지름이 EK인 반원을 작도한다. 이 반원과 선

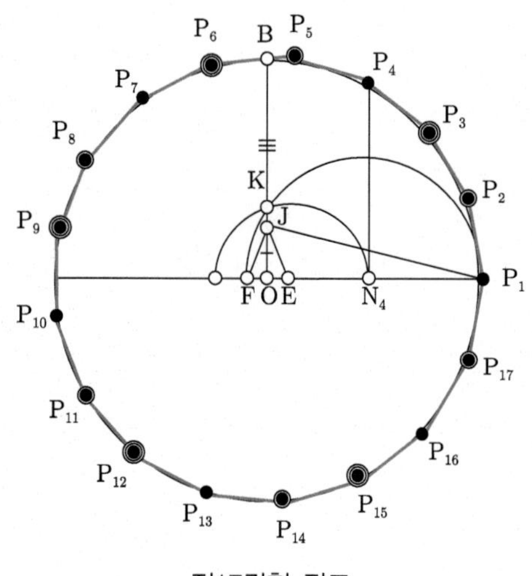

정17각형 작도

분 OP_1과의 교점을 N_4로 놓는다.

⑩ 점 N_4에서 선분 OP_1에 수선을 긋는다. 이 수선이 처음의 반원과 만나는 점 P_4를 작도한다.

⑪ 정17각형의 꼭짓점 P_1과 P_4를 이용하여 꼭짓점 P_7, P_{10}, P_{13}, P_{16}을 작도한다.

⑫ 꼭짓점 P_2, P_5, P_8, P_{11}, P_{14}, P_{17}을 작도한다(이것이 가능한 이유는 3과 17이 서로소이기 때문이다).

⑬ 같은 방법으로 나머지 꼭짓점 P_3, P_6, P_9, P_{12}, P_{15}를 작도한다.

⑭ 인접한 꼭짓점들 P_i를 연결하면 정17각형이다.

4 유명한 3대 작도 불가능 문제를 증명하다!

(1) 자와 컴퍼스만으로 작도 가능한 조건

1796년에 독일의 뛰어난 수학자 가우스는 다음 사실을 증명하였다.

정리 1 소수 개수의 변을 갖는 정다각형이 유클리드 도구(자와 컴퍼스)만을 가지고 작도 가능하기 위한 필요충분조건은 그 수가 $f(n) = 2^{2^n} + 1$의 형태이다.

정리 2(가우스-완첼) n은 3 이상의 자연수라 하자. 정n각형이 자와 컴퍼스만으로 작도 가능하기 위한 필요충분조건은 $n = 2^a p_1 p_2 p_3 \cdots p_i$ 형태이다(단, $a \ge 0$이고, p_1, p_2, $\cdots$, p_i는 서로 다른 페르마 소수이다).

페르마 소수(Fermat prime)란 $F_l = 2^{2^l} + 1$ $(l = 0,\ 1,\ 2, \cdots)$꼴로 표시되는 소수를 말한다. 페르마 소수의 보기로

$$F_0 = 3, \quad F_1 = 5, \quad F_2 = 17, \quad F_3 = 257, \quad F_4 = 65537$$

이고 이들은 모두 소수이다. 위 정리 1에 의하여 정삼각형, 정오각형, 정십칠각형, 정257형 등은 작도 가능하다. 또한 정리 2에 의하여 이렇게 구한 3, 5, 17에서 $3 \times 5 = 15$이므로 정십오각형은 작도 가능하고, $3 \times 17 = 51$이므로 정51각형도 작도 가능하다. 물론 $5 \times 17 = 85$이므로 정85각형도 작도 가능하다.

페르마는 $2^{2^l}+1$과 같은 꼴의 수는 모두 소수일 것이라고 생각했지만 그렇지는 않았다. 오일러는

$$F_5 = 2^{32} + 1 = 4294967297 = 641 \times 6700417$$

는 소수가 아님을 보였다. 그리스인들은 $17, 257, 65537$변의 정다각형이 자와 컴퍼스만으로 작도될 수 있다는 사실을 미쳐 깨닫지 못했다.

(2) 3대 작도 불가능 문제

프랑스의 수학자 완첼(Wantzelz, 1814~1848)은 1837년에 갈로와 이론을 이용하여 다음과 같은 정리를 증명하였다.

정리 3(완첼의 정리) $P(x)$는 유리수 계수를 가진 3차다항식이고 방정식 $P(x)=0$이 유리수 근을 갖지 않으면 $P(x)=0$의 어떤 근(해)도 자와 컴퍼스로 작도할 수 없다.

정리 4 만약 α가 작도 가능하면 어떤 정수 $k \in \mathbb{Z}$에 대하여 $[\mathbb{Q}(\alpha) : \mathbb{Q}] = 2^k$이다.

① **입방배적 문제**(데로스의 문제) : 주어진 정육면체의 두 배의 부피를 갖는 정육면체의 작도는 불가능하다.

배적 문제에는 다음과 같은 전설이 있다. 기원전 4세기경 에

게해(Aegean Sea) 데로스라는 작은 섬에 전염병이 유행하여 사망하는 사람들이 많았다. 그래서 섬 사람들은 그 섬에 있는 아폴로신에게 기도를 드렸더니 아폴로신이 이르기를 "내 앞에 있는 정육면체의 제단이 너무 좁으니 제단을 두 배의 부피로 만들어 달라. 그러면 병을 없애주겠다."고 하였다. 그래서 백성들은 석공을 시켜 두 배의 부피가 되는 정육면체를 만들려고 한 변의 길이를 두 배로 하여 만들어 바쳤으나(실제 제단의 8배임) 질병은 그치지 않았다. 그런 후 처음으로 사람들은 이 문제를 진지하게 생각하게 되었다.

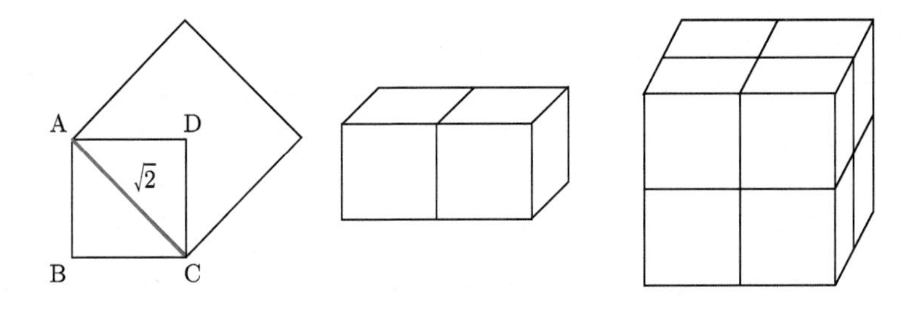

최초에 주어진 정육면체의 한 변의 길이를 a, 구하고자 하는 부피가 두 배인 정육면체의 한 변의 길이를 x라고 하자. 그러면 a와 x의 관계는 다음과 같은 간단한 식으로 나타낼 수 있다.

$$x^3 = 2a^3, \quad a > 0, \quad x > 0$$

이 방정식을 풀면 $x = \sqrt[3]{2}\,a$이다. 결국 길이가 a의 $\sqrt[3]{2}$ 배인 선분이 컴퍼스와 자만으로 작도될 수 있다면 이 문제는 풀리게 된다. $a = 1$인 경우 주어진 방정식 $x^3 - 2 = 0$은 유리수의 범위에서 좌변이 인수분해되지 않는다. 즉,

$$x^3 - 2 = (x - \sqrt[3]{2})(x^2 + \sqrt[3]{2}\,x + (\sqrt[3]{2})^2) = 0$$

이므로 한 무리수근 $\sqrt[3]{2}$과 허수근들을 가진다. 따라서 완첼의

정리에 의하여 $x^3-2=0$의 근인 $\sqrt[3]{2}$는 작도 불가능하다. 그러므로 주어진 정육면체의 두 배의 부피를 갖는 정육면체를 작도할 수 없다.

② **각의 3등분 문제** : 주어진 각의 삼등분각을 작도하는 일은 불가능하다.

아래 그림과 같이 임의로 주어진 각은 2등분할 수 있다. 특히 직각도 3등분할 수 있다. 그렇다면 일반적으로 "임의의 각은 3등분할 수 없을까?"라고 생각한 데서 생긴 문제이다.

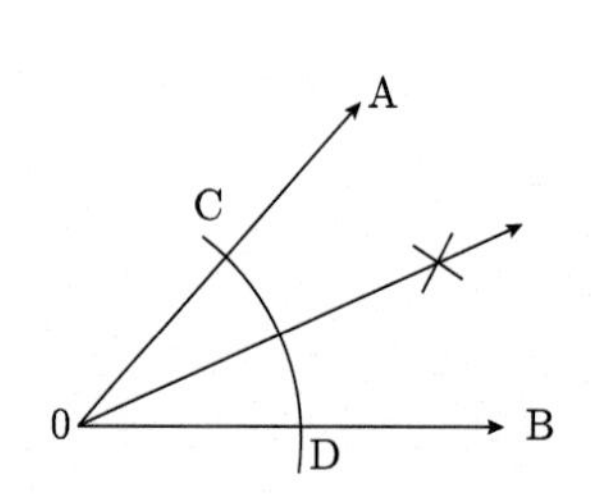

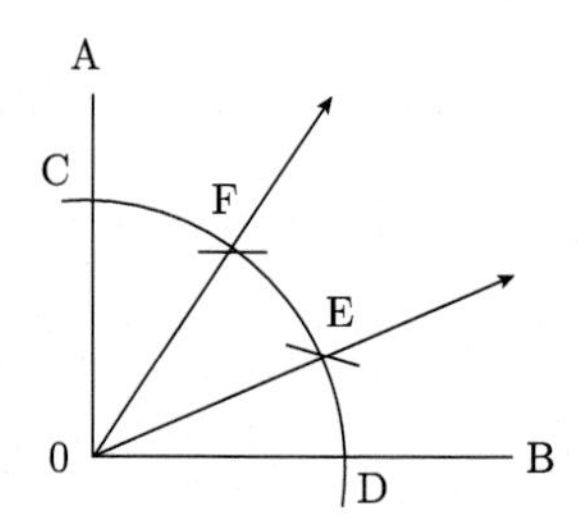

각 3θ가 주어질 때 θ를 구하는 것이므로 이것은 $\cos 3\theta$가 주어질 때 $\cos\theta$를 구하면 된다. 3배각 공식

$$\begin{aligned}\cos 3\theta &= \cos(2\theta+\theta) = \cos 2\theta\cos\theta - \sin 2\theta\sin\theta \\ &= (2\cos^2\theta-1)\cos\theta - (2\sin\theta\cos\theta)\sin\theta \\ &= 4\cos^3\theta - 3\cos\theta\end{aligned}$$

에서 $x=\cos\theta$로 두면

$$4x^3-3x=\cos 3\theta$$

이다. $3\theta=60°$인 경우에 $\cos 60°=1/2$이므로 방정식

$$4x^3-3x-\frac{1}{2}=0,\ 즉\ 8x^3-6x-1=0$$

은 유리수의 범위에서 인수분해할 수 없다. 즉, 이 방정식은 유

리수근을 갖지 않는다. 완첼의 정리에 의하여 $4x^3 - 3x - \frac{1}{2} = 0$의 근 $x = \cos\theta$는 자와 컴퍼스로 작도할 수 없다. 따라서 60°의 3등분선은 작도할 수 없다.

$\theta = 120°$인 경우에 $\cos 120° = -\frac{1}{2}$이므로 위와 마찬가지로 방정식 $4x^3 - 3x + \frac{1}{2} = 0$의 근은 자와 컴퍼스로 작도할 수 없다. 따라서 60°의 3등분선은 작도할 수 없다. 따라서 120°의 3등분선은 작도할 수 없다.

$\theta = 90°$인 경우에 $\cos 90° = 0$이므로 주어진 방정식은 $4x^3 - 3x = 0$이고 $x = 0, \pm\frac{\sqrt{3}}{2}$은 작도가능하다. 따라서 90°의 3등분선은 작도할 수 있다.

1761년에 람베르트(J. Lambert)가 원주율 π가 무리수임을 증명하고 1882년 린데만(Lindemann, 1852~1939)은 π가 초월수라는 사실을 증명하였다.

③ **원적 문제**(Hippocrates의 초승달) : 주어진 원과 같은 넓이를 가지는 정사각형을 작도하는 일은 불가능하다.

원적 문제는 아래 그림과 같이 정4각형, 정5각형 등과 같은 다각형의 넓이와 같은 삼각형을 작도할 수 있다. 특히, 삼각형의 넓이와 같은 초승달도 만들 수가 있다. 그렇다면 "원의 넓이와 같은 4각형은 작도할 수 없을까?" 하고 생각한 데서 발생한 문제이다.

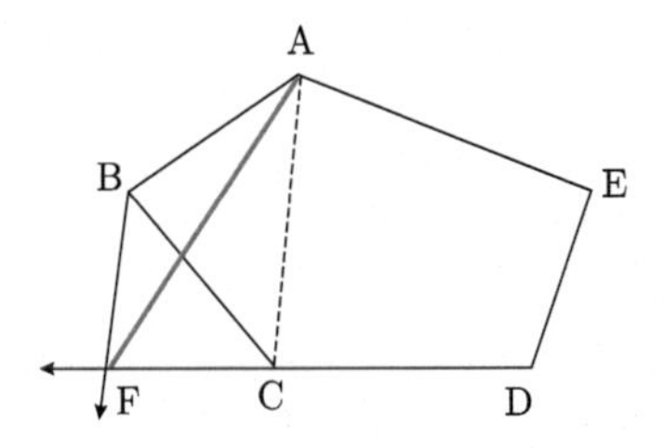

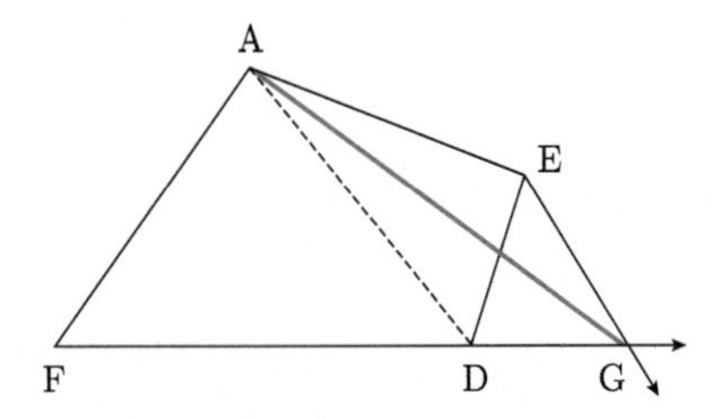

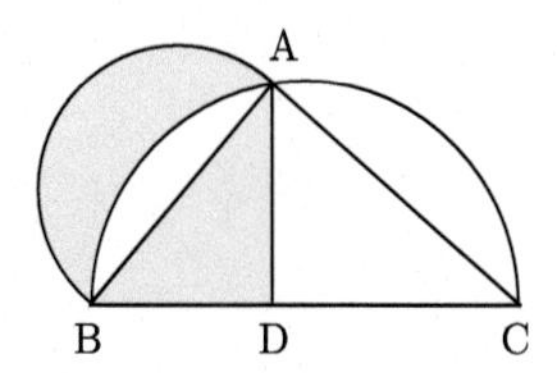

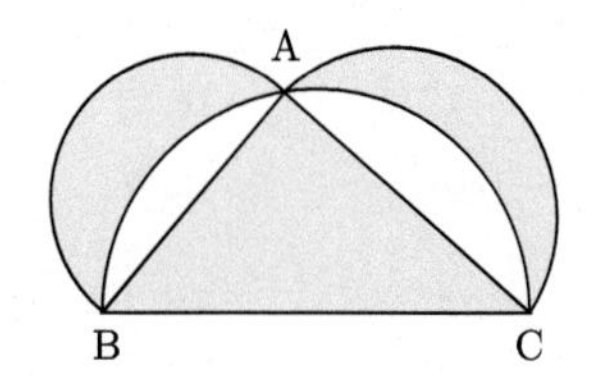

주어진 반지름 1인 원과 같은 넓이 π를 갖는 정사각형의 한 변의 길이를 x라 하자. 그러면 이 관계는

$$x^2 = \pi, \quad x > 0$$

라는 이차방정식으로 나타낼 수 있다. 이것을 단순히 풀면 $x = \sqrt{\pi}$ 이다. π는 $\mathbb{Q}$에서 초월수이므로 $\sqrt{\pi}$도 초월수이다. 따라서 $[\mathbb{Q}(\pi) : \mathbb{Q}] = \infty$ 이므로 정리 2에 의하여 π는 작도 불가능하다. 그러므로 주어진 원과 같은 넓이를 가지는 정사각형을 작도할 수 없다.

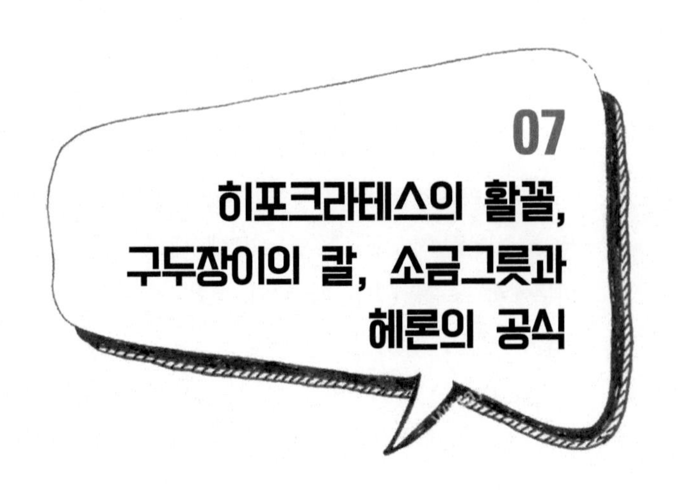

07 히포크라테스의 활꼴, 구두장이의 칼, 소금그릇과 헤론의 공식

그리스 시대에 원적 문제를 연구한 키오스의 히포크라테스, 시라쿠사의 아르키메데스의 저서 《보조정리집》에 나오는 '구두장이의 칼'(또는 '아르벨로스'), '소금그릇'(또는 '샐리논'), 삼각형의 넓이를 계산하는 헤론의 공식에 관한 역사와 내용을 자세히 소개한다.

1 히포크라테스의 활꼴

활꼴이란 반지름이 다른 두 원의 원호로 둘러싸인 도형을 말하며 '초승달'이라고도 한다. 활꼴의 넓이를 계산하는 문제는 '주어진 원의 넓이와 같도록 정사각형을 작도하는 문제', 즉 '원적 문제'에서 생겼다는 것은 의심이 여지가 없다.

키오스의 히포크라테스(Hippocrates, 기원전 440년경)는 어떤 활꼴의 넓이를 구하였는데 아마도 그의 연구가 원적 문제를 푸는 데 어떤 빛을 던져주리라 기대했던 것 같다. 에우데무스(Eudemus, 기원전 320년 무렵 활약)는 짧은 글 속에서 다음 정리를 히포크라테스이 업적이라 하였다.

"서로 닮은 원의 조각비는 그 밑변 위에 만든 정사각형의 비와 같다."

히포크라테스는 "삼각형의 넓이와 같은 초승달을 작도할 수 있는가"에 대한 의문에서 초승달(활꼴)에 관한 다음 결과를 얻을 수 있었다.

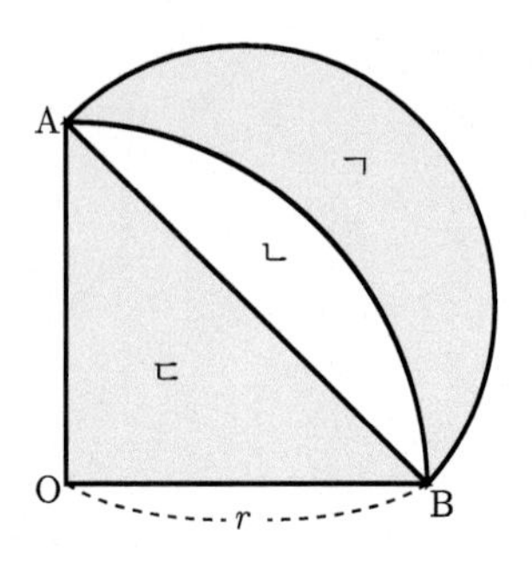

"AOB가 사분원이라고 할 때 $\overline{AB}$를 지름으로 하면서 그 사분원의 바깥쪽에 놓이는 반원을 그릴 때 사분원과 반원으로 에워싸인 활꼴의 넓이는 삼각형 AOB의 넓이와 같다."

그 이유는 피타고라스 정리에 의하여 $\sqrt{2}r$이므로 반원 AB의 넓이는 $\frac{1}{2}\pi\left(\frac{\sqrt{2}}{2}r\right)^2 = \frac{1}{4}\pi r^2$ 이므로 ㄱ의 넓이는

$$\left(\frac{1}{4}\pi r^2 + \frac{1}{2}r^2\right) - \frac{1}{4}\pi r^2 = \frac{1}{2}r^2$$

이기 때문이다. 따라서 이것은 $\triangle$AOB의 넓이 $\frac{1}{2}r^2$과 같다.

ABCD가 지름이 $\overline{AD}$인 원에 내접하는 정육각형의 반이라고 할 때 $\overline{AB}$를 지름으로 하면서 그 원의 외부에 놓이는 반원을 그리면 한 활꼴이 된다. 이때 사다리꼴 ABCD의 넓이는 그 활꼴의 세 배와 AB 위의 반원의 넓이의 합과 같다. 그 이유는 다음과 같다.

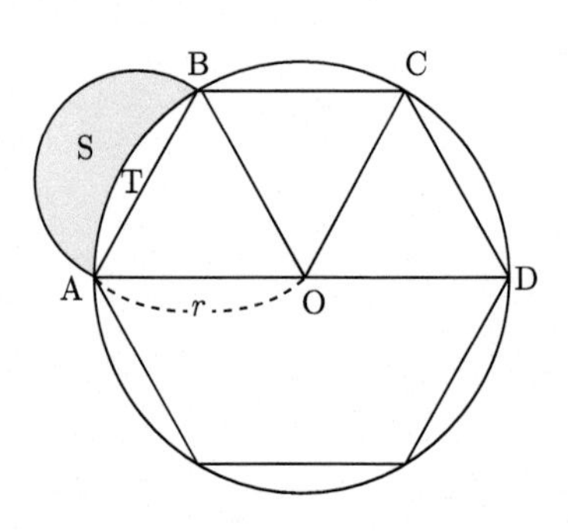

사다리꼴 ABCD의 넓이는 $3\frac{\sqrt{3}}{4}r^2$, 반원 AB의 넓이는 $\frac{1}{8}\pi r^2$이고 부채꼴 AOB의 넓이는 $\frac{1}{6}\pi r^2$ 이다. 따라서

$$3\left[\left(\frac{1}{8}\pi r^2+\frac{\sqrt{3}}{4}r^2\right)-\frac{1}{6}\pi r^2\right]+\frac{1}{8}\pi r^2=\frac{\sqrt{3}}{4}\times 3\cdot r^2$$

이므로 3(S의 넓이)+(반원 AB의 넓이)=(사다리꼴 ABCD의 넓이)이다.

2 구두장이의 칼(아르벨로스)

구두장이가 구두를 만들 때 아래 그림과 같은 특별한 모양의 칼을 사용한다. 이 칼을 '구두장이의 칼'이라 한다. 수학에도 이 칼과 모양이 같아 구두장이의 칼이라는 도형이 있다. 이 도형은 그림과 같이 길이가 $2(r_1+r_2)$인 선분 AB 위에 중심이 있으며 서로 접하는 반원의 호로 둘러싸인 부분이고, 그리스어로 '구두장이의 칼'이라는 의미의 '아르벨로스(Arbelos)'라 한다. 이 도형에 관한 몇 가지 성질은 그리스 수학자인 아르키메데스의 저서 《보조정리집》에 처음 나타난다. 구두장이의 칼에 대한 다음 성질을 알아보자.

세 점 A, C, B는 한 직선 위에 있다고 하고 C는 A와 B 사이에 있다. 이제 그 직선의 같은 쪽에서 지름이 각각 $\overline{AC}$, $\overline{CB}$, $\overline{AB}$인 반원을 그리자. 그러면 이 세 반원을 경계로 하는 도형이 아르벨로스(구두장이의 칼)이다. 점 C에서 선분 AB 위에 수선을 세우고 제일

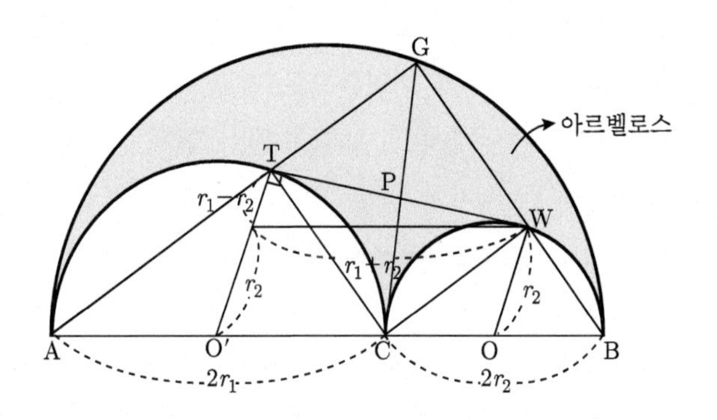

큰 반원과 G에서 만난다고 하고 2개의 작은 반원의 공통 외접선이 이 반원과 T, W에서 접하고, $\overline{AC}$, $\overline{CB}$, $\overline{AB}$를 $2r_1$, $2r_2$, $2r$로 표시한다.

① $\overline{GC}^2 = 2r_1 \times 2r_2 = 4r_1r_2$, $\overline{TW}^2 = (r_1+r_2)^2 - (r_1-r_2)^2$ 이므로 $\overline{GC}$와 $\overline{TW}$의 길이는 같고 서로 이등분함을 알 수 있다.

② 아르벨로스의 넓이는

$$\frac{1}{2}\pi(r_1+r_2)^2 - \frac{1}{2}(\pi r_1{}^2 + \pi r_2{}^2) = \pi r_1 r_2$$

이므로 이것은 $\overline{GC}$를 지름으로 하는 원의 넓이와 같다.

3 소금그릇

소금은 상거래에서 현금 대신으로 사용되기도 했지만, 방부제와 조미료는 물론 깨끗함과 성스러움의 상징으로 사용되어왔다. 16세기까지만 해도 소금은 동서양 모두에서 매우 비싼 상품이었기 때문에 소금을 식탁에 올려서 마음대로 먹을 수 있다는 것은 특권 계급이나 가능한 일이었다. 그래서 서양에서는 옛날부터 비싼 소금을 품위 있는 그릇에 담아서 식탁에 놓아두었다.

소금그릇이라 불리는 도형을 처음 소개한 사람은 그리스 수학자 아르키메데스이다. 아라비아 번역본으로 전해 내려온 그의 저서 《보조정리집》의 명제 14는 '샐리논(Salinon)'이라 불리는 도형에 관한 내용이다. 샐리논은 그리스어로 '소금그릇'이라는 뜻으로 아르키메데스가 이 도형의 이름을 소금그릇이라고 붙인 이유는 아마 그가 살던 시대의 소금그릇과 비슷한 모양으로 되어 있었기 때문일 것이다. 그는 소금그릇을 다음과 같은 방법으로 그렸다.

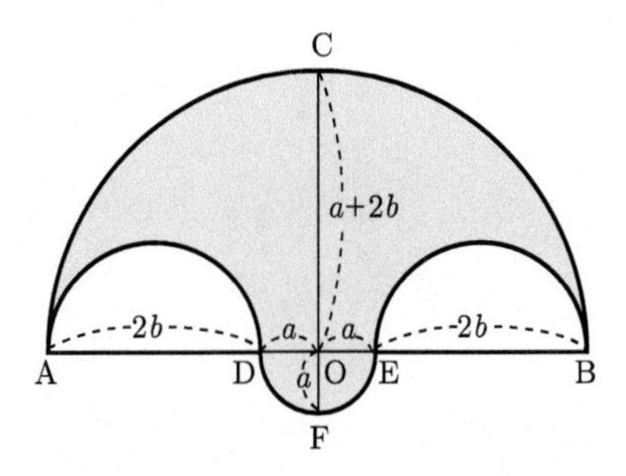

① 선분 AB를 지름하는 하는 반원 ACB를 그린다.

② 지름 AB 위에 점 A와 점 B로부터 각각 같은 거리 $2b$만큼 떨어진 점 D, E를 잡는다.

③ 선분 AD와 EB를 지름으로 하는 2개의 반원을 ACB와 같은 쪽으로 그린다.

④ 선분 DE를 지름 $2a$로 하는 반원 DFE를 반원 ACB와 반대 쪽에 그린다.

위와 같은 방법으로 그린 소금그릇의 가장 큰 특징은 소금그릇의 넓이 S가 대칭직선 FOC를 지름으로 하는 원의 넓이와 같다는 것이다. 즉, 셀리논의 넓이 S는

$$S=\frac{1}{2}\pi(a+2b)^2-\pi b^2+\frac{\pi}{2}a^2$$

이다. 그 이유는 $\overline{\mathrm{CF}}=2(a+b)$를 지름으로 하는 반원의 넓이는 $\pi(a+b)^2$이고, 음영 부분의 넓이는 다음과 같기 때문이다.

$$\begin{aligned}\frac{1}{2}\pi(a+2b)^2-\pi b^2+\frac{\pi}{2}a^2 &= \frac{1}{2}\pi(a^2+4ab+4b^2)-\pi b^2+\frac{1}{2}\pi a^2\\ &=\frac{1}{2}\pi a^2+2\pi ab+\pi b^2+\frac{1}{2}\pi a^2\\ &=\pi(a+b)^2\end{aligned}$$

4 헤론의 공식

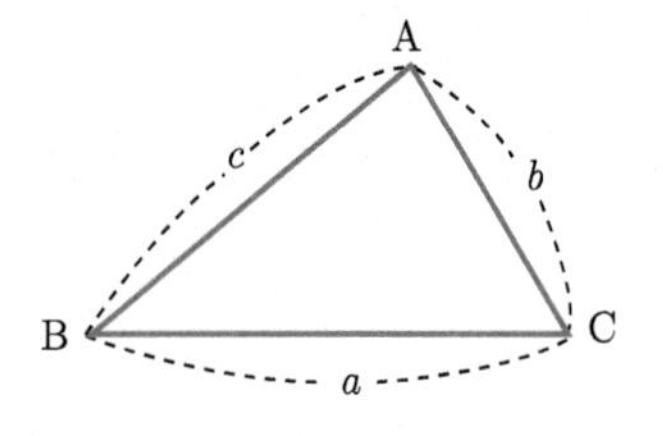

알렉산드리아의 헤론(Heron, 100년 무렵 추정)은 기하학에 관한 것으로 주로 측정(測定)의 문제를 다루는 3권의 책 《측정론》을 저술하였다. 또 그는 역학에 관한 책으로 기계적 고안품에 관한 설명으로 되어있는 책 《기체역학》을 저술했는데, 이 책은 역학의 중요한 기본 원리를 훌륭히 파악하고 있음을 보여주고 있다.

삼각형의 세 변이 주어질 때 삼각형의 넓이를 구하는 다음 공식을 발견했는데, 이 공식을 **헤론의 공식**이라 한다. 헤론보다 몇 세기 앞의 아르키메데스도 이 공식을 알고 있었다고 한다.

"삼각형 ABC의 세 변을 a, b, c라 할 때, 그 넓이는

$$\sqrt{s(s-a)(s-b)(s-c)}$$

이다(단, $s=\dfrac{a+b+c}{2}$)."

증명

방법 1 $\triangle\mathrm{ABC}$에서 삼각형의 넓이는 $S=\dfrac{1}{2}ab\sin\mathrm{C}=\dfrac{1}{2}bc\sin\mathrm{A}$ $=\dfrac{1}{2}ca\sin\mathrm{B}$이다. 따라서

$$S=\frac{1}{2}ab\sin\mathrm{C}=\frac{1}{2}ab\sqrt{1-\cos^2\mathrm{C}}=\frac{1}{2}ab\sqrt{1-\left\{\frac{a^2+b^2-c^2}{2ab}\right\}^2}$$

$$=\frac{1}{2}ab\sqrt{\left(1+\frac{a^2+b^2-c^2}{2ab}\right)\left(1-\frac{a^2+b^2-c^2}{2ab}\right)}$$

$$=\frac{1}{2}ab\sqrt{\left(\frac{2ab+a^2+b^2-c^2}{2ab}\right)\left(\frac{2ab-a^2-b^2+c^2}{2ab}\right)}$$

$$= \frac{1}{2}ab\sqrt{\left(\frac{(a+b)^2-c^2}{2ab}\right)\left(\frac{c^2-(a-b)^2}{2ab}\right)}$$

$$= \frac{1}{2}ab\sqrt{\frac{(a+b+c)(a+b-c)(c+a-b)(c-a+b)}{4(ab)^2}}$$

$$= \sqrt{\frac{(a+b+c)(a+b-c)(c+a-b)(c-a+b)}{4\times 4}}$$

$$= \sqrt{\frac{a+b+c}{2}\times\frac{a+b-c}{2}\times\frac{c+a-b}{2}\times\frac{c-a+b}{2}}$$

$$= \sqrt{s(s-c)(s-b)(s-a)}$$

이다.

방법 2 오른쪽 삼각형의 넓이는 $S=\frac{1}{2}ah$이고

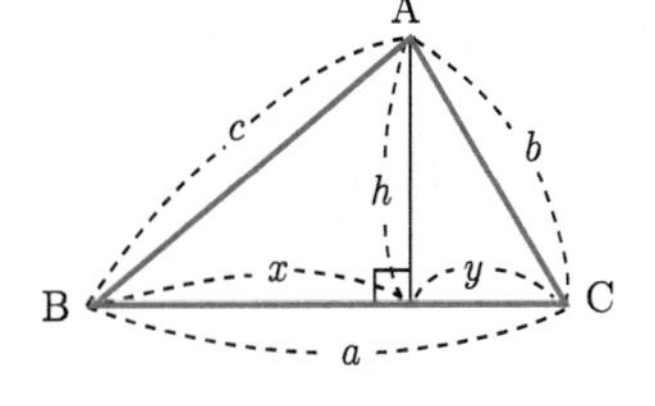

$$x+y=a,\ \ x^2+h^2=c^2,\ \ y^2+h^2=b^2$$

이다. 이 식으로부터

$$h^2=c^2-x^2=b^2-y^2=b^2-(a-x)^2$$

이다. $c^2-x^2=b^2-(a-x)^2$을 정리하면 $x=\frac{c^2+a^2-b^2}{2a}$이다. 따라서

$$h^2=c^2-x^2=c^2-\left(\frac{c^2+a^2-b^2}{2a}\right)^2$$

$$=\left(c+\frac{c^2+a^2-b^2}{2a}\right)\left(c-\frac{c^2+a^2-b^2}{2a}\right)$$

$$=\left(\frac{2ac+c^2+a^2-b^2}{2a}\right)\left(\frac{2ac-c^2-a^2+b^2}{2a}\right)$$

$$
\begin{aligned}
&= \left(\frac{(a+c)^2 - b^2}{2a}\right)\left(\frac{b^2 - (a-c)^2}{2a}\right) \\
&= \left(\frac{(a+b+c)(a-b+c)}{2a}\right)\left(\frac{(b+a-c)(b-a+c)}{2a}\right) \\
&= \left(\frac{(a+b+c)(a-b+c)}{2a}\right)\left(\frac{(a+b-c)(-a+b+c)}{2a}\right)
\end{aligned}
$$

이므로

$$
\begin{aligned}
S &= \frac{1}{2}ah = \frac{1}{2}a\sqrt{\frac{(a+b+c)(a-b+c)}{2a}\frac{(a+b-c)(-a+b+c)}{2a}} \\
&= \sqrt{\frac{(a+b+c)}{2}\frac{(a-b+c)}{2}\frac{(a+b-c)}{2}\frac{(-a+b+c)}{2}} \\
&= \sqrt{s(s-b)(s-c)(s-a)}
\end{aligned}
$$

이다. ■

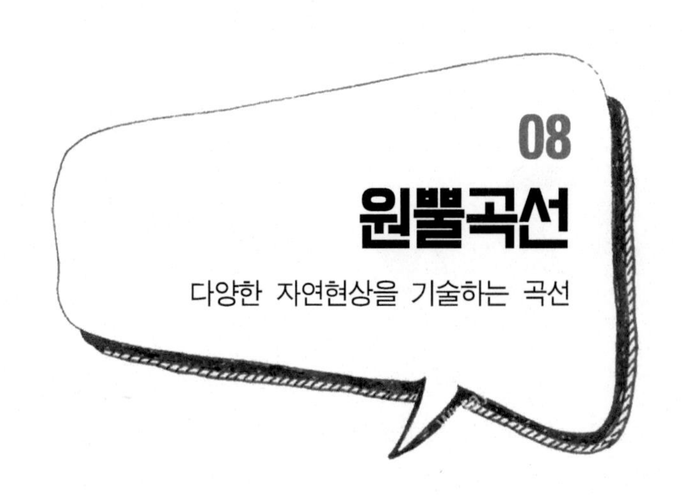

1 원뿔곡선의 역사와 실생활에 활용

원뿔에 대한 고대 그리스의 연구에 등장한 원, 포물선, 타원, 쌍곡선은 원뿔에 평면을 다양한 각도로 통과시켰을 때 나타나는 곡선이란 의미에서 원뿔곡선 또는 원추곡선이라고 부른다. 현재 사용되고 있는 원, 포물선, 타원, 쌍곡선의 어원은 고대 그리스의 수학자 아폴로니우스의 저서 《원뿔 곡선론》에서 찾아볼 수 있다. 아폴로니우스는 하나의 직원뿔을 여러 가지 평면으로 잘라 이 평면이 밑면과 이루는 각이 모선과 밑면과 이루는 각보다 작은가, 같은가, 큰가에 따라 포물선은 "같다"는 뜻에서 parabola의 원어를 썼고, 타원은 "부족하다"는 뜻의 ellipse, 쌍곡선은 "초과한다"는 뜻의 hyperbola를 썼다. 일반적으로 수학에서는 원뿔곡선을 이차곡선이라고 부르는데, 이는 원뿔곡선을 좌표 평면 위에 나타내면 이차식이 되기 때문이다. 평면 위에 놓인 공의 그림자에서도 광원의 위치에 따라 다양한 이차곡선을 볼 수 있다.

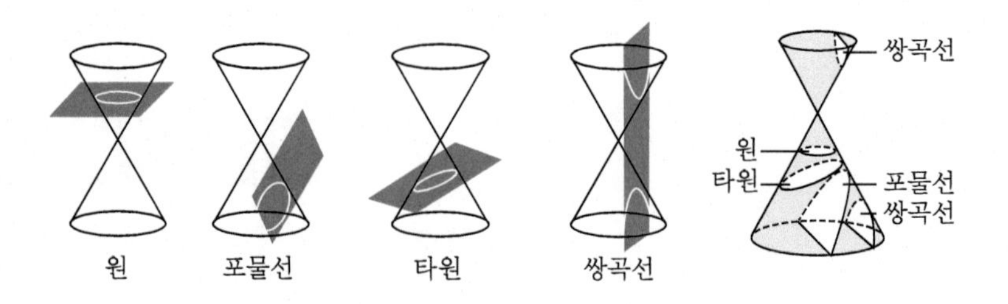

이차곡선인 포물선과 쌍곡선은 타원과 더불어 고대에서 현재까지 많은 학자들에 의해 연구되고 있다. 갈릴레오 갈릴레이는 던져진 물체의 궤적을 포물선으로 설명했고, 행성운동의 세 가지 법칙을 발견한 케플러는 타원으로 행성의 궤도를 설명하기도 했다. 또한 고대 그리스의 수학자 아르키메데스가 포에니 전쟁에서 포물면 거울로 햇빛을 모아 나무로 된 로마의 전함에 불을 질렀다는 이야기도 전해지고 있다.

이차곡선을 사용하면 여러 가지 자연현상을 기술할 수 있다. 공을 비스듬히 던질 때 공이 날아가는 궤적은 포물선이며, 지구, 인공위성, 핼리 혜성 등의 궤도는 타원을 이룬다. 1609년 독일의 천문학자 요하네스 케플러는 행성들이 태양 주위를 원을 그리며 돈다는 오래된 생각을 거부하고, 타원 궤도를 그리며 돈다는 주장을 펼쳤다.

이차곡선의 성질과 빛의 반사 법칙을 실생활에 활용한 예가 많이 있다. 신장에 있는 결석을 제거하기 위한 의료기는 타원 모양의 거울을 만들어 하나의 초점에서 쏜 음파는 반드시 다른 초점을 지난다는 타원의 성질을 이용한 것이다. 쌍곡선은 '두 점으로부터의 거리차가 일정한 점의 자취'로 정의된다. 이 원리로부터 두 점으로부터 오는 도달 전파의 시간차를 이용해 배나 비행기의 위치를 계산, 항해하는 방법을 쌍곡선 항법이라 한다.

위성방송을 시청하는 데 쓰이는 접시형 안테나(파라볼라 안테나)의 면은 포물선을 회전시켜 만든 포물면으로 되어 있다. 인공위성에서 발사된 전파는 평행하게 진행하여 접시형 안테나에서 반사된 후 초점을 지나게 되므로 이 초점에 수신기를 설치하면 미약한 전파도 잘 탐지할 수 있게 된다. 위성에서 보낸 텔레비전 신호는 포물선 모양의 수신기에 와서 부딪힌 후 초점으로 모여서 텔레비전으로 보내진다. 이것은 "포물선의 축에 평행하게 진행한 모든 광선은 포물선에 닿아 반사될 때 반드시 포물선의 초점을 지난다"는 포물선의 성질을 실생활에 활용한 것이다. 이외에도 자동차의 전조등, 현대적인 망원경 등과 같은 실생활에 유용한 도구들을 만드는 데도 응용되고 있다.

2 원뿔곡선을 식으로 표현하면

모든 원뿔곡선은 적당한 계수에 의해 이차방정식으로 표현된다. 예를 들어, $ax^2+by^2+cxy+dx+ey+f=0$에서 a와 b가 같고, c가 0인 경우는 원이다. 포물선, 타원과 쌍곡선은 다음과 같은 이차곡선이다.

① 원: $x^2+y^2=r^2(r>0)$

② 포물선: $y^2=4px\ (p\neq 0)$

③ 타원: $\dfrac{x^2}{a^2}+\dfrac{y^2}{b^2}=1\ (a>0,\ b>0)$

④ 쌍곡선: $\dfrac{x^2}{a^2}-\dfrac{y^2}{b^2}=1\ (a>0,\ b>0)$

다음 쪽 그림과 같이 포물선은 직원뿔의 옆면을 그 회전축과 이루는 각이 90°보다 작은 각이 되도록 잘랐을 때 생기는 단면의 모양이다. 반면 쌍곡선은 직원뿔의 회전축과 평행한 방향으로 잘랐을 때 생기는 단면이다. (단 회전축을 포함하는 평면으로 자르는 것은 제외한다.) 다시 말해, 포물선은 $\theta=\theta'(<90°)$이고 쌍곡선은 $\theta<\theta$ $(=90°)$이다.

포물선 $y^2=4px$(또는 $x^2=4py$)는 점근선이 존재하지 않으며, x

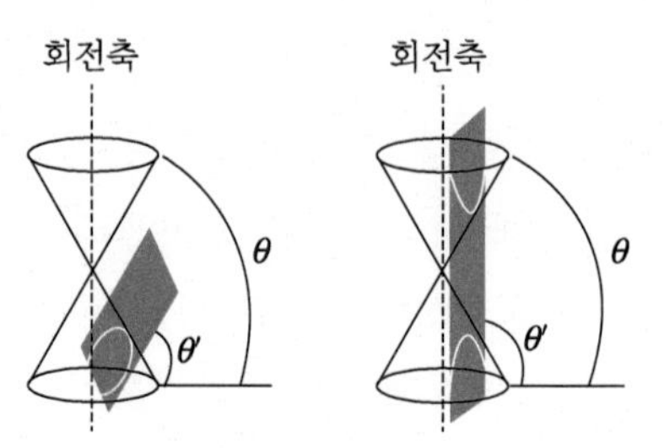

θ: 원뿔곡선의 모선과 원뿔곡선의 밑면이 이루는 각
θ′: 원뿔곡선을 자르는 평면이 원뿔곡선의 밑면과 이루는 각

(y)가 무한히 커질 때 $y(x)$는 발산한다. 그러나 쌍곡선에는 점근선이 존재하며 쌍곡선 $\frac{x^2}{a^2}-\frac{y^2}{b^2}=1$은 x가 무한히 커질 때 y는 점근선에 수렴한다.

포물선과 쌍곡선은 모양이 비슷하지만 서로 다른 성질을 갖는 곡선이다. 그 유사점과 차이점이 있으며, 포물선, 타원, 쌍곡선의 정의는 다음과 같다.

- 포물선 : 평면 위의 한 정점과 한 정직선으로부터 거리가 같은 점들의 모임
- 타원 : 평면 위의 두 정점으로부터 거리의 합이 일정한 점들의 모임
- 쌍곡선 : 평면 위의 두 정점으로부터 거리의 차가 일정한 점들의 모임

초점 $F(c,\ 0)$, $F'(-c,\ 0)$으로부터의 거리의 합이 $2a\,(a>c>0)$인 곡선을 타원이라 하고 타원의 방정식은 다음과 같이 유도할 수 있다.

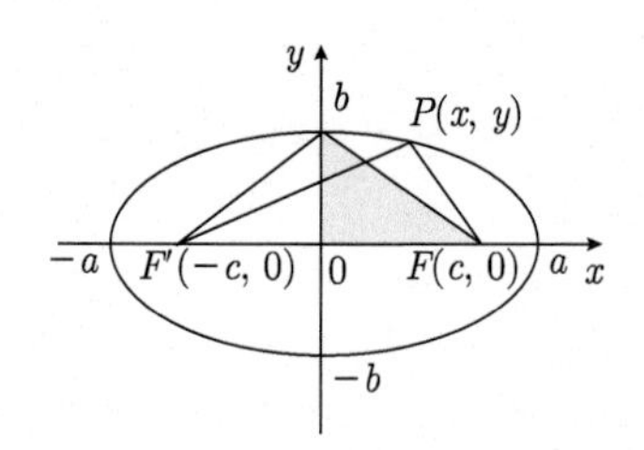

$P(x, y)$는 타원 위의 임의의 점이라 하면 $\overline{PF}+\overline{PF'}=2a$, 즉

$$\sqrt{(x-c)^2+y^2}+\sqrt{(x+c)^2+y^2}=2a,$$
$$\sqrt{(x-c)^2+y^2}=2a-\sqrt{(x+c)^2+y^2}$$

이다. 양변을 제곱하여 정리하면

$$cx+a^2=a\sqrt{(x+c)^2+y^2}$$

이고, 다시 양변을 제곱하여 정리하면

$$(a^2-c^2)x^2+a^2y^2=a^2(a^2-c^2)$$

이다. $a^2-c^2=b^2\,(b>0)$으로 두고 양변을 a^2b^2로 나누면 다음과 같은 타원의 식을 얻을 수 있다.

$$\frac{x^2}{a^2}+\frac{y^2}{b^2}=1 \quad (a>b>0,\ b^2=a^2-c^2)$$

여기서 타원의 초점은 $(\pm\sqrt{a^2-b^2}, 0)$, 꼭짓점은 $(a, 0)$, $(-a, 0)$, $(0, b)$, $(0, -b)$, 장축의 길이는 $2a$, 단축의 길이는 $2b$이다.

포물선에서는 x축에 평행하게 입사된 빛이 반사되어 포물선의 초점으로 모이고, 쌍곡선에서는 한 초점을 향해 입사된 빛이 쌍곡선과 만나는 점에서 반사되어 쌍곡선의 다른 한 초점으로 모인다.

빛과 같은 파동은 어떤 물질(매질 1)에서 진행하다가 다른 물질(매질 2)을 만나면 두 가지 현상을 일으킨다. 파동의 일부는 투과(굴

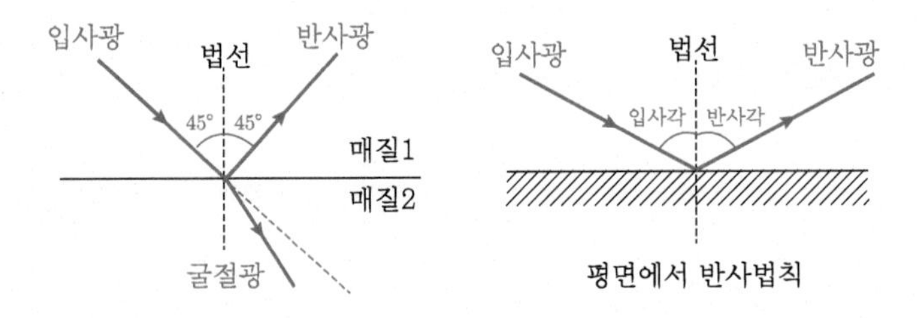

평면에서 반사법칙

절)되고, 일부는 반사된다. 반사의 법칙은 평면이든 곡선이든 입사각과 반사각의 같다는 것이다.

3 이차곡선의 원리는 중요한 일상생활에 적용된다

(1) 위성 안테나

접시 모양의 위성 안테나는 포물선 모양으로 돼 있기 때문에 포물선을 일컫는 파라볼라(parabola)라는 말을 붙여 파라볼라 안테나라고도 한다. 안테나의 구조는 같은 포물선(초점이 일치)을 무한개 모아서 만든 그릇 초점에 안테나 꼭짓점이 있다.

위성 안테나가 포물선 모양인 이유는 그림처럼 포물선의 축과 평행하게 들어오는 전파가 모두 포물선의 초점에 모이게 되는 성질 때문이다. 그래서 저 높은 인공위성에서 날아온 약한 전파라도 한 곳에 모여 강한 신호를 내게 된다.

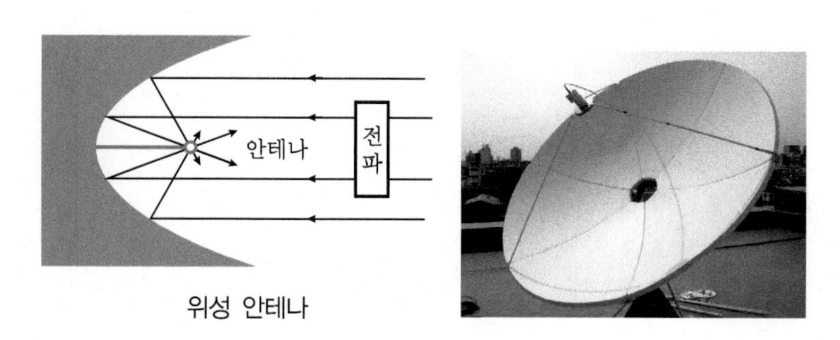

위성 안테나

(2) 태양열 발전소

태양열 발전소는 파라볼라 안테나 모양의 거울을 이용해 태양열을 모아 전기를 만든다. 프랑스 남쪽에 오델로 태양열 발전소가 있다. 계단식 언덕에 63개의 평평한 유리가 설치되어 있는데 컴퓨터에 의해 작동된다. 유리는 태양광선을 중앙에 있는 포물면 거울에 잘 반사하도록 경사지게 놓여 있다. 태양광선은 포물면 거울에 반사된 후 초점의 위치에 설치되어 있는 태양로에 모인다. 태양로는 3천8백°C에 이르는 열을 발생시킨다. 이 태양열 발전소도 포물선의 성질을 이용했다.

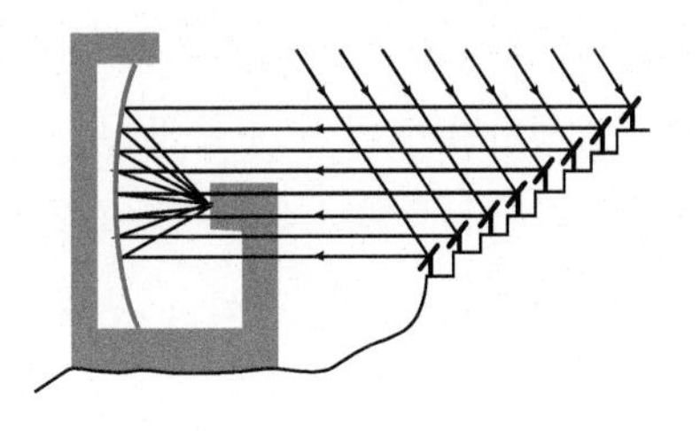

(3) 자동차 전조등

자동차 전조등의 반사경도 포물면 거울이다. 이것은 포물선의 성질을 파라볼라 안테나와는 반대로 응용한 것이다. 전구를 초점의 위치에 놓으면 빛은 축과 평행인 방향으로 먼 곳까지 비춘다. 이를 상향등이라고 한다. 그런데 평소에는 마주 오는 차에 눈부심을 주지 않게 하기 위해서 하향등을 이용한다. 이것은 단순히 전구를 초점에서 약간 벗어난 위치로 옮기면 된다. 이렇게 하면 빛은 위와 아래로 향한다. 이때 위로 향하는 빛을 차단해 아래쪽으로 나아가는 빛만 보내므로 가까운 곳만을 비춘다.

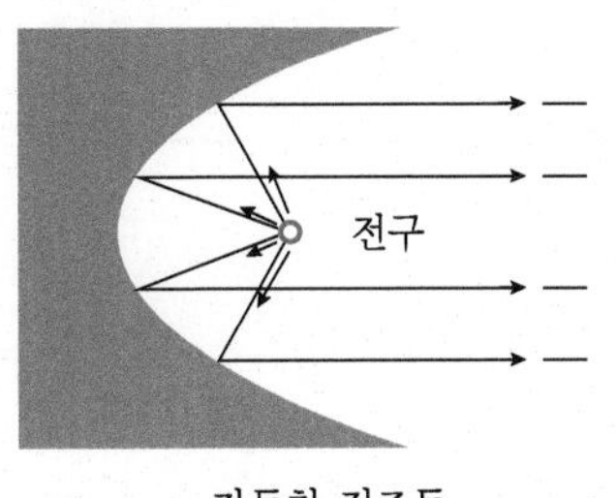

자동차 전조등

(4) 신장 결석 파쇄기

타원의 한 초점에서 나온 빛은 타원에 반사돼 또 다른 초점으로 향한다. 한 초점에서 쏜 음파가 다른 초점에 이르게 되는 타원의 성질은 신장 결석을 치료하는 결석 파쇄기에도 응용된다. 신장에 생긴 환자의 결석을 타원의 한 초점에 위치하도록 환자를 눕혀놓고, 다른 한 초점에서 충격파를 발생시키면 타원 모양의 반사 장치를 통하여 충격파가 결석의 위치에 모이게 된다. 이러한 과정을 통해 신체에 큰 손상 없이 결석에 충격을 집중시켜 결석을 분해시킬 수 있다.

(5) 카세그레인식 망원경

천문관측용 반사망원경 중 하나인 카세그레인식 망원경(Cassegrain's Telescope)은 포물선과 쌍곡선의 반사성질을 이용하여 만든 것이다. 이 망원경은 오목 주거울과 볼록 부거울로 이루어진 반사망원경이다. 이 망원경은 광원을 모으는 주거울은 포물경으로, 광원을 반사시켜 눈으로 확인할 수 있도록 하는 부거울은 쌍곡경으로 구성되어 있다.

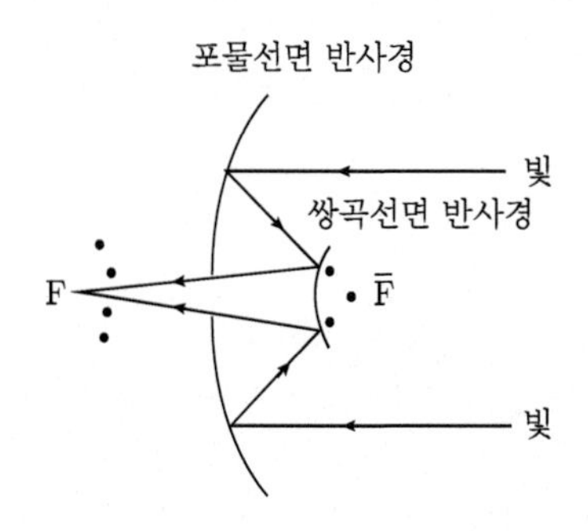

(6) 랜턴

밤에 랜턴을 켜면, 어두운 밤에 한 줄기 빛처럼 쭉 뻗어 나가고, 절대로 빛이 퍼지거나 모아지지가 않는다. 이것의 이유는 바로 수학에서 포물선을 응용한 것이다. 포물선의 대칭축에 평행한 어떠한 빛을 포물선에 주입시키면, 그것은 포물선의 곡선에 닿아서 반사한 후 무조건 초점을 지나게 된다. 이제 이것을 거꾸로 생각해보면, 광원이 포물선 밖이 아니라 초점에 위치해 있다면, 이곳에서 나온 빛은 포물선의 곡선에서 반사되어, 이 포물선의 대칭축에 평행하게 빛이 나가게 된다. 이것은 어떠한 빛이라도 마찬가지이다. 이것을 이용하여 랜턴을 만든 것이다. 실제로 랜턴을 뜯어보면, 포물선 모양의 거울이 있고, 이 포물선의 초점 부분에 광원이 있는 것을 볼 수 있다. 실제로 밤에 랜턴을 켜보면 빛이 퍼지지 않고 한 곳으로 모이는 것을 관찰할 수 있다.

(7) 쌍곡면 거울

쌍곡선의 초점이 있는 안쪽 면을 거울로 하고 한 초점 위치에 광원을 놓으면 거기서 나온 광선은 쌍곡선에서 반사되어 마치 다른 초점에서 나오는 것처럼 보인다. 따라서 쌍곡선의 초점이 있는 안쪽면을 거울로 두고 한 초점의 위치에 광선을 놓으면 거기서 나오는 모든 광선은 쌍곡선 거울에서 반사하여 또 다른 초점에서 나온 광선인 것처럼 퍼져 나간다.

(8) 차동기어장치

쌍곡선을 회전시켰을 때 만들어지는 면을 쌍곡면이라고 한다. 자동차의 차동기어장치에 이 쌍곡면이 활용된다. 차동기어장치는 1827년 프랑스의 O. 페쿠르가 고안해 냈는데, 자동차가 좌회전이나 우회전을 할 때 좌우의 바퀴가 미끄럼을 일으키지 않고 원활하게 회전하기 위해서는 바깥쪽 바퀴는 안쪽 바퀴보다 빠르고 또한 많이 회전하여야 한다. 그러나 양쪽 바퀴를 동일한 축으로 연결하여 동력을 전달하도록 할 경우에는 회전속도를 다르게 할 수가 없으므로 축을 2개로 분할하고 그 중앙부에 차동기어를 설정하여 그 문제를 해결하는 것이다.

(9) 성바오로 대성당

타원의 한 초점에서 나온 빛은 타원에 반사돼 또 다른 초점으로 향한다. 타원의 이런 성질은 소리에서도 적용돼 타원의 한 초점에서 소리를 내면 이 소리가 다른 초점에 모인다. 영국 런던의 성바오로 대성당은 천장을 타원면으로 만들었기 때문에 복도 한 곳에서 작은 소리로 속삭이면, 멀리 있는 특정 장소에서는 또렷하게 들린다.

09 황금비

세상에서 가장 아름다운 비율

그리스의 수학자 피타고라스(Pythagoras, 기원전 582?~497)는 "조화는 미덕이다. 건강과 모든 선, 그리고 신성 역시 마찬가지이다. 결과적으로 모든 사물들 역시 조화에 따라 구성된다."고 주장하였다. 그는 만물의 근원을 수라고 보고, 세상의 모든 일을 수와 수학적 법칙으로 규명하려 했다. 인간이 생각하는 가장 아름다운 비로 황금비를 생각하여 황금비가 들어 있는 정오각형 모양의 별을 피타고라스 학파의 상징으로 삼았다. 그는 왜 황금비에 사로잡혔을까? 피타고라스 학파는 "정오각형별에서 짧은 변과 긴 변의 길이의 비는 바로 황금비이고, 정오각형에서 한 변과 대각선의 비가 황금비이고, 각 대각선은 서로를 황금비로 나누면서 가운데에 작은 정오각형을 만들 수 있다."는 신비한 사실을 발견했다. 또한 피타고라스 학파는 조화는 수, 척도, 비례에 의존하는 수학적 배열상태라고 인식하였다.

인간은 옛날부터 자연에서 조화를 이루는 일정한 비율과 인체의 균형에 담긴 비례의 아름다움이 나타내는 불가사의함을 인식하여 아름다움을 추구하여 왔다. 모든 대상의 구성과 제작에서 균형을 고려하고 경험을 바탕으로 일정한 양식과 그 비율을 파악하여 논리적인 토대를 마련하곤 했다. 따라서 모든 아름다움은 조화와 균형의 바탕

위에서 이루어졌음을 알 수 있다.

우리가 흔히 사용하는 명함, 신용카드, 버스카드, 엽서, 사진 등에서 가로와 세로의 비가 거의 같다. 왜 그럴까? 예로부터 그리스인들은 가정 안정된 조화와 균형을 이루는 아름다운 비(ratio)로 황금비를 꼽았다. 황금비란 간단히

$$1:1.618(=0.618) \text{ 또는 } 1.618:1(=1.618)$$

를 말한다. 황금분할이란 어떤 선분을 둘로 자를 때, 작은 선분과 큰 선분의 비가 큰 선분과 전체 선분의 비와 같도록 자르는 것을 말한다. 즉,

$$(\text{짧은 길이}):(\text{긴 길이})=(\text{긴 길이}):(\text{전체 길이})$$

이므로 $(\text{긴 길이})^2=(\text{짧은 길이})\times(\text{전체 길이})$이다.

화가이면서 수학 분야에도 학문적 연구가 뛰어났던 천재 화가 레오나르도 다빈치(1452~1519)는 기하학적인 투시화법의 그림을 그리면서 수학적 원리를 깊이 헤아렸으며 모든 작품 제작을 황금비에 바탕을 두었다. 그는 이탈리아 르네상스를 대표하는 조각가, 건축가, 발명가, 해부학자로 수학자와 화가의 만남을 통하여 무수한 토론과 연구가 토양이 되어 비례의 미학이 완성도가 높은 발전을 가져오게 되었다. 이는 곧 르네상스라는 인류사의 가장 빛나는 문화를 열어간 원천이었다고 본다.

황금비는 고대부터 현대에 이르기까지 각종 건축물, 회화, 조각, 음악, 디자인, 사진, 일상생활 등에서 다양하게 활용되고 있으며, 식물, 동물, 은하계 등 자연세계에서도 황금비를 찾을 수 있다.

1 황금비의 기원

황금비의 기원을 보면, 황금비는 기원전 2575년경에 건설된 이집트

의 '쿠푸왕의 피라미드'에 이미 사용되었다고 한다. 이 사실은 금세기 들어와 실제 답사에 의해 밝혀졌으며, 이집트의 수학자 아메스+가 저술한 것으로 알려진 《린드 파피루스》라는 책에 "신성한 비(比)인 섹트(sect)가 우리의 피라미드의 비로 쓰여지고 있다."고 적혀 있다고 한다.

그리스의 수학자 피타고라스는 정오각형과 정십각형을 작도하고 자신이 세운 학교(Academy)++의 상징을 황금비율에 의해 그려진 별모양의 정오각형(pentagram)으로 삼았다. 또한 그의 자화상의 오른손에 피라미드(황금분할이 적용된 극명한 예)를 그려 넣고 '우주의 비밀(The Secret of the Universe)'이라는 문장을 새겨 넣었다. 그는 그렇게 함으로써 황금분할이 우주의 비밀을 푸는 열쇠라는 사실을 보여주려 했으며, 황금분할의 발견을 그의 인생에 있어서 가장 큰 업적으로 남기려 했음을 알 수 있다.

유클리드(Euclid, 기원전 325?~265?)+++는 기원전 300년경에 그의 저서 《원론》(Elements) 제2권에서 기하학적 명제로서 황금분할에 관한 명제를 다음과 같이 적었다.

"주어진 선분을 둘로 나누어 그 중 하나를 한 변으로 하고 전체 선분을 다른 한 변으로 하는 직사각형의 넓이와 다른 하나를 한 변으로 하는 정사각형의 넓이가 같도록 한다."

\+ 아메스는 고대 이집트의 수학자로 파피루스에 일차방정식에 관한 기록을 남겼다. 또한 반지름이 9인 원의 넓이는 한 변의 길이가 8인 정사각형의 넓이와 같다고 기술하고 있다. $\pi(9/2)^2=8^2$이므로 이를 계산하면 원주율은 3.16049···이다.

++ 이 학교의 현관에 '기하학을 모르는 자는 출입을 금함'이라 대서(大書)한 일화는 유명하다.

+++ 프톨레마이오스 왕은 유클리드에게 "《원론》에 의존하지 않고 기하학을 배울 지름길은 없을까?" 하고 물었다. 그러자 유클리드는 즉석에서 "기하학에는 왕도가 없습니다"라고 대답했다고 한다. 유클리드는 기하학을 배워서 무엇에 쓰냐고 묻는 청년한테 "돈 3펜스를 갖다 주라"고 말했다는 일화는 유명하다.

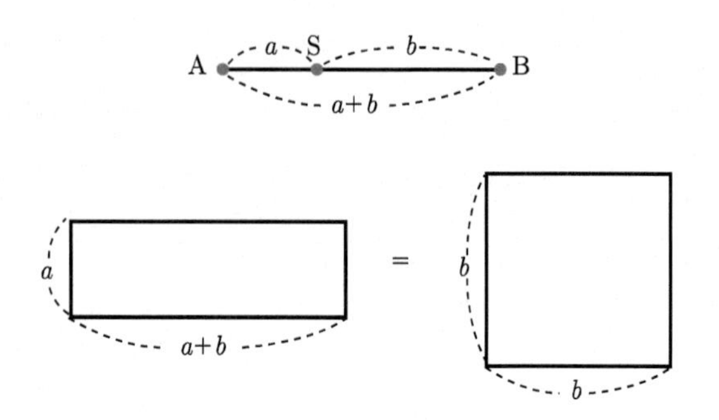

이탈리아의 수도사이자 수학자인 파치올리(Luca Pacioli, 약 1445~1509)는 이것은 신이 내려준 비라 하여 신(神)의 비 또는 신성한 비례(de vina proportione 또는 the devine propotion)라고 주장하며 이 비율이 신에 어울리는 속성을 가지고 있다고 밝힌 바 있다. 이런 영향으로 레오나르도 다빈치가 자신의 그림에 황금비를 응용하였으며, 르네상스 시대의 회화와 건축의 대부분은 황금비에 크게 영감을 받았다고 한다.

독일의 천문학자이자 수학자인 요하네스 케플러(Johannes Kepler, 1571~1630)는 다음과 같이 말한 적이 있다고 한다.

"기하학에는 두 가지 보물이 있다. 하나는 피타고라스의 정리이고 또 하나는 황금분할이다. 피타고라스의 정리는 금이요. 황금분할은 보석에 비길 수 있는 것이다."

현대 건축의 아버지인 프랑스의 건축가 르 코르뷔지에(Le Corbusier, 1887~1965)는 목과 배꼽, 무릎에서 인체의 황금비를 발견해냈다. 그는 이러한 비율을 모듈러의 이론체계로 하여 '광장에서 책꽂이에 이르기까지 여하한 디자인에도 적용할 수 있는 척도'라고 설명했다. 시인 단테는 황금비를 "신이 만든 자연의 예술품이다"라고 말했다.

황금분할은 4000~5000년 전이나 되는 옛날부터 동서양을 불문하고 고대 이집트, 그리스, 로마, 인도, 중국, 이슬람 및 그 밖의 다른 문명권의 신성한 예술에서 모두 발견되며, 르네상스에서 현대에 이르기까지 인류의 공통되는 보배로서 계승되어 왔다.

황금분할이라는 명칭은 영어의 골든 섹션(Golden section), 프랑스어의 섹션 도르(Section d'or), 독일어의 골덴 슈니르(Goldene Schunitt)의 뜻이다. 황금비는 여러 가지 이름으로 불려왔으며, 그 중에는 '황금', '신성한', '신과 같은'을 포함해 최고의 경의를 표시한 이름들이 많다.

황금비를 기념하여 우표를 발행하다

스위스, 호주, 산마리노 공화국, 일본 등에서 황금비를 기념하여 발행한 우표는 다음과 같다. 특히 스위스에서 1987년에 발행한 등각나선 기념우표는 스위스 공학 및 건축학회의 150주년을 기념하는 우표이다.+

호주(1972)

산마리노공화국 우표(1992)

일본(1986)

나선우표(Scott 805, Michel 1337)
1987년 스위스에서 발행

+ 출처: http://jeff560.tripod.com

2 황금비의 수학적 정의

선분 AB를 2개의 부분으로 나누어 (전체 길이) : (긴 길이) = (긴 길이) : (짧은 길이), 즉 $\overline{AB} : \overline{AG} = \overline{AG} : \overline{BG}$를 만족할 때 점 G는 선분 AB를 **황금분할**로 나눈다고 한다. 이때 비 $\overline{AG} : \overline{GB}$ 를 황금비라 한다.

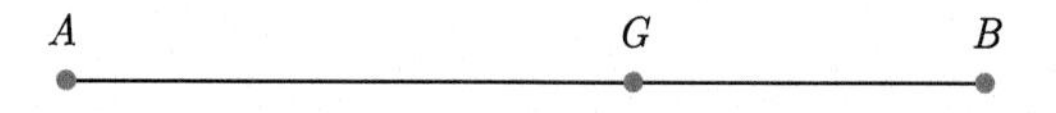

황금분할의 구체적 풀이 과정을 여러 가지 방법으로 기술하면 다음과 같다.

① 길이가 x인 선분 AB를 점 G에 의하여 황금분할로 나눈다고 하자. 그러면

$$\overline{AB} : \overline{AG} = \overline{AG} : \overline{GB}, \text{ 즉 } x : 1 = 1 : x-1$$

이므로

$$x(x-1) = 1, \quad \text{즉} \quad x^2 - x - 1 = 0$$

이다. 이차방정식을 풀면 $x = \frac{1 \pm \sqrt{5}}{2}$이고, 음수값을 버리면 $x = \frac{1+\sqrt{5}}{2}$ ($\fallingdotseq 1.62\cdots$)이다. 따라서 황금비 $\overline{AG} : \overline{GB} = 1 : \frac{\sqrt{5}-1}{2} = \frac{1+\sqrt{5}}{2} : 1$이다.

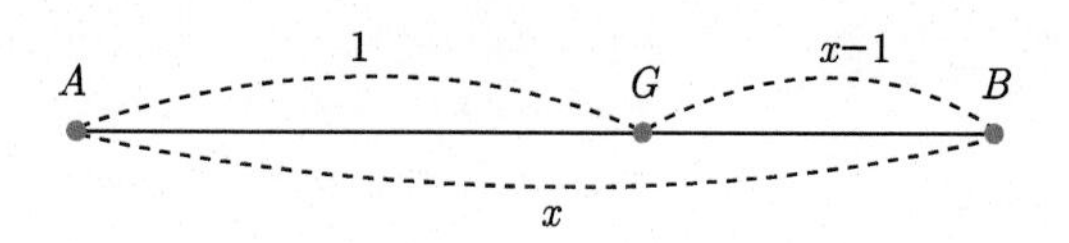

② $\overline{AB} : \overline{AG} = \overline{AG} : \overline{BG}$이 되도록 점 G는 선분 AB를 황금분

할로 나눈다고 하자. 아래 그림에서 $\overline{AG}=x$, $\overline{BG}=y$라 하면 비례식은 $x+y:x=x:y$, 즉 $x^2=y(x+y)$이다. 정리하면 $x^2-yx-y^2=0$이므로

$$\left(\frac{x}{y}\right)^2-\frac{x}{y}-1=0$$

이고, 여기서 $\frac{x}{y}=t$로 두면 $t^2-t-1=0$이다. 이차방정식을 풀면 해는 $t=\frac{1\pm\sqrt{5}}{2}$이고 $t>0$이므로 $t=\frac{1+\sqrt{5}}{2}=1.618\cdots$이다. 같은 방법으로 $\frac{y}{x}=\frac{\sqrt{5}-1}{2}$이다.

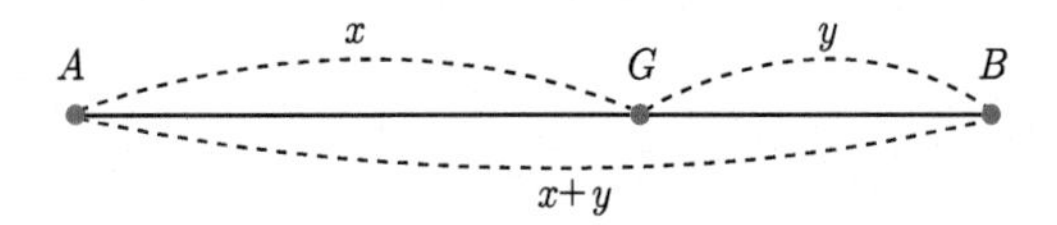

③ 황금비는 어떤 양수 x의 역수 $\frac{1}{x}$과 x에서 1을 뺀 값 $x-1$과 같은 값, 즉 방정식 $\frac{1}{x}=x-1$을 만족하는 양의 해 x로 정의하기도 한다. 이 방정식으로부터 양수 해 $x=\frac{1+\sqrt{5}}{2}$를 구할 수 있다.

황금비의 기호

황금비는 그리스 대문자 Φ로 나타내고 $\Phi=\frac{1+\sqrt{5}}{2}$이며, $\phi=\frac{1}{\Phi}=\frac{\sqrt{5}-1}{2}$도 황금비라 한다.

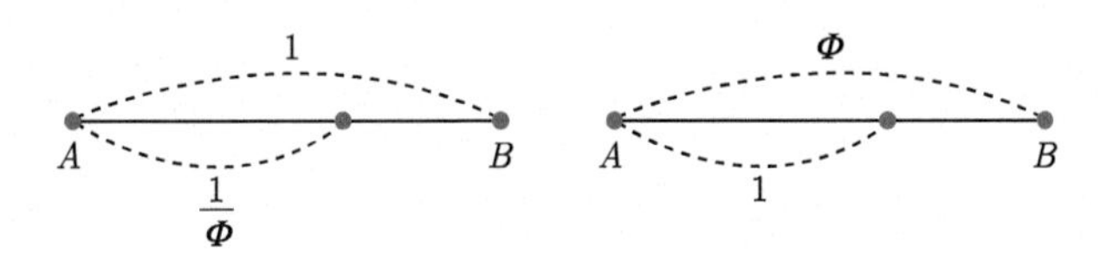

20세기에 들어와 그리스의 조각가 피디아스(Phidias)를 기리기 위해 황금비 또는 황금수(Golden number)를 Φ(Phi) 또는 ϕ로 표기하기로 정해지게 되었다. 이 기호가 피디아스의 처음 세 문자와 같다는 것은 결코 우연한 사실이 아니다. 피디아스는 파르테논 신전에서부터 제우스의 상에 이르기까지 자신의 디자인에 황금비를 이용하였다. 몇몇 수학자들은 다른 그리스 문자 τ(tau)를 쓰기도 한다. 정십각형이 원에 내접하면 정십각형의 한 변과 원의 반지름과의 비는 황금비 $1:\Phi$를 이루며, 만약 원을 2개의 호로 황금분할하면 작은 호의 중심각은 137.5°이다(아래 그림 참조).

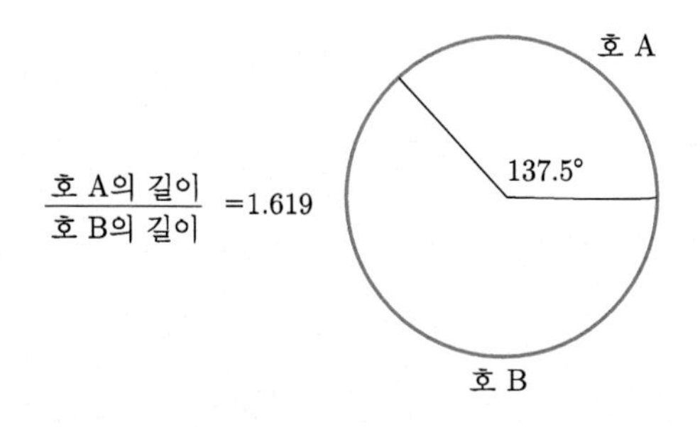

탐구문제 1

본인의 인생을 황금비로 적용하여 몇 세쯤에 황금나이인지를 구하시오. 올해 일 년 동안의 황금비는 얼마인가?

3 자연, 건축, 예술, 인체에서 황금비 찾기와 적용

(1) 자연에서 황금비 찾기

나비, 눈(雪)의 결정, 앵무조개의 가로세로 방향의 접선의 길이, 해바라기꽃씨의 왼쪽·오른쪽 방향의 나선수, 데이지 꽃, 솔방울, 나뭇가지, 나선형 은하계, 사슴, 송어, 해삼과 불가사리 등의 단면, 소라의 나선 등에서도 황금비를 찾을 수 있으며 그 외에도 무수히 많다. 이처럼 자연계의 많은 부분이 신비스러울 정도로 황금비와 일치한다는 사실은 가장 안정적이고 자연스러운 조형이 가장 아름다운 것임을 뒷받침한다.

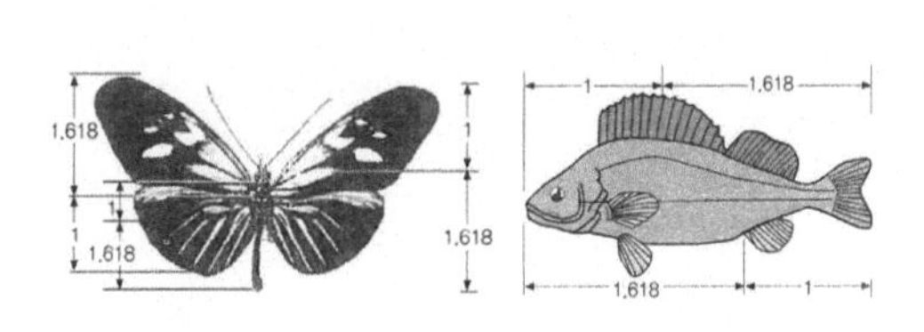

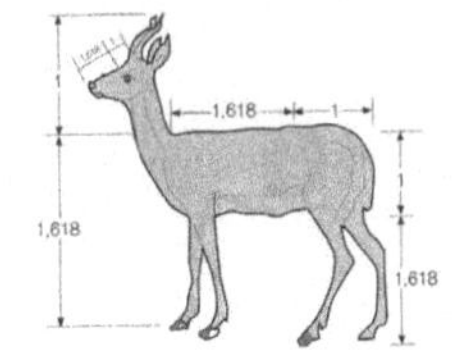

자연에서 황금비

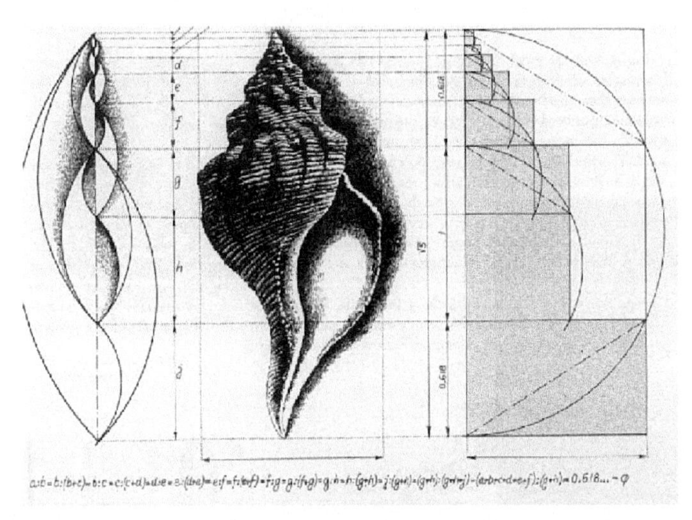

소라껍질에서 황금비

해삼, 불가사리 등 생물체들에서 자를 사용해 5개의 꼭짓점을 연결하면 이 생물체는 황금비의 덩어리인 정오각형 속에 들어 있다는 것을 알 수 있다. 송어는 3개의 황금직사각형을 가지고 있다. 꼬리지느러미가 시작되는 부분도 황금직사각형이 되는 모습을 볼 수 있다.

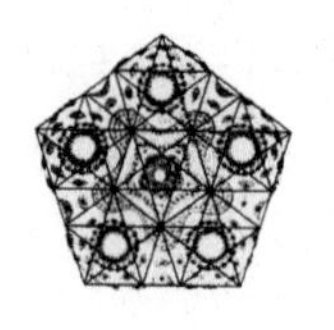 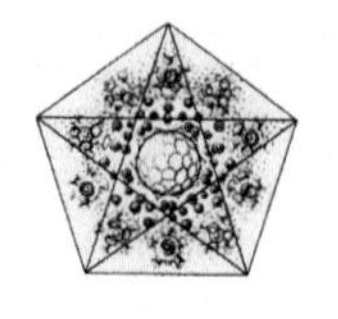 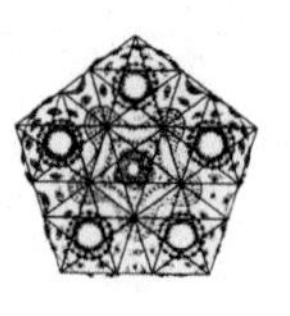 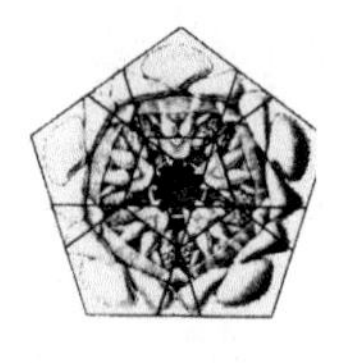

해삼의 단면　　방산충　　불가사리　　불가사리의 입

(2) 건축에서 황금비 적용

고대 이집트인과 달리 고대 그리스인은 황금비율이 1 : 1.618이라는 것과 이것을 기하학적으로 작도하는 방법을 알고 있었다. 또한 그리스인들은 황금비율에 도취되어 도기나 의복의 장식, 회화, 건축 등에 황금비율을 즐겨 응용하였다. 대표적인 예로 이집트의 피라미드, 아테네의 파르테논 신전, 레오나르도 다빈치의 비너스상, 파리에 있는 노트르담 성당, 미국 국방성 건물, 우리나라 부석사의 무량수전, 석굴암 등을 들 수 있다.

캐나다 토론토에 있는 CN탑은 최대 높이가 553.33 m이고 전망대까지는 342 m로 최대 높이와 전망대의 비율은 황금비 1.618(전망대와 최대 높이의 비율은 $\phi = 0.618 = 1/\Phi$)이다. 이처럼 수많은 고대 건축물들의 구조에서부터 스위스 태생의 프랑스 건축가 르 코르뷔지에와 같은 현대 건축가들도 이것에 기초를 둔 비율을 설계에 활용하고 있다.

① 이집트의 피라미드

쿠푸왕이 기자에 건설한 최대의 피라미드의 크기 규모는 높이가 146.5 m(현재 137 m), 밑면은 한 변의 길이가 230 m인 정사각형 ABCD이다. 또한 사면의 높이는 $\overline{\mathrm{PM}} = 185.85$ m이고 사면각도는 $\angle \mathrm{PMO} = 51°50'$이다. 각 능선은 동서남북을 가리키고, 오차는 최대로 허용해도 $5°30'$에 지나지 않을 만큼 극히 정교하다. 이집트 연

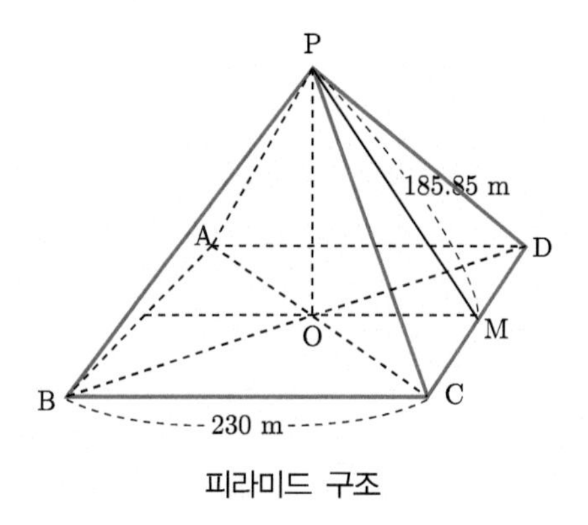

피라미드 구조

구로 유명한 영국의 고고학자인 피트리(William M. F. Petrie, 1853~1942)에 의하면 평균 2.5 t의 돌을 230만 개나 쌓아올렸다. 진정 세계 최대의 석조건물로서 그 장대한 규모와 간결한 아름다움은 다른 곳에서 찾아볼 수 없다.

고대 이집트인들은 같은 간격으로 매듭이 있는 줄을 가지고 길이의 비가 3 : 4 : 5인 직각삼각형을 만들었고, 이를 피라미드와 신전 등의 각종 건축물에 사용했다고 한다. 여기서 길이의 비가 3 : 4 : 5인 직각삼각형의 최단 선분과 최장 선분의 비는 3 : 5로 황금비에 가깝다는 사실을 알 수 있다. 실제로 위의 그림에서 보듯이 피라미드는 밑면인 정사각형의 각 변으로부터 중심에 이르는 거리(OM)와 능선(PM)의 길이의 비가 1 : 1.616으로 되어 있다.

$$\frac{\overline{PM}}{\overline{OM}} = \frac{185.85}{115.00} \simeq 1.616$$

그런데 이 비는 우리가 가장 조화롭고 아름다운 균형을 이룬다고 여기는 황금비율(황금비) 1 : 1.618과 거의 같은 값이다. 물론 고대 이집트인들이 의식적으로 황금비율을 생각하고 있었는지 여부는 알 수 없다. 하지만 아름다운 건물과 황금비율 사이에 깊은 연관이 있다는 것은 틀림없는 사실이다.

② 파르테논 신전

로베(Rober)는 기원전 400년경에 건조된 아테네의 파르테논 신전에서 황금비가 쓰였다고 주장하였다+. 이 신전은 그리스 여신 Athena를 위한 신전으로 아테네의 아크로폴리스(Acropolis)에 세워졌으며 피디아스(Phidias, 기원전 480~430)가 설계한 것으로 알려지고 있다.

신전 정면의 폭(가로)과 높이의 황금비율로 신전 정면이 황금직사각형을 이루고 있듯이 외부 규격(치수)은 정확히 황금직사각형을 나타내고 있다(그림 참조). 다른 여러 구조 속에서 황금비가 잘 나타나 있기 때문에 오늘날 대부분의 사람들은 파르테논 신전이 황금비 사용에 의해 매우 뛰어난 아름다움을 이루었다고 생각한다. 파르테논 신전이 그토록 아름답게 보이는 것은 아름다운 대리석의 장식과 수학이 잘 어울려 조화를 이루는 데 있다. 신전 각 부분이 정확하게 기

파르테논 신전

노트르담 성당

CN 타워

타지마할

미국 국방성

+ http://www-groups.dcs.st-and.ac.uk/~history/HistTopics/Architecture.html

하학적인 비율로 되어 있다는 점이다.

③ 무량수전

우리나라에는 배흘림 기둥(기둥의 가운데 부분이 볼록한 기둥)으로 된 전통적인 건축 양식이 있다. 배흘림 기둥으로 유명한 대표적인 건물은 고려 중엽에 세워진 부석사 무량수전(국보 제18호)이다. 무량수전은 부석사의 주불전으로 아미타여래를 모신 전각이며, 아미타여래는 끝없는 지혜와 무한한 생명을 지녔으므로 무량수불로도 불리는데 '무량수'라는 말은 이를 의미한다. 무량수전을 겉에서 보면 정면 5칸(61.90척), 측면 3칸(28.20척)으로 건축되었는데, 균형이 잘 잡힌 3 : 5의 비율임을 알 수 있다. 건물의 실제 비율은 1 : 1.618의 완벽한 황금비이다.

(3) 예술에서 황금비 적용

이탈리아의 수도사 파치올리(Luca Pacioli, 1445~1517)는 저서 《신성분할》(Divina proportione)에서 황금비를 '신성한 비례'로 부르면서 이 비율이 신에 어울리는 속성을 가지고 있다고 밝힌 바 있다. 이 영향으로 레오나르도 다빈치가 '모나리자', '최후의 만찬', '성 히에르니무스' 등 자신의 그림에 황금비를 응용하였으며, 르네상스 시대에 미켈란젤로 작품 등의 회화와 건축의 대부분은 황금비에 크게 영감을 받았다고 한다. 또한 보티첼리의 '비너스의 탄생'이나 브란트(Rembrant, 1606~1669)의 작품인 '야경', '성전의 크리스도', '삼손', '자화상', '조합의 간사', 프랑스 화가 쇠라(Seurat, 1859~1891)의 작품 '아니에르에서 물놀이' 등은 황금비의 적용이 명확한 작품들이다.

모나리자 비너스 최후의 만찬

성가족 렘브란트

(4) 디자인, 사진 등에서 황금비 적용

애플 로고의 디자인을 구상할 때 황금비율을 적용하였다. 스티브 잡스의 훌륭한 직관은 자연스럽게 아이팟, 아이패드에 황금비율을 적용하였고 완벽한 황금비율의 디자인으로 오늘날의 성공을 이끌어내었다.

또한 현대자동차사, 일본의 도요타 자동차사와 혼다 자동차사, 독일의 벤츠 자동차사, 내셔널 지오그래픽(national geographic), 펩시, 영국 최대의 기업이며 미국 엑슨모빌에 이어 세계 2위의 석유 회사 BP(British Petroleum) 등의 회사 심볼을 디자인할 때 황금비율을 적용하였다.

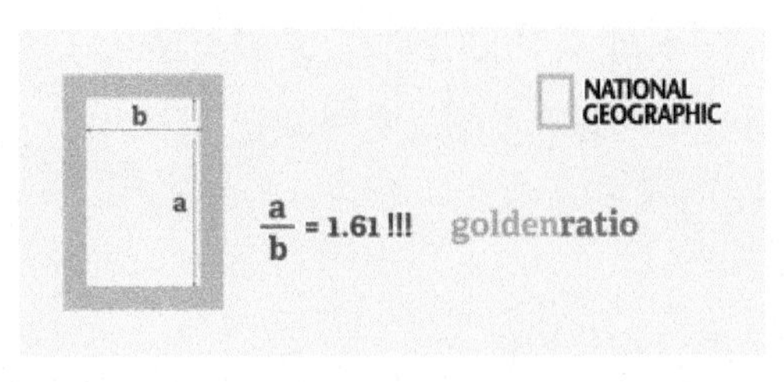

내셔널 지오그래픽

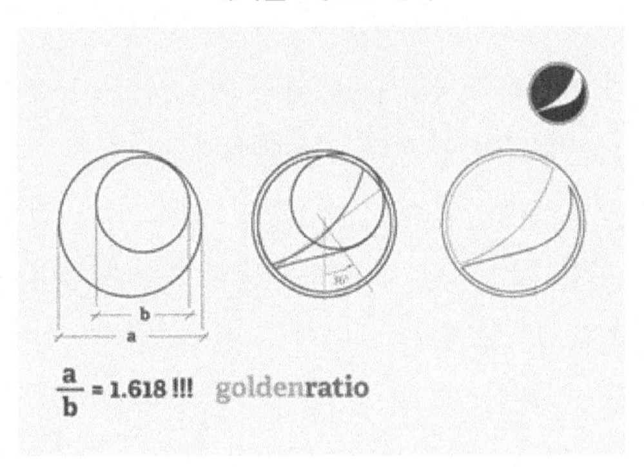

펩시

사진 예술에서 황금비례 또는 로그나선을 활용하여 아름다운 사진 작품을 구성한 예들을 살펴본다.

HDTV나 컴퓨터의 와이드 모니터 등에는 16:9, 15:9(5:3), 16:10 (8:5) 등의 비율이 사용되고 있는데 이것은 황금비의 근삿값이라 할 수 있다.

(5) 인체에서 황금비 찾기

피디아스는 그의 조각 작품에서 황금비율 Φ를 머리/목, 팔뚝/손목, 허벅다리의 가장 넓은 부분/허벅다리의 가장 좁은 부분, 장딴지/발목 등 다양한 폭들 사이의 관계에 적용하였다.

사람의 얼굴은 인종, 민족, 성별, 연령 등에 따라 각양각색이지만, 얼굴에서 그 나름대로 가장 이상적인 균형, 즉 '황금비'를 찾아볼 수 있다. 가장 잘 생겼다고 하는 계란형의 얼굴 둘레와 귀에 직사각형을 그려보면 황금사각형을 이루는 것을 볼 수 있다. 입을 지나가는 가로 선에서 코끝을 지나는 가로 선까지의 길이 a와 코끝을 지나가는 가로 선에서 눈의 중심을 지나는 가로 선까지의 길이 b의 비율을 살펴볼 때도 황금비 $a : b = 1 : 1.618$을 발견할 수 있다. 또한 코끝에서

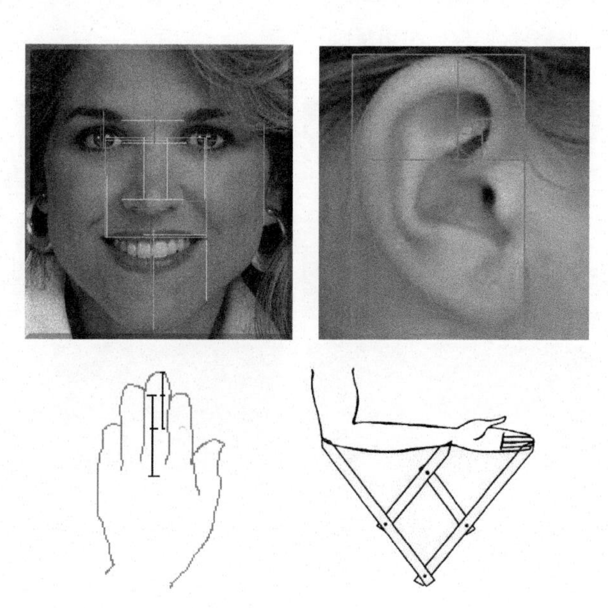

입 중앙까지의 길이 a와 턱 끝에서부터 입 중앙까지의 길이 c의 비율도 황금비와 비슷하게 나타난다. 또한 두 눈동자의 좌우를 연결한 선부터 턱 끝까지 수직 높이 역시 코끝에서 두 눈동자를 좌우로 연결한 선까지의 수직 높이로 나눠도 황금비가 나타난다.

(6) 국기에서 황금비 적용

왜 60개국이 넘는 나라의 국기에 별이 포함되어 있는가? 국기는 그 나라 국민들에게 깊은 영향을 미친다. 연구자에 따르면, 별로 장식된 깃발이 '힘과 무적의 마술적 상징'으로 간주되던 수천 년 전부터 하나의 의식처럼 전해 내려왔다고 말한다. 별의 호소력은 깃발과 다섯 부분으로 이루어진 현상에 부여된 엄숙한 존경에서 나온다. 세상은 팔이 다섯 개인 별을 인식하고 존경한다. 이는 모두에게 저항할 수 없는 우월성과 힘의 인상을 전해주기 때문이다.

정오각형별에서 짧은 변과 긴 변의 길이의 비는 바로 황금비이고 정오각형의 대각선을 연결하면 별과 황금삼각형이 생기며, 정오각형 별의 여러 곳에서 황금비를 찾을 수 있다는 점에서 별과 정오각형의 황금분할의 덩어리라고 말할 수 있다. 또한 수천 년 전부터 황금비의 아름다움과 균형이 인정되어 건축, 예술 등 여러 곳에서 사용되어 왔다. 이런 점에서 여러 나라들의 국기에서 황금분할 형태, 국가를 상징하는 색과 형태, 그리고 의미를 엿볼 수 있다.

미국

유럽 연합기

(7) 의학에서의 응용

건강한 사람의 혈압은 황금비율을 보인다는 연구결과가 나와 '영국 의학 저널'에 소개되었다. 오스트리아 인스부르크 의대의 한노 울머 교수팀은 병원에서 혈압 측정을 받은 16만 명 이상의 혈압 기록을 조사했다. 그 결과 건강한 사람의 최대혈압과 최소혈압의 비율이 1대 1.618로 일정하게 나타남을 알 수 있었다. 심근경색 환자의 혈압 비율은 1대 1.7459로 정상보다 높았다.

(8) 음악에서의 적용

음악에는 보통 도입부와 전개, 절정 그리고 마무리가 있는데 이러한 특이점들이 일어나는 시간에 황금비율을 찾아볼 수 있는 경우가 있다. 예를 들어, 쇼팽의 전주곡 1번은 모두 34마디로 이루어져 있는데, 양의 황금분할이 일어나는 지점은 21번째 마디로 음악의 절정점이다. 또한 음의 황금분할 지점인 13번째 마디에서는 화성이 크게 변하기도 한다. 그밖에도 최저음, 음계의 변화 등 음악적으로 특이한 이벤트들이 일어나는 시점이 황금비율과 관련이 있다. 쇼팽의 전주곡 외에도 모차르트나 바흐, 헨델, 바르톡 등 저명한 음악가들의 음악에서 황금비율을 찾아볼 수 있다.

4 황금분할의 신기한 특성

(1) 제곱을 이용한 황금비의 정의

어떤 수를 제곱하여 자신과 같은 수는 0과 1이다. 다른 수들은 제곱할 때 커지거나 작아진다. 제곱을 이용하여 황금비 Φ를 다음과 같이 정의할 수 있다.

어떤 수의 제곱값이 자신에 1을 더한 값과 같은 수를 Φ라 정의하고 이를 수학적으로 표현하면 $\Phi^2 = \Phi + 1$이다. 사실, 이 성질을 만족시키는 수는 2개가 있다. 하나는 Φ이고, 다른 하나는 소수점 이하 자릿수들을 나타내보면 Φ와 밀접한 관련성이 있다.

위의 식을 $\Phi^2 - \Phi - 1 = 0$으로 변형하면

$$\left(\Phi - \frac{1}{2}\right)^2 = \Phi^2 - \Phi + \frac{1}{4},\ \text{즉}\ \Phi^2 - \Phi - 1 = \left(\Phi - \frac{1}{2}\right)^2 - \frac{5}{4}$$

이므로

$$\Phi^2 - \Phi - 1 = 0,\ \text{즉}\ \left(\Phi - \frac{1}{2}\right)^2 = \frac{5}{4}$$

이다. 따라서

$$\Phi - \frac{1}{2} = \pm\sqrt{\frac{5}{4}} = \pm\frac{\sqrt{5}}{2}$$

이므로 Φ의 두 값 $\frac{1}{2} + \frac{\sqrt{5}}{2}$와 $\frac{1}{2} - \frac{\sqrt{5}}{2}$이 나온다. 계산기를 사용하여 이 두 수를 계산하면 $1.6180339887\cdots$과 $-0.6180339887\cdots$임을 알 수 있다.

$\Phi = \frac{\sqrt{5}+1}{2}$, $\phi = \frac{\sqrt{5}-1}{2}$로 두면 $\Phi^2 = \Phi + 1$, $\phi = 1/\Phi$ 등을 이용하여 Φ와 ϕ에 관한 다음의 기본공식을 쉽게 얻을 수 있다.

성질 1 임의의 자연수 n에 대하여 Φ와 ϕ의 기본공식을 다음과 같이 얻을 수 있다.

(1) $\Phi + \phi = \sqrt{5}$, $\Phi\phi = 1$, $\Phi = 1/\phi$, $\phi = 1/\Phi$

(2) $\Phi/\phi = \Phi + 1$ $\phi/\Phi = 1 - \phi$

(3) $\Phi - \phi = 1$, 즉 $\Phi = 1 + \phi$

(4) $\Phi = \phi + 1 = \sqrt{5} - \phi$, $\phi = \Phi - 1 = \sqrt{5} - \Phi$

(5) $\Phi^2 = 1+\Phi, \quad \phi^2 = 1-\phi$

(6) $\Phi = 1+1/\Phi, \quad \dfrac{1}{\Phi} = \dfrac{\Phi-1}{1}$

(7) $\Phi^{n+2} = \Phi^{n+1} + \Phi^n, \quad (-\phi)^{n+2} = (-\phi)^{n+1} + (-\phi)^n$

(8) $\phi^n = \phi^{n+1} + \phi^{n+2}, \quad (-\Phi)^n = (-\Phi)^{n+1} + (-\Phi)^{n+2}$

(9) $\Phi = \sqrt{1+\Phi}$

(2) 근호에 의한 황금비의 식

$x = \sqrt{1+\sqrt{1+\sqrt{1+\cdots}}}$ 로 두면 $x = \sqrt{1+x}$ 이므로 $x^2 = x+1$, 즉 $x^2 - x - 1 = 0$이다. 따라서 $x = \dfrac{1 \pm \sqrt{5}}{2}$이다. 그런데 $x > 0$이므로 $x = \dfrac{1+\sqrt{5}}{2}$이다. 따라서 Φ는 다음과 같다.

$$\Phi = \sqrt{1+\sqrt{1+\sqrt{1+\cdots}}}$$

(3) 연분수에 의한 황금비의 식

역수를 이용한 Φ의 정의에 의하여 $\Phi = 1+1/\Phi$을 만족한다. 이 식의 우변에서 Φ 대신에 $1+1/\Phi$를 대입하면 다음을 얻을 수 있다.

$$\Phi = 1 + \cfrac{1}{1+\cfrac{1}{\Phi}}$$

이런 과정을 계속 반복하면 다음 식을 얻는다.

$$\Phi = 1 + \cfrac{1}{1+\cfrac{1}{1+\cfrac{1}{\cdots}}}$$

이런 표현을 **연분수**(continued fraction)라고 부른다. 왜냐하면 분수 밑에 분수를 계속해서 만들고, 그 분수 밑에 또 분수를 계속해서 만들고 있기 때문이다.

(4) Φ와 $\sin 18°$의 관계

우선 $\theta = 72°$로 두면 $5\theta = 360°$이고 $3\theta = 360° - 2\theta$이다. 양변에 코사인을 취하면 $\cos 3\theta = \cos(360° - 2\theta)$, 즉 $\cos 3\theta = \cos 2\theta$가 된다. 삼각함수의 가법정리에 의하여

$$4\cos^3\theta - 3\cos\theta = 2\cos^2\theta - 1$$

이다. $\cos\theta = t$로 두면 $4t^3 - 2t^2 - 3t + 1 = 0$이 된다. 이것을 인수분해를 하면

$$(t-1)(4t^2 + 2t - 1) = 0$$

이다. 여기서 $t = \cos 72° \neq 1$이므로 $4t^2 + 2t - 1 = 0$이다. 그런데 $0 < t < 1$이므로 $t = \dfrac{-1+\sqrt{5}}{4}$를 얻는다. 즉,

$$\cos 72° = \frac{\sqrt{5}-1}{4} = \frac{1}{2}\left(\frac{1+\sqrt{5}}{2} - 1\right) = \frac{1}{2}(\Phi - 1)$$

이다. 그리고 $\cos 108° = \cos(180° - 72°) = -\cos 72° = \dfrac{1-\sqrt{5}}{4}$, 즉

$$\cos 108° = \frac{1-\sqrt{5}}{4} = \frac{1}{2}\left(1 - \frac{1+\sqrt{5}}{2}\right) = \frac{1-\Phi}{2}$$

이다. 따라서 $\sin 18° = \cos 72° = \dfrac{\Phi - 1}{2} = \dfrac{\sqrt{5}-1}{4}$이다. 또한 삼각함수의 반각공식에 의하여

$$\cos 36° = 1 - 2\sin^2 18° = \frac{1+\sqrt{5}}{4} = \frac{\Phi}{2}$$

이다. 따라서 다음과 같다.

$$\sin 18° = \frac{\Phi - 1}{2},\ \cos 36° = \frac{\Phi}{2}(= \sin 54°)$$

위에서 얻은 결과와 Φ의 성질을 이용하여 $\sin\theta$, $\cos\theta$의 값을 다음과 같이 요약할 수 있다.

각(θ)	$\sin\theta$	$\cos\theta$	각(θ)	$\sin\theta$	$\cos\theta$
18°	$\frac{1}{2}\sqrt{1-\frac{1}{\Phi}}$	$\frac{1}{2}\sqrt{2+\Phi}$	54°	$\frac{1}{2}\sqrt{1+\Phi}$	$\frac{1}{2}\sqrt{2-\frac{1}{\Phi}}$
36°	$\frac{1}{2}\sqrt{2-\frac{1}{\Phi}}$	$\frac{1}{2}\sqrt{1+\Phi}$	72°	$\frac{1}{2}\sqrt{2+\Phi}$	$\frac{1}{2}\sqrt{1-\frac{1}{\Phi}}$

(5) 황금비와 삼각함수 그래프

0에서 $\frac{\pi}{2}$(라디안) 사이 x의 영역에서 잘 알고 있는 삼각함수 $\sin x$, $\cos x$, $\tan x$의 그래프가 있다.

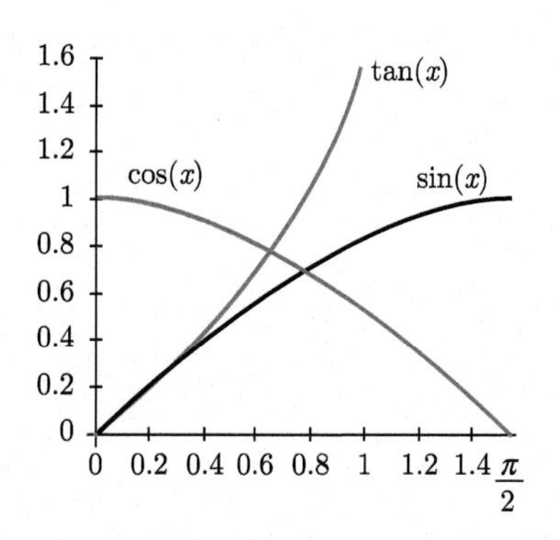

이들 그래프는 $\tan x = \sin x$를 만족하는 원점, $\sin x = \cos x$ 또는 $\tan x = 1$을 만족하는 $x = 45° = \frac{\pi}{4}$, $\tan x = \cos x$를 만족하는 점에서 만나는 것을 알 수 있다. 그러면 세 번째 만나는 점에서 각 x는 얼마인가?

$\tan x = \cos x$ 이고 $\tan x = \dfrac{\sin x}{\cos x}$ 이므로

$$\sin x = (\cos x)^2 = 1 - (\sin x)^2$$

또는 $(\sin x)^2 + \sin x = 1$ 이다. 이는 $\sin x$ 에 관한 이차방정식이므로 이를 풀면

$$\sin x = \frac{-1+\sqrt{5}}{2} \text{ 또는 } \sin x = \frac{-1-\sqrt{5}}{2}$$

임을 알 수 있다. 두 번째의 값은 음수이므로 구하는 교점에서 각 x 는 사인값이 $\Phi - 1 = 0.6180339\cdots = \phi$ 인 각이다.

(6) 직사각형-삼각형 분할 문제

이 문제는 주어진 직사각형의 구석에서 같은 넓이를 갖는 3개의 직각삼각형을 자르는 문제이다. 또는 다른 말로 표현하면, 주어진 직사각형에서 같은 넓이를 갖는 3개의 직각삼각형을 두고 직사각형 안에서 잘라낸 삼각형을 찾는 문제이다.

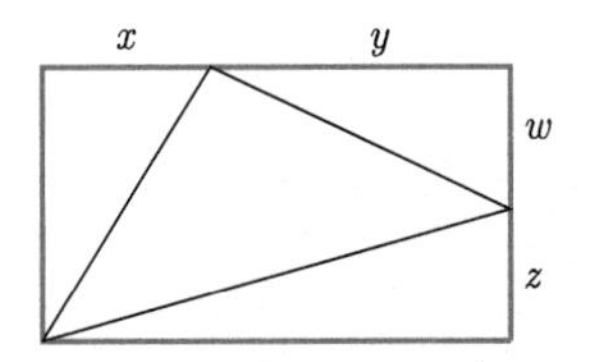

그림에서 보는 바와 같이 왼쪽 삼각형의 넓이는 $\dfrac{x(w+z)}{2}$ 이고, 오른쪽 위에 있는 삼각형의 넓이는 $yw/2$, 그리고 오른쪽 아래 삼각형의 넓이는 $\dfrac{(x+y)z}{2}$ 이다. 이들 모두를 같게 하면 다음과 같다.

$$x(w+z) = yw,\ x(w+z) = (x+y)z$$

처음 방정식에서 $x=\dfrac{yw}{w+z}$이고, 두 번째 방정식에서 zx항을 소거하여 정리하면 $xw=zy$, 즉 $y/x=w/z$이다. 이는 직사각형의 두 변은 같은 비율로 나누어진다는 것을 의미한다.

식 $xw=zy$에 $x=\dfrac{yw}{w+z}$를 대입하면 $\dfrac{yw^2}{w+z}=zy$이다. 양변을 y로 나누어 정리하면 $w^2=z^2+zw$이다. 양변을 z^2으로 나누면 $\left(\dfrac{w}{z}\right)^2=1+\left(\dfrac{w}{z}\right)$이다. 여기서 $X=\dfrac{w}{z}$로 두면 위의 방정식은 $X^2=1+X$가 된다. 이 방정식의 해는 $X=\Phi$, 즉 $w=z\Phi$이다. $y/x=w/z$이므로 직사각형의 각 변은 같은 비율로 나누어진다. 이 비율은 $\Phi=1.6180339\cdots$, 즉 $1:1.618$ 또는 $0.618:1$이다.

5 황금분할의 작도

길이가 a인 선분 $\overline{AB}$를 황금분할로 나누는 점 G를 어떻게 구할 수 있을까?

① $\overline{AB}$에 수직이면서 점 B를 지나고 길이가 $\dfrac{a}{2}$인 선분 BC를 그린다.

② 중심이 C이고 반지름이 $\overline{BC}$인 원이 선분 AC와 만나는 점을 D라 하고, 중심이 A이고 반지름이 $\overline{AD}$인 원이 $\overline{AB}$와 만나는 점을 G라고 한다.

③ 피타고라스의 정리에 의해서 $\overline{AC}^2=\overline{AB}^2+\overline{BC}^2$이므로 $\overline{AC}^2=a^2+\left(\dfrac{a}{2}\right)^2=\dfrac{5a^2}{4}$이다. 양변에 제곱근을 취하면 $\overline{AC}=\dfrac{\sqrt{5}}{2}a$이다.

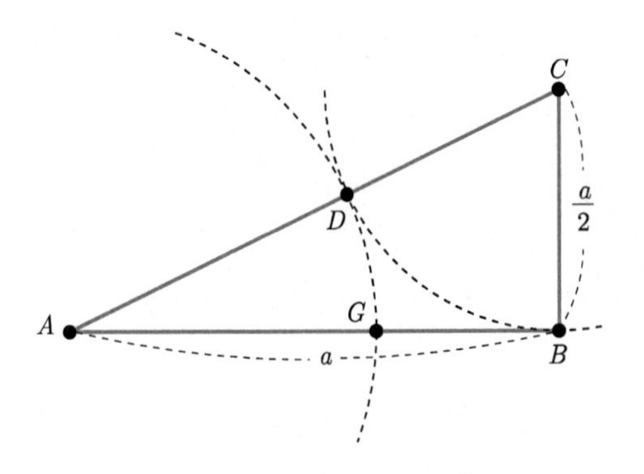

④ $\overline{BC}=\overline{CD}=\frac{a}{2}$이므로

$$\overline{AG}=\overline{AD}=\overline{AC}-\overline{CD}=\frac{\sqrt{5}}{2}a-\frac{a}{2}=\frac{\sqrt{5}-1}{2}a=\phi a.$$

⑤ $\phi=\frac{1}{\Phi}$이고 $\overline{AG}:\overline{AB}=1:\Phi$이므로 점 G는 선분 AB를 황금분할하는 점이다.

황금비 작도 도구인 황금비 캘리퍼스

길이가 같은 두 막대 $\overline{AE}$와 $\overline{BE}$를 황금비로 나누는 두 점 F와 D를 잡고(앞에 언급한 황금비 내분점 작도를 참조) 길이가 $\overline{EF}$, $\overline{DE}$와 같은 막대를 한 점 C에서 만나도록 그림과 같이 붙여 보자.+

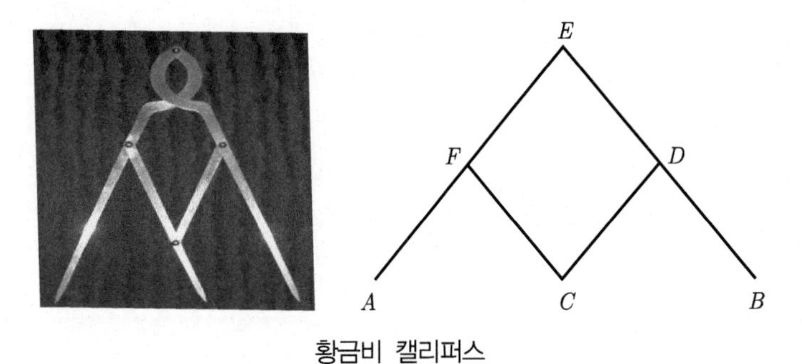

황금비 캘리퍼스

+ 김미자, 임승호, 박미진, 이미정, 황금비, 수학사랑 제4회 Math Festival 워크샵

이때 $\overline{EF}=\overline{CD}$, $\overline{ED}=\overline{FC}$이고, $\triangle EAB$, $\triangle FAC$, $\triangle DCB$는 닮은삼각형이므로 $\triangle DCB$와 $\triangle FAC$의 닮음비는 $\overline{DC}:\overline{FA}=\overline{BC}:\overline{CA}=1:1.618\cdots$이 된다.

앞의 그림과 같이 제작된 도구를 **황금비 캘리퍼스**(calipers)라 한다. 위에서 밝힌 바와 같이 이 도구를 접거나 펴면서 황금비를 역동적으로 측정한다. 황금비 캘리퍼스는 르네상스 시대의 미술가들이 캔버스와 돌 위에다 구도의 비례를 정하는 데 사용된 도구로써 기하학, 자연, 미술에서 수나 계산에 의존하지 않고 이 캘리퍼스를 사용하여 황금비 Φ의 관계를 탐구할 수 있다.

막대의 양끝 부분을 직선의 양끝 부분에 맞추면, 중간의 막대 끝이 황금분할 지점을 가리키므로 이 캘리퍼스는 어떤 직선이든지 황금분할비율로 나눈다. 또한 이것은 그림을 Φ의 비율만큼 확대하거나 축소하거나 자연의 설계에서 Φ의 관계를 나타내는 데 사용된다.

6 황금삼각형의 특성과 작도

황금삼각형은 꼭지각이 36°이고 밑각이 72°인 이등변삼각형을 말하며, 이는 밑변에 대한 빗변(등변)의 비가 황금비율을 나타내기 때문이다. 이 황금삼각형의 밑각을 이등분하면, 그 이등분선이 밑각의 대변을 황금비로 내분한다. 또한 그 이등분선은 원래의 이등변삼각형을 2개의 작은 삼각형으로 나누는데, 그 중 하나는 원래 삼각형과 닮음이 된다는 것이다.

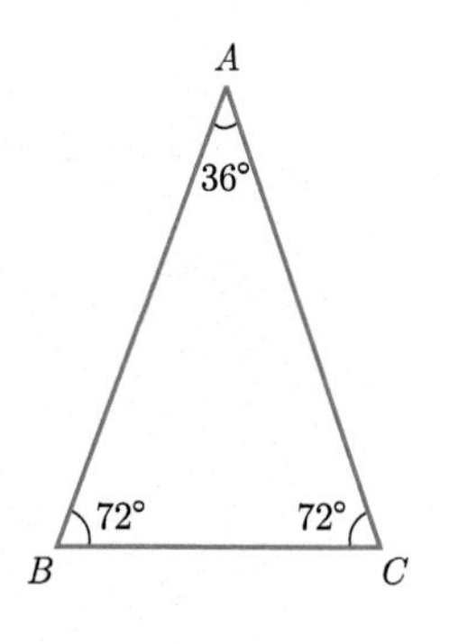

정리 2 황금삼각형에서 변의 비는 황금비이다.

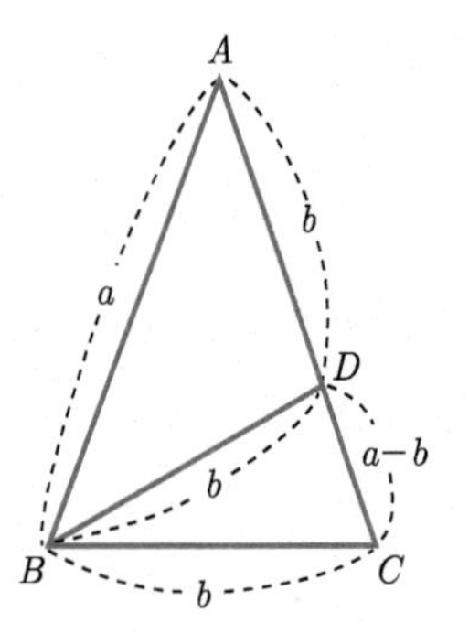

증명 그림에서 $\overline{AB}=a$, $\overline{BC}=b$로 두면 $\triangle ABC$와 $\triangle BCD$는 이등변삼각형이므로 두 밑각이 같다. 따라서 $\triangle ABC$와 $\triangle BCD$는 닮은삼각형이므로 $\dfrac{\overline{AC}}{\overline{BC}}=\dfrac{\overline{BC}}{\overline{CD}}$이다.

$$a:b=b:a-b$$

이므로 $b^2=a(a-b)$이고 정리하면 $\dfrac{a}{b}=\Phi=\dfrac{1+\sqrt{5}}{2}$이다. 따라서 점 D는 선분 $\overline{AC}$를 황금분할하고, $\overline{AB}:\overline{BC}$와 $\overline{AD}:\overline{CD}$는 황금비이다. ■

이 정리의 증명으로부터 밑각이 36°인 이등변삼각형에서 밑변에 대한 빗변(등변)의 비가 황금비율임을 알 수 있다.

(1) 황금삼각형 작도

$\overline{AB}=a$인 선분 AB를 밑변으로 하는 황금삼각형을 다음과 같이 작도할 수 있다.

① 선분 AB에 수직이등분선을 긋고 선분 AB와 수직이등분선의 교점을 M이라 하자.

② 수직이등분선 위에서 $\overline{CM}=\overline{AB}=a$를 만족하는 점 C를 잡으면 피타고라스의 정리에 의하여

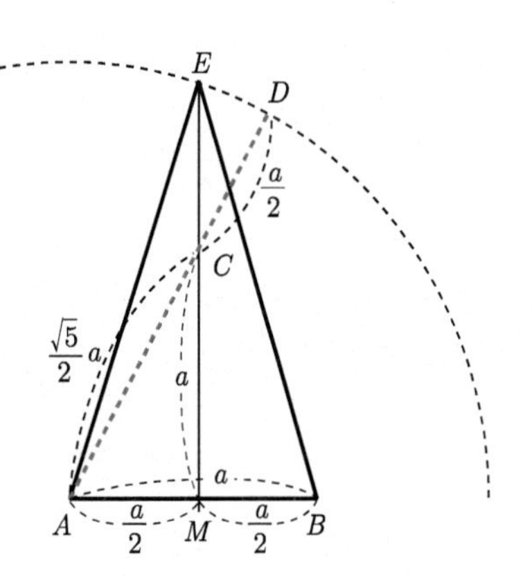

$\overline{AC}=\dfrac{\sqrt{5}}{2}a$이다.

③ 선분 AC의 연장선 위에 길이가 $\overline{CD}=\dfrac{a}{2}$인 점 D를 잡는다. 이때 $\overline{AD}=\dfrac{\sqrt{5}+1}{2}a$가 된다.

④ 점 A를 중심으로 반지름 $\overline{AD}$인 원이 선분 AB에 수직이등분선과 만나는 점을 E라 하자. 이때 $\triangle EAB$는 황금삼각형이 된다.

(2) 황금삼각형에서 황금나선을 작도할 수 있다

위 정리 2에 의하여 황금삼각형에서 밑각의 이등분선은 원래의 이등변삼각형을 2개의 작은 삼각형으로 나누는데 그 중 하나는 원래 삼각형과 닮은 황금삼각형이 되고 다른 하나의 삼각형은 나선형 곡선을 만드는 데 활용할 수 있다. 다시 새로운 (작은) 황금삼각형의 밑각을 이등분하고 다시 새로운 황금 삼각형의 밑각을 이등분하는 과정을 반복하면, 일련의 황금삼각형을 얻을 수 있고, 아울러 등각나선도 만들어진다.

자, 컴퍼스, 연필을 가지고 종이 위에 황금삼각형에서의 황금나선을 작도하는 방법은 다음과 같다.

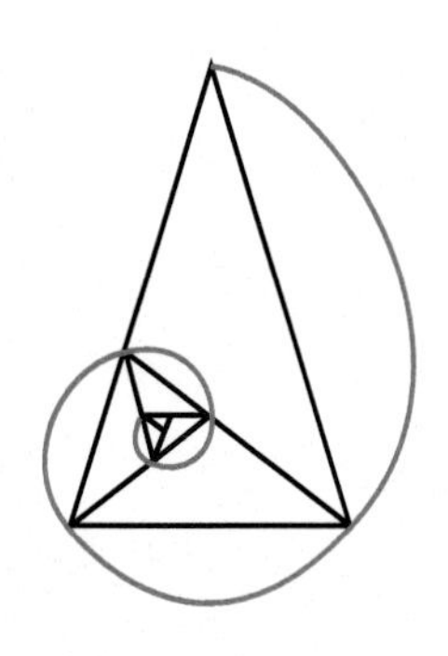

① 황금삼각형(두 각이 $72°$, 나머지 한 각이 $36°$인 이등변삼각형)에서 시작한다.

② 1개의 큰 각을 이등분하면 또 다른 황금삼각형이 생긴다.

③ 같은 작업을 계속 반복한다.

④ 둔각 이등변삼각형의 꼭짓점을 중심으로 호를 그려 연결하면 황금나선이 완성된다.

7 황금직사각형의 신비 – 스스로 번식하는 능력의 직사각형

황금직사각형은 가로와 세로의 길이의 비가 황금비인 직사각형이다. 중세 사람들은 황금직사각형을 가장 아름다운 형태로 여겼다. 그래서 황금직사각형의 두 변의 길이의 비를 '신이 만들어 낸 비율'이라 불렀다. 정신물리학의 창시자인 구스타프 배하너는 황금분할비에 매료된 사람으로 그는 각각 변의 길이가 다른 직사각형의 물건을 늘어놓고 사람들이 어떤 것을 고르는지를 실험하였는데, 그때 세 명 가운데 한 명은 가로와 세로의 비율이 0.6에 가까운 직사각형의 물건을 잡았다고 한다. 이처럼 심리검사에 의하면, 황금직사각형은 수학에 나오는 여러 도형들 중에서 인간의 눈을 가장 즐겁게 해주는 도형이라고 한다.

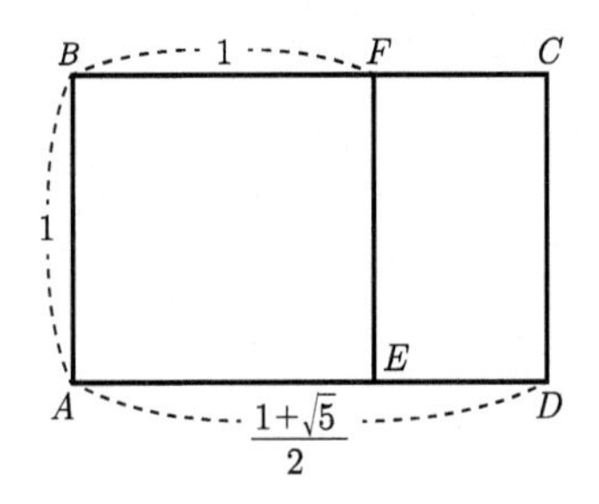

황금직사각형은 우편엽서, 거울, 전자계산기, 신용카드에서 찾아볼 수 있고 수학 이외의 분야에서 많이 응용되는 매우 아름답고 신비한 수학의 소재이다. 황금비가 미술, 건축, 음악, 식물, 자연현상, 그리고 광고 등에서도 흔히 발견되는 사실은 결코 우연한 일이 아니다.

황금직사각형의 주요 특징은 위의 그림처럼 황금직사각형에서 정사각형을 잘라낼 때 남은 직사각형은 다시 황금직사각형이 된다는 것이다. 다시 남은 황금직사각형에서 이런 정사각형들을 계속 잘라내면 더욱 더 작은 황금직사각형들을 만들 수 있다. 그 이유는

$$\overline{ED} : \overline{CD} = \frac{\sqrt{5}-1}{2} : 1 = 1 : \frac{\sqrt{5}+1}{2} = 1 : \Phi$$

이기 때문에 작은 직사각형 $DCFE$도 황금직사각형이다.

(1) 황금비를 이용하지 않고 황금직사각형의 작도

자, 컴퍼스, 연필을 가지고 황금비를 이용하지 않고 종이 위에 황금직사각형을 작도하는 순서는 다음과 같다.

① 한 변 $\overline{AB} = a$인 정사각형 $ABDC$를 작도한다.

② 정사각형 $ABDC$의 한 변 AB를 이등분하여 선분 AB의 중점을 M이라 한다. 대각선 MD의 길이는 피타고라스의 정리에 의하여 $\overline{MD} = \frac{\sqrt{5}}{2}a$이다.

③ 정사각형의 밑변 AB를 연장한다.

④ 컴퍼스를 이용하여 이등분선의 끝점 M을 중심으로 하고, 대각선 MD의 길이를 반지름으로 하는 호를 밑변까지 그린다.

⑤ 밑변과 호의 교점을 G라 하고 G에서부터 밑변에 수직인 선분 EG을 그린다. 원래의 정사각형의 윗변 CD를 연장시켜 이 직선과 만나게 직사각형을 그린다. 이것이 바로 황금직사각형이다.

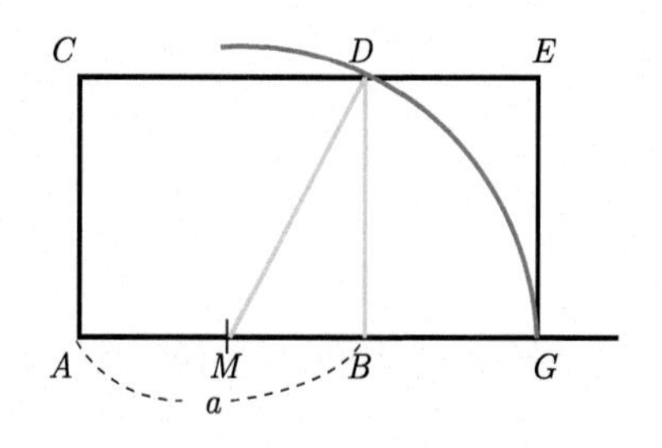

(2) 황금직사각형의 연속적 작도

황금직사각형의 매우 중요한 특징 중 하나는 스스로 번식하는 능력을 갖고 있는 점이다. 아래 그림에서 황금직사각형 $ABCD$로부터 정사각형 $ABEF$를 만들면 또 하나의 황금직사각형 $CDFE$가 만들어진다. 그리고 정사각형 $ECGH$를 만들면 황금직사각형 $DGHF$가 형성되고 이런 과정을 무한히 계속해 나갈 수 있다.

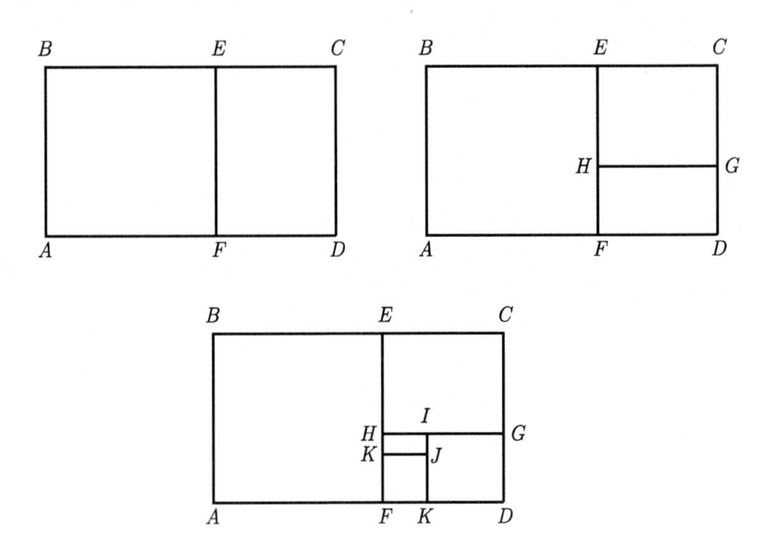

정사각형 $ABEF$의 한 변 $\overline{AB}$가 2이면 $\square ABCD$는 황금직사각형이므로 $\overline{BC}=1+\sqrt{5}$이다. 따라서 $\overline{EC}=\sqrt{5}-1$이므로 $\square ECGH$는 한 변의 길이가 $\sqrt{5}-1 \fallingdotseq 1.236$인 정사각형이다. 마찬가지로 $\square GDKI$는 한 변의 길이가 $2-(\sqrt{5}-1) \fallingdotseq 0.764$인 정사각형이다. 이런 과정을 계속하여 나가면 이들 정사각형들의 수열은 어떠한 점을 향하여 무한소로 감소하는 수열이 된다.

보기 1

황금직사각형 $ABCD$에서 정사각형 $ABEF$를 만들면 $\square CDFE$는 황금직사각형인가?

풀이 $\overline{AD}=1$, $\overline{AB}=x$로 두면 □$ABCD$는 황직금사각형이므로

$$x : 1 = 1 : \Phi, \text{ 즉 } x = 1/\Phi = \phi = \frac{\sqrt{5}-1}{2}$$

이다. $\Phi=1+\phi$, $\Phi\phi=1$이므로

$$\begin{aligned}\overline{FD} : \overline{EF} &= 1-x : x = 1-\phi : \phi = (1/\phi-1) : 1 \\ &= \Phi-1 : 1 = \phi : 1 = 1 : \Phi\end{aligned}$$

이다. 따라서 □$CDFE$는 황금직사각형이다.

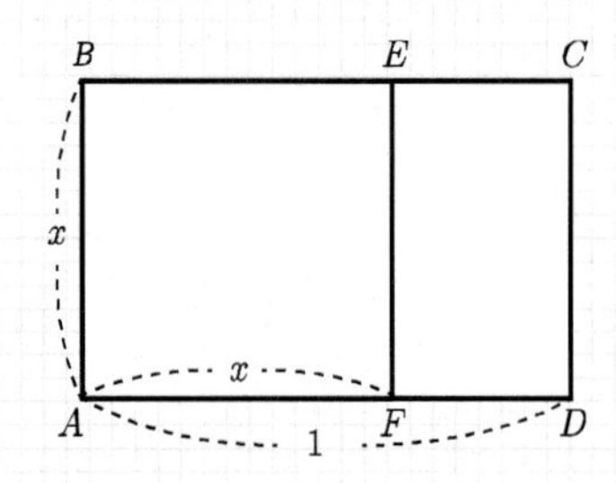

(3) 황금직사각형에서 황금나선 작도

황금나선은 중심을 향해 무한소로 수축되며 동시에 무한대로 팽창해 나감을 알 수 있다. 변형되지 않는 일정한 비율(1.618)을 유지하며 무한대로 팽창하는 황금나선의 특징은 다른 어느 모형에서도 찾아볼 수 없는 독특한 것이다. 이런 특성은 고대 이집트인들의 사후세계의 개념(일정하게 팽창하는 무한정의 공간과 무한대의 시간)과 일치하는 것으로 이집트인들은 황금나선의 황금비율을 피라미드 건축 시 중요한 기준으로 삼았다.

또한 우주 운행의 질서를 지배하는 메카니즘을 밝혀 물리학의 새로운 지평을 연 영국의 물리학자 아이작 뉴턴은 황금나선의 구조를 자신의 침대 머리맡에 새겨놓았다. 뉴턴 물리학의 기본 패러다임은 '결정론적 인과율'이다. 모든 운동의 원인이 되는 초기 조건만 정확히 알면 그 결과는 뉴턴의 선형 이분 방정식에 의해서 기계적으로,

다시 말해 필연적으로 얻어진다는 것이다. 이는 바로 황금나선구조의 이론 그 자체인 것이다.

무한히 많은 황금직사각형을 만드는 앞의 과정에서 우리는 또 하나의 새로운 신비스러운 도형을 만나게 되는데, 그것은 바로 **등각나선**(equiangular spiral) 또는 **로그나사선**(logarithmic spiral)이라 불리는 도형이다. 등각나선은 앞의 황금직사각형을 잘라 만든 정사각형에서 아래 그림과 같이 사분원을 계속 그려나가면 만들어진다. 황금직사각형의 대각선들이 만나는 점이 등각나선의 극점 또는 중심이 된다.

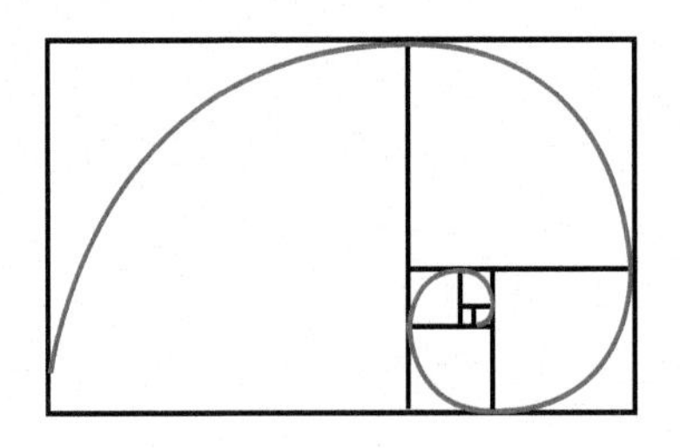

황금직사각형의 중요한 특징인 '스스로 번식하는 능력'을 인식하면서 자, 컴퍼스, 연필을 가지고 종이 위에 황금직사각형에서의 황금나선을 작도하는 방법은 아래와 같다.

① 주어진 황금직사각형에서 시작한다.
② 정사각형을 그리면 정사각형과 하나의 황금직사각형이 만들어진다. 정사각형 안에 한 꼭짓점을 중심으로 원호(사분의 원)를 그린다.
③ 작은 황금직사각형에서 정사각형을 그리고 원호를 그리는 같은 과정을 반복한다.
④ 위와 같은 과정을 계속 반복한다.
⑤ 정사각형들 안에 원호를 그려서 만들어진 등각곡선이 바로 황금나선이다.

8 정오각형은 아름다운 황금분할의 보물창고이다

우주의 상징(symbol)으로 정12면체를 중요하게 다룬 피타고라스는 이 도형의 각 면이 모두 같은 크기의 정오각형으로 되어 있다는 사실에 주목했다. 그런데 정오각형의 이웃하지 않는 두 꼭짓점을 연결하는 대각선을 그으면 소위 펜타그램(pentagram)이라는 별 모양의 정오각형이 생긴다. 그리스의 수학자 피타고라스는 이 펜타그램의 기하학적 구조가 보여주는 매력에 푹 빠지고 그 아름다움에 어찌나 감동했던지 이것을 자신의 학교 아카데미의 표상과 그들 계율의 상징으로 삼을 정도였다. 마치 사람이 두 팔과 다리를 벌리고 있는 듯한 형상으로도 비쳐지는 이 도형은 중세시대 서양에서는 건강을 지켜주는 부적으로 사용되거나 덕(德)의 상징으로 사용되기도 하였다. 중세로 들어온 후에는 한층 더 그 신비성을 강조하여 기적을 낳는 호부(護符)로 사용되었다.

- **정오각형 속에 숨은 황금비 찾기** : 아래 그림과 같이 한 변의 길이가 1인 정오각형의 이웃하지 않는 두 꼭짓점을 연결하는 대각선을 긋는다. 정오각형의 내각의 합은 540°이므로 한 내각의 크기는 108°이다. $\triangle CDE$은 이등변삼각형이고 $\angle CBE = 108°$이므로 $\angle DCE = \angle DEC = 36°$이다. 따라서 $\triangle ACD$는 $\angle ADC = 72°$인 이등변삼각형이고 황금삼각형이다. 황금삼각형의 성질에 의하여 정오각형

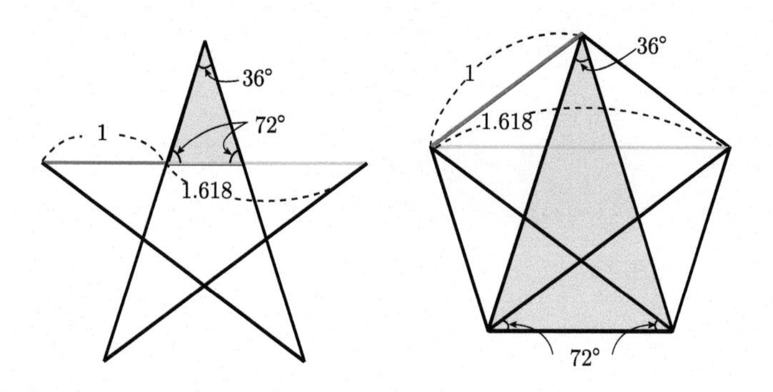

에서 한 변의 길이와 대각선의 길이의 비는 $1:\dfrac{1+\sqrt{5}}{2}$(황금비)임을 알 수 있다. 또한 각 꼭짓점에서 각의 크기를 측정하여 '황금삼각형에서 변의 비는 황금비이다'는 황금삼각형의 성질에 의해 다음 성질을 얻을 수 있다.

성질 3 정오각형 $ABCDE$에서 다음이 성립한다.

(1) $\angle BAC = \angle BCA = \angle ABE = \angle AEB = 36°$

(2) $\triangle ABC$, $\triangle ABE$, $\triangle BCF$, $\triangle AEF$, $\triangle ABF$는 모두 이등변삼각형이다.

(3) $\overline{AF} = \overline{BF}$

(4) $\overline{CF} = \overline{EF} = \overline{AB}$

(5) $\overline{AF} : \overline{CF} = \phi : 1 = 1 : \dfrac{1}{\phi} = 1 : \Phi = 1 : \dfrac{\sqrt{5}+1}{2}$(황금비)

(6) $\overline{BF} : \overline{FE} = 1 : \Phi$ (황금비)

(7) $\overline{AF} : \overline{AB} = 1 : \Phi$, $\overline{BF} : \overline{BC} = 1 : \Phi$ (황금비)

(8) $\overline{AB} : \overline{AC} = 1 : \Phi$, $\overline{BC} : \overline{AC} = 1 : \Phi$, $\overline{AB} : \overline{BE} = 1 : \Phi$(황금비)

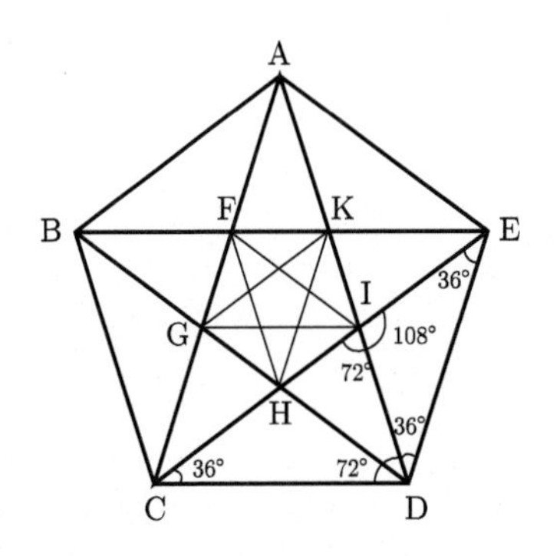

간단히 말하면, 정오각형에서 한 변의 길이와 대각선의 길이는 황금비이다. 또한 정오각형의 대각선에 의하여 만들어지는 정오각형별의 내부에는 황금삼각형이 존재하고, 이 황금삼각형은 정오각형별의

변들을 황금분할로 분할하는 것을 알 수 있다. 별 안에 생기는 정오각형에서 대각선을 계속 그려나갈 때마다 다시 많은 황금비가 나타난다. 말하자면, 정오각형은 황금분할의 보물창고라고 할 수 있다.

탐구문제 2 정오각형의 황금분할 덩어리

아래 정오각형에서 황금삼각형은 몇 개일까? 그리고 황금비는 몇 개 있을까?

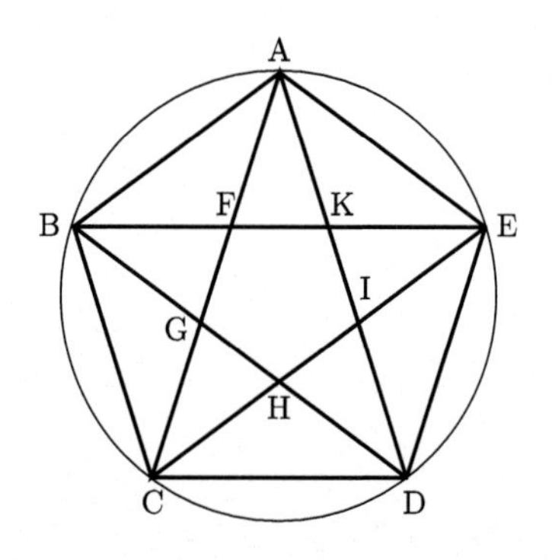

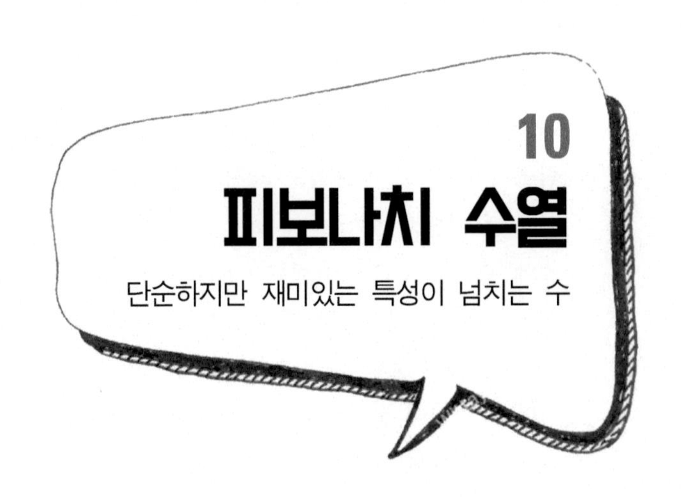

1 피보나치 수열이란

이탈리아의 수학자 피보나치(Leonardo Fibonacci, 1175~1250)는 1202년에 유명한 책 《산반서》(Liber abci)를 발간하였다. 이 책에 제시되고 있는 토끼에 관한 문제의 해답으로부터 하나의 수열을 얻을 수 있다. 19세기의 프랑스 수학자 에듀어드 루카스(Lucas)가 4권의 오락용 수학책을 편집하다가 이 수열을 피보나치의 이름을 붙여 피보나치 수열(Fibonacci sequence)이라 불렀다. 이 피보나치 수열은 솔방울, 나뭇잎의 배열, 해바라기꽃씨, 식물의 성장, 고대 예술과 현대의 컴퓨터 데이터베이스의 증가, 태양계와 주식시장, 꿀벌의 가계도와 이동경로 등과 같이 다양한 자연현상, 동전교환, 의자배열, 벽돌쌓기 등과 같은 일상생활, 과학, 음악, 건축, 예술 등 전반적인 분야에 수많은 실용적인 응용분야를 가지고 있다. 최근에 방영된 영화 〈다빈치코드〉에 나오는 예금 계좌번호에도 피보나치 수열이 나온다.

또한 이 수열은 재미있는 성질들이나 수학적 특성을 대단히 많이 가지고 있다. 특히 우리 주변에서 나타나는 이 수열의 많은 성질에 대한 문헌은 믿을 수 없을 정도로 많고 끝이 없다. 이런 점에서 많은 사람들이 이 수열에 매력을 느끼고 있다.

1963년에는 호갓(Verner Hoggatt, gr) 박사를 중심으로 해서 피보나치 수열에 매력을 느낀 사람들은 피보나치 협회(Fibonacci Association)를 창설하고, 〈피보나치 계간지〉(The Fibonacci Quarterly)를 출판하기 시작했다. 처음 3년 동안 이 잡지는 이 특별한 분야의 연구에 대한 논문을 100편 가까이 출판했다. 1968년에는 많은 양의 밀린 원고들을 소화해내기 위한 필사적인 노력으로 세 권의 책을 추가로 간행했다. 이런 열광적인 활동은 줄지 않고 계속되고 있다.

피보나치가 출판한 유명한 책 《산반서》에서 제시하고 있는 토끼의 번식에 관한 문제는 다음과 같다.

"새로 태어난 암수 한 쌍의 토끼가 들판에 있다고 하자. 이 토끼들은 한 달이면 성장해서 어미가 되고 짝을 지어 두 번째 달부터 매월 한 달에 암수 한 쌍의 새끼를 낳는다. 그리고 새로 태어난 새끼 토끼도 생후 1개월이 되면 어미가 되어 생후 2개월이 될 때부터 매월 암수 한 쌍씩의 새끼를 계속해서 낳는다고 가정할 때, 일 년이 되면 한 쌍의 토끼로부터 몇 쌍의 토끼가 생기는가?(단, 질병 등으로 죽는 일은 없다고 가정하자.)"+

1개월, 2개월, 3개월, 4개월, 5개월, 6개월, …이 지난 후 총 토끼 쌍의 수를 헤아려 보면 1, 1, 2, 3, 5, 8, …쌍이 됨을 알 수 있다. 그러면 9개월, 10개월이 지난 후의 총 토끼쌍의 수를 예측할 수 있다. 그리고 이 수들 사이에 어떤 규칙을 발견할 수 있을까?

+ 기후와 음식 등에 의한 번식의 제한과 천적에 의한 죽음과 같은 일반적인 조건은 고려하지 않는다.

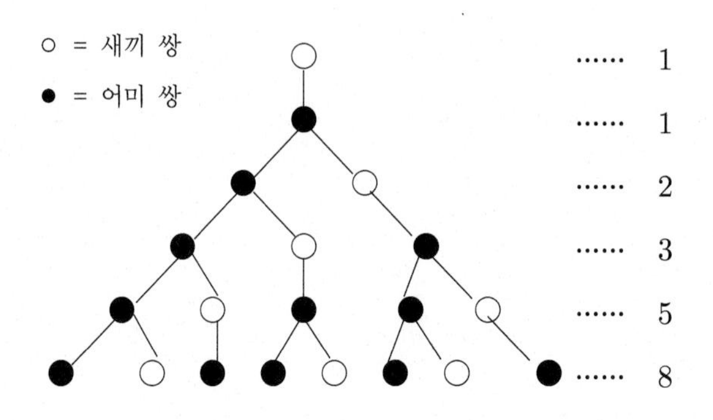

토끼의 가계도

이 문제를 다음과 같이 표로 만들어 풀어보면 지금 막 태어난 한 쌍의 토끼는 1년 후에는 총 144쌍의 토끼로 번식된다. 또한 토끼 전체의 쌍은 물론 2개월째부터 어미 토끼의 쌍, 3개월째부터 새끼 토끼의 쌍은 아주 특별하게 1, 1, 2, 3, 5, 8, …로 번식되고 있다.

토끼 집단의 번식표

달	성인 토끼(쌍)	어린 토끼(쌍)	전체 쌍의 수
1월		1	1
2월	1		1
3월	1	1	2
4월	2	1	3
5월	3	2	5
6월	5	3	8
7월	8	5	13
8월	13	8	21
9월	21	13	34
10월	34	21	55
11월	55	34	89
12월	89	55	144

따라서 토끼의 번식 문제로부터 그 유명한 피보나치 수열이라 부르

는 다음 수열을 얻는다.

1, 1, 2, 3, 5, 8, 13, 21, 34, ⋯, □, △, □+△, ⋯

n개월째 토끼쌍의 수는 $n-2$개월째 토끼쌍의 수와 $n-1$개월째 토끼쌍의 수의 합과 같음을 가정으로부터 알 수 있다. 즉, F_n을 n개월째 토끼쌍의 수로 나타내면 다음과 같은 점화식을 가지고 있다.

$$F_1 = F_2 = 1, \quad F_n = F_{n-1} + F_{n-2} \quad (n \geq 3)$$

이 문제는 중세의 대표적인 수학자 피보나치가 세계의 여러 곳을 여행하다가 인도-아라비아 수학의 실용성을 느끼고 귀국한 뒤, 1202년에 쓴 책 《산반서》에 나오는 문제이다.

2 피보나치의 생애

피보나치는 피사 상인인 아버지 굴리엘모의 아들로 피사의 상업 중심지에서 태어났다. 그의 아버지는 그곳에서 상업과 관련된 일에 종사하고 있었다. 소년 시절, 레오나드로는 그의 아버지가 관세 지배인으로 근무했던, 아프리카의 북부 연안에 위치한 보우기(Bougie, 지금의 알제리아 베자이아)에서 교육을 받았고 함께 생활하게 되었다. 아버지의 직업 영향을 받은 레오나드로는 소년 시절부터 산술에 흥미를 느끼기 시작했다. 그 이후 이집트, 시칠리아, 그리스, 시리아 등으로 여행을 하면서 아라비아의 수학을 접하게 되었다. 인도-아라비아의 계산술의 실용적 우수성을 확신하게 된 피보나치는 1202년에 고향으로 돌아와서 마침내 그의 유명한 《산반서》를 출판하였다. 특히 1220년에 출판된 피보나치의 《실용기하학》(Practica geometriae)은 유클리드적 엄밀함과 약간의 독창성을 가지고 능숙하게 기하학과 삼각법을 다룬 방대한 자료집이다. 그는 또한 1225년경에는 《제곱근서》(Liber quadratorum)를 저술하였는데, 이 저서는 부정해석학에 대한 매우 독창적인 이론을 제시하고 있는 저서로서, 피보나치로 하여금 이 분야에서 디오판투스와 페르마 사이의 가장 뛰어난 수학자로 명성을 떨치게 됐다. 그의 저서들은 모두 당대 학자들의 능력을 훨씬 뛰어넘는 책이다.

3 피보나치 수열의 재미있고 신기한 특성

피보나치 수열의 수많은 성질들 중 몇 가지의 재미있고 중요한 성질들을 소개하고자 한다. 여기서 m과 n는 자연수이다. 예를 들어,

$$
\begin{aligned}
F_1 &= 1 = F_3 - 1, \\
F_1 + F_2 &= 1 + 1 = 2 = F_4 - 1, \\
F_1 + F_2 + F_3 &= 1 + 1 + 2 = 4 = F_5 - 1, \\
F_1 + F_2 + F_3 + F_4 &= 1 + 1 + 2 + 3 = 7 = F_6 - 1, \\
F_1 + F_2 + F_3 + F_4 + F_5 &= 1 + 1 + 2 + 3 + 5 = 12 = F_7 - 1 \\
&\vdots
\end{aligned}
$$

위 식에서 '피보나치 수열의 제1항부터 제 n항까지의 합은 제$(n+2)$항에서 1을 뺀 값과 같다'는 성질을 유도할 수 있다.

성질 1 피보나치 수열의 제1항부터 제n항까지의 합은 제$(n+2)$항에서 1을 뺀 값과 같다. 즉, $F_1 + F_2 + \cdots + F_n = F_{n+2} - 1$이다.

증명 $F_1 = F_3 - F_2$, $F_2 = F_4 - F_3$, $\cdots$, $F_n = F_{n+2} - F_{n+1}$
이므로 이들의 좌변과 우변끼리 더하면 $F_1 + F_2 + \cdots + F_n = F_{n+2} - 1$을 얻는다. ■

성질 2 피보나치 수열의 제1항부터 제$(2n-1)$항까지의 홀수 번째

항 n개의 합은 바로 그 다음 항인 제$2n$항의 값과 같다. 즉, $F_1+F_3+F_5+\cdots+F_{2n-1}=F_{2n}$이다.

증명 $F_1=1$, $F_3=F_4-F_2$, $\cdots$, $F_{2n-1}=F_{2n}-F_{2n-2}$이므로 이들의 좌변과 우변끼리 더하면 $F_1+F_3+F_5+\cdots+F_{2n-1}=F_{2n}$을 얻는다. ■

성질 3 피보나치 수열의 제2항부터 제$2n$항까지의 짝수 번째 항 n개의 합은 바로 그 다음 항인 제$(2n+1)$항에서 1을 뺀 값과 같다. 즉, $F_2+F_4+F_6+\cdots+F_{2n}=F_{2n+1}-1$이다.

증명 성질 1과 성질 2에 의하여 다음을 얻는다.

$$\begin{aligned} F_2+F_4+\cdots+F_{2n} &= (F_1+F_2+\cdots+F_{2n-1}+F_{2n}) \\ &\quad -(F_1+F_3+\cdots+F_{2n-1}) \\ &= (F_{2n+2}-1)-F_{2n} \\ &= (F_{2n+2}-F_{2n})-1=F_{2n+1}-1 \end{aligned}$$ ■

성질 4(심슨 등식) F_{n-1}, F_n, F_{n+1}이 임의의 연속하는 피보나치 수이면 $F_{n+1}F_{n-1}-F_n{}^2=(-1)^n\ (n\geq 2)$이다.

증명 $n=2$일 때

좌변$=F_3F_1=2\times 1=2=1^2+(-1)^2=F_2^2+(-1)^2=$우변

이다. 따라서 주어진 등식은 $n=2$일 때 성립한다.

$n=k$일 때 $F_{k+1}F_{k-1}=F_k{}^2+(-1)^k$이 성립한다고 가정하자. 그러면 $n=k+1$에 대하여

$$\begin{aligned} F_{k+2}F_k &= (F_{k+1}+F_k)F_k=F_{k+1}F_k+F_k^2 \\ &= F_{k+1}F_k+F_{k+1}F_{k-1}-(-1)^k \\ &= F_{k+1}(F_k+F_{k-1})+(-1)^{k+1} \\ &= F_{k+1}F_{k+1}+(-1)^{k+1}=F_{k+1}^2+(-1)^{k+1} \end{aligned}$$

이다. 따라서 주어진 등식은 $n=k+1$에 대하여도 성립하므로 귀납법에 의하여 주어진 등식은 모든 자연수 n에 대하여 성립

한다. ■

성질 4에서 $n=2k$일 때 다음 성질을 얻을 수 있다.

성질 5 ${F_{2k}}^2 = F_{2k+1}F_{2k-1} - 1$

탐구문제 피보나치 수열과 기하학적 착각

$13\times 13 = 21\times 8$이 될 수 있을까?

아래 그림과 같이 한 변이 13인 정사각형의 세 변을 5 : 8의 비율로 나누는 분할점들을 이으면 정사각형은 4개의 부분(가, 나, 다, 라의 도형)으로 나누어진다. 다음 4개의 조각을 오른쪽에 표시된 바와 같이 다시 재배열하면 가로 21, 세로 8인 직사각형을 이루는 것 같이 보인다.

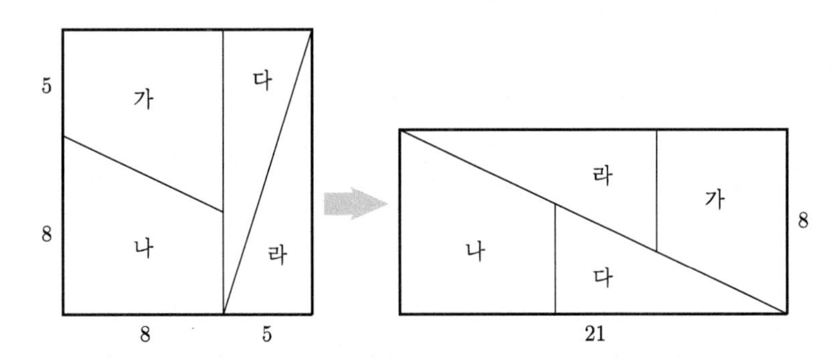

정사각형의 넓이는 $13^2 = 169$인 반면, 같은 부분을 갖는 것처럼 보이는 직사각형의 넓이는 $8\times 21 = 168$이 된다. 따라서 직사각형의 넓이는 분명히 정사각형의 넓이보다 1^2 단위만큼 작다.

성질 6 임의의 자연수 m, n에 대하여 $F_{m+n} = F_{m-1}F_n + F_mF_{n+1}$이다.

증명 m을 고정하여 n에 대하여 수학적 귀납법을 적용한다. $n=1$일 때 $F_1 = F_2 = 1$이므로 좌변은

$$F_{m+1} = F_{m-1} + F_m = F_{m-1}F_1 + F_mF_2$$

이므로 우변과 같다. 따라서 $n=1$일 때 주어진 등식은 성립한다. $n=1, 2, \cdots, k$에 대하여 주어진 등식이 성립한다고 가정하자. 그러면

$$F_{m+k} = F_{m-1}F_k + F_mF_{k+1},$$
$$F_{m+(k-1)} = F_{m-1}F_{k-1} + F_mF_k$$

이다. 위의 식에서 각 변끼리 서로 더하면

$$\begin{aligned} F_{m+(k+1)} &= F_{m+k} + F_{m+(k-1)} \\ &= F_{m-1}(F_k + F_{k-1}) + F_m(F_{k+1} + F_k) \\ &= F_{m-1}F_{k+1} + F_mF_{k+2} \end{aligned}$$

이다. 따라서 $n=k+1$일 때도 주어진 등식은 성립하므로 n에 관한 귀납법에 의하여 주어진 등식은 성립한다. ■

성질 7 연속하는 피보나치 수 F_n과 F_{n+1}은 서로소이다. 즉, F_n과 F_{n+1}의 최대공약수는 1이다. 즉 $\gcd(F_n, F_{n+1})=1$이다.

증명 d가 F_n과 F_{n+1}을 나누는 1보다 큰 자연수라 하자. 이때 $F_{n-1}(=F_{n+1}-F_n)$도 d로 나누어진다. 이 사실과 $F_n - F_{n-1} = F_{n-2}$에 의하여 F_{n-2}도 d로 나누어진다. 이런 과정을 계속하여 반복하면 $d|F_{n-3}$, $d|F_{n-4}$, $\cdots$이고 결국 F_1은 d로 나누어진다. 그러나 $F_1=1$이므로 이것은 어떠한 자연수 $d>1$로 나눌 수 없다. 이것은 모순이 되므로 $d=1$이다. 따라서 F_n과 F_{n+1}의 최대공약수는 1이다. ■

성질 8 임의의 자연수 m, n에 대하여 F_{mn}은 F_m에 의하여 나누어진다.

증명 우리는 n에 대하여 수학적 귀납법을 적용하고자 한다. $n=1$일 때 $F_m \mid F_{m \cdot 1}$이므로 주어진 등식은 성립한다.

$n=1, 2, \cdots, k$에 대하여 $F_m \mid F_{m \cdot k}$가 성립한다고 가정하자. 이때 성질 6에 의하여

$$F_{m(k+1)} = F_{mk+m} = F_{mk-1}F_m + F_{mk}F_{m+1}$$

이다. 한편 $F_m | F_{mk-1}F_m$, $F_m | F_{mk}F_{m+1}$이므로 $F_m | F_{m(k+1)}$이다. 따라서 $n=k+1$일 때도 성립하므로 주어진 등식은 수학적 귀납법에 의하여 모든 자연수 n에 대하여 성립한다. ■

성질 9 두 피보나치 수들의 최대공약수는 또한 피보나치 수이다. 특히

$$\gcd(F_m, F_n) = F_d \quad \text{단, } d = \gcd(m, n)$$

이다.

피보나치 수의 연속적 제곱합으로 황금직사각형을 얻을 수 있다

두 변의 길이가 연속하는 피보나치 수인 피보나치 직사각형을 다음과 같이 구성할 수 있다.

① 한 변의 길이가 1인 두 정사각형을 그린 다음 한 면이 서로 접하도록 옆으로 나란히 붙이면 직사각형이 된다(다음 쪽 그림 참조). 이 새로운 사각형은 변의 길이가 1, 2인 직사각형이고 넓이는 $2 = 1 \times 2 = 1^2 + 1^2$이다.

② 이 직사각형 위에 한 변의 길이가 $2(=1+1)$인 정사각형(다음 쪽 그림에서 2라고 표시된 것)을 그리면 변의 길이가 2, 3인 새로운 직사각형을 얻을 수 있으며, 이 새로운 직사각형의 넓이는 $6 = 2 \times 3 = 1^2 + 1^2 + 2^2$이다.

③ 이번에는 앞에 그린 하나의 단위 정사각형과 한 변의 길이가 2

인 정사각형 모두에 한 면씩 접하는 한 변의 길이가 3인 새로운 정사각형(아래 그림에서 3이라고 표시된 것)을 그린다. 이때 변의 길이가 3, 5인 새로운 직사각형을 얻을 수 있으며, 이 새로운 직사각형의 넓이는 $15 = 3 \times 5 = 1^2 + 1^2 + 2^2 + 3^2$이다.

④ 다음에는 시계 방향으로 3개의 정사각형(한 변의 길이가 각각 1과 3인 정사각형) 모두와 한 면씩 접하도록 한 변의 길이가 5인 새로운 정사각형(아래 그림에서 5라고 표시된 것)을 그린다. 5개의 정사각형으로 구성된 직사각형은 변의 길이가 5, 8인 사각형을 생각할 수 있으며, 이 사각형의 넓이는 $40 = 5 \times 8 = 1^2 + 1^2 + 2^2 + 3^2 + 5^2$이다.

⑤ 이와 같은 방법으로 정사각형을 계속 그려 나가면 한 변의 길이가 각각 8, 13, 21, 34, …인 정사각형들을 시계 방향으로 차례로 계속해서 그려 나갈 수 있다.

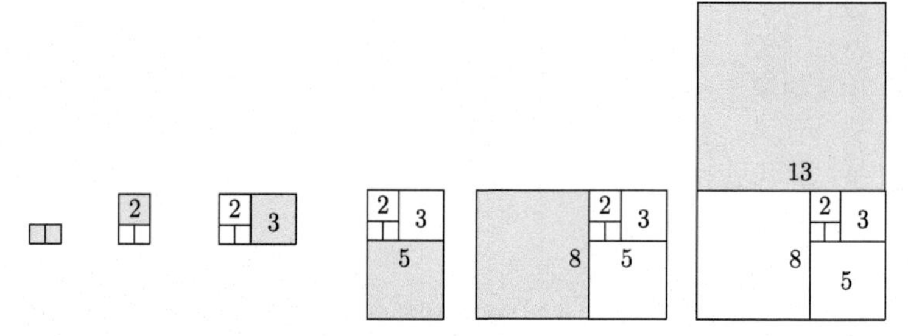

피보나치 수의 제곱과 직사각형

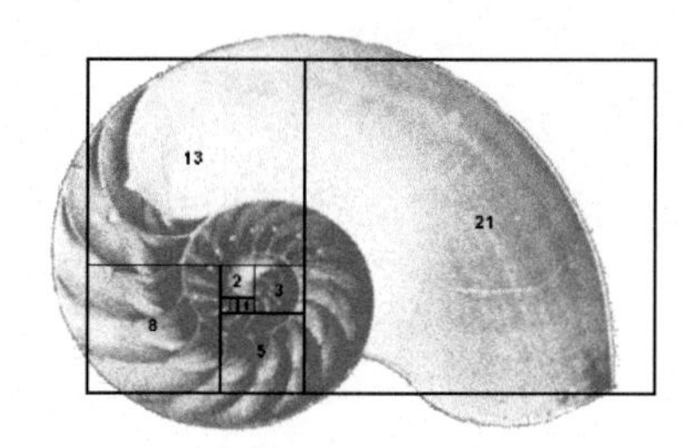

피보나치 직사각형

⑥ 모든 직사각형은 이전의 정사각형들로 만들어져 직사각형을 만드는 조각그림 맞추기 놀이이다. 모든 정사각형과 직사각형들은 길이가 피보나치 수인 변을 갖는다. 이들 정사각형들의 넓이 관계를 수식으로 표현하면 다음과 같은 일반식을 얻을 수 있다.

$$1^2+1^2=1\times2=F_2F_3$$
$$1^2+1^2+2^2=2\times3=F_3F_4$$
$$1^2+1^2+2^2+3^3=3\times5=F_4F_5$$
$$1^2+1^2+2^2+3^3+5^2=5\times8=F_5F_6$$
$$1^2+1^2+2^2+3^3+5^2+8^2=8\times13=F_6F_7$$
$$\vdots$$
$$F_1^{\ 2}+F_2^{\ 2}+F_3^{\ 2}+\cdots+F_n^{\ 2}=F_nF_{n+1}$$

위의 과정에서 다음 성질을 얻을 수 있다.

성질 10 피보나치 수열의 제1항부터 제n항까지의 제곱의 합은 제n항과 제$(n+1)$항의 곱과 같다. 즉, $F_1^{\ 2}+F_2^{\ 2}+\cdots+F_n^{\ 2}=F_nF_{n+1}$이다.

증명 $n=1$일 때 좌변$=F_1^{\ 2}=1=1\times1=F_1F_2=$우변이다. 따라서 $n=1$일 때 주어진 등식은 성립한다.

n은 $n\geq2$인 자연수라고 가정하면 $F_n=F_{n+1}-F_{n-1}$이므로

$$F_n^{\ 2}=F_n(F_{n+1}-F_{n-1})=F_nF_{n+1}-F_nF_{n-1}$$

이다. 따라서

$$\begin{aligned}F_2^{\ 2}&=F_2F_3-F_2F_1,\\F_3^{\ 2}&=F_3F_4-F_3F_2,\\&\vdots\\F_n^{\ 2}&=F_nF_{n+1}-F_nF_{n-1}\end{aligned}$$

이다. 이들 식의 변끼리 더하면 다음과 같다.

$$\begin{aligned} F_1{}^2 + F_2{}^2 + \cdots + F_n{}^2 &= 1 + (F_2 F_3 - F_2 F_1) + (F_3 F_4 - F_3 F_2) + \cdots \\ &\quad + (F_n F_{n+1} - F_n F_{n-1}) \\ &= F_n F_{n+1} \end{aligned}$$

■

다음은 프랑스 수학자 비네(Jacques Philippe Marie Binet, 1786~1856)가 1843년에 발견한 공식으로 비네의 공식이라 한다. 이 공식은 점화식, 수학적 귀납법 등을 이용하여 다양하게 증명할 수 있다.

성질 11 (비네의 공식) 피보나치 수열의 일반항 F_n은 다음과 같다.

$$F_n = \frac{\alpha^n - \beta^n}{\sqrt{5}} \quad \text{단, } \alpha = \frac{1+\sqrt{5}}{2},\ \beta = \frac{1-\sqrt{5}}{2}$$

증명 이차방정식 $x^2 - x - 1 = 0$의 두 근은 $\Phi = \dfrac{1+\sqrt{5}}{2}$, $\phi = \dfrac{1-\sqrt{5}}{2}$이다. 또한 $\Phi^2 = \Phi + 1$, $\phi^2 = \phi + 1$이므로

$$\Phi^{n+2} = \Phi^{n+1} + \Phi^n,\ \phi^{n+2} = \phi^{n+1} + \phi^n$$

이다. 변변 빼서 양변을 $\Phi - \phi$로 나누면

$$\frac{\Phi^{n+2} - \phi^{n+2}}{\Phi - \phi} = \frac{\Phi^{n+1} - \phi^{n+1}}{\Phi - \phi} + \frac{\Phi^n - \phi^n}{\Phi - \phi}$$

이다. $f_n = \dfrac{\Phi^n - \phi^n}{\Phi - \phi}$로 정의하면 $f_1 = 1$, $f_2 = \dfrac{\Phi^2 - \phi^2}{\Phi - \phi} = \Phi + \phi = 1$이고 $f_{n+2} = f_{n+1} + f_n (n = 1, 2, \cdots)$이므로 모든 자연수 n에 대하여 $F_n = f_n$이다. 즉,

$$F_n = \frac{\Phi^n - \phi^n}{\Phi - \phi} (n = 1, 2, \cdots)$$

를 만족한다. ■

피보나치 수열의 이웃하는 항의 비율에서 황금비율이 나오다

각각의 피보나치 수를 그 앞의 수로 나누어 그 비율 F_{n+1}/F_n을 보면 피보나치 수열의 놀라운 특성을 발견할 수 있다.

$$\frac{1}{1}=1.000,\ \frac{2}{1}=2.000,\ \frac{3}{2}=1.500,\ \frac{5}{3}=1.666,$$
$$\frac{8}{5}=1.600,\ \frac{13}{8}=1.625,\ \frac{21}{13}=1.615,\ \frac{34}{21}=1.619,\ \cdots$$

n이 커짐에 따라 그 비율 F_{n+1}/F_n은 황금비 $\Phi=1.618033988\cdots$에 접근함을 알 수 있다.

성질 12 (황금비와의 관계) $a_n=\dfrac{F_{n+1}}{F_n}$로 두면 다음이 성립한다.

(1) 모든 자연수 n에 대하여 $1\le a_n \le 2$이다.

(2) $\{a_{2n+1}\}$은 단조증가수열이고 $\{a_{2n}\}$은 단조감소수열이다.

(3) 수열 $\{a_n\}$은 황금비 $\dfrac{1+\sqrt{5}}{2}$에 수렴한다. 즉, 피보나치 수열에서 이웃하는 항 F_n, F_{n+1}의 비로 구성되는 수열 $\{F_{n+1}/F_n\}$의 극한은 황금비

$$\lim_{n\to\infty} a_n=\lim_{n\to\infty}\frac{F_{n+1}}{F_n}=\frac{1+\sqrt{5}}{2}$$

이다.

(4) 임의의 자연수 $k>1$에 대하여

$$\lim_{n\to\infty}\frac{F_{n+k}}{F_n}=\left(\frac{1+\sqrt{5}}{2}\right)^k=\alpha^k$$

이다.

증명 (1) $a_n=\dfrac{F_{n+1}}{F_n}=1+\dfrac{1}{a_{n-1}}$이고 모든 n에 대하여 $F_{n+1}\ge F_n$

이므로 $a_n \geq 1$이다. 또한

$$2 - a_{n+1} = 2 - \left(1 + \frac{1}{a_n}\right) = 1 - \frac{1}{a_n} \geq 0$$

이다. 마찬가지로 $a_n \leq 2$이다. 따라서 모든 자연수 n에 대하여 $1 \leq a_n \leq 2$이다. 즉, $\{a_n\}$은 유계수열이다.

(2) $a_{n+2} = 1 + \dfrac{1}{a_{n+1}} = 1 + \dfrac{1}{1 + \dfrac{1}{a_n}} = 1 + \dfrac{a_n}{1 + a_n}$이므로

$$\begin{aligned} a_{n+2} - a_n &= \frac{a_n}{1 + a_n} - \frac{a_{n-2}}{1 + a_{n-2}} \\ &= \frac{a_n + a_n a_{n-2} - a_{n-2} - a_n a_{n-2}}{(1 + a_n)(1 + a_{n-2})} \\ &= \frac{a_n - a_{n-2}}{(1 + a_n)(1 + a_{n-2})} \end{aligned}$$

이다. 분모는 양수이므로 위 등식으로부터 $a_{n+2} - a_n$은 $a_n - a_{n-2}$와 같은 부호를 갖는다. $a_4 \leq a_2 = 2$이므로 위 식으로부터 $a_6 \leq a_4$를 얻을 수 있다. 이런 과정을 계속하여 나가면 $\{a_{2n}\}$은 단조감소수열이 되고 (1)에 의하여 유계수열이다.

마찬가지로 $a_3 > a_1 = 1$이므로 위 식으로부터 $a_5 > a_3$를 얻을 수 있다. 이런 과정을 계속하여 나가면 $\{a_{2n+1}\}$은 단조증가수열이 되고 (1)에 의하여 유계수열이다.

(3) 위 (2)에 의하여 수열 $\{a_n\}$은 어떤 실수 L에 수렴한다. 비네의 공식(성질 11)에 의하여

$$F_n = \frac{\alpha^n - \beta^n}{\sqrt{5}} \quad \text{단, } \alpha = \frac{1 + \sqrt{5}}{2},\ \beta = \frac{1 - \sqrt{5}}{2}$$

이때, $\left|\dfrac{\beta}{\alpha}\right| = \left|\dfrac{1-\sqrt{5}}{1+\sqrt{5}}\right| < 1$이므로 $\lim_{n\to\infty}\left(\dfrac{\beta}{\alpha}\right)^n = 0$이다. 따라서

$$L = \lim_{n\to\infty}\frac{F_{n+1}}{F_n} = \lim_{n\to\infty}\frac{\alpha^{n+1}-\beta^{n+1}}{\alpha^n-\beta^n}$$

$$= \lim_{n\to\infty}\frac{\alpha-\beta\left(\dfrac{\beta}{\alpha}\right)^n}{1-\left(\dfrac{\beta}{\alpha}\right)^n} = \frac{\alpha-\beta\cdot 0}{1-0} = \alpha$$

이다.

(4) 비네의 공식과 위 (3)의 증명과 같은 방법에 의하여

$$\lim_{n\to\infty}\frac{F_{n+k}}{F_n} = \lim_{n\to\infty}\frac{\dfrac{\alpha^{n+k}-\beta^{n+k}}{\alpha-\beta}}{\dfrac{\alpha^n-\beta^n}{\alpha-\beta}} = \lim_{n\to\infty}\frac{\alpha^{n+k}-\beta^{n+k}}{\alpha^n-\beta^n}$$

$$= \lim_{n\to\infty}\frac{\alpha^k-\beta^k\left(\dfrac{\beta}{\alpha}\right)^n}{1-\left(\dfrac{\beta}{\alpha}\right)^n} \quad \left(\because \left|\frac{\beta}{\alpha}\right| < 1\right)$$

$$= \frac{\alpha^k-\beta^k\cdot 0}{1-0} = \alpha^k$$

이다. ■

4 자연 속의 피보나치 수열

(1) 수벌의 가계도

사회성을 가진 곤충으로서 꿀벌에는 여왕벌(queen)과 수벌(drone), 그리고 일벌이 있다. 여왕벌은 알을 낳는 임무를 맡고, 일벌은 벌집을 관리하고 어린 벌들을 키우고, 꿀과 꽃가루를 모으는 일을 한다. 또한

수벌은 별로 하는 일은 없지만 종족 번식의 중요한 반쪽을 담당하고 있다. 꿀벌은 아래와 같은 독특한 특성을 가지고 있다.

① 꿀벌 모두가 두 명의 부모를 갖는 것은 아니다!
② 벌떼 중에는 '여왕벌'이라 불리는 특별한 암컷이 있다.
③ 암컷이기는 하지만 여왕벌과는 다른 일벌들은 알은 낳지 못한다.
④ 일을 하지 않는 수벌은 여왕벌의 수정되지 않은 알에서 태어난다(처녀생식). 따라서 수벌은 어머니만 있고 아버지는 없다.
⑤ 모든 암벌은 여왕이 수벌과 짝을 지었을 때 태어난다. 그래서 모든 암벌은 모든 아버지와 어머니를 갖는다. 암벌은 보통 일벌이 되나, 몇몇은 '로얄제리'라 불리는 특별한 물질로 키워져서 여왕벌로 자라게 된다. 그러므로 암벌은 2명의 부모, 즉 수벌과 암벌 부모를 갖는데 반하여, 수벌은 단지 한 명의 암벌 부모만을 갖는다.

따라서 수벌의 가계도에서 위 세대수별로 수벌의 수, 암벌의 수, 꿀벌 전체(조상의 수)를 각각 세어보면 피보나치 수열 1, 1, 2, 3, 5, 8, …을 얻을 수 있다.

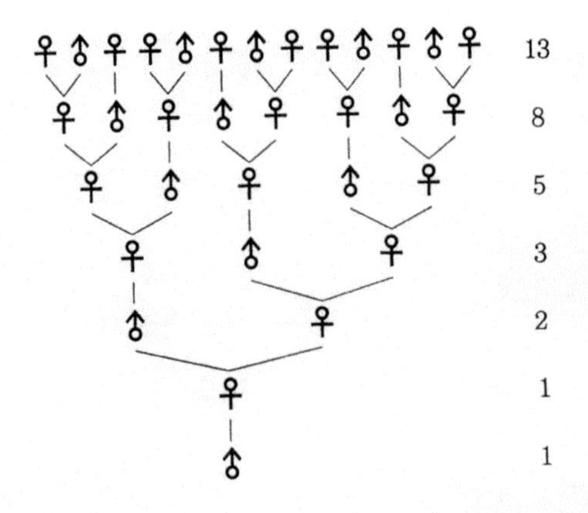

수벌의 가계도

수벌의 가계도(조상의 수)

세대	수벌	암벌	벌의 전체
1	1	0	1
2(부모)	0	1	1
3(조부모)	1	1	2
4(증조부모)	1	2	3
5(고조부모)	2	3	5
6	3	5	8
7	5	8	13
8	8	13	21
9	13	21	34
10	21	34	55

(2) 꽃잎의 수

많은 식물이나 꽃들은 꽃잎의 수에 있어서도 피보나치 수를 보여주고 있다. 백합과 붓꽃은 3개의 꽃잎을 가지고, 미나리아재비와 콜롬바인은 5개의 꽃잎을 가진다. 참제비고깔이나 코스모스는 8개의 꽃잎, 금잔화는 13개의 꽃잎을 가지며, 애스터는 21개의 꽃잎을 가진다.

연령초 무궁화 코스모스

꽃잎의 수와 다른 잎차례가 나타나는 것이 '절대적인 법칙'을 따르지는 않지만, 한 연구가의 말에 따르면, 놀라울 정도로 피보나치 법칙을 따른다고 한다. 많은 꽃들은 정확하지는 않지만 아래에서 나열한 것과 매우 비슷한 수의 꽃잎을 갖고, 평균을 하면 어떤 특별한 수, 즉 피보나치 수를 나타내는 강한 경향을 보이고 있다.

꽃잎의 수	해당 식물들
2	털이슬, 마법의 가지과속 식물(nightshade)
3	백합꽃, 붓꽃, 아이리스((iris), 연령초(trillium)
5	제비꼬깔, 애기풀, 무궁화, 양상추, 미나리아재비, 들장미, 참매발톱꽃
8	코스모스, 참제비고깔, 목본개쑥갓, 뿌리가 붉은 양귀비과 식물(bloodroot)
13	금매화, 금불초(ragwort), 금잔화, 시네라리아, 이중 참제비고깔
21	헬레늄(helenium), 애스터(aster), 검은 눈의 수산, 치커리, 도로니쿰
34	야생 데이지, 질경이(plantain), 제충국(pyrethrum), 호크빗, 조밥나물
55	아프리카 데이지(african daisy), 갯개미취
89	갯개미취

(3) 꽃씨의 배열

꽃씨의 배열에서도 피보나치 수를 찾아볼 수 있다. 아래 그림은 큰 해바라기꽃이나 데이지꽃을 확대한 그림이다.

성숙한 해바라기꽃씨의 중앙을 중심으로 꽃씨의 배열을 자세히 들여다보면 매우 환상적인 구조를 가지고 있다. 분명히 해바라기꽃씨는 중심에서부터 바깥쪽으로 시계 방향 또는 반시계 방향으로 소용돌이치듯이 돌진해 나가는 다른 두 나선형을 볼 수 있다. 보통의 해바라기꽃씨에서 보는 바와 같이, 하나는 시계 방향으로 씨가 89개의 나선형을 형성하고 있고, 다른 하나는 반시계 방향으로 씨가 55개의 나선형을 형성하고 있다. 커다란 해바라기꽃들은 55개의 나선형과 89개의 나선형을 가지고 있다고 보고되고 있다(두 나선수의 비는 55/89 = 0.6179). 실제로 지름이 12~15 cm 정도 되는 보통 크기의 해바라기에는 시계 방향으로 도는 나선이 34개, 반시계 방향으로 도는 나선이 55개가 있는 것으로 알려져 있다(두 나선수의 비는 34/55 = 0.6181). 또한 아주 작은 꽃의 경우는 두 나선이 각각 21개/34개(= 0.6127) 또는 13개/21개(= 0.619)의 비율로 분포되어 있음을 확인할 수 있다(아래 그림 참조)

해바라기꽃씨의 나선형 수

반대로 제일 큰 꽃은 그 나선수의 비율이 89개/144개(= 0.618)에 이른다고 한다.+ 물론 이런 모든 수들은 인접한 피보나치 수들이고 이들의 비는 황금분할에 접근하고 있다. 가끔 예외가 나타나기도 하지만 조사 결과에 의하면 해바라기꽃씨의 나선형 수가 압도적으로 피보나치 수들로 나타나고 있음을 보여주고 있다. 때로는 피보나치 수의 두 배가 나타나기도 한다.

+ 아르망 에르스코비치, 수학 먹는 달팽이-자연계에 숨겨진 수학이야기, 문선영 옮김, 까치, 2000.

(4) 솔방울과 파인애플

소라껍질, 앵무조개 또는 솔방울 같은 자연물에서 우리는 종종 나선 무늬를 찾아볼 수 있다. 자연 속의 나선형은 올라가는 것과 내려가는 것, 움직이는 것과 정지한 것이 만나는 곳에서 만들어진다. 이때 나선은 한쪽으로 치우치지 않고 균형을 이루며 만들어진다.

하나의 솔방울에서 완만한 나선형의 개수와 급한 나선형의 개수를 세어보면 거의 이웃하는 피보나치 수가 됨을 알 수 있다. 어떤 솔방울들은 3개의 완만한 나선형과 5개의 급한 나선형을 가지고 있다. 다른 것들은 5개의 완만한 나선형과 8개의 급한 나선형을 가지고 있거나 완만한 것 8개와 급한 것 13개를 가진 것들도 있다.

연속하는 피보나치 수는 솔방울의 크기에 따라 달라질 수 있다. 많은 연구결과에 의하면 솔방울들의 나선형의 수는 99% 정도 피보나치 수로 나타난다는 사실이 밝혀지고 있다.

솔방울

파인애플에서 보이는 나선

육각형 모양의 얇은 파인애플 껍집들에 형성되는 나선의 개수에서도 피보나치 수열을 찾아볼 수 있다. 그런데 여기에는 3중 나선이 서로 얽혀 있으며, 각 8, 13, 21의 배열이다. 나선의 수가 많을수록 작은 껍질 사이의 빈틈을 줄일 수 있다. 작은 껍질로 완전히 외피를 덮는 방법으로 고도의 수학적 계산을 통해 그 최적값을 겨우 얻어낼 수 있다.

(5) 잎의 배열, 잎 차례와 잎 각도

많은 식물들의 줄기 주위에 있는 잎들의 배치에서도 피보나치 수를 발견할 수 있다. 잎(葉, leaf)은 주로 광합성, 호흡, 증산작용(蒸散作用)을 하는 기관이다. 아래 그림에서 보는 바와 같이 위에서 내려다보면 식물 잎들은 종종 아래의 잎을 가리지 않도록 배열되어 있다. 이것은 각각의 잎들이 다 햇빛을 잘 받으며, 가장 많은 수분을 받아내어 잎과 줄기를 따라 뿌리로 보내도록 하기 위한 배치임을 의미한다.

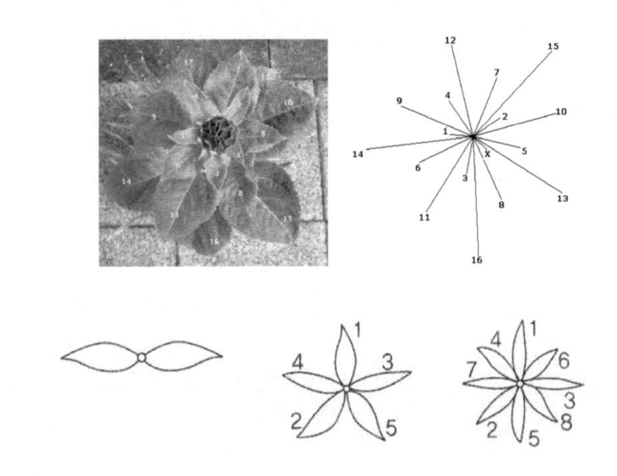

방울꽃, 협죽도는 줄기의 각 마디에 잎이 3장씩 돌려나는 3 돌려나기(三輪生)이고, 사갓나물 등은 각 마디에 잎이 4장씩 나는 4 돌려나기(四輪生), 속생은 각 마디에 잎이 헤아릴 수 없을 정도로 많이 나는 여러 돌려나기(多輪生)이다.

첫째 잎부터 줄기 주위의 나선형 계단을 따라 a번 돌아가는 기초

나선 위에 n장의 잎이 같은 간격으로 돋아나고, $n+1$째 잎이 첫째 잎 바로 위에 돋아난다면(즉, 첫째 잎이 $n+1$째 잎과 수직으로 겹친다면), 이러한 나선 잎차례를 $\frac{a}{n}$ 잎차례라 말한다. 이런 경우의 개도는 $360\times\frac{a}{n}$이다. 예를 들어, 벚나무, 사과나무와 같은 식물에서는 줄기나선형 계단 주위를 따라 2번 돌아가는 기초나선 위에 5장의 잎이 더 나 있다. 즉, 1번 잎에서 출발하여 차례차례 위로 올라오다보면 1번과 정확히 수직을 이루는 잎을 만나게 되는데, 그것이 바로 6번 잎으로, 1번을 기점으로 했을 때 다섯 번째 잎에 해당한다. 이렇게 6번 잎까지 가는 동안 시계 방향으로 2바퀴, 반시계 방향으로 3바퀴씩 가지를 중심으로 돌게 된다. 따라서 이 식물의 잎차례는 $\frac{2}{5}$ 잎차례이다. 시계 방향의 개도는 $360\times\frac{2}{5}=144°$이고 반시계 방향의 개도는 $360\times\frac{3}{5}=216°$이다. 회전수와 잎의 수에서 나오는 2, 3, 5는 피보나치 수열의 서로 연속되는 수라는 것을 알 수 있다. 한 추정 자료에 의하면 모든 식물의 90%에서 피보나치 수와 관계된 형태의 잎의 배치를 보인다고 한다.

다음 표는 식물마다 잎차례와 개도의 예를 나타내고 있다.+

잎차례(개도)	식물
1/2(180°)	대나무, 잔디, 느릅나무, 참피나무, 화분과의 풀, 벼, 옥수수, 보리, 설탕, 고사리, 야자나무 잎, 라임, 담쟁이 덩굴, 보리수나무, 서양풀푸레나무, 서양칠엽수, 쥐방울나무, 단풍나무, 층층나무
1/3(120°)	방동사니, 오리나무, 검은 딸기, 너도밤나무, 개암나무, 겨자나무, 보통의 개쑥, 감자의 눈
2/5(144°)	벚나무, 사과나무, 호랑가시나무, 포플러, 살구나무, 갓, 장미과의 상록관목, 태평양 연안의 오크나무, 캘리포니아 월계수, 후추, 서양자두나무, 겨자나무, 개쑥갓, 떡갈나무, 사이프러스
3/8(135°)	장미, 배나무, 수양버들, 작은 등대풀, 개아카시아나무, 감탕나무, 가문비나무, 여러 종류의 콩나무
5/13(138.4°)	선인장, 소나무, 아몬드, 쇠뜨기, 땅버들

+ 김병소, 식물은 알고 있다, 경문사, 2003.

(6) 앵무조개와 등각나선

앞에서 언급했듯이 한 변의 길이가 1인 두 정사각형을 그린 다음 한 면이 서로 접하면 변의 길이가 1, 2인 직사각형이 되고, 이 직사각형 위에 한 변의 길이가 2인 정사각형을 그리면 변의 길이가 2, 3인 새로운 직사각형을 얻을 수 있다. 이와 같은 방법으로 정사각형을 계속 그려나가면 한 변의 길이가 각각 5, 8, 13, 21, 34, …인 정사각형들을 시계 방향으로 차례로 계속해서 그려 연속하는 피보나치 수를 두 변으로 하는 직사각형을 만들어갈 수 있다. 이런 과정을 계속하여 얻어진 직사각형을 피보나치 직사각형 또는 황금직사각형이라 한다.

각 정사각형의 안쪽 꼭짓점을 중심으로 각 정사각형의 한 변의 길이를 반지름으로 하는 사분원을 그려 나간다. 이때 이렇게 그려진 아름다운 곡선을 바로 **로그나선**[+](또는 대수나선 또는 **등각나선**(等角螺線)) 또는 **피보나치 나선**(Fibonacci spiral)이라 한다. 등각나선에서는 곡선 위의 각 점에서 그은 접선이 곡선과 이루는 각이 일정하기 때문에 그런 이름이 붙여지게 되었다. 즉, 등각나선은 회전수에 관계없이 곡선 위의 점에서 나선에 그은 접선과 반경벡터가 이루는 각이 항상 일정한 곡선이다.

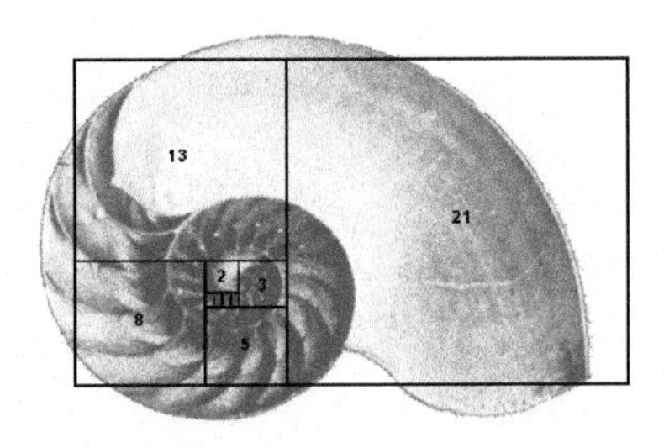

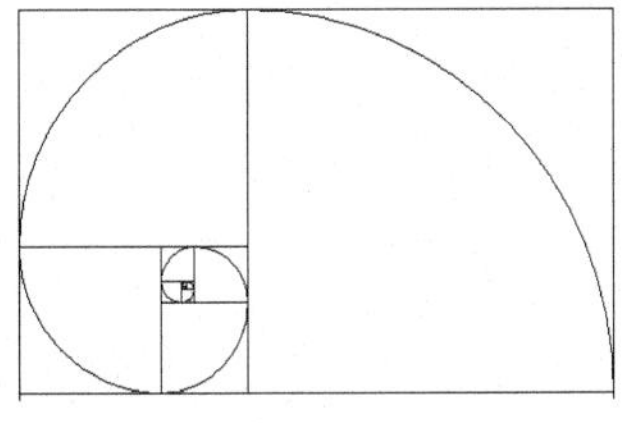

+ 베르누이 일가의 대표적인 수학자 야곱 베르누이는 '등각나선'이라는 것을 생각해냈다.

이런 나선 형태가 앵무조개(nautilus)에서 가장 분명하게 나타난다. 앵무조개를 유심히 보면, 나선은 형태가 점점 커지면서도 동일한 형태를 유지하고 있음을 관찰하게 될 것이다. 유기체의 몸체가 등각이면서 대수 함수적인 나선 경로로 자라기 때문에 그 형태는 결코 변하지 않는다. 일반적으로 이러한 형태의 아름다움을 **황금나선**(golden spiral)이라고도 부른다. 이러한 황금나선은 소라껍데기, 조개, 솔방울의 씨앗 배열, 회오리바람, 허리케인, 나선형 씨앗들, 사람 귀의 와우각(cochlea), 숫양의 뿔, 해마 꼬리, 자라는 양치류 잎, DNA 분자, 해변에 부서지는 파도, 토네이도, 나선 은하들, 태양 주위에서 감겨지는 혜성의 꼬리, 소용돌이, 대부분 포유류의 귀 구조 등 다양한 것에서 나타나고 있다.

5 피보나치 수열의 활용

(1) 주식시장의 변화

1930년대 중반 미국이 대공황에서 빠져나가기 시작할 무렵에, 엘리엇은 다우존스 주가지수의 역사와 변화를 연구하였다. 그는 주식시장은 여기저기로 목적 없이 떠도는 풍선과는 달리 어떤 규칙을 가지고 움직이는 경향이 있다는 것에 대해 동의했다. 그의 파동이론은 75년간의 미국 주식시장의 데이터를 7년이 넘는 시간 동안 분석하여 가격의 움직임 속에 들어 있는 법칙을 찾아내려 노력한 결과이다. 일반적으로 주식시장의 변화는 인간의 낙천주의와 비관주의의 일정한 변화에 의해 생긴다고 생각된다.+

엘리엇의 관찰들은 **엘리엇 파동**(Elliot wave) **원리**로 요약되며 다른

+ 고등부 세미나 모임, 다양한 피보나치 수의 예를 찾아서, 수학사랑 통권 12호.

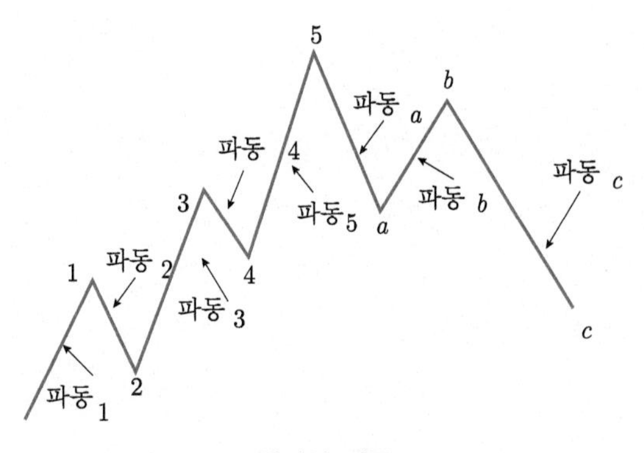

엘리엇 파동

파동이론에 비해 상대적으로 간단하다. 그것은 오늘날 투자 산업에서 증권시장의 변화를 예측하는 데 이용되는 원리 중의 하나이다. 그의 책에 따르면 주가는 '패턴, 비율, 시간'이라는 세 가지 요소에 의해 결정된다. 이런 요소 가운데 가장 중요한 것은 상승 5파와 하락 3파, 즉 8개의 파동으로 이루어진 패턴을 통해 현재의 위치를 판단하고 다음으로 상승 시의 목표가격과 하락 시의 조정폭을 계산하기 위해 피보나치 수열을 이용한 비율 분석, 그리고 마지막으로 파동과 비율의 신뢰도를 측정하는 시간 분석으로 되어 있다.

이 이론에 따르면 주식시장은 위 그림과 같이 8개의 파동으로 이루어진 완전한 하나의 주기를 형성하면서 반복된다. 각 주기는 상승추세 단계(올라가는 단계)와 하락추세 단계(내려가는 단계)로 구성된다. 파동 1에서 파동 5까지는 전체적으로 상승추세 단계이고, 파동 a부터 파동 c까지는 전체적으로 하락추세 단계이다. 각 단계에서 파동 1, 파동 3, 파동 5, 파동 b를 추진파(impulse waves)라 하고, 파동 2, 파동 4, 파동 a, 파동 c와 같은 파동을 조정파(corrective waves)라고 한다. 1번 파동부터 5번 파동까지는 주가가 전체적으로 상승하고 파동 a부터 파동 c까지는 주가가 전체적으로 하락하고 있다. 그러나 주가가 상승하는 국면에서도 2번과 4번 같은 조정국면이 있고, 주가가 전체적으로 하락하는 국면에서도 *b*번 파동과 같은 상승하는 국면이 있다+. 올라가는 파동들은 경기호황(낙천주의)이고 내려가는 파동들은 조정국면(비관주의)이다. 상승국면에서는 매수장이 형성되고 하락국면에서는 매도장이 형성된다.

다시 말하면, 주가는 상승추세에서는 세 번의 상승파동과 두 번의 조정파동을 거치며, 하락추세에서는 두 번의 하락파동과 한 번의 조정파동을 거친다는 것이다. 상승추세에 5개의 파동이 존재하며 하락추세에는 3개의 하락파동이 존재하여 1개의 파동이 완성되려면 총 8개의 파동이 있어야 한다는 것이 엘리엇의 파동이론이다.

만약 이 파동이론 대로 모든 주식이 움직인다면, 모든 주식을 바닥부터 분석하여 현재의 추세가 상승이라면 과연 몇 번째의 파동에 속해 있는가를 판단하고 현재가 비록 상승추세라 할지라도 상승파동 5파에 해당한다면 매수보다 매도의 입장에서 판단할 것이다. 또한 현재가 강한 하락세의 장세라도 하락파동 *c*파에 해당한다면 곧 형성될 바닥에 대비하여 매수 시점을 찾아야 한다는 간단한 투자판단이 나온다.

(2) 음악에서 건반과 음계

피보나치 수열과 음악 사이의 명백한 연관 관계는 피아노의 건반에서 가장 잘 나타난다. 피아노 건반에서 한 옥타브는 8개의 흰 건반(키)과 5개의 검은 건반으로 이루어져 있다. 8개의 흰 건반 사이에 검은 건반은 2개 또는 3개의 묶음으로 이루어져 있다. 한 옥타브에는 모두 13개의 건반이 있는데, 이것들을 종합해 보면 피아노의 건반에서 이들 수 2, 3, 5, 8, 13은 피보나치 수이다. 또한 서양음악의 음계에서 건반의 진동수가 피보나치 수에 기초한 관계를 가지듯이 건반은 피보나치 수열에 기반을 두고 있다.++

+ 이광연, 자연의 수학적 열쇠, 피보나치 수열, 프로네시스, 2006.
++ http://www.evolution.com/goldensection/music.htm

피보나치 수의 비	계산 진동수 (Calculated Frequency)	진동수 (Tempered Frequency)	건반	음악 관계
1/1	440	440.00	A	Root
2/1	880	880.00	A	옥타브
2/3	293.33	293.66	D	4번째
2/5	176	174.62	F	Aug 5번째
3/2	660	659.26	E	5번째
3/5	264	261.63	C	단조 3번째
3/8	165	164.82	E	5번째
5/2	1,100.00	1,108.72	C#	3번째
5/3	733.33	740.00	F#	6번째
5/8	275	277.18	C#	3번째
8/3	1,173.33	1,174.64	D	4번째
8/5	704	698.46	F	Aug 5번째

13개의 건반은 반음계(chromatic scale)로 알려져 서양음악에서 가장 완벽한 음계이다. 반음계는 피타고라스가 만들었다고 전해지는데, 도-레-미-파-솔-라-시-도의 8음 사이에서 약간씩 높은 5음계가 합해져서 13음계가 된 것으로 5음계는 검은 건반을 치면 나는 음이다+. 최초의 음계는 5개의 키로 이루어진 5음계(pentatonic scale)였고, 그 이후에는 흔히 옥타브로 더 잘 알려진 8개의 건반의 온음계(diatonic scale)가 발달하

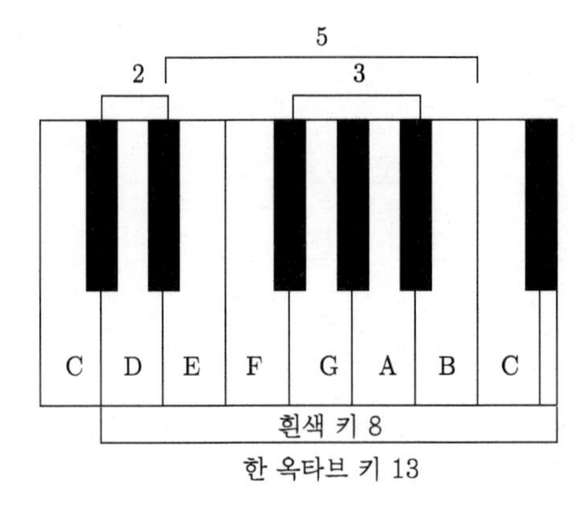

+ 이광연, 자연의 수학적 열쇠, 피보나치 수열, 프로네시스, 2006.

였다. 5음계는 초기 유럽음악에 쓰였고, 현재는 미국에서 아동을 위한 코다이식(Kodaly method) 음악교육의 기초가 되고 있다. 피아노 건반에서 연이어지는 어떠한 5개의 검은 건반들도 5음계를 이룰 수 있다. 유명한 미국동요 중 여러 곡은 그 건반들만을 이용해서 연주할 수 있다.

(3) 벽돌벽의 쌓기

벽돌의 길이가 높이의 두 배가 되는 벽돌을 이용하여 벽돌벽이 2단위의 높이를 가지도록 쌓는다고 가정하자. 즉, 벽돌의 세로가 가로 a의 두 배 $2a$가 되는 벽돌을 이용하여 높이가 $2a$인 벽돌벽을 쌓는다고 가정할 때 벽돌을 쌓는 방법은 몇 가지인가?

하나의 벽돌을 세워서 벽의 길이가 a인 하나의 벽이 있다. 길이가 $2a$인 벽을 쌓는 데에는 2개의 벽돌을 붙여 두 가지의 형태(세워 놓은 경우와 눕힌 경우)가 있다. 길이가 3 단위인 벽을 쌓는 데에는 세 가지의 형태가 있다(3개의 벽을 연속적으로 붙여 세워 놓은 경우, 세운 하나의 벽돌과 2개의 벽돌을 붙여 눕힌 경우, 2개의 벽돌을 붙여 눕이고 이에 한 벽돌을 세워 붙인 경우). 이런 과정을 계속하여 나갈 때 길이가 $4a$, $5a$, $6a$, $\cdots$ 인 벽의 형태들의 개수는 피보나치 수가 되는가?

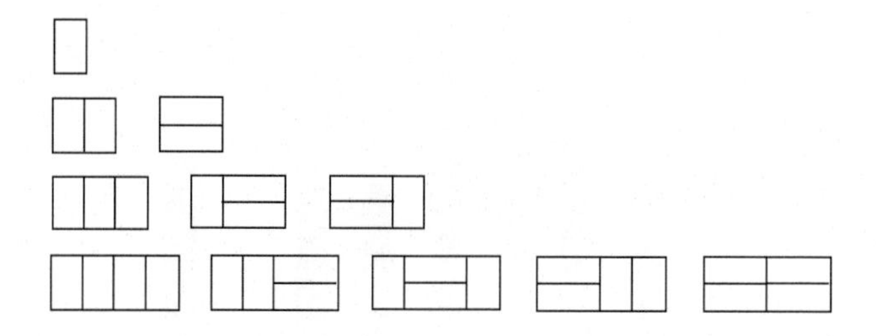

길이가 na인 벽돌벽 쌓는 방법

가로가 a, 세로가 $2a$인 벽돌을 이용하여 높이 $2a$이고 길이가 na인 벽돌벽을 쌓을 수 있는 방법의 수는 피보나치 수가 되는가?

임의의 자연수 k에 대하여 길이 ka인 벽돌벽의 형태들의 개수를

a_k라 하자. 길이 na인 벽의 마지막 벽돌은 $a \times 2a$ 형태로 세운 벽돌이거나 $2a \times a$ 형태로 눕힌 (2개의) 벽돌 모양이다. 이 벽돌이 $a \times 2a$의 벽돌인 경우에는 벽돌벽의 나머지 부분은 a_{n-1}가지 방법으로 쌓으면 된다. 마지막 벽돌이 $2a \times a$ 형태의 눕힌 (2개의) 벽돌인 경우에는 길이 na인 벽돌벽의 나머지 부분은 a_{n-2}가지 방법으로 쌓으면 된다. 따라서 길이 na인 벽돌벽은 $a_{n-1} + a_{n-1}$가지 방법으로 쌓으면 된다. 따라서 a_n의 정의에 따라 $a_{n-2} + a_{n-1} = a_n$이다. 이제 임의의 자연수 n에 대하여 $a_n = F_{n+1}$로 두면 벽돌을 쌓는 방법의 수는 1, 2, 3, 5, 8, ⋯임을 알 수 있다.

(4) 레오나르도의 계단 오르기

최근에 가벼운 운동을 하고자 할 때 공원의 계단이나 아파트의 엘리베이터보다 계단을 이용한다. 만약 내가 서두르면 한 번에 두 계단씩 건너고 그렇지 않으면 보통 한 번에 한 계단씩 건넌다. 만약 이런 종류의 행위를 섞어한다면, 즉 바로 다음 계단을 밟거나(step) 아니면 다음 계단을 뛰어넘어 또 다음 계단으로 건넌다면(leap) n번째 계단까지 올라가는 데 몇 가지 방법이 있는가? S(step)는 한 계단씩 밟는 경우를 나타내고 L(leap)은 한 계단을 건너뛰어 다음 계단을 밟는 경우를 나타낸다고 하자. 예를 들어, 세 계단까지 올라가는 데 아래와 같이 세 가지 방법이 있다.

① (한 계단씩 밟는 경우) : S→S→S 또는 SSS
② (한 번 건너뛰고 난 후 한 계단 밟기) : L → S 또는 LS
③ (한 계단을 밟고 난 후 건너뛰기) : S → L 또는 SL

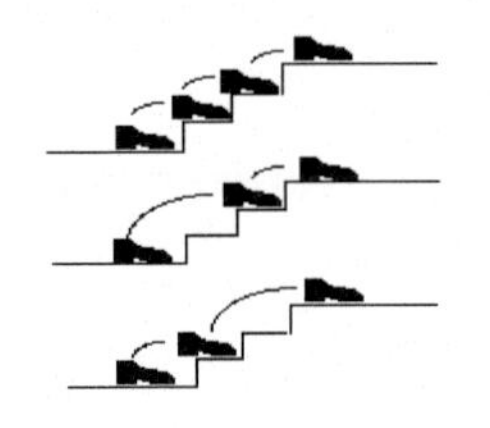

4계단, 5계단 6계단, …까지 올라가는 데 5, 8, 13, …가지 방법이 있다. 이것을 다음과 같이 표로 정리할 수 있다.

계단의 수	1	2	3	4	5	6	7	…
올라가는 방법의 수	1	2	3	5	8	13	21	…

n개의 계단 오르기 방법

일반적으로 한 아파트는 n개의 계단으로 구성되어 있고 한 번에 한 계단씩 오르거나 두 계단씩 오른다고 하면 아파트 n개의 계단을 오르는 다른 방법 S_n은 몇 가지일까?

만약 $n=1$이면 한 계단을 오르는 방법은 오직 밟는 경우이므로 $S_1=1$이다. 만약 $n=2$이면 두 가지 방법, 즉 한 계단씩 두 번 오르는 방법과 한 번에 두 계단을 오르는 방법($1+1$ 또는 2)이 있다. $n=3$인 경우는 $1+2$, $2+1$ 또는 $1+1+1$로 세 가지 방법이 있다. 이 수열은 $n>2$에 대하여 다음과 같이 일반화될 수 있다.

① 만약 처음 한 계단을 오르면 나머지 남는 계단은 $n-1$개이므로 이 계단을 오르는 방법의 수는 S_{n-1}이다.

② 만약 처음에 두 계단을 오르면 나머지 남는 계단은 $n-2$개이므로 이 계단을 오르는 방법의 수는 S_{n-2}이다.

따라서 n개의 계단을 갖는 아파트 계단을 오르는 방법의 수는 S_{n-1}과 S_{n-2}의 합 $S_n=S_{n-1}+S_{n-2}$와 같다. 이 점화식은 피보나치 점화식 $F_n=F_{n-1}+F_{n-2}$와 같다. 또한 S_n의 값들은 $S_n=F_{n+1}$인 피보나치 수열로부터 얻을 수 있다.

(5) 부호 나열

두 부호 '+' 또는 '−'로 이루어진 n개의 부호를 나열할 때 이웃한 '−'가 나타나지 않는 경우의 수를 조사하자.

구하는 경우의 수를 f_n이라 하자. 부호 1개를 나열하는 방법의 수는 '+' 또는 '−'이므로 $f_1 = 2$이다. 부호 2개를 나열하는 방법의 수로 ++, + −, − +이므로 $f_2 = 3$이다. 3개의 부호를 나열하는 방법의 수로 +++, ++ − + − +, − + +, − + −이므로 $f_3 = 3$이다.

$n \geq 3$일 때 첫째 자리에 '+'가 오는 경우는 남은 부호 $n-1$개를 나열하는 방법의 수 f_{n-1}이다. 첫째 자리에 '−'가 오는 경우는 남은 둘째 자리에 '+'가 와야 하므로 남은 부호 $n-2$개를 나열하는 방법의 수는 f_{n-2}이다. 따라서 n개의 부호를 나열하는 경우의 수 f_n은 다음과 같은 점화식을 만족한다.

$$f_n = f_{n-2} + f_{n-1} \ (n \geq 3), \ f_1 = 2, \ f_2 = 3$$

이것은 피보나치 수와 초깃값만 다른 피보나치 수를 이룬다.

연습문제 10

1 **(의자 앉기)** 소년들끼리 이웃한 의자에 앉으면 소녀들보다는 장난을 많이 치므로 소년들끼리는 이웃하지 않도록 소년·소녀들을 일렬로 된 의자에 앉히는 방법의 수를 구해보자. 소년(boy)은 B로, 소녀(girl)는 G로 나타낸다. 한 명인 경우 의자에 앉는 방법은 G, B(두 가지)이고, 두 명인 경우는 GG, GB, BG(세 가지), 세 명인 경우는 GGG, GGB, GBG, BGG, BGB(다섯 가지)이다. n명의 소년·소녀들을 일렬로 된 의자에 앉히는 방법의 수는 피보나치 수임을 보이시오.

2 **(어느 사람도 다른 사람과 이웃하지 않도록 한 줄로 의자를 배열하는 경우)** 한 줄에 한 사람도 없거나 오직 한 사람이 앉도록 하며, 둘 이상의 사람이 있을 때마다 늘 어느 누구도 다른 사람과 이웃하여 앉지 않도록 하나의 빈 의자로 분리되어야 한다. 의자가 1개인 경우에는 비어있도록 하나의 의자를 배열하거나(○) 한 사람이 앉도록 의자를 배열한다(●). 의자가 2개인 경우에는 ○○ ●○ ○● 와 같이 세 가지 방법으로 의자를 배열할 수 있다. 그러면 의자 3개, 4개, …인 경우에는 의자를 한 줄로 배열할 수 있는 방법은 몇 가지인가? 피보나치 수가 되는가?

3 **(학생 선발문제)** n명의 학생에게 차례대로 n개의 번호를 부여하자. 이 학생들 중에서 번호가 인접하지 않은 학생들을 뽑아(예를 들어, 1, 2, 3 또는 2, 3과 같은 경우는 제외) 선물을 주려고 한다. 이때 학생을 선출하는 방법의 수 A_n을 구하시오(단, 아무에게도 선물을 주지 않을 수 있다). 또한 학생 수가 10명일 때 그 방법의 수는 몇 가지인가?

4 **(일렬로 의자 배열)** 선생님들이 같이 모여 있으면 선생님들이 언제나 학교에 관하여 대화를 한다. 어느 두 선생님도 의자의 한 열을 따라 서로 이웃하게 앉지 않도록 한다. 선생님이면 T, 선생님이 아니면 N으로 나타낸다. 의자가 1개인 경우에 자리 배열은 T 또는 N(두 가지)이다. 의자가 2개인 경우에 자리 배열은 TN, NT, NN(세 가지. TT는 허락하지 않음)이다. 의자가 3개인 경우에는 TNT, TNN, NTN, NNT, NNN(다섯 가지, 이번에는 TTN, NTT, TTT는 허락하지 않는다)이다. 이런 과정을 계속하여 나갈 때 의자 n개에 n명의 사람들이 앉을 수 있는 방법의 수는 피보나치 수인가?

5 **(동전을 던지는 게임)** 동전을 정확히 n회 던질 경우, 앞면(H)이 연속하여 두 번 나오면 이기는 게임이 있다고 할 때, 다음을 조사하여 보자.

(1) $n=1,\ 2,\ 3,\ \cdots$일 때 이기는 경우와 지는 경우의 수에 대한 표를 만들어 보시오. 점화식은 어떻게 되는가?

(2) 점화식을 통해 n회 동전을 던졌을 경우 이기는 경우와 지는 경우의 수의 일반항을 구하시오.

(3) 일반항을 이용하여 이 게임에서 이길 확률을 구하시오.

6 **(전자우편의 개수)** A, B, C 세 사람은 아래와 같은 규칙으로 전자우편을 보내기로 하였다.

① A는 B에게만 보낸다. ② B는 A와 C 모두에게 각각 한 통씩 보낸다. ③ C는 A와 B 모두에게 각각 한 통씩 보낸다.

다음 쪽 그림과 같이 B부터 전자우편을 보내기 시작할 때, 1단계, 2단계, 3단계에서 A가 받은 전자우편의 개수를 각각 a_1, a_2, a_3라 하자. 10단계에서 A가 받은 전자우편의 개수를 구하시오. 예를 들어, $a_3 = 2$이며, 전자우편의 개수와 용량은 제한하지 않는다.

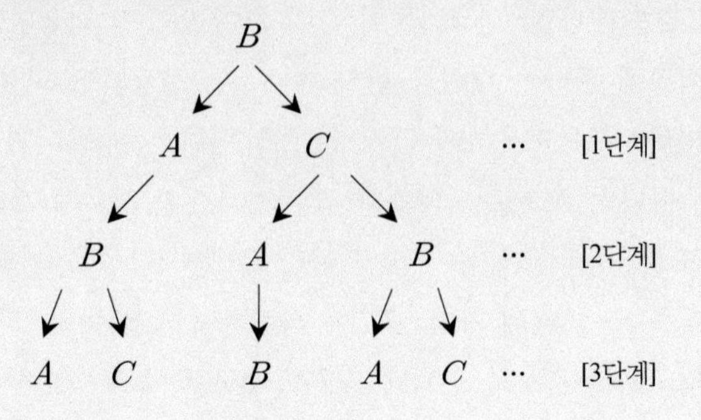

7 피보나치 수열의 다음 성질을 증명하시오.

(1) F_{2n}은 F_n으로 나누어질 수 있다.

(2) $F_{2n}=F_{n+1}^2-F_{n-1}^2(n=2,\ 3,\ \cdots)$, 즉 피보나치 수열에서 두 항 차이가 나는 두 피보나치 수의 제곱의 차는 다시 피보나치 수이다.

(3) ${F_{n-1}}^2+{F_n}^2=F_{2n-1}(n=2,\ 3,\ \cdots)$, 즉 피보나치 수열에서 이웃하는 두 피보나치 수의 제곱의 합은 다시 피보나치 수이다.

(4) $F_{n-1}F_{n+1}-F_{n-2}F_{n+2}=2(-1)^n$

(5) $F_nF_{n-1}={F_n}^2-{F_{n-1}}^2+(-1)^n$

(6) $F_1+F_4+F_7+\cdots+F_{3n-2}=\dfrac{1}{2}F_{3n}$

(7) $F_2+F_5+F_8+\cdots+F_{3n-1}=\dfrac{1}{2}(F_{3n+1}-1)$

(8) $F_{3n}=F_{n+1}^3+F_n^3-F_{n-1}^3$

(9) 임의의 자연수 $n\geq 1$에 대하여 $2^{n-1}F_n\equiv n\ (\mathrm{mod}5)$이다.

(10) 모든 자연수 $n\geq 2$에 대하여 $\begin{bmatrix} F_{n+1} & F_n \\ F_n & F_{n-1}\end{bmatrix}=\begin{bmatrix}1&1\\1&0\end{bmatrix}^n$이다.

11 파스칼의 삼각형

긴밀한 조화와 본질의 모범

1 파스칼의 삼각형

파스칼의 삼각형은 대칭성과 그 안에 숨어있는 관계나 결과들 때문에 무척 유명한 삼각형이다. 프랑스의 수학자 파스칼(Blaise Pascal, 1623~1662)이 1665년에 출판한 책 《수삼각형론》(Traité du triangle arithmétique)에서 아래 그림에서 볼 수 있는 수삼각형의 원리와 이를 응용한 다양한 예를 밝혔기 때문에 '파스칼의 삼각형'이라는 이름이 붙여졌다. 1708년에 출판된 몽 모르트(Montmort)의 책 《Table de M. Pascal pour les combinaisons》에서 파스칼의 삼각형이라는 용어가

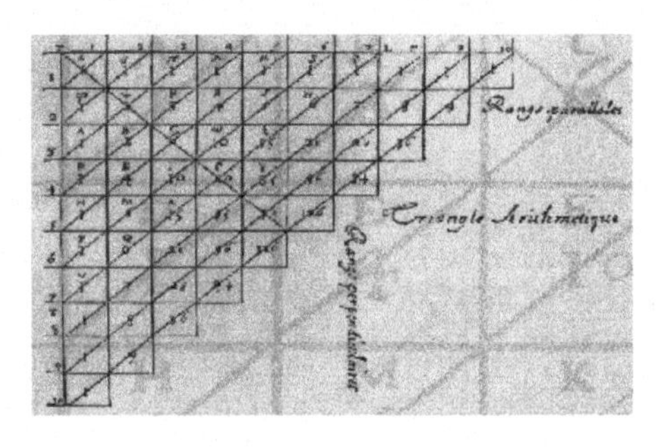

파스칼의 삼각형

처음으로 사용되었고 그 이후로 서양의 문헌에는 동일한 모양의 산술삼각형에 이 명칭이 사용되고 있다.

그러나 실제로 중국인들이 파스칼보다 600년 이상이나 앞서 같은 형태의 수삼각형을 만들어 그 이름을 '산술삼각형'이라 이름을 붙여 다양한 경우에 사용했다.

지금까지 알려진 파스칼의 삼각형은 다음과 같이 두 가지 형태로 제시된다. 그 특징을 보면 각각의 수는 그 수의 바로 위의 오른쪽 수와 왼쪽 수의 합이다. 예를 들어, 6은 3+3이다. 즉, 다섯 번째 행의 세 번째 수 6은 바로 윗행의 두 번째 수 3과 세 번째 수 3을 더한 값과 같다. 빈칸은 0으로 생각해서 각 행은 '1'로 시작한다.

1
1 1
1 2 1
1 ③ ③ 1
1 4 ⑥ 4 1
…

	열	0	1	2	3	4
행	0	1				
	1	1	1			
	2	1	2	1		
	3	1	3	3	1	
	4	1	4	6	4	1
	…			…		

위 그림은 파스칼이 연구한 형태이다.+ 이 파스칼의 삼각형에서 행은 0행, 1행, 2행, …이고, 주어진 행에서 수 또는 항은 영 번째 원소, 첫 번째 원소, 두 번째 원소, …이다. 그리하여 3행은 영 번째 원소 1, 첫 번째 원소 3, 두 번째 원소 3, 세 번째 원소 1로 이루어진다. 대각선도 영 번째 대각선부터 시작한다.

+ 한승희, 윤기원, 파스칼의 삼각형을 넓은 눈으로~, 수학사랑 제4회 Math Festival 워크샵.

1	1	1	1	1	1	1	…
1	2	3	4	5	6	7	…
1	3	6	10	15	21	28	…
1	4	10	20	35	56	84	…
1	5	15	35	70	126	210	…
1	6	21	56	126	252	462	…
1	7	28	84	210	462	924	…
·	·	·	·	·	·	·	…

2 중국인의 파스칼의 삼각형

중국의 유명한 수학자로는 진구소(秦九韶, 약 1202~1261), 이야(李冶, 1292~1279), 양휘(楊輝, 활동기 약 1261~1275), 그리고 주세걸(朱世傑) 등이 있다. 양휘는 책 《구장산술》의 확장이라 할 수 있는 그의 책에서 '파스칼의 삼각형'에 대하여 현존하는 가장 오래된 설명을 제시했다. 그 후 파스칼이 태어나기 300년 전인 1303년에 주세걸(Chu Shih-Chieh)이 쓴 책 《사원옥보》(四元玉寶)에 아래 그림과 같은 파스칼의 삼각형이 다시 등장한다. 특히, 책의 앞면에 그려진 파스칼의 삼각형은 '고법칠승방

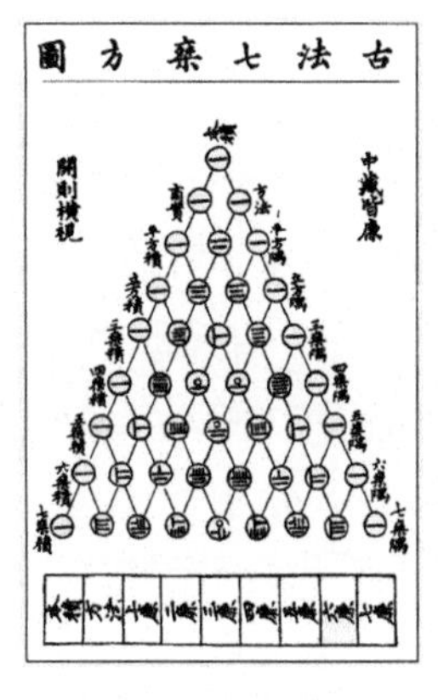

고법칠승방도

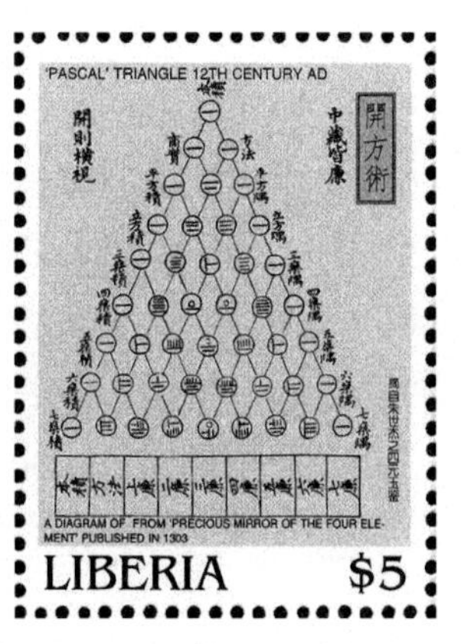

파스칼의 삼각형 우표

도(古法七乘方圖)'라고 이름이 붙어있고, 8제곱까지의 이항계수가 표로 되어있다. 이것으로 보아 중국에서는 이항정리가 이미 오래 전부터 알려져 있었던 것으로 생각된다. 이 그림을 숫자로 풀어보면 아래 그림과 같이 파스칼의 삼각형을 이루고 있음을 알 수 있다.

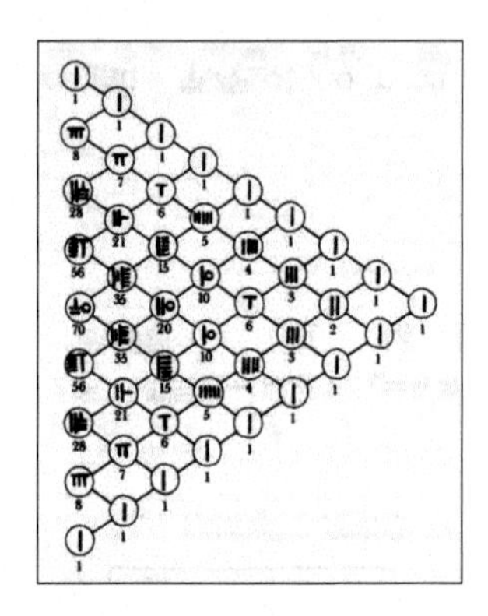

아라비아 숫자로 표시된 파스칼의 삼각형

3 파스칼의 삼각형은 어디에 활용되는가

파스칼의 삼각형은 확률 계산, 이항정리, 출생아기의 남녀 성별의 판별 가능성, 부분집합의 개수 등에서 매우 유용하다.

(1) 확률 계산

프랑스의 수학자 라플라스(Laplace, 1749~1827)는 '어떤 사건의 확률을 가능한 모든 사건의 수에 대하여 그 사건이 일어날 수 있는 경우의 수의 비율'로 정의하였다. 동전을 던지는 실험을 한다고 하자. 그러면 동전을 던질 때 앞면이 나올 확률은 $\frac{1}{2}$이 된다. 예를 들어, 동전을 두 번 던졌을 때 가능한 결과는 다음 표와 같다.

첫 번째	두 번째	앞면의 수
뒷면	뒷면	0
뒷면	앞면	1
앞면	뒷면	1
앞면	앞면	2

예를 들어,

① 두 번 모두 앞면이 나올 확률은 $\frac{1}{4}$이다. 즉 $P(2)=\frac{1}{4}$이다.

② 앞면이 한 번만 나올 확률은 $\frac{2}{4}=\frac{1}{2}$이다. 즉 $P(1)=\frac{1}{2}$이다.

③ 앞면이 한 번도 나오지 않을 확률은 $\frac{1}{4}$이다. 즉 $P(0)=\frac{1}{4}$이다.

④ 앞면이 한 번 또는 두 번 나올 확률은

$$P(1)+P(2)=\frac{1}{2}+\frac{1}{4}=\frac{3}{4}$$

이다.

요약하면, 동전을 던졌을 때 앞면이 k번 나올 확률 $P(k)$는 다음과 같다.

$$P(k)=\frac{\text{앞면이 } k\text{번 나오는 결과의 수}}{\text{가능한 모든 결과의 수}}$$

동전을 던지는 횟수에 따라 앞면의 수가 나오는 결과의 수를 다음 표와 같이 완성할 수 있다.

던지는 횟수	앞면이 나오는 횟수							가능한 결과의 수
	0	1	2	3	4	5	6	
0	0							0
1	1	1						2
2	1	2	1					$4=2^2$
3	1	3	3	1				$8=2^3$
4								
5								
6								

만약 n개의 동전을 임의로 탁자 위에 던지면 그 중에서 k개의 앞면이 나올 확률은 파스칼의 삼각형에서 n번째 행의 k번째 수를 2^n으로 나눈 것이다. 예를 들어, 3개의 동전이면 $n=3$이므로 3번째 행을 이용해서 다음 결과를 얻을 수 있다. 따라서 앞면 2개와 뒷면 1개가 나올 확률은 $\frac{3}{8}$으로, 3은 앞면 2개와 뒷면 1개가 나오는 경우의 수이고, 8은 전체 경우의 수를 말한다.

가능한 결과	결과가 나오는 방법	경우의 수	확률
3개의 앞면	HHH	1	1/8
2개의 앞면	HHT, HTH, THH	3	3/8
1개의 앞면	HTT, THT, TTH	3	3/8
0개의 앞면	TTT	1	1/8
합계		8	1

탐구문제

파스칼의 삼각형을 이용하여 다음 물음에 답하시오.

(1) 동전을 여섯 번 던졌을 때, 앞면이 정확하게 세 번 나올 확률

(2) 동전을 일곱 번 던졌을 때, 앞면이 정확하게 네 번 나올 확률

(3) 동전을 여덟 번 던졌을 때, 앞면이 세 번 또는 네 번 나올 확률

(4) 동전을 n번 던졌을 때, 앞면이 k번 나올 확률

(5) 동전을 n번 던졌을 때, 뒷면이 t번 나올 확률

(6) 동전을 n번 던졌을 때, 앞면이 적어도 한 번은 나올 확률

---

(2) 이항전개에서의 계수 찾기

이항정리는 $(a+b)^n (a,\ b \neq 0,\ n=0,\ 1,\ 2,\ \cdots)$을 계산하기 위한 방법을 제공한다. 다항식의 곱셈에 의해 다음과 같은 사실을 알 수 있다.

$$(a+b)^0 = 1$$
$$(a+b)^1 = a+b$$
$$(a+b)^2 = (a+b)(a+b) = a^2 + 2ab + b^2$$
$$(a+b)^3 = [(a+b)(a+b)](a+b) = a^3 + 3a^2b + 3ab^2 + b^3$$
$$(a+b)^4 = [(a+b)(a+b)(a+b)](a+b)$$
$$= a^4 + 4a^3b + 6a^2b^2 + 4ab^3 + b^4$$

이것은 파스칼 삼각형의 행들이 이항전개에서 각 항의 계수임을 보여준다. 예를 들어, $n=5$에 대하여 $a(b)$의 감소(증가)하는 거듭제곱으로 배열되는 항, 즉

$$a^5b^0, a^4b^1, a^3b^2, a^2b^3, a^1b^4, a^0b^5$$

의 계수는 파스칼 삼각형의 5행

$$1 \quad 5 \quad 10 \quad 10 \quad 5 \quad 1$$

이 된다. 이러한 패턴을 계속해 나가면 $(a+b)^n$의 전개에 대한 계수는 삼각형의 n행이 된다. $(a+b)^n$을 전개할 때, $a(b)$의 감소(증가)하는 항은

$$a^nb^0,\ a^{n-1}b^1,\ a^{n-2}b^2,\ \cdots,\ a^{n-k}b^k,\ \cdots,\ a^1b^{n-1},\ a^0b^n$$

이다. 이것은 a와 b의 결합차수 합이 n이고 b의 지수는 순차적으로 증가하므로 모든 항을 표현하는 데 어려움이 없다. 어려운 것은 이러한 항에 배합되는 계수의 결정이다. 그리하여 n개의 $a+b$에서 k개의 b(그리고 $n-k$개의 a)를 선택하는 방법의 수이므로, 기호 $\binom{n}{k}$ 또는 ${}_nC_k$를 도입한다.

이항정리는 이항식의 n제곱의 전개에 대하여

$$
\begin{aligned}
(a+b)^n &= a^n + \frac{n}{1}a^{n-1}b + \frac{n(n-1)}{2!}a^{n-2}b^2 + \frac{n(n-1)(n-2)}{3!} + \cdots + b^n \\
&= {}_nC_0 a^n + {}_nC_1 a^{n-1}b + {}_nC_2 a^{n-2}b^2 + {}_nC_3 a^{n-3}b^3 + \cdots + {}_nC_n a^n \\
&= \sum_{k=0}^{n} \binom{n}{k} a^{n-k}b^k
\end{aligned}
$$

이 성립한다는 정리를 말한다. $a^{n-k}b^k$의 계수 ${}_nC_k$ 또는 $\binom{n}{k}$를 **이항 계수**라고 한다. 따라서 파스칼의 삼각형에서 항들은 어떤 조합을 나타낸다.

> n개의 서로 다른 대상물에서 r개를 택할 수 있는 방법의 수를 n개의 대상물에서 r개를 선택하는 조합의 수라 하고 ${}_nC_r$ 또는 $\binom{n}{r}$로 나타내고
>
> $${}_nC_r = \frac{n!}{(n-r)!r!} = \frac{n(n-1)\cdots(n-r+1)}{r!}$$

$n!$은 곱 $n(n-1)(n-2)\cdots 3 \cdot 2 \cdot 1$을 나타내는 기호로 n계승(팩토리얼)이라 읽으며, 1808년에 프랑스 수학자 스트라스부르의 크람프(Christian Kramp, 1760~1826)에 의하여 처음 소개되었다.

아래 그림에서 파스칼 삼각형의 조합 체계에는 특히 주목할만한 두 가지의 기본적이고 중요한 사실이 있다. 하나는 삼각형의 대칭성 ${}_nC_k = {}_nC_{k-r}$이고, 또 다른 하나는 직전의 행으로부터 새로운 행을 구성할 수 있다는 것, 즉 ${}_nC_r = {}_{n-1}C_{r-1} + {}_{n-1}C_r$이다.

$$
\begin{array}{c}
{}_0C_0 \\
{}_1C_0 \quad {}_1C_1 \\
{}_2C_0 \quad {}_2C_1 \quad {}_2C_2 \\
{}_3C_0 \quad {}_3C_1 \quad {}_3C_2 \quad {}_3C_3 \\
{}_4C_0 \quad {}_4C_1 \quad {}_4C_2 \quad {}_4C_3 \quad {}_4C_4 \\
{}_5C_0 \quad {}_5C_1 \quad {}_5C_2 \quad {}_5C_3 \quad {}_5C_4 \quad {}_5C_5 \\
\cdots\cdots\cdots\cdots\cdots\cdots
\end{array}
$$

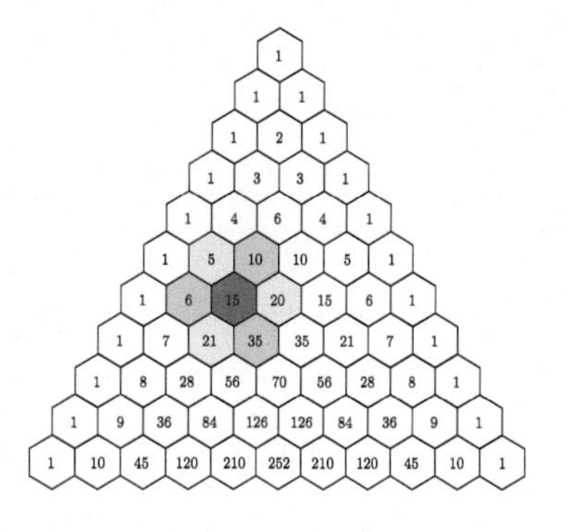

이항전개 기념우표(아이티, 1967)

(3) 부분집합의 개수

예를 들어, 집합 $\{2,\ 5\}$의 부분집합은 $\varnothing$, $\{2\}$, $\{5\}$, $\{2,\ 5\}$이므로 부분집합의 개수는 $4=2^2$이다. 이처럼 원소의 개수가 하나, 둘인 경우의 예를 들어 실제로 부분집합을 구하면 개수가 각각 2, 4개임을 확인할 수 있다. 이런 유추과정을 통해 "집합 A의 원소의 개수가 n개일 때 집합 A의 부분집합의 개수는 2^n이다"임을 추측할 수 있다.

피자 가게에서는 피자에 얹는 재료를 세 가지(치즈, 불고기, 야채)로 준비하고 있다. 사람들은 피자에 얹는 재료를 선택하여 주문할 수 있다. 세 종류의 재료를 집합 $\{c,\ m,\ v\}$로 표시하고, 선택하는 재료에 따라 피자를 표현한다고 하자. 주문할 수 있는 모든 가능한 피자는 이 집합의 부분집합이다. 모든 가능성을 나열하면 아래 표와 같으며, 서로 다른 피자의 가지 수는 $1+3+3+1=8$이다.

토핑의 수	얹지 않음	한 가지 재료	두 가지 재료	세 가지 재료
가능한 방법	ϕ	$\{c\}$ $\{m\}$ $\{v\}$	$\{c,\ m\}$ $\{c,\ v\}$ $\{m,\ v\}$	$\{c,\ m,\ v\}$
선택 가능한 가지 수	1	3	3	1

원소의 개수에 따른 부분집합의 개수를 파스칼의 삼각형을 이용하여 정리하면 n개의 원소가 있는 집합에서 $k(0 \le k \le n)$개를 꺼내

는 방법의 수는 ${}_nC_k = \binom{n}{k}$이다. 이것은 집합 A에서 원소의 개수가 k개인 부분집합의 개수와 같다. 곧, 집합이나 조합은 순서를 생각하지 않으므로 다음과 같이 대응된다.

집합 A	원소의 개수에 따른 부분집합의 개수						부분집합의 개수
	0	1	2	3	4	5	
ϕ	1						$1=2^0$
$\{a\}$	1	1					$2=2^1$
$\{a, b\}$	1	2	1				$4=2^2$
$\{a, b, c\}$	1	3	3	1			$8=2^3$
$\{a, b, c, d\}$	1	4	6	4	1		$16=2^4$
$\{a, b, c, d, e\}$	1	5	10	10	5	1	$32=2^5$

성질 1 집합 A의 원소의 개수가 n개일 때 집합 A의 부분집합의 개수는 2^n이다.

증명 원소의 개수가 n개인 집합에서

하나도 꺼내지 않는 방법의 수는 ${}_nC_0$ … 공집합의 개수

1개를 꺼내는 방법의 수는 ${}_nC_1$ … 원소가 1개인 부분집합의 개수

2개를 꺼내는 방법의 수는 ${}_nC_2$ … 원소가 2개인 부분집합의 개수

3개를 꺼내는 방법의 수는 ${}_nC_3$ … 원소가 3개인 부분집합의 개수

…

n개를 꺼내는 방법의 수는 ${}_nC_n$ … 원소가 n개인 부분집합의 개수

이것들을 모두 더하면

$${}_nC_0 + {}_nC_1 + {}_nC_2 + {}_nC_3 + \cdots + {}_nC_n \quad ①$$

이다. 그런데 이 값은 이항 전개식

$$(1+a)^n = {}_nC_0 + {}_nC_1 a + {}_nC_2 a^2 + {}_nC_3 a^3 + \cdots + {}_nC_n a^n \quad ②$$

에서 양변에 $a=1$을 대입해서 얻은 우변과 같다. 따라서 ①, ②에서

$$_nC_0 + {}_nC_1 + {}_nC_2 + {}_nC_3 + \cdots + {}_nC_n = 2^n$$

이다. ■

성질 2 (파스칼 삼각형의 구성원리) $_{k+1}C_{i+1} = {}_kC_i + {}_kC_{i+1}$

증명

$$\begin{aligned}
{}_kC_i + {}_kC_{i+1} &= \frac{k(k-1)\cdots(k-i+1)}{i!} + \frac{k(k-1)\cdots(k-i+1)(k-i)}{(i+1)!} \\
&= \frac{k(k-1)\cdots(k-i+1)}{i!} \times \left(1 + \frac{k-i}{i+1}\right) \\
&= \frac{k(k-1)\cdots(k-i+1)}{i!} \times \left(\frac{i+1+k-i}{i+1}\right) \\
&= \frac{(k+1)k(k-1)\cdots(k-i+1)}{i!(i+1)} \\
&= {}_{k+1}C_{i+1}
\end{aligned}$$

■

파스칼의 삼각형에서 2행의 수를 모두 더하면 $1+2+1=2^2$이고 3행의 수를 더하면 $1+3+3+1=2^3$이다. 일반적으로 n번째 행의 합은 아래와 같이 2^n이 된다.

성질 3 (행의 합) $_nC_0 + {}_nC_1 + {}_nC_2 + {}_nC_3 + \cdots + {}_nC_n = 2^n$

증명 이항전개식

$$\begin{aligned}
(a+b)^n = {}& {}_nC_0\, a^n + {}_nC_1\, a^{n-1}b + {}_nC_2\, a^{n-2}b^2 \\
& + {}_nC_3\, a^{n-3}b^3 + \cdots + {}_nC_n\, b^n
\end{aligned}$$

에서 양변에 $a=b=1$로 두면

$$_nC_0 + {}_nC_1 + {}_nC_2 + {}_nC_3 + \cdots + {}_nC_n = 2^n$$

이다. 따라서 n번째 행의 합은 2^n이 된다. ■

(4) 파스칼 삼각형의 신비한 특성

파스칼 삼각형의 각 행에서 45° 각도로 이 파스칼 삼각형을 지나도록 직선들을 그린다. 이 직선을 따라 놓인 수들의 합이 피보나치 수임을 보일 것이다(성질 4). 아래 그림에서 알 수 있다.

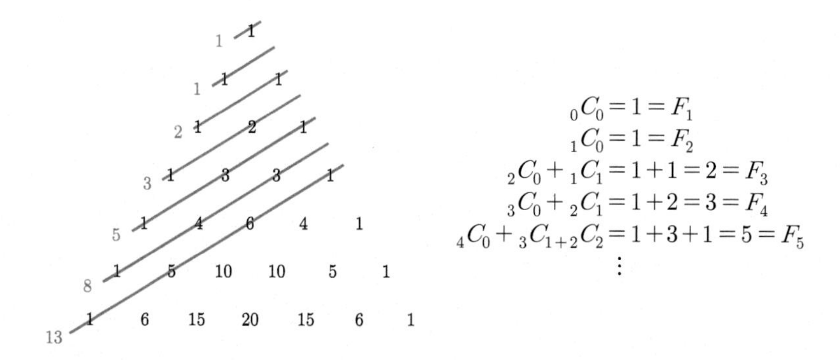

성질 4 파스칼의 삼각형에서 대각선 위에 놓인 수들의 합은 피보나치 수열을 이룬다.[+] 즉, $F_n={}_{n-1}C_0+{}_{n-2}C_1+{}_{n-3}C_2+\cdots$ 이다.

증명 주어진 등식은 명백히 $n=1$, 2에 대하여 성립한다. $n=k+1$과 $n=k$에 대하여 주어진 등식이 성립한다고 가정한다면

$$F_{k+1}={}_kC_0+{}_{k-1}C_1+{}_{k-2}C_2+\cdots,$$
$$F_k={}_{k-1}C_0+{}_{k-2}C_1+{}_{k-3}C_2+\cdots$$

이다. 두 식의 각 변끼리 더하면 다음을 얻을 수 있다.

$$F_{k+1}+F_k={}_kC_0+({}_{k-1}C_0+{}_{k-1}C_1)+({}_{k-2}C_1+{}_{k-2}C_2)+\cdots$$

+ S. E. Ganis, Notes on the Fibonacci sequence, Amer. Math. Monthly 66(59), pp. 129–130.

위에 서술한 성질 ${}_{k}C_0 = {}_{k+1}C_0$, ${}_{k-1}C_0 + {}_{k-1}C_1 = {}_{k}C_1$, …을 이용하여 다음을 얻을 수 있다.

$$F_{k+2} = {}_{k+1}C_0 + {}_{k}C_1 + {}_{k-1}C_2 + \cdots$$

즉, 주어진 등식은 $n = k+2$에 대해 성립한다. 따라서 수학적 귀납법에 의해 주어진 등식은 모든 자연수 n에 대해 성립한다. ■

성질 5 n이 소수이면 n번째 행의 1을 제외한 모든 수는 n으로 나누어진다.

증명 n이 소수, $j_r = {}_{n}C_r = \binom{n}{r} = \dfrac{n!}{r!(n-r)!}$이면

$$n! = j_r \cdot r!(n-r)!$$

이다. n은 소수이므로 $r!$, $(n-r)!$은 n으로 나누어지지 않는다. 하지만 $n!$은 n으로 나누어지므로 j_r은 n으로 나눌 수 있다. ■

아래 파스칼의 삼각형에서

$$1+2=3,\ 1+6+21=28,\ 1+5+15+35=56$$

임을 알 수 있다.

1

1 **1**

1 **2** 1

1 3 **3** 1

1 4 6 4 **1**

1 5 10 10 **5** 1

1 **6** 15 20 **15** 6 1

1 7 **21** 35 **35** 21 7 1

1 8 **28** 56 70 **56** 28 8 1

성질 6 (하이스틱 형식) 파스칼의 삼각형에서 한 변 위의 하나의 1에서 시작하여 아래쪽 대각선 방향으로 놓인 수를 순서대로 n개 더하면 그 합은 $n+1$번째 수의 옆(오른쪽 또는 왼쪽)의 n번째와 이웃한 수와 같다.

증명 $\sum_{i=0}^{n} {}_iC_k = {}_{n+1}C_{k+1}$ $(k=0,\ 1,\ 2,\ \cdots)$를 수학적 귀납법으로 증명하면 된다. $n<k$이면 모든 항이 0이므로 위 식이 성립한다.

$\sum_{i=0}^{k} {}_iC_k = {}_kC_k = 1 = {}_{k+1}C_{k+1}$이므로 위 식은 $n=k$일 때 성립한다. $n=N>k$일 때 위 식이 성립한다고 가정하면 $\sum_{i=0}^{N} {}_iC_k = {}_{N+1}C_{k+1}$이므로 성질 2에 의하여

$$\sum_{i=0}^{N} {}_iC_k + {}_{N+1}C_k = {}_{N+1}C_{k+1} + {}_{N+1}C_k,$$

$$\text{즉 } \sum_{i=0}^{N+1} {}_iC_k = {}_{N+2}C_{k+1}$$

이다. 따라서 위 식은 $n=N+1$에 대해서도 성립한다. 수학적 귀납법에 의하여 위 식은 모든 자연수 n에 대하여 성립한다. ■

색칠한 아래 삼각형 내부 숫자의 합은 $4+6+4+1=15$이다.

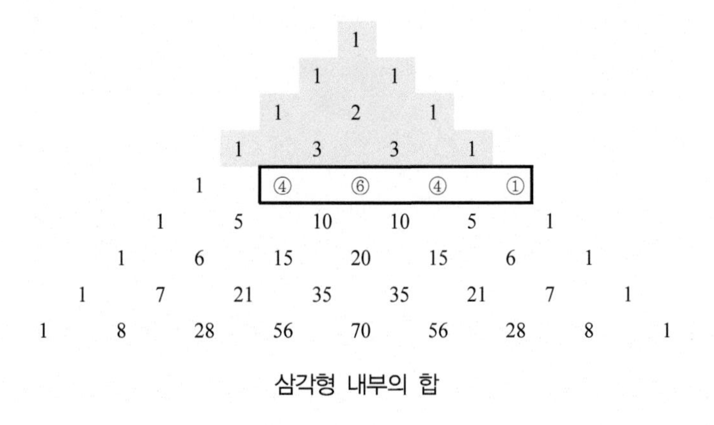

삼각형 내부의 합

성질 7 (하이스팃의 활용–파스칼 삼각형의 내부의 합) 파스칼의 삼각형에서 색칠한 삼각형 내부 숫자의 합은 밑변의 대각선 방향에 있는 숫자들의 합과 같다(단, 한 변은 모두 1로 이루어져 있어야 한다).

(5) 출생아의 성별 결정

동전을 던져서 앞면이나 뒷면이 나올 가능성은 항상 반반이다. 출생하는 아기의 남녀 성별의 가능성도 그와 같다. 동전이든 아기든 그전에 나온 결과와는 전혀 관계없이 확률은 언제나 같다. 예를 들어, 한 가족에 6명의 아이가 있는데 남녀 조합의 확률을 계산할 경우에는 먼저 이 파스칼 삼각형의 밑변에 나열된 수들의 합을 구한다. 그 합은 64이다. 그리고 그 행의 맨 끝 숫자는 가장 일어나기 힘든, 즉 모두가 남자이거나 모두가 여자일 가능성 $\frac{1}{64}$이 된다. 맨 끝에서 두 번째 숫자는 전자 다음으로 남자 5명, 여자 1명 또는 그 반대일 확률 $\frac{6}{64}=\frac{3}{32}$이다. 중앙의 숫자 20은 남자 3명, 여자 3명의 조합이 전체 64가족 중에서 20가족은 있다는 것을 의미한다.

(6) 확률과 파스칼의 삼각형(6각형 미로)

정육각형 구멍으로 이루어진 삼각형(다음 쪽 그림 참고)은 파스칼의 삼각형을 유도하는 독특한 방식이다. 꼭대기의 저장소에 있던 공들은 육각형의 통로를 통과하여 아래에 모이게 된다. 공이 각 통로를 빠져나올 때마다 오른쪽이나 왼쪽으로 굴러갈 확률은 똑같다. 그런데 공은 그림처럼 파스칼 삼각형의 수에 따라 분포되고 있다. 예를 들어, 구슬 16개를 그림과 같은 정6각형 미로에 넣으면 갈림길마다 구슬들은 정확히 절반씩 나뉘어서 흩어져 나간다. 따라서 바닥에 떨어진 공은 정규분포곡선의 형태를 취하게 된다. 이 정규분포곡선은 보험회사에서 보험료을 정하거나, 과학에서 분자의 운동을 연구할 때, 그리고 인구분포의 연구 등에 이용된다.

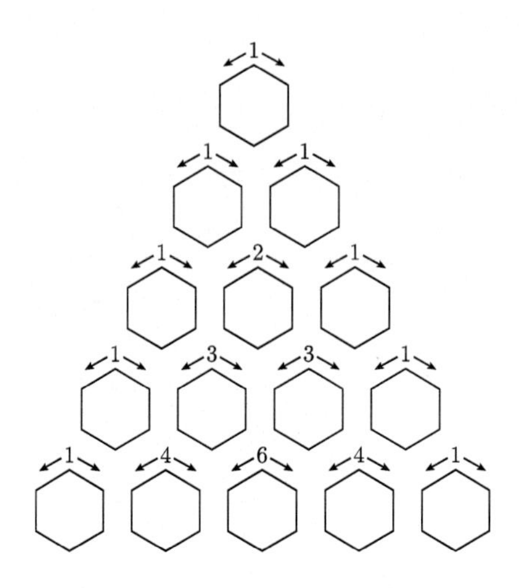

(7) 마술 11과 파스칼의 삼각형(11의 거듭제곱)

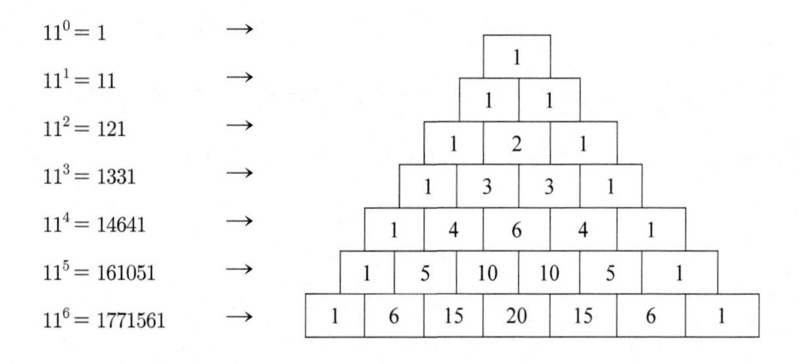

파스칼의 삼각형에 나오는 숫자들의 배열을 이용하면 아래 표와 같이 11의 거듭제곱을 나타낼 수 있다.

열	11의 거듭제곱	전개식	수
0	11^0	$=1 \cdot 1$	1
1	11^1	$=1 \cdot 10+1 \cdot 1$	11
2	11^2	$=1 \cdot 10^2+2 \cdot 10+1 \cdot 1$	121
3	11^3	$=1 \cdot 10^3+3 \cdot 10^2+3 \cdot 10+1 \cdot 1$	1331
4	11^4	$=1 \cdot 10^4+4 \cdot 10^3+6 \cdot 10^2+4 \cdot 10+1 \cdot 1$	14641
5	11^5	$=1 \cdot 10^5+5 \cdot 10^4+10 \cdot 10^3+10 \cdot 10^2+5 \cdot 10+1 \cdot 1$	161051

사실 이항정리에 의하여 다음 관계식을 얻을 수 있다.

$$\begin{aligned}11^n &= (10+1)^n \\ &= {}_nC_0 10^n + {}_nC_1 10^{n-1}\cdot 1 + {}_nC_2 10^{n-2}\cdot 1^2 + \cdots + {}_nC_{n-1}10^1\cdot 1^{n-1} + 1^n \\ &= 10^n + {}_nC_1 10^{n-1} + {}_nC_2 10^{n-2} + \cdots + {}_nC_{n-1}10^1 + 1\end{aligned}$$

(8) 파스칼과 페르마가 해결했던 도박의 문제 – 확률의 시초가 되다

다음 문제는 파스칼과 페르마가 해결했던 유명한 문제 중 일부이다.

문제 1 같은 실력을 가진 두 도박사 A와 B가 3판2승제의 도박을 하다가 A가 한 번 이긴 후 도박이 중단되었다. 이때 남아 있는 판돈은 어떻게 분배해야 하는가?

풀이 나머지 2번 도박을 할 때, A가 두 번 이기는 방법(aa)의 가지 수 1, A가 한 번 이기는 방법(ab, ba)의 가지 수 2, B가 두 번 이기는 방법(bb)의 가지 수 1의 세 가지 방법이 있다. 따라서 A가 이기는 경우는 $(1+2)$가지이고, B가 이기는 경우는 1가지이므로 판돈은 $3:1$로 분배하면 된다.

문제 2 두 도박사 A와 B가 5판3승제의 도박을 하다가 A가 1번 이기고 게임이 중단되었다. 그러면 판돈은 어떻게 분배해야 하는가?

풀이 5판3승제의 게임을 생각해 보자. A와 B가 게임을 하는데,

aaaa	aaab	aaba	abaa
baaa	aabb	abba	bbaa
abab	baba	baab	abbb
babb	bbab	bbba	bbbb

위의 a, b를 4개 택하는 16가지 방법 중 a가 2번 이상 나타나는 11가지 경우는 A가 이기는 방법이고, b가 3번 이상 나타나는 5가지 경우는 B가 이기는 방법이다. 따라서 판돈은 11 : 5

로 분배하면 된다.

문제 3 위 문제에서와 같이 7판4승제, 9판5승제의 게임의 수를 점점 늘려나가면 어떻게 분배해야 하는가?

판수가 늘어날수록 이러한 풀이 방법은 복잡해진다. 파스칼의 삼각형을 이용하여 풀이를 일반화시켜 보면 다음과 같다.

A와 B가 더 이겨야 하는 횟수를 각각 m, n이라 할 때 A가 이기는 방법의 가지 수는 파스칼 삼각형의 $(m+n)$번째의 줄에서 첫 번째 숫자부터 n개의 숫자의 합 a가지, B가 이기는 방법은 $(n+1)$번째 숫자부터 m개의 숫자의 합 b가지이다. 따라서 A와 B는 판돈을 a: b로 분배하면 된다.

이것을 위의 문제 2에 적용시켜 보면 A는 2번 더 이겨야 하고, B가 3번 더 이겨야 하므로 파스칼의 삼각형에서 $2+3=5$번째 줄(4행)에서 A가 이기는 경우는 $1+4+6=11$가지이고, B가 이기는 방법은 $4+1=5$가지이다. 따라서 판돈은 $11:5$로 분배하면 된다.

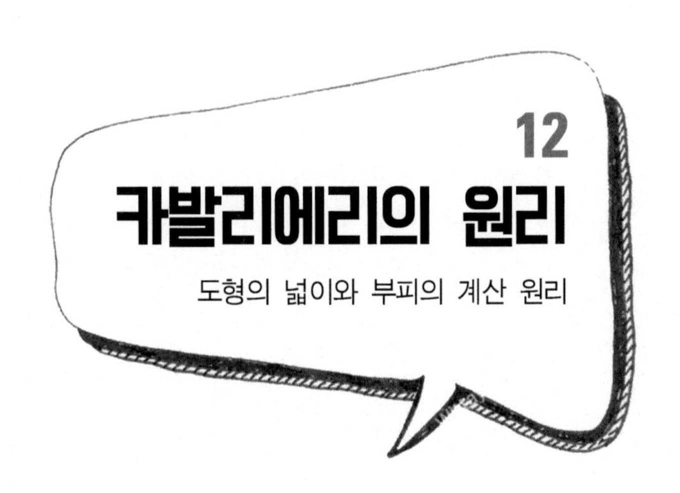

1 구분구적법의 시초가 되다

이탈리아의 수학자 카발리에리(B. F. Cavalieri, 1598~1647)는 밀라노에서 태어나 갈릴레이의 제자로서 수도사가 된 뒤 수학을 공부하였고 1629년에 볼로냐 대학의 수학 교수가 되었다. 그는 뉴턴과 라이프니츠에 의한 미적분학이 아직 정립되지 않았던 시기였던 1621년에서 1635년 사이에 《불가분량을 사용한 새로운 방법에 의해 연속체(連續體)를 설명한 기하학》을 저술하였으며 이 책은 수학사에 큰 획을 그은 그의 최대 공적이다. 이 책에서 불가분량의 방법을 창시하였고, 이 방법이 지금 알려져 있는 카발리에리의 원리이다. 근대 미적분이 정립되기 이전에 이 원리는 매우 혁명적이었으며, 근·현대 미적분학 발전에 크게 기여했다. 이 원리를 기초로 하여 각종 입체의 부피를 광범위하게 구할 수 있게 되었으며, 부피를 잘게 쪼개어 적분하는 '구분구적법의 시초'가 되기도 하였다.

도형은 더 이상 쪼갤 수 없을 때까지 쪼갰을 때 더 이상 쪼갤 수 없는 가장 작은 형태인 원자로 남게 되는데, 이 쪼개진 원자들을 모아 다른 양을 만들어도 쪼개지기 전 도형의 성질(길이, 넓이, 부피 등)을 그대로 갖게 된다는 것이 불가분량의 이론이다.

아래 그림에서 보듯이 밑변과 높이가 같은 두 삼각형이나 두 사각형이 놓인 모양은 다르지만 넓이는 모두 같다. 마찬가지로 동전 하나씩을 이용하여 아래 사진과 같이 쌓았을 때 쌓아진 모양은 모두 다르지만 부피는 모두 같다. 이와 같은 생각을 통해 그는 자신의 이름을 딴 '카발리에리의 원리'를 발표하였다.

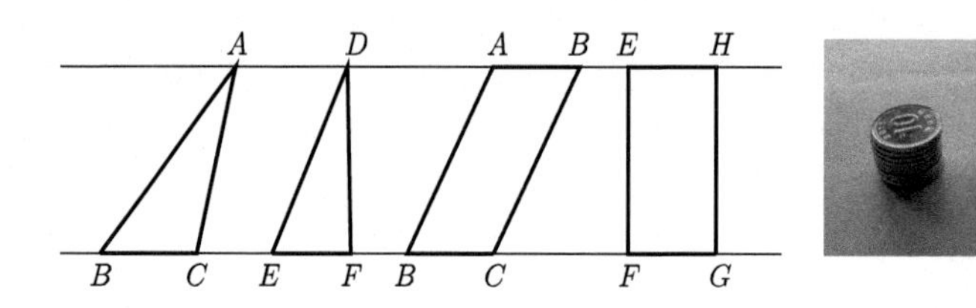

2 넓이에 관한 카발리에리의 원리(제1원리)

카발리에리의 제1원리 한 평면 위의 두 도형이 그림과 같이 y축에 평행선 사이에 있고, y축과 평행한 임의의 직선으로 잘린 두 선분의 길이가 언제나 $m:n$이면 이들의 넓이의 비는 $m:n$이다. 만약 임의의 직선에 의해 잘린 두 선분의 길이가 같으면 이들 도형의 넓이는 같다.

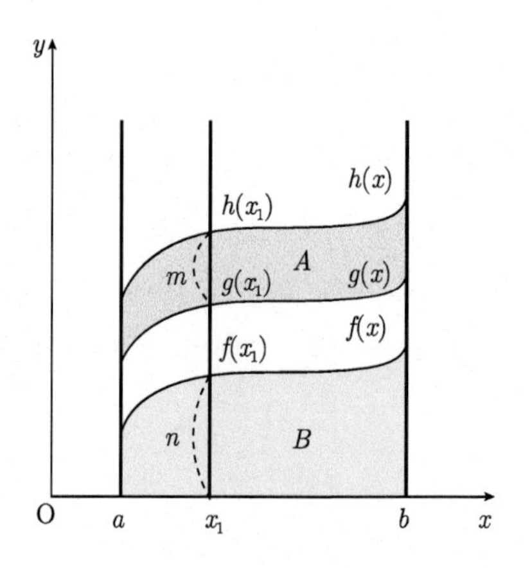

증명 정적분의 성질을 이용하여 증명한다. 위 그림과 같이 두 도형의 넓이를 A, B라고 한다. 이때 $h(x)-g(x) : f(x) = m : n$ 이므로 $h(x)-g(x)=\frac{m}{n}f(x)$ 이다. 따라서

$$\begin{aligned} A &= \int_a^b [h(x)-g(x)]\,dx = \frac{m}{n}\int_a^b f(x)\,dx \\ &= \frac{m}{n}\int_a^b f(x)\,dx = \frac{m}{n}B \end{aligned}$$

이다. ■

문제 1 카발리에리의 원리를 이용하면 타원의 넓이를 구하시오.

풀이 아래 그림과 같이 반지름이 b인 원의 넓이를 이용하여 장축과 단축의 길이가 각각 $2a$와 $2b$인 타원의 넓이를 구해보자(단, $b < a$). 타원 $\frac{x^2}{a^2}+\frac{y^2}{b^2}=1$과 원 $x^2+y^2=b^2$의 식을 x에 대해서 풀면

$$x=\pm\frac{a}{b}\sqrt{b^2-y^2}, \quad x=\pm\sqrt{b^2-y^2}$$

이다. x축에 평행한 직선으로 타원과 원을 자르면 타원의 x좌표: 원의 x좌표는 $\frac{a}{b}$: 1이므로 잘린 부분의 선분의 길이를 보면 타원이 항상 원의 $\frac{a}{b}$배이다. 따라서 카발리에리의 원리에

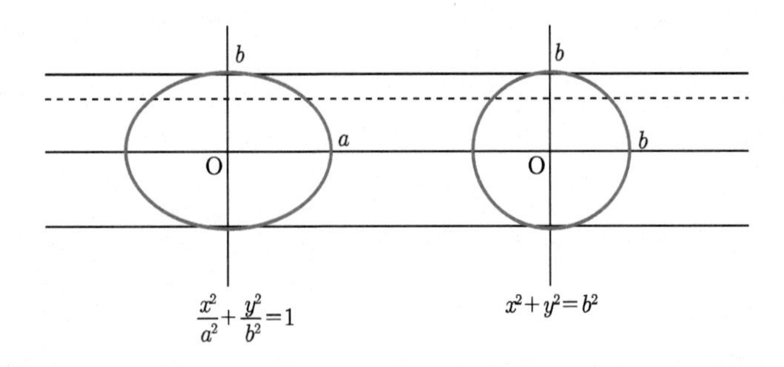

의하여 타원 $\frac{x^2}{a^2}+\frac{y^2}{b^2}=1$의 넓이는 원 $x^2+y^2=b^2$의 넓이 πb^2의 $\frac{a}{b}$배인 πab가 된다.

3 부피에 관한 카발리에리의 원리(제2원리)

아래 그림과 같이 직사각형 모양의 판을 같은 높이로 쌓았을 때 쌓아진 모양은 모두 다르지만 부피는 모두 같다.

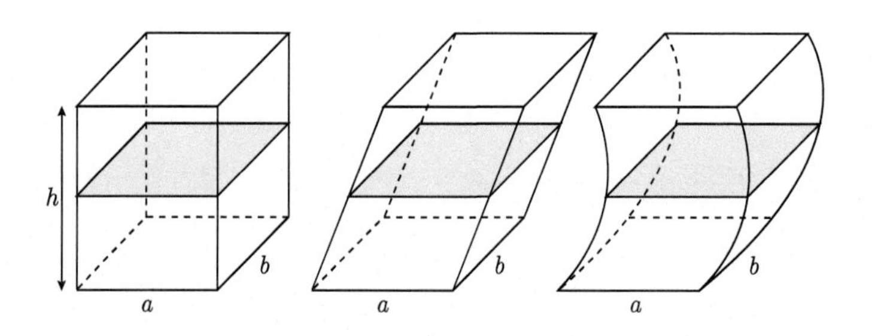

카발리에리의 제2원리 두 입체도형을 일정한 평면에 평행한 평면으로 잘랐을 때, 두 단면의 넓이의 비가 언제나 $m:n$이면 두 입체도형의 부피의 비는 $m:n$이다. 특히, 만약 두 입체를 일정 방향으로 평행한 평면으로 절단했을 때 그 단면의 넓이가 항상 같다면 두 입체의 부피는 같다.

증명 정적분의 성질을 이용하여 증명한다. 일정한 평면에 수직인 한 직선을 x축이라 하자. 또한 일정한 평면과 평행하면서 입체를 끼고 있는 두 평면이 x축과 만나는 점의 좌표를 각각 a, b $(a< b)$라고 한다. 이제 x축 위의 좌표가 x인 점을 지나 x축에 수직인 평면이 두 입체를 자른 단면의 넓이를 각각 $S(x)$, $T(x)$라고 하면

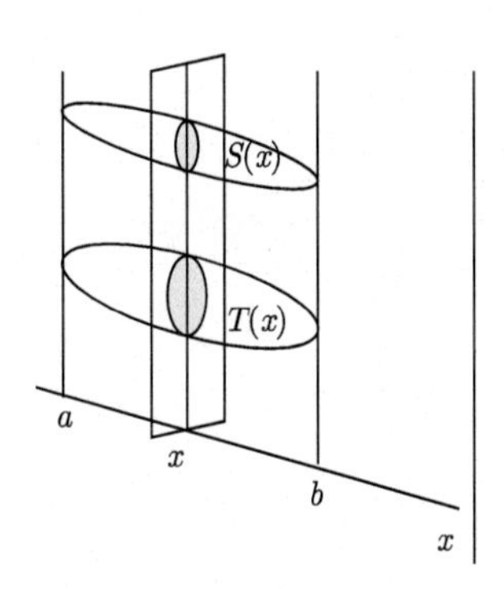

$$S(x):T(x)=m:n,\quad 즉\ nS(x)=m\,T(x)$$

이다. 따라서 양변을 적분하면 다음과 같다.

$$n\int_a^b S(x)\,dx = m\int_a^b T(x)\,dx\,,$$

$$즉\ \int_a^b S(x)\,dx : \int_a^b T(x)\,dx = m:n$$ ■

문제 2 위의 카발리에리의 원리를 이용하여 반지름이 r이고 높이가 r인 원기둥에서 내접하는 원뿔을 제거한 입체의 부피를 구하시오.

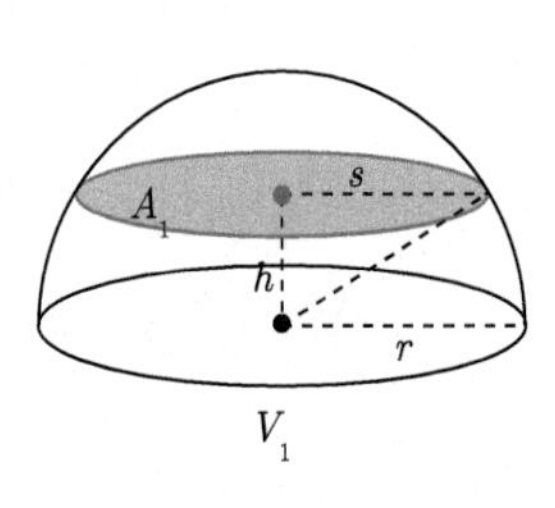

V_1

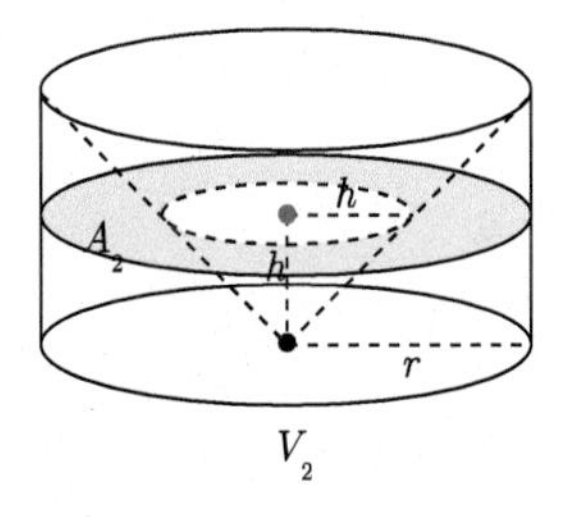

V_2

풀이 위의 그림에서 왼쪽은 반지름의 r인 반구이고, 오른쪽은 반지름이 r이고 높이가 r인 원기둥에 원뿔을 내접시킨 것이다. 왼쪽의 반구와 오른쪽의 원기둥을 밑면으로부터 h만큼 떨어진 높이에서 밑면과 평행하게 절단하자. 이때 왼쪽의 반구에는 원이 생기고, 오른쪽의 원기둥과 원뿔 사이의 영역은 가운데가 뚫린 반지 모양이 된다. 피타고라스의 정리에 의하여 $s=\sqrt{r^2-h^2}$ 이므로 왼쪽 단면(원 모양)의 넓이 A_1은 $\pi(r^2-h^2)$이고, 오른쪽 반지 모양의 넓이 A_2는 $A_2=$(반지름 r인 원의 넓이)$-$(반지름 h인 원의 넓이) $=(\pi r^2-\pi h^2)$이 되므로 두 단면의 넓이는 같다. 즉, $A_1=A_2$이다. 카발리에리의 원리에 의하여 왼쪽의 반구의 부피 V_1과 오른쪽의 원기둥에서 원뿔을 제거한 입체의 부피 V_2는 같다. 따라서 구의 부피 V는

$$V=2(\text{원기둥의 부피}-\text{원뿔의 부피})=2\left(\pi r^3-\frac{\pi r^3}{3}\right)=\frac{4}{3}\pi r^3$$

이다.

문제 3 (타원체의 부피) 카발리에리의 원리를 이용하면 장축의 길이가 $2b$, 단축의 길이가 $2a$인 타원체의 부피를 구하시오(단, $a<b$).

풀이 아래 그림과 같이 반지름이 a인 구와 장축의 길이가 $2b$, 단축의 길이가 $2a$인 타원을 장축을 포함하는 직선을 회전축으로 하는 타원체를 생각한다. 위의 문제에서 원과 타원의 넓이를 참고하여 두 입체의 중심을 포함하는 단면의 넓이를 구하면

$$(\text{원의 넓이}) : (\text{타원의 넓이})=\pi a^2 : \pi ab=1 : \frac{b}{a}$$

이다. 이때 카발리에리의 원리에 의하여 단면의 비가 일정하므로 부피의 비가 일정함을 이용하면

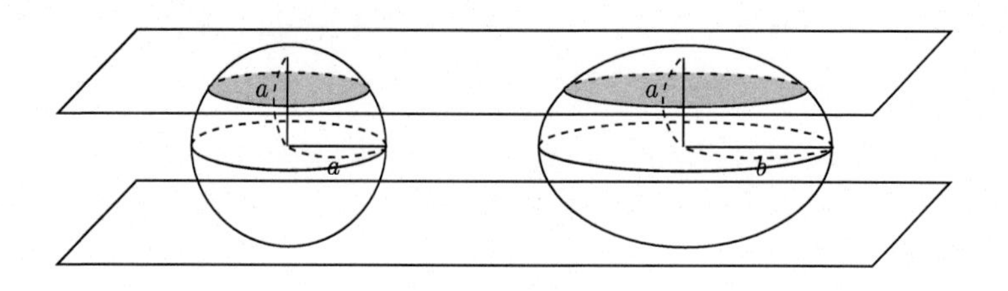

$$(\text{구의 부피}) : (\text{타원체의 부피}) = \frac{4}{3}\pi a^3 : \frac{4}{3}\pi a^3 \times \frac{b}{a}$$

이다. 따라서 장축의 길이가 $2b$, 단축의 길이가 $2a$인 타원을 장축을 포함하는 직선을 회전축으로 하는 타원체의 부피는 $\frac{4}{3}\pi a^2 b$이다.

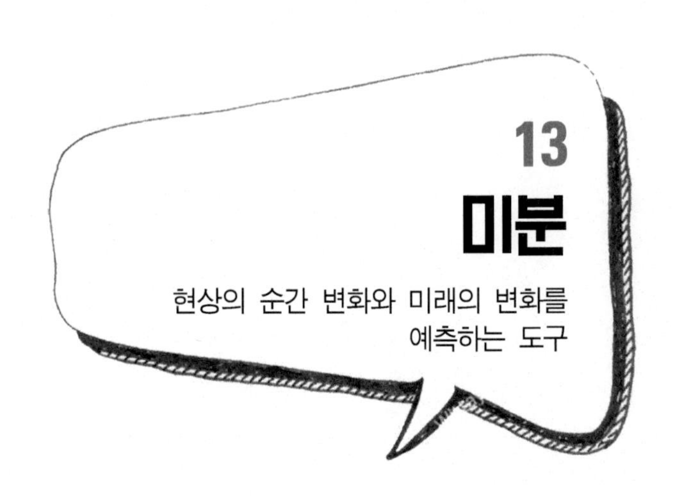

13 미분

현상의 순간 변화와 미래의 변화를 예측하는 도구

이 세상에서 변하지 않는 것은 아무것도 없다. 우리는 매 순간 다른 세상을 겪고 있다. 허공으로 던져진 공이나 지구에서 발사된 로켓, 인구 증가의 양상이나 전염병이 퍼지는 패턴, 자성체 근처에서 전류가 변하는 현상에 이르기까지 모든 만물은 시공간 속에서 끊임없이 변해간다.

또 우리는 살아가면서 생활 주변에서 물가의 변동이나 주식시장에서 어떤 기업의 주가 변화, 기후 온난화에 따른 물고기 등 어족자원의 변화, 식물의 성장 변화, 인체의 변화, 자동차나 비행기의 속도 변화 등을 볼 수 있다. 이 세상의 모든 것은 변화한다. 어느 순간에 변화율을 구하는 것이 미분이다. 예를 들어, 넓은 바다 속에 물고기가 무한정 있는 것처럼 생각하기 쉽다. 톤 단위로 물고기를 잡아들이기 때문에 남획을 거듭하면 역시 물고기의 수가 줄어들고 만다. 우리는 자원의 양과 미래에 그것이 어떻게 변화할지를 정확히 조사하고 그에 맞춰 물고기를 잡을 필요가 있다. 이처럼 자원의 양이나 미래에 그것이 어떻게 변화할지를 어떻게 예측해야 할까? 이에 크게 필요한 도구가 미분이다. 사실 우리 삶의 주변에서 끊임없이 움직이고 변하는 양을 계량화하고, 이들이 변해가는 양상을 파악하는 것이 미적분의 목적이다.

1 변화를 수학의 언어로 기술하다

영국의 수학자이자 물리학자인 뉴턴은 물체를 한 지점으로 잡아당기는 구심력에서 출발하여 모든 만물이 서로 잡아당긴다는 만유인력의 법칙과, 모든 물체의 운동을 관장하는 세 가지 운동 법칙(관성의 법칙, $F=ma$, 작용·반작용의 법칙)을 발견했다. 그리고 여기에 미적분학을 적용하여 태양 주변을 도는 행성들이 타원 궤적을 그린다는 사실까지 알아냈다. 행성의 궤적이 타원이라는 것은 독일의 천문학자 요하네스 케플러에 의해 이미 밝혀진 사실이었으나 둘 사이에는 중요한 차이가 있다. 케플러는 천문 관측 자료를 분석하여 행성의 궤적이 타원이라고 결론지었지만, 뉴턴은 자신의 운동 법칙을 통해 동일한 결론을 도출했다(예를 들어, 행성의 넓이 속도가 항상 일정하다는 케플러의 제2법칙은 뉴턴이 발견한 '운동량 보존 법칙'에서 자연스럽게 유도된다). 뉴턴은 여기서 한 걸음 더 나아가 '변화'를 계량화하는 '미적분학'으로 불리는 수학이론을 창안했다. 미적분학은 훗날 우주의 특성이나 자연의 변화를 수학적으로 이해하는 데 결정적인 역할을 하게 된다.

그리스의 철학자 아리스토텔레스와 헤라클레이토스는 변화를 수학이 아닌 철학적 관점에서 주로 다루었고, 갈릴레오를 비롯한 중세의 수학자들도 수학적 접근을 시도했다. 자연의 변화를 수학의 언어로 완벽하게 서술한 사람은 뉴턴과 라이프니츠였다. 두 사람은 미적분학의 '진정한 원조' 자리를 놓고 약간의 언쟁을 벌인 적이 있다. 뉴턴은 물리학자로서 주된 관심사는 물체의 운동이었고, 라이프니츠는 순수한 수학적 관점에서 미적분학을 개발했다는 점이 다를 뿐 두 사람이 동시에 미적분학을 개발했다는 것이다.

2 평균변화율과 미분

자동차를 운전하다가 속도계를 보니 시속 30 km를 가리키고 있었고 이후 가속 페달을 밟고 다시 속도계를 보니 시속 45 km를 가리키고 있었다. 이 표시 속도는 속도계를 본 순간의 속도를 나타낸다. 어떤 순간의 속도가 미분이다. '순간 변화율'은 어떤 특정 순간에서의 변화율이고 평균 변화율과 차이가 있다. 미분은 '어떤 순간의 변화의 비율에 주목하는' 조작이다. 예를 들어, 공을 허공으로 던졌을 때 매 순간 공의 높이 y는 시간에 따라 다른 값을 가진다. 이때 y가 변하는 패턴, 즉 '시간에 대한 y의 변화율'을 계산하는 것이 미분의 핵심이다. 간단히 말하면, 어떤 양이 변하는 빠르기, 즉 변화율을 계산하는 것이 미분의 주된 목적이다. 뉴턴은 특정 시간에 나타나는 거리의 변화율을 '순간 속도', 특정 시간에 나타나는 속도의 변화율을 '순간 가속도'로 정의했다.

로켓의 이동거리를 y km라 하고 소요 시간을 x분이라 할 때 거리와 시간 사이의 관계가 $y=4x^2$라 가정하자(미분과 속도의 개념을 이해하기 위해 로켓 상황을 지나치게 단순화함). 로켓이 출발 후 시간 x가 2분에서 2.1분까지 0.1분만큼 변할 때, 고도 y는 16 km에서 17.64 km까지 1.64 km만큼 고도가 변한다. 즉, $\Delta x=2.1-2=0.1$분 동안 로켓의 이동거리는 $\Delta y=17.64-16=1.64$이다. Δx를 x의 증분, Δy를 y의 증분이라고 한다. 여기서 $f(x)=4x^2$로 두면 Δx에 대한 Δy의 비율은 다음과 같다.

$$\frac{\Delta y}{\Delta x}=\frac{f(2.1)-f(2)}{2.1-2}=\frac{1.64}{0.1}=16.4\ (\text{km/분}),$$

$$\text{즉}\quad \frac{\Delta y}{\Delta x}=\frac{f(2+\Delta x)-f(2)}{\Delta x}=16.4$$

이것을 구간 $[2,\ 2+\Delta x]$에서 $y=f(x)$의 **평균 변화율**이라 한다. 여

기서 시간 간격 Δx를 짧게 줄일수록 평균 속도는 점점 더 순간 속도에 가까워지는데, 그 값은 정확하게 16 km/분이다. 즉, 로켓이 2분($x=2$)이 지난 순간의 속도가 16 km/분이라는 뜻이다.

함수 $y=f(x)$에서 x가 a에서 b까지 변할 때의 평균 변화율은 다음과 같다.

$$\frac{\Delta y}{\Delta x}=\frac{f(b)-f(a)}{b-a}$$

정의 1 함수 $y=f(x)$에서 x가 a에서 $a+h=a+\Delta x$까지 변할 때 함수 $y=f(x)$의 값은 $f(a)$에서 $f(a+h)$까지 변한다. 이때 극한값

$$\lim_{h\to 0}\frac{f(a+h)-f(a)}{h}$$

가 유한 확정적으로 존재하면 이것을 a에서의 함수 $y=f(x)$의 **미분계수**(differential coefficient)라 부르고 $f'(a)$로 나타낸다. $f'(a)$가 존재할 때, $y=f(x)$는 $x=a$에서 **미분가능하다**(differentiable)고 한다.

함수 f가 (a, b)에서 미분가능할 때 임의의 $x\in(a, b)$에 대하여 미분계수 $f'(x)$를 대응시키는 함수를 **도함수**(derivative)라 하고

$$y',\ f'(x),\ \frac{dy}{dx},\ \frac{d}{dx}f(x)$$

등으로 나타낸다. 도함수 $f'(x)$를 구하는 것을 $f(x)$를 미분한다고 한다.

보기 1

0에서 다음 함수의 미분계수를 구하시오.

$$f(x)=\begin{cases} x^2\sin(1/x) & x\neq 0 \\ 0 & x=0 \end{cases}$$

풀이

$$f'(0)=\lim_{x\to 0}\frac{f(x)-f(0)}{x-0}=\lim_{x\to 0}\frac{x^2\sin(1/x)}{x}$$
$$=\lim_{x\to 0}x\sin\frac{1}{x}=0$$

미분계수의 기하학적 의미

함수 $y=f(x)$가 나타내는 곡선 위에 $x=a$ 및 $x=a+h$에 대응되는 점을 아래 그림에서처럼 P, Q라고 하면 $\frac{\Delta y}{\Delta x}=\tan\theta$는 선분 PQ의 기울기이므로, $f'(a)$는 점 $P(a,\ f(a))$에서 곡선에 대한 접선의 기울기(순간변화율)를 나타낸다. 따라서 함수 $f(x)$가 $x=a$에서 미분가능할 때, 곡선 $y=f(x)$ 위의 점 $(a,\ f(a))$에서의 접선의 방정식은 $y-f(a)=f'(a)(x-a)$이다.

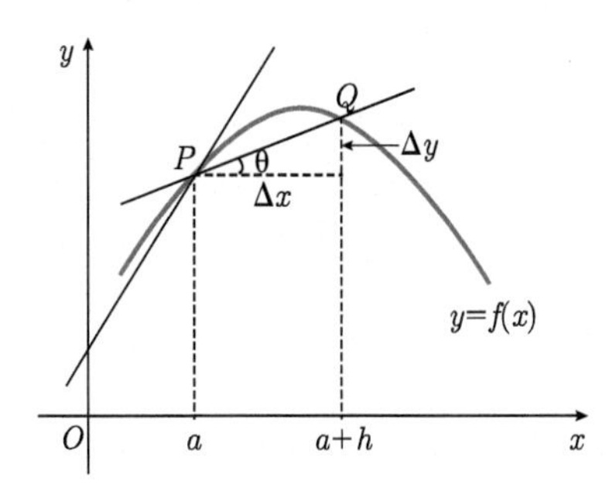

정리 2 만약 f가 $x=a$에서 미분가능하면 f는 $x=a$에서 연속이다.

증명 가정에 의하여

$$f'(a)=\lim_{x\to a}\frac{f(x)-f(a)}{x-a}$$

가 존재하므로

$$\lim_{x\to a}(f(x)-f(a))=\lim_{x\to a}\frac{f(x)-f(a)}{x-a}\cdot(x-a)$$

$$= \lim_{x \to a} \frac{f(x) - f(a)}{x - a} \cdot \lim_{x \to a}(x - a)$$

$$= f'(a) \cdot 0 = 0$$

이다. 따라서 f는 a에서 연속이다. ■

주의 3 위 정리의 역은 성립하지 않는다. 예를 들어, 함수 $f(x) = |x|$, $x \in \mathbb{R}$ 에 대하여 $f'(0)$은 존재하지 않지만 함수 f는 $x = 0$에서 연속이다. 사실 뾰족한 점이 없는 매끈한 연속함수는 미분가능하다. 반면에 위의 예에서 보듯이 연속함수가 어떤 점에서 뾰족하다면 그 함수는 그 뾰족한 점에서는 미분 불가능하다.

3 도함수의 응용

미분은 앞에서 보았듯이 어떤 점에서의 접선의 기울기를 구하거나 극댓값 또는 극솟값을 구하는 데 사용된다. 또한 그래프의 접선의 기울기를 구한다는 것은 접점과 다른 한 점을 이은 직선의 기울기를 생각할 때, 다른 한 점을 접점에 무한히 가깝게 하는 것이므로 미분의 개념은 함수의 근삿값을 구하는 방법에도 자주 이용된다.

$x = c$의 근방에서 $f(x) \le f(c)$이면 $f(c)$를 **극댓값**(local maximum)이라 하고, $x = c$의 근방에서 $f(x) \ge f(c)$이면 $f(c)$를 **극솟값**(local minimum)이라 한다.

정리 4 (극값 정리, 페르마 정리) 함수 $f : [a, b] \to \mathbb{R}$ 가 $c \in (a, b)$에서 극댓값(또는 극솟값)을 가지고 $f'(c)$가 존재하면 $f'(c) = 0$이다.

정리 5 (롤의 정리) 함수 $f : [a, b] \to \mathbb{R}$ 가 $[a, b]$ 에서 연속이고 (a, b)에서 미분가능하고, $f(a) = f(b)$이면 $f'(c) = 0$을 만족하는 점 $c \in (a, b)$가 존재한다.

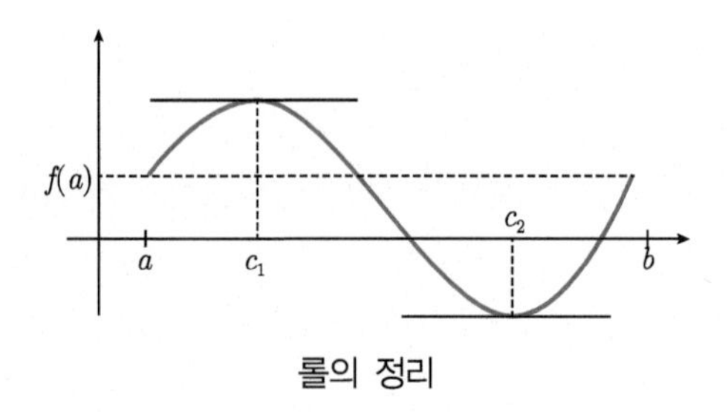

롤의 정리

정리 6 (평균값 정리) 함수 $f:[a, b]\to\mathbb{R}$ 가 $[a, b]$에서 연속이고, (a, b)에서 미분가능하면,

$$\frac{f(b)-f(a)}{b-a}=f'(c) \tag{1}$$

를 만족하는 점 $c\in(a, b)$가 존재한다.

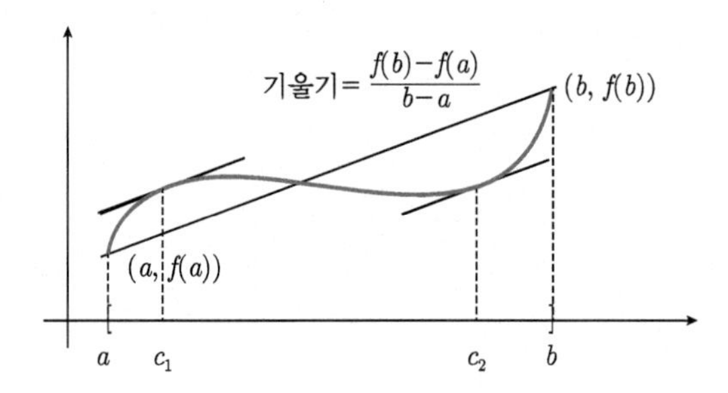

평균값 정리의 기하학적 의미

증명 $$F(x)=f(x)-f(a)-\frac{f(b)-f(a)}{b-a}(x-a)$$

로 두면 $F(x)$는 $[a, b]$에서 연속이고 (a, b)에서 미분가능하다. 또한 $F(a)=0=F(b)$이다. 따라서 롤의 정리에 의해서 $F'(c)=0\,(a<c<b)$을 만족하는 점 c가 존재한다. 그러므로

$$f'(c)-\frac{f(b)-f(a)}{b-a}=F'(c)=0,$$

즉 $$\frac{f(b)-f(a)}{b-a}=f'(c) \quad (a<c<b).$$ ■

주의 7 (1) (평균값 정리의 기하학적 의미) 평균값 정리는 정리의 가정에서 두 점 $(a,\ f(a))$, $(b,\ f(b))$를 잇는 선분과 평행인 $y=f(x)$의 접선을 $(a,\ b)$ 안의 점에서 그을 수 있다는 것이다.

(2) 함수 $y=f(x)$가 미분가능할 때 $dx=\Delta x$를 x의 미분(differential)이라 하고 $dy=f'(x)dx$를 y의 미분이라 한다.

(3) $b-a=h,\ c-a=\theta h\ (0<\theta<1)$로 두면 식 (1)은

$$f(a+h)=f(a)+hf'(a+\theta h) \quad (0<\theta<1)$$

가 된다. 만일 h가 충분히 작은 수이면 $a+\theta h$는 a와 근사적으로 같으므로

$$f(a+h) \fallingdotseq f(a)+hf'(a)$$

로 쓸 수 있다.

보기 2

미분을 이용하여 $\sqrt{101}$의 근삿값을 구하시오.

풀이 $f(x)=\sqrt{x}$라 하면 $f'(x)=\dfrac{1}{2\sqrt{x}}$이다. $a=100,\ h=1$이라 하면 다음과 같다.

$$\begin{aligned}\sqrt{101} &= f(100+1) \fallingdotseq f(100)+1\times f'(100)\\ &= 10+\frac{1}{20}=10+0.05=10.05\end{aligned}$$

함수 $f: I\to\mathbb{R}$가 구간 I의 점 $x_1,\ x_2$에 대하여 $x_1<x_2$일 때 $f(x_1)\le f(x_2)$를 만족하면 f는 I에서 **증가한다**(increasing)고 한다. $x_1<x_2$일 때 $f(x_1)\ge f(x_2)$이면 f는 I에서 **감소한다**(decreasing)고 한다.

위의 평균값 정리를 이용하여 다음 결과를 얻을 수 있다.

정리 8 함수 $f:(a,\ b)\to\mathbb{R}$ 가 미분가능하고 모든 $x\in(a,\ b)$에 대하여

(1) $f'(x)\geq 0$이면 f는 $(a,\ b)$에서 단조증가한다.

(2) $f'(x)\leq 0$이면 f는 $(a,\ b)$에서 단조감소한다.

(3) $f'(x)\neq 0$이면 f는 $(a,\ b)$에서 단사함수이다.

(4) $f'(x)=0$이면 f는 $(a,\ b)$에서 상수이다.

주의 9 $(\sin x)'=\cos x$, $(\cos x)'=-\sin x$, $(e^x)'=e^x$, $(\log x)'=\dfrac{1}{x}$임을 이용하면 $x\fallingdotseq 0$일 때 다음 근사식이 성립함을 알 수 있다.

(1) $(1+x)^n\fallingdotseq 1+nx$ (2) $\sin x\fallingdotseq x$ (3) $\cos x\fallingdotseq 1$

(4) $\log(1+x)\fallingdotseq x$ (5) $e^x\fallingdotseq 1+x$

미분의 근사법(테일러 급수 전개 또는 매클로린 급수 전개)을 사용하면 다음 식과 같이 삼각함수나 지수, 로그함수를 다항식이나 급수로 표현할 수 있다. 위의 근사식들보다 더 근사화시킬 수 있는 $\sin x\fallingdotseq x-\dfrac{x^3}{3!}$, $e^x\fallingdotseq 1+x+\dfrac{x^2}{2!}$ 등처럼 복잡한 수식을 실용적으로 사용하기에 문제가 없는 수준까지 적절하게 근사시킴으로써 다양한 기술이 실용화되었다. 또한 $\sin 0.005\fallingdotseq 0.005$, $e^{0.005}\fallingdotseq 1.005$ 등처럼 삼각함수나 지수, 로그함수 등의 근삿값을 간단하게 구할 수 있다. 물리나 공학, 경제학 분야에서도 매우 도움이 된다. 컴퓨터나 스마트폰 등도 미분의 개념이 없었다면 존재하지 않았을 것이다.

$$e^x=1+x+\frac{x^2}{2!}+\frac{x^3}{3!}+\frac{x^4}{4!}+\cdots,$$
$$\sin x=x-\frac{x^3}{3!}+\frac{x^5}{5!}-\frac{x^7}{7!}+\cdots \qquad (x\in\mathbb{R})$$

극값 판정법

c는 연속함수 f의 임계점(극대나 극소가 되는 점)이라 가정하면 다

음이 성립한다.

(1) f'이 c에서 양에서 음으로 바뀌면 f는 c에서 극대이다.
(2) f'이 c에서 음에서 양으로 바뀌면 f는 c에서 극소이다.
(3) f'이 c에서 부호가 바뀌지 않으면 f는 c에서 극대도 극소도 아니다.

닫힌 구간 $[a, b]$에서 연속인 함수 $y=f(x)$가 극값을 가질 때, ① $f(x)$의 최댓값은 극댓값 $f(a)$, $f(b)$ 중에서 최대인 값이고, ② $f(x)$의 최솟값은 극솟값 $f(a)$, $f(b)$ 중에서 최소인 값이다. 이처럼 미분은 어떤 양의 최댓값이나 최솟값을 구할 때에 위력을 발휘한다.

보기 3

구간 $[-2, 3]$에서 함수 $f(x)=x^3-3x^2+5$의 극댓값과 극솟값, 최댓값과 최솟값을 구하시오

풀이 $f'(x)=3x^2-6x=3(x^2-2x)=3x(x-2)$이므로 임계점 $x=0, 2$에서 $f'(x)=0$이다.

x	-2	$\cdots$	0	$\cdots$	2	$\cdots$	3
$f'(x)$		$+$	0	$-$	0	$+$	
$f(x)$	-15	↗	5	↘	1	↗	5

따라서 f의 극댓값은 $f(0)=5$, 극솟값은 $f(2)=1$이므로 구간 $[-2, 3]$에서 f의 최댓값은 5이고 최솟값은 $f(-2)=-15$이다.

4 미분방정식은 미래를 예측하는 도구

오래 전에 생물의 수가 많았는데 지금은 멸종 위기에 놓였거나 이미 멸종해 버린 생물이 많다. 개체수가 줄어든 생물을 지키기 위해 수산업에서는 어획량을 바탕으로 현재의 자원량과 그 수가 미래에 어떻게 변화할지를 연구하고 있다. 그 연구에는 미국의 수학자인 앨프리드 제임스 로트카와 이탈리아의 생물학자인 비토 볼테라가 발표한 연립미분방정식으로 '로트카-볼테라 방정식'(Lotka-Volterra equation)이라는 미분방정식+이 사용된다. 물리 법칙이나 자연 현상의 대부분은 미분방정식으로 표현된다고 해도 과언이 아니다.

로트카-볼테라 방정식은 포식자와 피식자(먹이) 간의 포식 관계를 수량화한 공식으로 다음의 형태로 기술된다.

$$\frac{dx}{dt}=x(\alpha x-\beta y), \quad \frac{dy}{dt}=y(\delta x-\gamma)$$

여기서 x는 토끼나 사슴 따위의 피식자의 수, y는 여우나 사자 따위의 포식자의 수, t는 시간을 나타낸다. $\frac{dy}{dt}$와 $\frac{dx}{dt}$는 각각 포식자와 피식자의 시간에 따른 개체수 증가율을 나타내고, α, β, γ, δ는 각각 포식자와 피식자 간의 상호작용에 의한 매개변수들이다(단, 매개변수는 모두 양수이다).

피식자와 포식자는 작은 물고기와 상어 같은 관계이다. 작은 물고기가 늘어나면 먹이가 늘어나므로 상어의 수가 증가한다. 상어의 수가 증가하면 작은 물고기는 많이 잡아먹히므로 수가 감소한다. 그러면 먹이가 줄어들어 상어의 수가 감소한다. … 이런 식으로 양자는 서로 균형을 유지하면서 생존한다.++

\+ 미분한 식을 포함한 방정식을 미분방정식이라 한다.
++ 시노자키 나오코, 일하는 수학—수학으로 일하는 기술, 김정환 옮김, 타임북스, 2016.

미분방정식을 풀면 식을 얻을 수 있다. 그 식을 사용해서 미래를 예측할 수 있으므로 미분방정식을 '미래를 예측하는 방정식'이라고 한다. 예를 들어, 참다랑어나 갈치의 경우도 어획량과 수온, 서식지 등의 정보를 바탕으로 현재의 자원량과 그 수가 미래에 어떻게 변화할지를 계산하여 예측할 수 있다. 그러면 어느 정도 어획을 해도 괜찮은지를 알 수 있으므로 그 종의 멸종의 위기에 몰릴 위험성이 크게 줄어든다.

또한 미분방정식은 용수철의 운동이나 전자의 운동 등 운동 법칙을 나타내는 운동 방정식, 속도·온도·밀도를 변수로 하는 물이나 공기의 흐름을 나타내는 열전도방정식과 같은 방정식, 소리나 빛, 전자파 등의 움직임을 나타내는 방정식 등 다양한 물리 현상을 나타내는 방정식으로도 사용되고 있다.

19세기에 프랑스의 공학자 클로드 루이 나비에(Claude-Louis Navier)가 개발한 나비에-스토크스 방정식은 해수의 운동과 날씨를 예측하는 데 사용되고 있으며, 비슷한 시기에 영국의 물리학자 제임스 클러크 맥스웰(James Clerk Maxwell)이 발견한 방정식은 전기장과 자기장의 거동을 보여준다. 현대 우주론의 길을 제시했던 아인슈타인의 일반상대성 이론도 편미분방정식에 기초한 이론이다.

오늘날 편미분방정식은 경제학에도 응용되고 있다. 미국의 경제학자 피셔 블랙(Fisher Black)과 마이런 숄스(Myron Scholes)는 주식 시세를 체계적으로 예견하는 블랙-숄스 방정식을 개발하여 1997년에 노벨 경제학상을 수상했다.

연습문제 13

1 함수 $f(x)=|x^3|$에 대하여 $f'(x)$, $f''(x)$를 구하고 $f'''(0)$은 존재하지 않음을 보이시오.

2 $(\sin x)'=\cos x$를 이용하여 다음 함수 f에 대하여 $f'(x)$가 존재하지만 $f''(0)$가 존재하지 않음을 보이시오.

$$f(x)=\begin{cases} x^3\sin(1/x), & x\neq 0 \\ 0, & x=0 \end{cases}$$

3 함수 $f(x)=x^2-4x+3$에 대하여 닫힌 구간 $[1,\ 3]$에서 롤의 정리를 만족시키는 상수 c의 값은 무엇인가?

4 함수 $f(x)=ax^3+3x^2+3ax-4$가 임의의 실수 x_1, x_2에 대하여 $x_1<x_2$이면 $f(x_1)>f(x_2)$가 성립하도록 하는 상수 a값의 범위를 구하시오.

5 삼차함수 $f(x)=x^3+ax^2+3x+b$가 임의의 실수 x_1, x_2에 대하여 $x_1<x_2$이면 $f(x_1)<f(x_2)$를 만족시키기 위한 상수 a값의 범위는 무엇인가?

6 삼차방정식 $x^3-3kx^2+32=0$이 서로 다른 세 실근을 가지기 위한 상수 k값의 범위를 구하시오.

7 평균값 정리를 이용하여 다음 부등식이 성립함을 보이시오.

(1) $e^x>1+x\ (\forall x>0)$

(2) $\ln x<x\ (\forall x>1)$

(3) $\sqrt{1+x}<1+\frac{1}{2}x\ (\forall x>0)$

(4) $|\cos x-\cos y|\leq|x-y|\ (\forall x,\ y\in\mathbb{R})$

(5) $\frac{x}{1+x} < \ln(1+x) < x \quad (\forall x > 0)$

(6) $\frac{x}{1+x^2} < \tan^{-1}x < x \quad (\forall x > 0)$

(7) $0 < b < a$일 때 $\frac{a-b}{a} < \ln\frac{a}{b} < \frac{a-b}{b}$

8 $(e^x)' = e^x$를 이용하여 $e^{0.05}$의 근삿값을 구하시오.

9 $x > 0$일 때 부등식 $e^x > 1 + x$을 이용하여 e^π와 π^e의 대소를 판정하시오.

10 $(\sin x)' = \cos x$, $(\tan x)' = \sec^2 x$를 이용하여 다음 부등식이 성립함을 보이시오(단, $0 < \alpha < \beta < \frac{\pi}{2}$).

$$\sin\beta - \sin\alpha < \beta - \alpha < \tan\beta - \tan\alpha$$

11 $0 < x < \pi$일 때 $f(x) = \sin x / x$는 감소함수임을 증명하고 이것을 이용하여 다음을 보이시오.

(1) $0 < \alpha < \beta < \pi$일 때 $\sin\alpha / \sin\beta > \alpha / \beta$이다.

(2) $0 < x < \frac{\pi}{2}$일 때 $\sin x > (2/\pi)x$이다.

12 어떤 해수욕장에서 기온이 30°C가 넘은 후 x시간이 지났을 때, 이 해수욕장을 방문한 사람의 수를 y라고 하면

$$y = x^3 - 12x^2 + 21x + 105 \ (0 \leq x \leq 10)$$

의 관계식이 성립한다. 방문한 사람의 수가 가장 많았을 때와 가장 적었을 때의 x의 값을 구하시오.

14 구분구적법과 정적분

도형의 넓이와 부피를 구하는 원리

어떤 도형의 넓이나 부피를 구할 때, 이 도형을 여러 개의 기본 도형으로 나누어 그 기본 도형의 넓이나 부피의 합을 구하고, 이 값의 극한으로 원래 도형의 넓이나 부피를 구하는 방법을 구분구적법이라 한다.

고대 그리스 시대의 수학자 아르키메데스(Archimedes, 기원전 287?~212?)는 포물선으로 둘러싸인 도형의 넓이를 내접하는 삼각형의 넓이로 분할하여 구하는 등 도형의 넓이나 부피를 구하는 데 오늘날의 적분과 유사한 방법을 사용하였다. 아르키메데스는 구분구적법을 이용하여 원, 구, 포물선의 넓이와 부피를 구하는 증명을 제시하였다. 구분구적법 문제는 이후 오랫동안 별다른 진전을 보이지 못하였다가 르네상스 시기에 이르러 카발리에리가 무한의 개념을 도입하면서 진전이 있었다. 처음으로 극한의 개념을 도입하여 넓이를 구한 것은 르네상스 시대의 천문학자 케플러(J. Kepler, 1571~1630)이다. 케플러는 원의 넓이를 작은 삼각형으로 분할하여 삼각형 넓이의 합의 극한으로서의 원의 넓이를 구하였다.

한편, 카발리에리(F. B. Cavalieri, 1598~1647)는 곡선으로 둘러싸인 도형의 넓이를 매우 폭이 좁은 직사각형들의 넓이를 합한 것으로 생각하였으며, 이러한 개념에 입각한 카발리에리의 불가분법(method of indivisibles)은 그 당시 도형의 넓이나 부피를 구하는 데 커다란 공헌을 하였다. 오늘날 이것을 카발리에리의 원리라고 부른다. 카발리에리의 원리는 그 후 페르마(P. Fermat, 1601~1665), 파스칼(Pascal, B., 1623~1662) 등의 연구에 의하여 발달되었다. 케플러는 포도주 통의 내측 부피를 구하기 위해 포도주 통을 이루는 입체도형을 얇은 막들의 집합으로 파악하여 합산하였다.

페르마는 곡선 $y = x^n$과 직선 $x = 0$, $x = a$, $y = 0$으로 둘러싸인 도형의 넓이를 구분구적법으로 구하여 현재 사용되고 있는 표현으로

$$\int_0^a x^n\,dx = \frac{a^{n+1}}{n+1}$$

을 유도하였으나 적분의 개념까지는 이르지 못하였다. 이와 같은 아이디어의 축적은 미적분학으로 발전하는데, 데카르트가 제시한 좌표평면과 해석기하학의 출현은 이에 중요한 밑거름이 되었다. 뉴턴과 라이프니츠는 각자 독자적으로 미적분학을 수립하였으며 적분은 결국 미분의 역산으로 부정적분을 구하는 것과 같다는 사실을 발견하였다. 이를 미적분학의 기본정리라고 한다. 또한 정적분의 개념이 소개되면서부터 구적법의 개념이 일반화되어 그 때까지 해결하지 못했던 무수히 많은 구적법의 문제들이 해결되었다.

1 정적분이란

미분과 적분은 동전의 앞뒷면과 같은 관계다. 간단히 말하면, 미분은 '어떤 순간의 변화에 주목하는' 조작, 적분은 '어떤 순간의 변화를 축적해 전체의 결과를 보는' 조작이다.

미분과 적분을 운전에 비유하면 자동차를 운전하다가 속도계를 보

니 시속 30 km를 가리키고 있었고 이후 가속 페달을 밟고 다시 속도계를 보니 시속 45 km를 가리키고 있었다. 이 표시 속도는 속도계를 본 순간의 속도를 나타낸다. 어떤 순간의 속도가 미분이다.

적분은 주행거리를 구할 수 있다. 자동차가 시속을 매 순간 변화시키면서 달릴 때 그 수많은 순간을 쌓아서 계산한 것이 주행거리이다. 이것이 적분 개념이다.

프랑스의 수학자 코시(A.L. Cauchy, 1789~1857)의 적분 개념은 유한개의 불연속점을 가진 유계인 함수에는 적용할 수 있으나, 불연속점이 유한개가 아닐 때에는 적용할 수 없다. 코시의 적분 개념을 확장하여 유계인 구간에서 유계인 함수(연속일 필요가 없다)에 대한 적분을 처음으로 정의한 독일의 수학자는 리만(G.F.B. Riemann, 1826~1866)이다.

코시는 극한의 개념을 이용하여 정적분을 다음과 같이 정의함으로써 오늘날 정적분의 개념에 근접한 초석이 되었다.

함수 $f(x)$가 닫힌 구간 $[a, b]$에서 연속일 때 구간 $[a, b]$를

$$a = x_0 < x_1 < x_2 < \cdots < x_n = b$$

에 의하여 n개의 소구간으로 나누어, 이것을 $[a, b]$의 분할(partition)이라 하고 $P = \{x_0, x_1, \cdots, x_n\}$으로 나타낸다. 각 소구간 $[x_{i-1}, x_i]$에 속하는 임의의 한 점 c_i를 선택하고 $\Delta x_i = x_i - x_{i-1}$로 놓는다. f는 $[a, b]$에서 연속함수이므로 f는 $[a, b]$에서 최댓값 M과 최솟값 m을 가진다. 모든 $i = 1, 2, \cdots, n$에 대하여 $m \le f(c_i) \le M$이므로

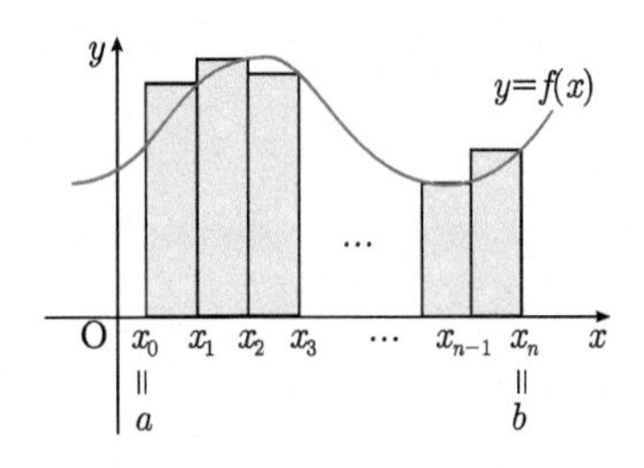

$$S_n = \sum_{i=1}^{n} f(c_i)(x_i - x_{i-1}) = \sum_{i=1}^{n} f(c_i)\,\Delta x_i$$

로 두면 임의의 자연수 n에 대하여

$$m(b-a) \le S_n \le M(b-a)$$

이다. 이들 모든 소구간 $[x_{i-1},\ x_i]$의 길이 Δx_i가 0으로 수렴하도록 하면서 $n \to \infty$로 할 때 수열 $\{S_n\}$은 일정한 극한값 S가 일정한 값을 가진다는 것을 증명할 수 있다(일반적으로 함수 $y=f(x)$가 닫힌 구간 $[a,\ b]$에서 연속이면 $\lim_{n \to \infty} S_n$이 항상 존재한다). 이 극한값 S를 $f(x)$의 a에서 b까지 정적분이라 하고, 이것을 기호로 $\int_a^b f(x)\,dx$와 같이 나타낸다. 따라서

$$S = \int_a^b f(x)\,dx = \lim_{n \to \infty} S_n = \lim_{n \to \infty} \sum_{i=1}^{n} f(c_i)\,\Delta x_i$$

이다.

고등학교 교육과정에서는 연속함수의 정적분만을 다루므로 코시의 적분의 정의에 따르고 있다.

함수 $y=f(x)$가 닫힌 구간 $[a,\ b]$에서 연속이고 $f(x) \ge 0$일 때, 곡선 $y=f(x)$와 x축 및 두 직선 $x=a$, $x=b$로 둘러싸인 도형의 넓이 S는

$$S = \int_a^b f(x)\,dx$$

이다.

보기 1

곡선 $y=x^2$과 x축 및 직선 $x=1$로 둘러싸인 부분의 넓이 S를 구분구적법으로 구하시오.

풀이 ① **(작은 쪽에서 접근)** 오른쪽 그림과 같이 닫힌 구간 $[0,\ 1]$을 n등분한 각 소구간의 왼쪽 끝점의 x좌표는 차례로

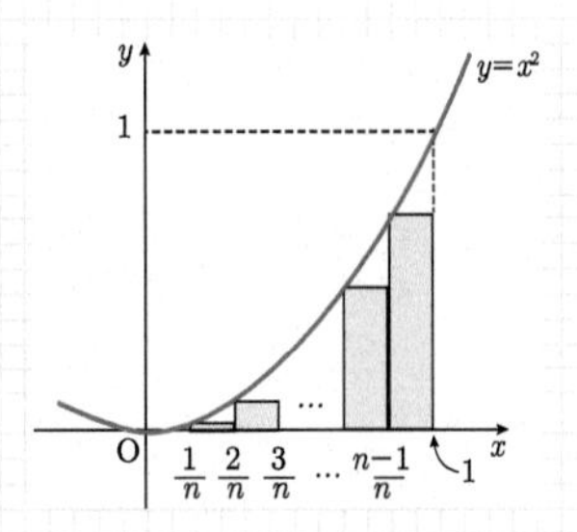

$$0,\ \frac{1}{n},\ \frac{2}{n},\ \frac{3}{n},\ \cdots,\ \frac{n-1}{n}$$

이고, 이에 대응하는 y의 값은 각각 다음과 같다.

$$0,\ \left(\frac{1}{n}\right)^2,\ \left(\frac{2}{n}\right)^2,\ \left(\frac{3}{n}\right)^2,\ \cdots,\ \left(\frac{n-1}{n}\right)^2$$

그림에서 색칠한 내접 직사각형들의 넓이의 총합을 L_n이라 하면 L_n은 다음과 같다.

$$\begin{aligned} L_n &= \frac{1}{n}\times 0^2+\frac{1}{n}\left(\frac{1}{n}\right)^2+\frac{1}{n}\left(\frac{2}{n}\right)^2+\frac{1}{n}\left(\frac{3}{n}\right)^2+\cdots+\frac{1}{n}\left(\frac{n-1}{n}\right)^2 \\ &= \frac{1}{n^3}\{1^2+2^2+3^2+\cdots+(n-1)^2\} \\ &= \frac{1}{n^3}\times\frac{n(n-1)(2n-1)}{6} \\ &= \frac{1}{6}\left(1-\frac{1}{n}\right)\left(2-\frac{1}{n}\right) \end{aligned}$$

② **(큰 쪽에서 접근)** 아래 그림과 같이 닫힌 구간 $[0,\ 1]$을 n등분하면 각 소구간의 오른쪽 끝점의 x좌표는 차례로

$$\frac{1}{n},\ \frac{2}{n},\ \frac{3}{n},\ \cdots,\ \frac{n}{n}\ (=1)$$

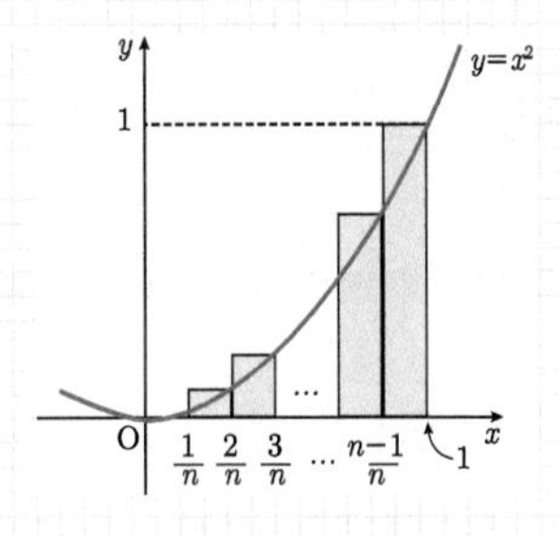

이고, 이에 대응하는 y의 값은 각각

$$\left(\frac{1}{n}\right)^2, \left(\frac{2}{n}\right)^2, \left(\frac{3}{n}\right)^2, \cdots, \left(\frac{n}{n}\right)^2$$

이다. 그림에서 색칠한 외접 직사각형들의 넓이의 총합을 U_n이라 하면 U_n은 다음과 같다.

$$\begin{aligned} U_n &= \frac{1}{n}\left(\frac{1}{n}\right)^2 + \frac{1}{n}\left(\frac{2}{n}\right)^2 + \frac{1}{n}\left(\frac{3}{n}\right)^2 + \cdots + \frac{1}{n}\left(\frac{n}{n}\right)^2 \\ &= \frac{1}{n^3}(1^2+2^2+3^2+\cdots+n^2) = \frac{1}{n^3} \times \frac{n(n+1)(2n+1)}{6} \\ &= \frac{1}{6}\left(1+\frac{1}{n}\right)\left(2+\frac{1}{n}\right) \end{aligned}$$

따라서 구하는 도형의 넓이를 S라 하면 $L_n < S < U_n$이고

$$\lim_{n \to \infty} U_n = \frac{1}{3}, \ \lim_{n \to \infty} L_n = \frac{1}{3}$$

이므로 구하는 도형의 넓이 $S = \frac{1}{3}$이다.

2 미적분학의 기본정리

넓이나 부피를 구하는 적분과, 변화율 혹은 접선을 구하는 미분은 얼른 보기에 아무 관련이 없어 보이지만 이 두 가지가 밀접하게 관련돼 있다는 놀라운 '미적분학의 기본정리'가 성립한다. 이 기본정리는 리만합의 극한을 구할 필요 없이 정적분을 계산하는 데 매우 필요한 지름길을 제공한다. 개념적으로는 기본정리는 서로 다른 것 같이 보이는 도함수와 정적분의 개념을 하나의 개념으로 통일하였다.

정리 1 (미적분학의 기본정리 Ⅰ) 함수 f가 $[a, b]$에서 연속이면 다음

과 같이 정의된 F는 $[a,\ b]$에서 연속이고, $(a,\ b)$에서 미분가능하며, $F'(x)=f(x)$이다.

$$F(x)=\int_a^x f(t)dt,\ \ x\in[a,\ b]$$

정리 2 (미적분학의 기본정리 II) f는 $[a,\ b]$에서 연속이고 F는 $[a,\ b]$에서 f의 원시함수(부정적분)이면 다음과 같다.

$$\int_a^b f(x)dx = F(b)-F(a)$$

3 정적분의 응용

정적분을 사용하면 도형의 넓이나 부피, 호의 길이, 겉넓이 등을 구할 수 있다. 복잡한 곡선으로 둘러싸인 도형의 넓이도 구할 수 있다. 혹시 '넓이나 부피를 구할 때만 정적분을 이용하는 건가'라고 생각하면 오산이다. 어떤 시간이나 장소 등의 변화를 축적한 것이 적분이다. 앞에서 언급했듯이 속도를 쌓아서 주행거리를 구하는 것도 적분이고, 넓이나 부피를 쌓아서 넓이나 부피를 계산하는 것도 적분이다. 적분은 미분의 역과정이므로 미분방정식을 푸는 것도 적분이다. 미분방정식은 어떤 함수와 그것을 여러 번 미분한 함수들로 이루어진 방정식으로 과학에서 대부분의 문제들이 미분방정식을 푸는 것으로 귀착된다. 가장 단순한 보기로는 지수적 증가나 감소의 문제, 단진동 문제 등이 있다. 또한 적분은 푸리에 해석과 같은 방식으로 응용되어 매우 다양한 성분으로 이루어진 파동을 간단한 몇 가지 파동으로 분해하는 기술에 사용된다.

다리나 빌딩 등을 건설하거나 설계할 때나 비행기나 GPS에도 사용되고 있다. 또한 미적분은 어떤 시간이나 장소의 정보로부터 축적한 결과를 계산하거나 축적한 결과로부터 어떤 순간의 상태를 계산할 수 있기 때문에 예측에 사용할 때도 많다. 가령 전지를 사용하면 전기가 흐름에 따라 전지의 에너지가 소비되는데, 에너지가 얼마나 소비되었는지는 전류값을 시간에 관하여 적분함으로써 알 수 있다. 이 기술은 에너지 절약형 가전제품이나 휴대전화 등에 사용되고 있다.

전자 체온기도 적분을 이용한다. 실제로 그 온도에 도달할 때까지 기다리지 않아도 지금의 변화 상황을 적분하면 예측이 가능하기 때문에 단시간에 체온을 측정할 수 있다.+

또한 벚꽃의 개화시기를 예상할 때는 매일의 평균 기온과 기준이 되는 온도의 차이를 합계한 적산 온도를 통해 계산하는데, 적산이라는 말도 적분이다. 적산 온도는 농작물의 재배관리나 해충대책에도 공헌하는 매우 중요한 지표다.

확률 통계의 세계에서도 리만 적분, 르베그 적분 등 적분이 자주 등장한다. $y = e^{-x^2}$은 종모양의 곡선이고 이 곡선과 x축으로 둘러싸인 도형의 넓이는 $\int_{-\infty}^{\infty} e^{-x^2} dx = \sqrt{\pi}$ 이다. 정규분포라고 부르는 종이나 산 모양의 그래프 넓이는 1로 정의되어 있다. 이와 같이 적분은 매우 중요하다.

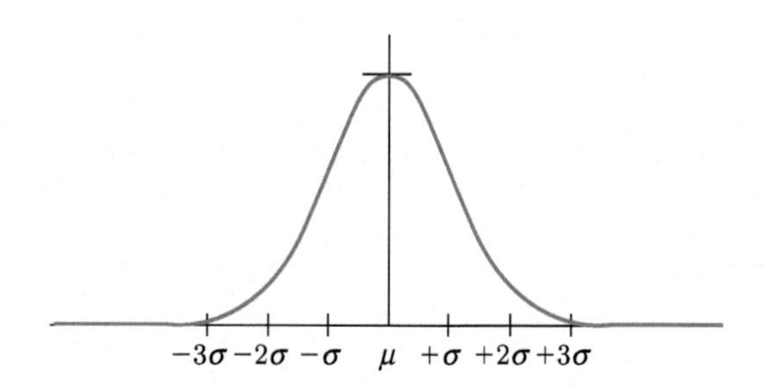

+ 시노자키 나오코, 일하는 수학–수학으로 일하는 기술, 김정환 옮김, 타임북스, 2016.

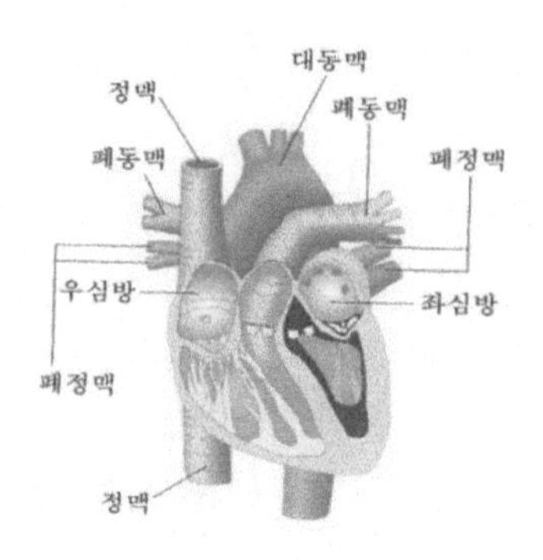

온 몸을 돌고 온 혈액은 정맥을 통해 우심방으로 들어간다. 그리고 폐동맥을 통해 폐로 들어가 산소를 공급 받고 폐정맥을 통해 좌심방으로 되돌아온다. 그리고 나서 대동맥을 통해 신체의 각 조직으로 퍼져 나간다. 단위시간당 심박박동에 의해 심장 밖으로 내보내는 혈액의 양, 즉 대동맥으로 빠져나가는 혈액의 비율을 심장의 심박출량(cardiac output)이라 한다. 심박출량을 측정하는 데 색소희석법(dye dilution method)이 사용된다. 우심방에 주입된 색소가 심장을 통해 대동맥으로 흐른다.

대동맥에 삽입된 탐침이 색소가 맑아질 때까지 시간 $[0, T]$ 동안 같은 간격의 시각에서 심장 밖으로 나가는 색소의 농도를 측정한다. $c(t)$를 시각 t에서 색소의 농도라 하자. $[0, T]$를 길이가 Δt로 같은 부분 구간으로 나누면 $t = t_{i-1}$에서 $t = t_i$까지 부분 구간의 측정점을 지나 흐르는 색소의 양은 근사적으로 다음과 같다.

$$(\text{농도})(\text{양}) = c(t_i)(F\Delta t)$$

여기서 F는 구하고자 하는 이동률이다. 그러므로 색소의 전체량은 근사적으로 다음과 같다.

$$\sum_{i=1}^{n} c(t_i)\, F\Delta t = F \sum_{i=1}^{n} c(t_i)\, \Delta t$$

$n \to \infty$이라 하면 색소의 양 A는 다음과 같이 구할 수 있다.

$$A = F\int_0^T c(t)\,dt$$

따라서 심박출량은 다음과 같다.

$$F = \frac{A}{\int_0^T c(t)\,dt}$$

여기서 색소의 양 A는 알려진 값이고, 분모의 적분은 측정된 각 농도로부터 근삿값으로 계산될 수 있다.

의사는 교통사고 등으로 머리를 강하게 부딪쳤을 때에는 환자의 상태를 신중하게 살펴보아야 한다. 이는 외상이 거의 없어 보여도 내출혈이 있을 수 있기 때문이다. 이때에 환자 머리의 내부 상황을 조사하기 위해 사용되는 것이 CT(컴퓨터 단층 촬영 장치)스캔인데 X선 등으로 머리의 내부를 둥글게 자른 형태로 계속 찍는 것이다. 보통 우리들은 그중의 한 장을 보는 정도이지만 이 둥글게 자른 사진을 여러 장 종합하면 머리 내부가 입체적으로 보인다. 이 CT스캔은 두 가지 의미에서 적분과 공통점이 있다. 먼저 부분의 상태를 찍어서 종합하는 것이 적분적인 발상이고, 다음으로 얇고 둥글게 잘라서 더하는 방법이 입체의 부피를 계산할 때 사용하는 적분의 가장 보편적인 방법이다. 이처럼 얇게 나눈 후 종합하듯이 의학이나 공학의 첨단기술에도 이와 같은 미분/적분의 사고법이 점점 도입되고 있다.

4 리만 적분은 오늘날의 정적분이 되다

함수 $f(x)$가 닫힌 구간 $[a,\ b]$에서 유계함수, 즉

$$|f(x)| \le M < +\infty,\quad x \in [a,\ b]$$

라고 가정하자. 분점 $a = x_0 < x_1 < x_2 < \cdots < x_n = b$가 되도록 $[a, b]$를 n개의 작은 구간으로 나눌 때 이것을 $[a, b]$의 분할이라 하고, $P = \{x_0, x_1, \cdots, x_n\}$으로 나타낸다. $f(x)$는 유계함수이므로 $\mathbb{R}$의 완비성 공리에 의하여 각 작은 구간 $[x_i, x_{i-1}]$에서의 $f(x)$의 최소상계(supremum)와 최대하계(infimum)

$$M_i = \sup\{f(x) \mid x \in [x_i, x_{i-1}]\}, \ m_i = \inf\{f(x) \mid x \in [x_i, x_{i-1}]\}$$

가 존재한다. 여기서, $\Delta x_i = x_i - x_{i-1}$로 놓으면 각 분할 P에 대하여 $\max_i |x_i - x_{i-1}|$을 분할 P의 노름(norm)이라고 한다. 각 분할 P에 대하여

$$L(P, f) = \sum_{i=1}^{n} m_i \Delta x_i, \quad U(P, f) = \sum_{i=1}^{n} M_i \Delta x_i$$

는 각각 분할 P에 대한 함수 f의 하합(Lower sum), 상합(Upper sum)이라 한다.

또한 구간 $[a, b]$의 2개의 분할

$$P = \{x_0, x_1, \cdots, x_n\}, \quad P' = \{x_0', x_1', \cdots, x_n'\}$$

에 대하여 $P \subseteq P'$이면 P'을 P의 세분(refinement)이라 한다. 만약 $P \subseteq P'$이면 다음 부등식이 성립한다.

$$L(P, f) \le L(P', f), \ U(P', f) \le U(P, f)$$

즉, 분할을 세분할수록 상합은 감소하고, 하합은 증가한다. 그리고 임의의 두 분할 P, P'에 대하여 항상 $L(P, f) \le U(P', f)$임을 알 수 있다. 따라서 임의의 분할에 대하여 상합들의 집합은 아래로 유계이고, 하합들의 집합은 위로 유계이다. 이때, f의 상적분, 하적분을 각각 다음과 같이 정의한다.

$$\overline{\int_a^b} f(x)\,dx = \inf_P U(P,\ f) = \inf\{U(P,\ f) : P\text{는 } [a,\ b]\text{의 분할}\},$$

$$\underline{\int_a^b} f(x)\,dx = \sup_P L(P,\ f) = \sup\{L(P,\ f) : P\text{는 } [a,\ b]\text{의 분할}\}$$

함수 f가 구간 $[a,\ b]$에서 유계이고 상적분과 하적분이 같으면, f는 구간 $[a,\ b]$에서 리만 적분가능(Riemann integrable) 또는 간단히 적분가능하다고 하고,

$$\int_a^b f(x)\,dx = \overline{\int_a^b} f(x)\,dx = \underline{\int_a^b} f(x)\,dx$$

를 함수 f의 구간 $[a,\ b]$에서의 리만 적분 또는 정적분이라고 한다.

주의

(1) $[a,\ b]$에서 모든 연속함수는 리만 적분가능하다.

(2) $[a,\ b]$에서 단조증가 또는 단조감소 함수는 리만 적분가능하다.

보기 2

구간 $[a,\ b]$에서 정의된 다음 디리클레 함수는 리만 적분가능하지 않음을 보이시오.

$$f(x) = \begin{cases} 1 & (x \text{ 는 유리수}) \\ 0 & (x \text{ 는 무리수}) \end{cases}$$

증명 $[a,\ b]$의 임의의 분할 P에 대해, 각 작은 구간 $[x_{i-1},\ x_i]$에는 유리수와 무리수를 포함하므로 모든 i에 대하여 $M_i = 1$, $m_i = 0$이다. 따라서

$$L(P, f) = \sum_{i=1}^{n} m_i\,\Delta x_i = 0,$$

$$U(P, f) = \sum_{i=1}^{n} M_i\,\Delta x_i = b - a$$

이므로

$$\overline{\int_a^b} f(x)\,dx = b-a, \quad \underline{\int_a^b} f(x)\,dx = 0$$

이다. 함수 f는 적분(리만 적분)가능하지 않다.

위 디리클레 함수 f는 $[a, b]$의 모든 점에서 불연속인 유명한 함수이다.

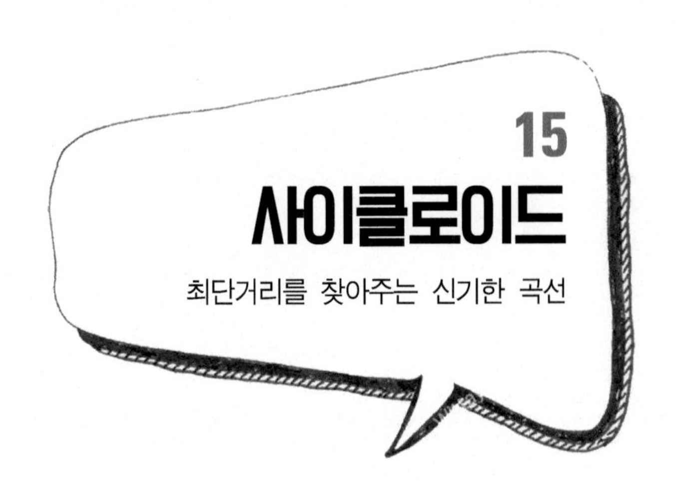

15 사이클로이드

최단거리를 찾아주는 신기한 곡선

바퀴에 야광 패널이 붙은 자전거가 어둠 속에서 지나가면 이 야광 패널이 매우 독특한 곡선을 그리게 된다. 이 곡선을 수학적으로 정의하면 사이클로이드(cycloid) 곡선이 된다. 사이클로이드 곡선은 직선 위를 미끄러지지 않고 굴러가는 원 위의 한 점이 그리는 곡선이다.

사이클로이드 곡선을 방정식으로 나타낼 때는 매개변수를 이용한 방정식으로 나타내는 것이 편리하다.

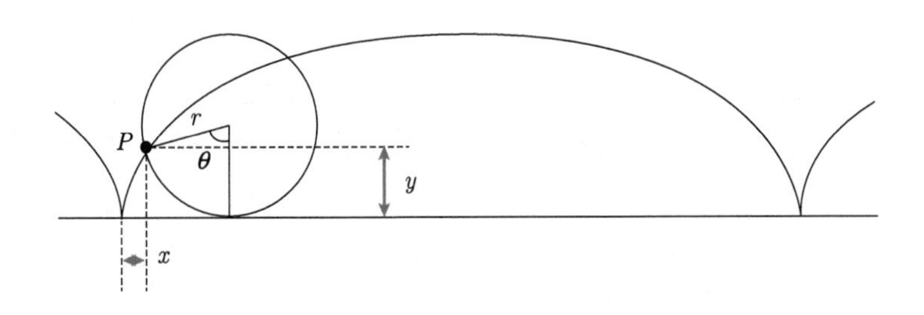

위 그림에서, 원점에서 x축에 접하고 있는 반지름 r인 원 C가 x축을 따라 오른쪽으로 굴러 이동하여 점 P에서 접하는 원이 되었다고 하자. 그리고 원점 O와 접한 원 위의 점은 이 이동으로 인해 접

점 P로부터 시계 방향으로 θ만큼 돌아간 P의 위치에 오게 되었다고 하자. P의 좌표를 (x, y)라 하면 이 사이클로이드 곡선의 방정식은 매개변수방정식

$$x = r(\theta - \sin\theta),$$
$$y = r(1 - \cos\theta)$$

로 주어진다. x축을 따라 시계 방향으로 θ만큼 돌아갈 때 이동 거리는 $r\theta$이다. 또한 0에서 2π까지 이 매개방정식을 적분하면, 사이클로이드 곡선의 길이는 $8r$이고 사이클로이드 곡선으로 둘러싸인 영역의 넓이는 $3\pi r^2$임을 알 수 있다.

사이클로이드 곡선의 아름답고 신기한 특징은 다음과 같다.

① 사이클로이드 아치는 건축학적으로 가장 잘 부서지지 않는 구조를 가지고 있다.

② 높은 곳에 있는 공을 사이클로이드 곡선을 따라 굴러보면 다른 곡선보다도 가장 짧은 시간에 바닥에 도달한다.

③ 사이클로이드 곡선에서는 어떤 높이에서 공을 굴러도 그 공이 동시에 바닥에 떨어진다.

④ 사이클로이드 곡선이 만들어내는 한 사이클의 아치 길이는 원래 반지름 r인 원에 외접하는 정사각형 둘레 $8r$과 같고, 아치에 의해 생기는 넓이 $3\pi r^2$은 원래 원 넓이의 3배가 된다.

참고 (1) $\dfrac{dx}{d\theta} = r(1 - \cos\theta)$이므로 넓이 S는 다음과 같다.

$$S = \int_0^{2\pi} y \frac{dx}{d\theta} d\theta = r^2 \int_0^{2\pi} (1 - \cos\theta)^2 d\theta = 3\pi r^2$$

(2) 사이클로이드 곡선의 길이 l은 다음과 같다.

$$l = \int_0^{2\pi} \sqrt{\left(\frac{dx}{d\theta}\right)^2 + \left(\frac{dy}{d\theta}\right)^2}\, d\theta = \int_0^{2\pi} r\sqrt{2-2\cos\theta}\, d\theta$$

$$= 2r\int_0^{2\pi} \sin\left(\frac{\theta}{2}\right) d\theta = 8r$$

기하학의 헬렌, 사이클로이드

사이클로이드는 아르키메데스 나선이나 베르누이 나선 못지않게 놀라움을 간직한 신비의 곡선으로, 파스칼이 사이클로이드를 연구하며 고통스러운 치통을 잊었다는 일화가 있을 만큼 이 곡선의 아름다움에 매료된 사람이 많았다. 이때문에 수학자들은 '사이클로이드'를 종종 헬렌(트로이 전쟁을 일으킬 정도의 미모를 가진 왕비)의 아름다움에 빗대어 '기하학의 헬렌(The Helen of geometry)'이라고 부르기도 한다. 사이클로이드는 바퀴라는 의미의 그리스어에서 나온 말로 회전하는 바퀴 위의 한 점의 궤적을 나타낸다.

출발점이 어디든 정점에 도달하는 시간이 같다? – '등시곡선'

1583년 성당에서 예배를 드리던 갈릴레이가 천정에 매달린 진자의 주기가 진폭에 상관없이 일정하다는 '진자의 등시성'을 발견했다는 이야기는 너무나 유명하다. 하지만 정확하게 이야기한다면 등시성(isochronism)은 진자의 진폭이 매우 작을 경우에만 성립한다. 일반적으로 진폭이 커지면 주기도 증가하기 때문에 진자의 등시성은 성립하지 않는데, 정밀한 시계가 없었던 당시에는 이러한 사실을 알아내기 어려웠을 것이다.

그런데 네덜란드의 물리학자 호이겐스는 1673년 《진자시계》(Horologium Osci- latorium)라는 유명한 저서를 통해 진자가 호가 아니라 사이클로이드를 따라 움직일 경우에 진자의 궤도가 등시곡선(tautochrone)이 된다는 것을 증명하고, 이러한 성질을 이용해 진자시계를 만들었다. 그의 진자시계는 2개의 사이클로이드 벽면(아래 그림에서 E와 F) 사이에서 진자가 움직이도록 만든 것인데, 이렇게 하면 진자의 움직임도 사이클로이드가 된다.

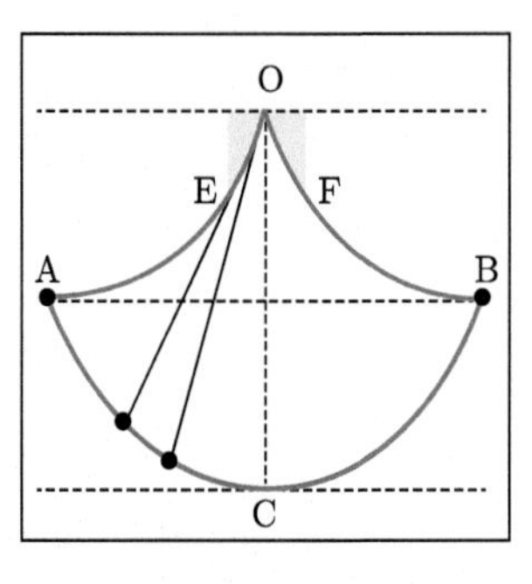

진자의 등시성

등시곡선은 정점에 도달하기 위해서 곡선 위의 어떤 점에서 출발하더라도 도달하는 데 걸리는 시간이 같게 되는 성질을 갖는다. 즉, 아래 그림에서 보면 A에서 B 사이의 곡선은 사이클로이드인데, 가장 아래 지점인 C까지 진자가 내려오는 데 걸리는 시간은 이 사이의 어떤 지점에서 출발하더라도 같다. 따라서 등시곡선을 따라 움직이는 사이클로이드 진자는 진폭에 상관없이 일정한 주기를 갖게 되는 것이다.

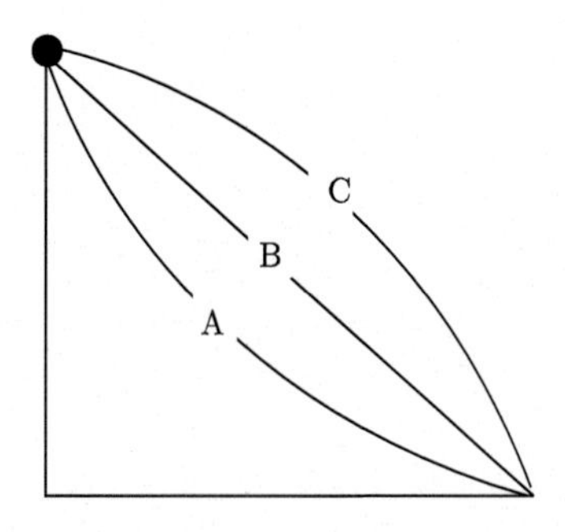

사이클로이드 빗면에서 공 떨어뜨리기

최단거리를 찾아주는 '사이클로이드'

1696년 장 베르누이는 유럽의 물리학자들에게 '최속강하선(brachistochrone)+ 문제'라는 것을 낸 적이 있었다. 이는 위아래로 떨어진 두 지점 사이에서 어떤 경로를 따라 내려가는 것이 가장 빨리 내려갈 수 있는지를 찾는 문제였다. 흔히 생각하면 직선 경로가 최단 거리이기 때문에 가장 빠를 것 같지만 사실은 사이클로이드 곡선을 따라 내려가는 것이 가장 빠르다. 사이클로이드 위에서는 각 지점에서 중력가속도가 줄어드는 정도가 직선보다 작기 때문에 가속도에 의해 속도가 점점 빨라져서 도착 지점까지의 시간이 직선이나 다른 어떤 궤적보다 빠르다는 것이다.

앞의 그림과 같이 높은 빗면에서 공을 굴려보면 사이클로이드 곡선 A, 직선 B, 볼록곡선 C나 원 모양의 비탈면 중 어떤 것이 먼저 떨어질까? 대부분 사람들은 거리가 가장 짧은 직선 B을 따라 굴린 공이 가장 먼저 바닥에 도착할 것이라고 예상하지만, 실제로는 맨 아래에 있는 사이클로이드 A를 따라 굴린 공이 가장 빠르게 도착하게 된다. 그 이유는 A는 거리는 더 길지만 내려올 때 가속도가 더 붙어서 내려오기 때문이다. 이런 점에서 사이클로이드 곡선을 '최단강하곡선'이라 부르기도 한다.

이 문제를 최초로 풀어낸 것은 베르누이 형제였으며, 이후 뉴턴과 라이프니츠, 로피탈이 풀이에 성공했다고 한다. 전해지는 바에 의하면 당시 많은 물리학자들이 몇 달 동안 이 문제를 풀기 위해 고민했으나 뉴턴은 단 하루 만에 풀어버렸다고 한다.

+ 브라키스토크론(brachistochrone)은 그리스어의 가장 짧음을 의미하는 'brakistos'와 시간을 의미하는 'kronos'를 합친 말로 보통 '최속강하선'이라고 불린다.

일상에 숨어있는 사이클로이드 적용 사례

① **지붕 처마의 곡선이나 전통 기와** 기와의 오목한 면이나 지붕 처마의 곡선은 사이클로이드 곡선를 거꾸로 한 형태의 모양을 하고 있다. 빗물이 가능한 빨리 흘러내리게 하는 구조로써 비가 지붕으로 스며 목조 건물이 썩는 것을 막는 구조이다. 이런 사례는 우리 선조들이 파스칼보다 훨씬 이전에 이 곡선의 특징을 체험적으로 알고 있었다는 사실을 말해주고 있다.

② **새의 비행** 뛰어난 물리학자들도 쉽게 풀지 못한 문제를 독수리나 매는 어떻게 알았는지 지상의 먹이감을 보면 최대한 빠르게 그 먹이를 잡기 위해서 사이클로이드 곡선의 모양으로 하강하는 것을 볼 수 있다. 땅 위에 있는 들쥐나 토끼, 쥐, 뱀 등 먹이를 잡을 때 직선이 아닌, 최단시간이 소요되는 '사이클로이드'와 가까운 곡선을 그리며 목표물로 향하는 것이다. 또한 일반 새들도 몸체를 기준으로 날개 끝이 사이클로이드 형태의 타원 궤적을 이루며 이로 인한 양력으로 전진한다. 물고기의 비늘에도 사이클로이드 곡선이 숨겨져 있다고 하니 자연의 숨겨진 아름다움과 효율성 앞에 다시 놀라지 않을 수 없다.

③ **미끄럼틀** 풀장의 미끄럼틀이나 놀이터에 있는 것과 같은 직선 형태로 만드는 것보다 사이클로이드 형태로 만들게 되면 더 빨리 내려오기 때문에 더 큰 스릴을 맛볼 수 있는 것이다.

④ **미국 텍사스 주의 킴벨 미술관의 지붕** '킴벨 미술관'의 지붕 같은 경우에는 기와 같이 빗물을 신속하게 통과시키는 기능적인 이유보다는 아름다움을 얻기 위해 사이클로이드 형태로 만들었다.

⑤ **비닐하우스** 겨울에 폭설이 내리면 비닐하우스 농부들의 걱정이 이만저만이 아니다. 비닐하우스 지붕에 눈이 많이 쌓이면 눈의 무게를 이기지 못해 무너져 내리기 때문이다. 이때 눈을 가장 잘 흘러내리게 하려면 사이클로이드 모양의 지붕이 최선이다. 사이클로이드의 길이는 움직이는 원의 지름의 4배다. 사이클로이드 비닐하우스를 만들려면 지붕의 둘레를 높이의 4배가 되도록 만들면 된다.

연습문제 15

1 원이 한 바퀴 돌아 만들어진 사이클로이드 곡선은 모두 닮은꼴임을 보이시오. (두 곡선 S_1과 S_2가 닮음꼴이라 함은, S_1과 S_2를 적당히 위치시키고 적당한 점 O를 잡으면 O에서 시작하는 임의의 반직선이 곡선 S_1, S_2와 각각 만나는 점 P, Q에 대해 비 $OP : OQ$가 일정하게 됨을 뜻한다.)

2 다음 그림을 참조하여 문제 (1), (2)에 답하시오.

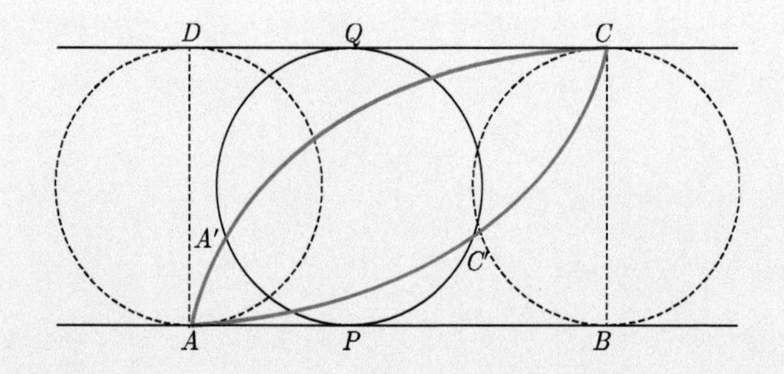

위 그림에서 곡선 $AA'C$는 A에서 접하고 있던 반지름 r인 원이 선분 AB를 따라 B까지 굴러갈 때 원 위의 점 A가 그린 사이클로이드 곡선이고, 곡선 $CC'A$는 C에서 접하고 있던 반지름 r인 원이 선분 CD를 따라 D까지 굴러갈 때 원 위의 점 C가 그린 사이클로이드 곡선이다. 단, AD와 BC는 이 원들의 지름이고, A'과 C'은 그림과 같이 P와 Q에 동시에 접하는 반지름 r인 원 위에 있다.

(1) 선분 $A'C'$이 선분 AB에 평행함을 보이시오.

(2) 카발리에리의 원리와 (1)의 결과를 이용하여 사이클로이드 곡선 $AA'C$와 선분 AB, 그리고 원의 지름 BC로 둘러싸인 영역의 넓이를 구하시오.

16 무한

무한집합의 크기를 잴 수 있는가

한 직선을 따라 점차 큰 수를 나타낸다고 하면 그 선이 무한정 뻗어 나간다고 생각할 수 있다. 아무리 큰 수, 예를 들어 $10^{1,000}$을 생각해도 $10^{1,000+1}$처럼 그것보다 큰 수는 늘 존재한다. 이렇게 수가 끝없이 이어진다는 것이 무한(∞)에 대한 전통적인 개념이다. 1650년대에 영국의 수학자 왈리스(J. Wallis)가 무한대를 나타내는 기호 '∞'를 처음으로 도입했다. 수학에서 어떻게 해서든 무한을 이용하지만, 무한을 일반적인 수처럼 다루어서는 안 된다. 무한은 일반적인 수가 아니기 때문이다.

1 무한집합의 비교나 크기를 어떻게 할 수 있을까

(1) 유한하다면 짝을 지어보면 안다

유한개의 물건이 두 종류 있을 때는 자연스럽게 어느 것이 더 많은가라는 질문이 나온다. 이런 간단한 질문으로부터 인류는 '대소 관계'라는 수학적 개념을 발명한다. 예를 들어, 조약돌 몇 개와 동전 몇 개가 있을 때 어느 쪽이 많은지 알고 싶으면, 각각의 개수를 세는 것이 확실하다. 하지만 인간은 이보다는 좀 더 현명하다. 어느 쪽이 더 많은가에만 관심이 있을 경우, 조약돌과 동전을 짝지어보는 방법이 있다. 짝을 지어가다가, 조약돌이 남는지 동전이 남는지 보는 것이다. 사실 몇 개인지 셀 줄 모르는 유치원생들도 이러한 짝짓기를 통해 어느 쪽이 많은지 인지하는 경우가 보통이다. 즉, 많고 적음을 구별하는 것은 개수를 세는 것보다 오히려 더 기본적인 수학 개념이라 할 수 있다.

(2) 무한히 많다면 어떻게 비교할까?

무한개의 물건이 있을 때 몇 개냐는 질문은 하나마나다. 물건의 개수를 일일이 세고 있을 사람은 아무도 없을 것이고, 수명이 유한한 인간은 결코 다 셀 수가 없다. 두 종류의 물건이 각각 무한개일 때(실제로 무한개인 물건이 있는가?) '어느 쪽이 더 많은가'라는 질문을 던져 보기로 하자. 하나하나 세어간다면 물건의 비교는커녕 인간의 생명이 유한하므로 한쪽도 다 못 센다. 그럼 '무한개는 모두 개수가 똑같다'고 말하고 싶을 것이다. 많고 적음을 비교하려고 하면 두 물건을 짝지어보는 게 그나마 노력을 더는 현명한 일이라 본다.

2 짝수와 자연수의 기수가 같은가? - 전체는 부분과 같다

칸토어(Georg Cantor, 1845~1918)는 갈릴레오의 생각을 이어받아 '대응'의 개념을 적극적으로 받아들여 무한집합론을 전개하는 데 성공했다. 두 집합 A, B가 서로 일대일 대응, 즉 남김도 중복도 없이 대응하도록 만들 수 있을 때 'A와 B의 개수는 같다' 또는 'A와 B는 대등하다(equipotent)'고 말하고 $A \sim B$로 나타낸다. 무한집합에서는 원소의 '개수'보다 추상적인 용어 '기수(基數, cardinality)'라는 말을 사용하여

'기수가 같다'는 표현을 주로 쓴다. 예를 들어, 집합 $A=\{a,\ b,\ c\}$의 기수(원소의 수)는 3이고 $n(A)=3$ 또는 $\text{card}\,A=3$으로 표현한다. 즉, 기수는 집합의 크기를 재는 값이다.

유클리드의 책 《원론》에는 '전체는 부분보다 크다'고 하나의 명제로 되어 있다. 유한 세계에서는 전체는 부분보다 크다. 하지만 무한 세계에서는 이 명제가 성립하지 않는다. 집합론의 창시자이자 독일의 수학자인 칸토어는 '무한을 전체와 부분이 같은 것'으로 정의하기도 했다.

자연수의 집합은 $\mathbb{N}$, 짝수의 집합은 E라 할 때 자연수 3에 자연수 6을 대응하듯이 자연수의 집합 $\mathbb{N}$의 임의의 자연수 n에 두 배인 $2n\in E$을 대응한다. 다시 말해, 함수 $f:\mathbb{N}\to E,\ f(n)=2n$를 생각할 수 있다. 또한 E의 원소마다 절반을 취해 $\mathbb{N}$의 원소에 대응하는 함수 $g:E\to\mathbb{N},\ g(m)=\dfrac{m}{2}$를 생각할 수 있다. 이때 두 집합의 원소들은 서로 남지도 않고, 중복하지도 않게 '짝짓기' 또는 '일대일 대응' 또는 '사다리 타기'를 할 수 있다. 따라서 두 무한집합 $\mathbb{N}$과 E의 기수는 같다.

칸토어는 자연수의 집합 $\mathbb{N}$과 일대일 대응하는 모든 집합의 기수를 '알레프 0($\aleph_0$)'라는 기호를 사용하였다. 따라서 $\text{card}\,\mathbb{N}=\text{card}\,E=\aleph_0$이다.

또한 홀수들의 집합을 O라 할 때 $f:\mathbb{N}\to O,\ f(n)=2n-1$은 일대일 대응 함수이므로 O와 $\mathbb{N}$은 대등하다. 정수 전체의 집합을 $\mathbb{Z}$라 할 때 다음 함수 $f:\mathbb{N}\to\mathbb{Z}$는 일대일 대응 함수이므로 $\mathbb{Z}$와 $\mathbb{N}$은 대등하다. 즉, $\mathbb{Z}$와 $\mathbb{N}$의 기수는 같다.

$$f(n)=\begin{cases}-\dfrac{n-1}{2} & (n=1,\ 3,\ 5,\ \cdots)\\[2mm] \dfrac{n}{2} & (n=2,\ 4,\ 6,\ \cdots)\end{cases}$$

위에서 본 바와 같이 짝수의 집합, 정수의 집합이 모두 $\mathbb{N}$의 기수와 같다는 것이다. 마찬가지로 유리수의 집합도 ℕ의 기수와 같다는 것을 보일 수 있다. 간단히 말해, 짝수의 집합, 정수의 집합, 유리수의 집합 등에서 무한대의 목록이나 명단을 작성할 수 있다는 것을 의미한다.

3 기수가 다른 무한집합은 있는가? – 다 같은 무한집 합이 아니다

무한은 다 똑같은 무한인 것처럼 보이지만 모든 무한집합은 결국 일대일 대응할 거라는 믿음은 사실이 아니다. 무한집합에도 개수(기수)의 차가 있다는 점이다. 최선을 다해서 수단 방법 가리지 않고 일대일 대응을 찾아내면 두 집합이 기수가 같다는 것을 보일 수 있다.

실수 중에는 유리수가 아닌 $\sqrt{2}$, π, e와 같은 무리수가 있다. 유리수들이 채우지 못하는 빈틈을 채워 완전한 실수 직선 ℝ을 완성한다. 이렇게 모든 틈이 채워진 집합 ℝ을 '연속체' 또는 '실수의 연속성'이라 한다. 그렇다면 실수 목록은 어떻게 만들 수 있을까? 칸토어는 처음에 단지 0과 1 사이의 실수만을 목록으로 작성하려고 했지만 결국에는 실패하였다. 하지만 실패를 거듭하다가 결국 두 집합 사이에는 일대일 대응이 없지 않을까라는 의심을 했을 것이다. 당시 무한을 비교한다는 것 자체를 거의 생각조차 못했고, 그냥 같다고 하고 넘어가자는 분위기가 있는 상황에서는 결코 쉽지 않은 발상의 전환이었다.

그렇다면 두 집합이 기수가 다르다는 것은 어떻게 보여야 할까? 어떤 수단을 쓰더라도, 결코, 절대, never, 일대일 대응을 만들 수 없다는 걸 보여야 한다. 칸토어는 "자연수의 집합 ℕ과 실수의 집합 ℝ 사이에 절대 일대일 대응이 없다"는 것을 다음 정리와 같이 증명했다. 이것의 가장 유명한 증명을 **칸토어의 대각선 논법**이라 한다.

정리 $[0,\ 1]$은 자연수보다 많다. 따라서 실수는 자연수보다 많다.

증명 만약 $[0,\ 1]$이 자연수의 집합과 대등(일대일 대응)하다고 가정하면 0과 1 사이에 있는 모든 수를 $[0,\ 1] = \{x_1,\ x_2,\ \cdots\}$과 같이 목록을 작성할 수 있다. 예를 들어, $\frac{1}{2} = 0.5 = 0.499\cdots$과 같이 모든 수 x_i를 무한소수로 나타내어 다음과 같이 나열할 수 있다.

$$
\begin{aligned}
x_1 &= 0.a_1^1 a_2^1 a_3^1 a_4^1 \cdots \\
x_2 &= 0.a_1^2 a_2^2 a_3^2 a_4^2 \cdots \\
&\ \vdots \\
x_n &= 0.a_1^n a_2^n a_3^n a_4^n \cdots a_n^n \cdots \\
&\ \vdots
\end{aligned}
$$

지금 b_1을 $b_1 \neq a_1^1$인 0부터 8까지의 임의의 자연수라 하고, b_2를 $b_2 \neq a_2^2$인 0부터 8까지의 임의의 자연수라 하자. 일반적으로 b_n을 $b_n \neq a_n^n$인 0부터 8까지의 자연수라고 하고 $y = 0.b_1 b_2 \cdots b_n \cdots$이라 하면 $y \neq x_i\ (i = 1,\ 2,\ \cdots)$이다. 하지만 y는 분명히 $0 \leq y \leq 1$인 실수이므로 $[0,\ 1] = \{x_1,\ x_2,\ \cdots\}$에 모순이다. 따라서 $[0,\ 1]$은 자연수의 집합과 일대일 대응하지 않는다. 즉, $[0,\ 1]$의 기수는 자연수의 기수보다 크다. ■

4 실수보다 기수가 큰 집합도 얼마든지 있다 – 멱집합의 기수

위의 정리에 의하여 다음이 성립함을 알 수 있다.

① 자연수보다 기수가 더 큰 집합 $[0,\ 1]$이 존재한다.

② $[0,\ 1] \subseteq \mathbb{R}$ 이므로 $\mathbb{R}$ 의 기수는 자연수의 기수 $\aleph_0$보다 크다. $\mathbb{R}$ 의 기수는 연속체(continuum)의 첫 글자인 c로 표기한다. 즉,

card $\mathbb{R} = c$이다.

③ $f:(0,\ 1) \to \mathbb{R}$, $f(x) = \tan\pi\left(x - \frac{1}{2}\right)$은 일대일 대응 함수이므로 $(0,\ 1)$과 $\mathbb{R}$의 기수는 같다. 즉, card $\mathbb{R} = c =$ card $(0,\ 1)$이다. 따라서 $[0,\ 1]$의 기수도 c이다.

④ 유리수의 집합 $\mathbb{Q}$의 기수는 $\aleph_0$이고 $\mathbb{R} = \mathbb{Q} \cup \mathbb{Q}^c$이므로 무리수의 집합의 기수도 c이다.

사실 실수의 집합에서는 목록을 만드는 것이 불가능하기 때문에 이것은 유리수의 집합의 무한보다도 '더 큰' 무한집합이며, 무한의 크기가 더 크다. 그러면 실수보다 기수가 더 큰 집합은 있을까? 무한집합 중에서 기수가 가장 큰 집합은 있을까 하는 의문이 자연스럽게 제기된다. 예를 들어, 유한집합 $A = \{a,\ b,\ c\}$에 대하여 A의 모든 부분집합들의 집합, 즉 A의 멱집합 $\wp(A) = 2^{n(A)}$는 $8 = 2^3$개의 원소를 갖는 집합이고, $n(A) = 3 < 8 = 2^{n(A)}$임을 안다. 이처럼 실수보다 기수가 더 큰 집합도 있다는 추측을 할 수 있는가?

칸토어는 임의의 집합 A에 대하여 A의 기수보다 더 기수가 큰 집합이 반드시 있다는 사실, 즉 '임의의 집합 A의 멱집합 $\wp(A)$는 A와 대등하지 않다'는 것을 증명하였다. 이 정리를 **칸토어의 정리**라 한다. 따라서 기수가 가장 큰 집합이란 있을 수 없다.

5 선분과 직선은 일대일 대응이 되다

선분 CD가 선분 AB보다 길지만, 다음 쪽 그림처럼 이어주면 두 선분의 점은 서로 완벽히 일대일 대응하므로 두 직선에 의해 길이가 다른 두 선분 위의 모든 점들이 일대일 대응된다. 따라서 길이가 다른 유한한 두 선분 위의 점들의 기수는 같다. 마찬가지로 반지름이

r_1, r_2(단, $r_1 < r_2$)인 원이 주어질 때 아래 그림과 같이 두 원주 위의 점은 일대일 대응된다. 따라서 반지름이 다른 두 원주 위의 점들의 기수는 같다.

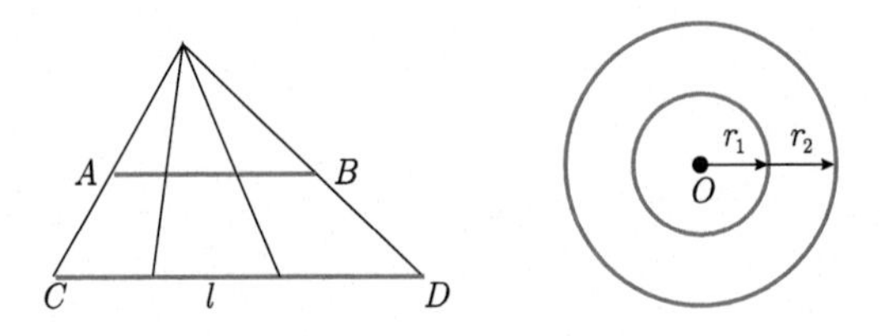

유한한 구간과 무한한 구간의 실수는 어떤 것이 더 많은가? 아래 그림처럼 유한한 선분 AB와 무한한 직선 CD 위의 점은 일대일 대응된다.

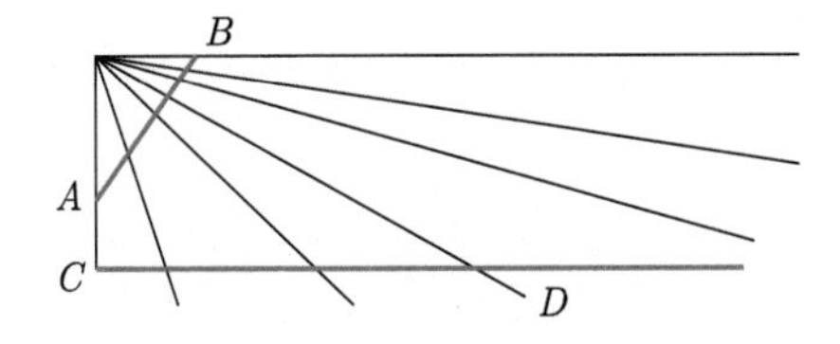

양쪽으로 무한한 직선과는 어떻게 되는가? 아래 그림처럼 아무리 짧은 선분 AB 위의 점들도 무한히 긴 직선 l 위의 점들과 기수가 같다.

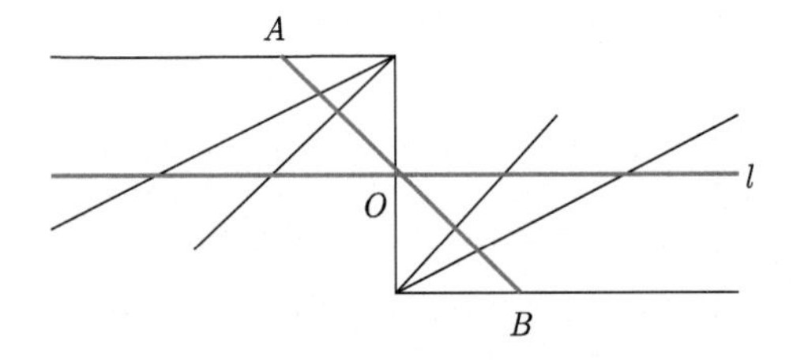

6 힐베르트의 호텔 – 무한개의 방을 가진 호텔

무한집합의 개수에 관해 '힐베르트의 호텔'이라 불리는 재미있는 비유가 있어 소개하고자 한다. 힐베르트는 '무한 호텔'의 관리인이다. 이 호텔은 1호실, 2호실, 3호실, … 등 무한개의 방을 갖춘 어마어마한 호텔이다. 얼마나 멋진 호텔인지 손님이 가득 차 있어 빈 방이 없다. 이때 손님 한 명이 찾아온다.

손님 : 빈 방 있나요?

힐베르트 : 없습니다.

손님 : 소문 듣고 왔는데, 빈 방이 없다니 유감이군요.

힐베르트 : 잠깐만요. 손님들에게 양해를 구하고, 빈 방을 구해드릴 수 있습니다.

대체 힐베르트는 무슨 배짱으로, 없는 빈 방을 만들려는 것일까?

힐베르트 : 저희 호텔을 찾아주신 손님 여러분께 양해 말씀을 드립니다. 손님 한 분이 찾아오셔서 방을 내드리고자 하니, 1호실 손님은 2호실로, 2호실 손님은 3호실로, 3호실 손님은 4호실로, $\cdots, n$호실 손님은 $(n+1)$호실로 옮겨 주시면 감사하겠습니다.

그 많은 손님에게 방을 옮기라고 안내방송을 하다니, 서비스가 영 아니다. 하지만 멋진 호텔에 묵다 보니 마음이 너그러워진 손님들은 기꺼이 방을 옮겨 준다. 이제 1호실이 비었다. 새로 온 손님에게 빈 방을 내어줄 수 있게 됐다! 모든 손님에게 방을 옮기라고 하다니 괘씸한가?

그러면 1호실 손님은 10호실로, 10호실 손님은 100호실로, 100호실 손님은 1000호실로, …, 10^n호실 손님들만 10^{n+1}호실로 옮기라고 하면 좀 덜 옮겨도 되지 않을까? (그래도 여전히 무한 명의 손님이 방을 옮겨야 한다.) 손님 1,000명이 몰려 와도 빈 방을 내줄 수 있는가?

매번 방을 옮겨달라고 하니 짜증이 난 기존 투숙객들이 호텔을 골탕 먹이려고, 각자 친구 한 명씩 같은 날 초대해버렸다. 기존 투숙객만큼의 (무한 명의) 사람이 한꺼번에 찾아와 자신들에게도 빈 방을 내달라고 요구했다. 그래도 힐베르트는 눈 하나 깜짝하지 않는다. 호텔 건립자 칸토어의 비법을 전수받았기 때문이다.

힐베르트 : 저희 호텔을 찾아주신 손님 여러분께 양해 말씀을 드립니다. 찾아오신 손님들에게 방을 내드리고자 하니, 1호실 손님은 2호실로, 2호실 손님은 4호실로, 3호실 손님은 6호실로, …, n호실 손님은 $2n$호실로 옮겨 주시면 감사하겠습니다.

이제 1호실, 3호실, 5호실, 7호실 …이 비었다. 이제 찾아온 무한 명의 손님을 투숙시키는 것은 아무 것도 아니다! 투숙객들은 호텔의 솜씨에 혀를 내두르며 옮겨갈 수밖에 없었다.

힐베르트의 호텔은 언제나 빈 방을 내어줄 수 있는 무적의 호텔일까? 호텔 투숙객들이 각자 무한 명의 사람을 초대하면 어떻게 될까? 이처럼 물이 가득 찬 '무한의 항아리'는 무한개의 컵으로 물을 퍼도 항아리의 물은 무한하다.

7 칸토어도 놀란 증명 – 무한세계에서 차원이 무너지다

길이가 1인 선분 $[0, 1]$과 한 변의 길이가 1인 정사각형 $[0, 1] \times [0, 1]$은 각각 1차원, 2차원인 완전히 다른 도형이고 무한집합이다. 선분을 여러 층으로 쌓아야 정사각형이 될 수 있으므로 직관적으로 다른 도형으로 취급하는 발상은 당연하다. 따라서 정사각형 내부에는 선분에서보다 훨씬 많은 점이 존재한다고 예상할 수 있다.

그러나 칸토어는 이런 수학자들의 예상을 완전히 뒤엎는 증명을 다음과 같이 제시했다. 먼저 선분 $[0, 1]$ 위의 임의의 점 x를 무한 10진법 $x = 0.x_1x_2x_3x_4 \cdots$으로 표기한다. 예를 들어, $\frac{1}{2} = 0.4999\cdots$, $\frac{1}{3} = 0.333\cdots$으로 표현한다. 숫자 x의 소수점 아래에서 '홀수 번째'로 등장하는 수를 모으면 $a = x_1x_3x_5\cdots$가 되고, '짝수 번째'로 등장하는 수를 모으면 $b = x_2x_4x_6\cdots$이 된다. 따라서 선분 위의 모든 점 x를 정사각형 안의 점 (a, b)로 대응시킬 수 있다. 마찬가지로 정사각형 $[0, 1] \times [0, 1]$의 모든 점 (a, b)에 대하여 각 a, b를 무한 십진소수 $a = 0.a_1a_2\cdots$, $b = 0.b_1b_2\cdots$로 나타낼 수 있다. $x = 0.a_1b_1a_2b_2\cdots$로 두면 $x \in [0, 1]$이고 x는 무한 십진소수이다. 따라서 정사각형 위의 모든 점 (a, b)는 선분 위의 점 x로 대응시킬 수 있다. 또한 정사각형 안에서 서로 다른 두 점을 고르면 선분 위의 다른 두 점으로 대응이 됨을 알 수 있다. 따라서 이들 선분과 정사각형 사이에는 일대일 대응 관계가 성립하므로 $[0, 1]$의 기수와 $[0, 1] \times [0, 1]$의 기수는 같다. 즉, 선분을 이루는 점과 정사각형을 이루는 점은 개수(기수)가 완전히 똑같다.

칸토어는 한 걸음 더 나아가 선분과 정육면체의 점들도 일대일 대응되며, 4차원 이상의 정방형 도형까지도 선분 위의 점들과 일대일로 대응된다는 놀라운 사실을 증명했다.

하지만 칸토어의 증명에는 '연속성'까지 대응된다는 보장이 없었다. 선분 위의 한 점 P가 정사각형의 한 점 P'에 대응될 때, 선분 위에서 P 근방에 있는 또 다른 점 Q는 정사각형 내부에서 P' 근방에 있는 점 Q'에 대응될 것인가? 칸토어의 증명만으로는 이것을 확인할 수 없었다. 25년 후에 네덜란드의 철학자이자 수학자인 루이첸 브로우베르(Luitzen Brouwer)는 '하나의 도형을 차원이 다른 도형으로 변환시킬 때 각 점들 사이의 일대일 대응관계가 연속적으로 유지될 수 없다'는 것을 증명했다.

연습문제 16

1 다음을 보이시오.

(1) 유리수 전체의 집합 $\mathbb{Q}$과 $\mathbb{N}$은 대등하다.

(2) 무리수 전체의 집합은 $\mathbb{N}$과 대등하지 않다.

(3) 집합 $\mathbb{N} \times \mathbb{N}$은 $\mathbb{N}$과 대등하다.

(4) 집합 $\mathbb{Q}(\sqrt{2}) = \{x + y\sqrt{2} : x, y \in \mathbb{Q}\}$는 $\mathbb{N}$과 대등하다.

(5) $\left(-\frac{\pi}{2}, \frac{\pi}{2}\right)$와 $\mathbb{R}$은 대등하다.

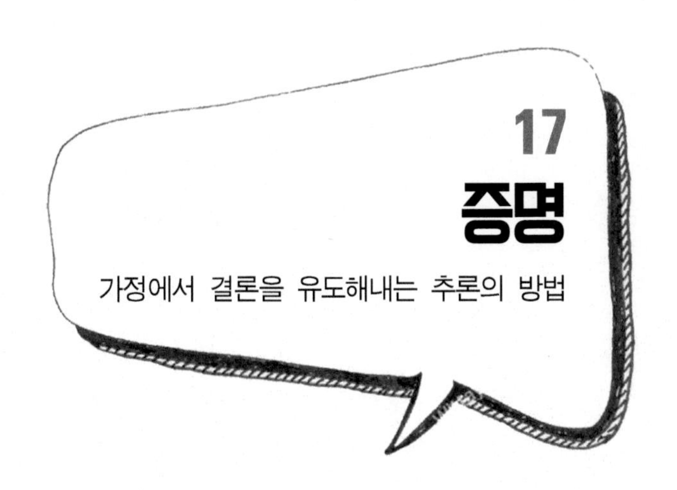

17 증명

가정에서 결론을 유도해내는 추론의 방법

흠을 잡을 데 없는 합리적 논증에 대한 추구야말로 수학의 원동력이다. 증명은 대부분 엄청난 노력과 실수 끝에 얻어진다. 성공적인 증명은 확립된 이론을 추측이나 좋은 아이디어로부터 가려내는 수학자의 '진품 인증' 도장이나 마찬가지다. 증명에서 추구하는 특성은 엄격함, 투명함, 우아함과 통찰력이다. 좋은 증명이란 '우리를 더 현명하게 만들어주는 증명'이다.

엄밀한 추론을 통한 수학적 증명은 쉽게 얻을 수 있는 것이 아니지만, 이를 극복함으로써 공학이나 수학을 비롯한 여러 분야에서 논리적 바탕에 기반을 둔 학문적 탐구가 가능하게 된다.

증명(proof)이란 여러분이 인정하는 아이디어에서 출발하여 논리적으로 합리적 논증과 논리적 법칙을 이용하여 주어진 가정으로부터 결론을 유도해내는 추론의 한 방법으로, 어떠한 명제(statement, proposition)나 논증이 적절하고 타당한지를 입증하는 작업이다. 명제는 어떤 주장이나 판단을 나타내는 문장이나 수식으로써 참과 거짓을 분명하게 판별할 수 있는 것을 말한다.

증명 방법은 직접 증명법과 간접 증명법, 기타 증명법으로 나눌 수 있다. 직접 증명법은 명제 'p이면 q이다.' 즉, $p \to q$를 직접 증명하

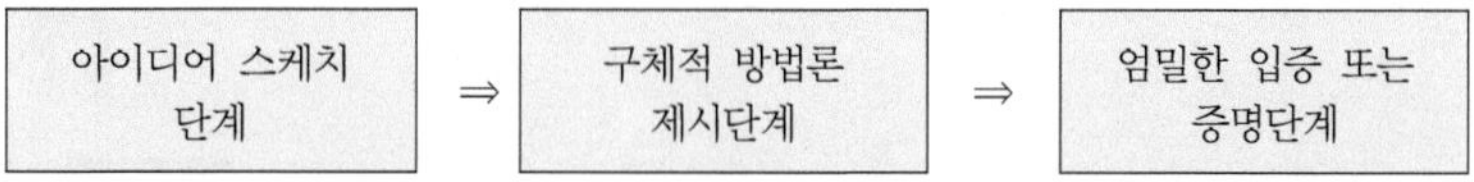

아이디어 스케치 단계	⇒	구체적 방법론 제시단계	⇒	엄밀한 입증 또는 증명단계

증명의 단계적 접근방법

는 것이고, 간접 증명법은 논리적 동치를 이용하거나 다른 특수한 방법으로 증명하는 것이다. 증명의 종류와 분량은 천차만별이다. 따라서 주어진 문제 유형에 따라 다양한 방법으로 접근하는 것이 효율적이다. 간접증명법으로는 수학적 귀납법, 모순 증명법, 대우 증명법, 반례 증명법 등이 있다.

수학이나 공학에서 새로운 결과를 얻는 두 가지 중요한 방법론이 있는데 그중의 하나는 연역법이고 다른 하나는 귀납법이다. **연역법**(deduction)은 주어진 사실들과 공리(axioms)들에 입각하여 추론을 통하여 새로운 도출하는 것이고, **귀납법**(induction)은 관찰과 실험에 기반한 가설을 귀납 추론을 통하여 일반적인 규칙을 입증하는 것이다.

1 수학적 귀납법 - 첫 도미노만 쓰러뜨리면 된다

수학적 귀납법은 일련의 진술 $p_1, p_2, p_3, \cdots$ 가 모두 참임을 증명하는 강력한 증명법으로, 특히 그래프이론, 정수론, 컴퓨터과학 등에서 유용하게 사용된다. 예를 들어, $1+3=4=2^2$, $1+3+5=9=3^2$, $1+3+5+7=16=4^2$와 같이 처음 나오는 홀수 n개를 더하면 n^2과 같다는 것을 추측할 수 있다. n값을 무작위로 뽑아서 5를 대입하면 $1+3+5+7+9=25=5^2$이다. 하지만 이 패턴이 모든 n값을 만족시키는 것일까? 모든 값을 일일이 대입해볼 수는 없어 문제에 부딪히고 만다.

수학적 귀납법을 '도미노식 증명법'이라고도 한다. 줄지어 세워놓은 도미노 하나를 쓰러뜨리면 그 다음 도미노는 틀림없이 쓰러지는 도미노의 원리와 비슷하기 때문이다. 따라서 도미노를 전부 쓰러뜨리기 위해서는 첫 도미노만 쓰러뜨리면 된다. 사실 자연수는 1에서 시작하고, n이 자연수이면 $n+1$도 자연수가 된다는 특성을 가지고 있기 때문이다.

공리 [$\mathbb{N}$의 정렬성(整列性)] 자연수 전체의 집합 $\mathbb{N}$의 모든 공집합이 아닌 부분집합은 하나의 최소원(最小元, least element)을 갖는다.

정리 (수학적 귀납법의 원리) S가 다음 성질을 만족하는 $\mathbb{N}$의 부분집합이라 하면 $S=\mathbb{N}$이다.

(1) $1 \in S$

(2) $k \in S$이면 $k+1 \in S$

증명 모순을 유도하기 위하여 $S \neq \mathbb{N}$이라고 가정하자. 그러면 $\mathbb{N}-S$는 공집합이 아니고, 또한 정렬성에 의하여 하나의 최소원소를 갖는다. m을 $\mathbb{N}-S$의 최소원소라고 하자. 가정 (1)에 의해서 $1 \in S$이므로 $m \neq 1$이다. 그러므로 $m>1$이다. 따라서 $m-1$도 자연수이다. $m-1<m$이고 m이 S에 있지 않는 $\mathbb{N}$의 최소원소이므로 $m-1$은 S에 있어야 한다.

이제 S에 있는 $k=m-1$에 가정 (2)를 응용하면 $k+1=(m-1)+1=m$도 S에 있다. 이 결론은 m이 S 안에 있지 않다는 것에 모순이다. 한편 $\mathbb{N}-S$가 공집합이 아닌 집합이 되도록 가정함으로써 얻어진 것이므로 $\mathbb{N}-S$는 공집합이어야 한다. 그러므로 $S=\mathbb{N}$이다. ■

수학적 귀납법의 증명 방식을 다시 요약하면 다음과 같다.

① $n=1$일 때 명제 $P(n)$이 성립함을 보인다.

② $n=k$일 때 명제 $P(n)$이 성립한다고 가정하면, $n=k+1$일

때도 명제 $P(n)$이 성립한다.

①과 ②를 만족하면 명제 $P(n)$이 모든 자연수에 대해서 성립한다고 할 수 있다. 그런데 n은 2나 3부터 시작할 수도 있다. 그러나 수학적 귀납법은 자연수에 대한 명제에 관한 것이므로 일반적인 수학적 명제나 정리에 모두 이용할 수는 없다.

보기 1

다음 식을 수학적 귀납법을 이용하여 보이시오.

(1) $1^2+2^2+\cdots+n^2=\dfrac{1}{6}n(n+1)(2n+1)$

(2) $2^n \le (n+1)!$

증명 (1) $n=1$일 때 $1^2=(1/6)\cdot 1\cdot 2\cdot 3$이므로 위 식은 참이 된다. 위 식이 k에 대해서 참이라고 가정하면 가정된 등식 양변에 $(k+1)^2$을 더함으로써 얻어진다.

$$\begin{aligned}1^2+2^2+\cdots+k^2+(k+1)^2 &= \frac{1}{6}k(k+1)(2k+1)+(k+1)^2\\ &= \frac{1}{6}(k+1)(2k^2+k+6k+6)\\ &= \frac{1}{6}(k+1)(k+2)(2k+3)\end{aligned}$$

이므로 주어진 식은 $n=k+1$일 때 성립한다. 따라서 수학적 귀납법에 의하여 위의 주어진 식은 모든 $n\in\mathrm{N}$에 대하여 성립한다.

(2) 분명히 $n=1$일 때 위 부등식은 성립한다. 만약 $2^k \le (k+1)!$이라 가정하면

$$2^{k+1}=2\cdot 2^k \le 2(k+1)! \le (k+2)(k+1)!=(k+2)!$$

이므로 주어진 부등식이 k에 대하여 성립하면 $k+1$에 대해서도 성립한다. 따라서 수학적 귀납법에 의하여 위 식은 모든 $n\in N$에 대하여 참이다.

2 모순 증명법 - 살짝 틀어서 증명하기

모순 증명법(proof by contradiction)은 먼저 결론을 거짓이라 가정하고, 논리적 추론 과정을 통해서 이것이 원래의 가정과 모순임을 보여 증명하는 방법이다. 이 증명법은 기존의 전통적인 방법으로는 주어진 문제를 쉽게 증명할 수 없는 경우에 매우 유용하며, 귀류법이라고도 한다. 이것은 그리스인들이 특히 사랑했던 증명법이다. 아테네의 아카데미에서 소크라테스와 플라톤은 논적들을 모순의 그물에 빠지게 만들어 논점을 증명하는 것을 좋아했다. 그렇게 하면 자신이 증명하려고 했던 논점은 자연스럽게 드러나게 된다. 전형적인 예로, $\sqrt{2}$가 무리수임을 증명하기 위해 $\sqrt{2}$가 유리수라는 가정에서 출발하여 그것이 모순을 일으킨다는 것을 보여 증명을 이끈다.

임의의 두 명제 p와 q에 대하여 'p이면 q이다'를 **조건문**(conditional statement)이라 하고, 기호 $p \rightarrow q$로 나타낸다. 예를 들어, p: "x는 자연수이다", q : "x는 정수이다"라고 하면 "p이면 q이다"는 참(true)이다. $p \rightarrow q$가 성립하는 조건을 표로 나타낸 진리표는 다음과 같다.

p	q	$p \rightarrow q$
참(T)	참(T)	참(T)
참(T)	거짓(F)	거짓(F)
거짓(F)	참(T)	참(T)
거짓(F)	거짓(F)	참(T)

귀류법은 $p \rightarrow q$를 증명하기 위해 'p이고 $\sim q$'라고 가정하면 모순됨을 보여서 $p \rightarrow q$가 참이라는 증명법이다. 다시 말해, $p \rightarrow q$가 참인 것과 $p \wedge (\sim q)$가 거짓임은 동치이므로 $p \wedge (\sim q)$가 참이라 가정하고 모순을 유도하면 원래의 명제가 참임을 증명하게 된다.

구체적인 예로, 우리나라에서 교통 신호등의 경우 빨간색 신호등은 멈춤(stop)이다. 이에 대해 'p(빨간색 신호등)이면 q(멈춘다)'라는 명제를 생각해보자(단, 이때의 신호는 일반적인 빨간색, 노란색, 초록색의 3색 신호라고 가정한다). 앞의 표에 대입하면 다음 표가 된다.

p 빨간색 신호등	q 멈춘다	$p \rightarrow q$ (빨간색 신호등)이면 (멈춘다)
참	참	참
참	거짓	거짓
거짓	참	참
거짓	거짓	참

위에서부터 순서대로 살펴보면,

① '빨간색 신호등'이면 '멈춘다'이므로 올바르다.

② '빨간색 신호등'이면 '멈추지 않는다'는 것은 틀렸다.

③ '빨간색 신호등이 아니'라면 '멈춘다'는 것은 초록색 신호등이나 노란색 신호등에서 멈춰도 위반은 아니므로 올바르다.

④ '빨간색 신호등이 아니'라면 초록색 신호등이나 노란색 신호등이므로 '멈추지 않는' 것도 올바르다.

보기 2

n이 자연수이고 n이 2가 아닌 소수(prime number)이면 n은 반드시 홀수가 됨을 증명하여라.

증명 n이 2가 아닌 소수일 경우 $q(n)$은 n은 홀수이다'라는 명제를 부정하여 'n이 2가 아닌 소수이고 또한 n은 짝수이다'라고 가정한다. n은 짝수이므로 $n=2m$으로 표현될 수 있다(m은 임의의 자연수). 자연수 m이 1인 경우에 $n=2$이며, $m>1$이면 n은 m으로 나누어지므로 소수가 될 수 없다. 따라서 이것은 가정에 모순이다. 그러므로 n은 반드시 홀수가 된다.

보기 3

$\sqrt{2}$는 유리수가 아님을 증명하시오.

증명 $\sqrt{2}$가 유리수라고 가정하면 이는 분수로 표현할 수 있을 것이다. 즉, $\sqrt{2}=n/m$(단, n과 m은 서로소인 자연수)이다. 여기서 $\sqrt{2}m=n$이고 양변을 제곱하면 $2m^2=n^2$이다. 이것은 n^2이 2의 배수임을 나타낸다. 따라서 n도 2의 배수이다. $n=2k$(k는 자연수)로 나타내면 $2m^2=(2k)^2$, 즉 $m^2=2k^2$는 2의 배수이다. 마찬가지로 m도 2의 배수이다. 여기서 m과 n은 다같이 2의 배수이므로 이것은 m과 n이 서로소라는 사실에 모순이다. 이러한 모순은 '$\sqrt{2}$가 유리수'라고 가정한데서 비롯되었다. 따라서 $\sqrt{2}$는 유리수가 아닌 무리수이다.

3 직접 증명법 - 직접 부딪혀서 증명하기

직접 증명법(direct proof)이란 이미 확립된 내용이나 가정으로부터 논리적인 논증과정과 추론을 통하여 목적하는 결론에 도달할 수 있도록 유도하는 증명법으로서, 명제 $p \to q$의 직접 증명은 논리적으로 p의 진리값이 참일 때 q도 참임을 보이는 증명 방법이다.

보기 4

두 짝수의 합은 항상 짝수가 됨을 보이시오.

증명 a와 b를 모두 임의의 짝수라고 하자. 짝수의 정의에 의해 $a=2m$, $b=2n$(단, m과 n은 정수)으로 나타낼 수 있다. a와 b를 합하면

$$a+b=2m+2n=2(m+n)$$

이고 $m+n$은 정수이다. 따라서 $a+b=2m+2n$은 항상 어떤 정수값의 2의 배수이므로 짝수가 된다.

보기 5

$|a|>|b|$일 때 $a^2>b^2$임을 보이시오.

증명 $a>0$, $b>0$이고 $a>b$일 경우 $a^2>b^2$임을 알고 있다. 그런데 어떤 a, b에 대해서도 $|a|, |b|>0$이므로 $|a|>|b|$일 때 $a^2=|a^2|>|b^2|=b^2$이다.

4 대우를 이용한 증명법

대우를 이용한 증명은 결론을 부정하여 이를 가정으로 생각한 후에 직접 증명법과 같은 추론을 하여 가정을 부정한 결론을 이끌어 내는 것이다. 즉, $p \rightarrow q$와 $\sim q \rightarrow \sim p$가 대우 관계로써 논리적 동치가 됨을 이용하여, $\sim q \rightarrow \sim p$가 참인 것을 증명함으로써 $p \rightarrow q$가 참이 되는 것을 보여주는 증명 방법이다.

보기 6

모든 정수 n에 대해 n^2이 짝수라고 가정하면 n도 짝수임을 보이시오.

증명 주어진 명제의 대우인 '만약 n이 홀수이면 n^2이 홀수이다'를 증명한다. n이 홀수라고 가정하면 정의에 따라 어떤 정수 k에 대해 $n=2k+1$로 표현될 수 있다. 양변을 제곱해서 계산하면

$$n^2=(2k+1)^2=4k^2+4k+1=2(2k^2+2k)+1$$

이다. 정수의 곱과 합은 정수이므로 괄호 안에 있는 $2k^2+2k$도 당연히 정수가 된다. 따라서 $n^2=2(2k^2+2k)+1$이므로 n^2은 홀수이다.

5 반례 증명법 - 반례를 들어 딴죽걸기

반례 증명법(proof by counter-example)은 어떤 명제가 참 또는 거짓임을 입증하기가 상당히 어려운 경우, 주어진 명제에서 모순이 되는 간단한 하나의 예를 보임으로써 비교적 쉽게 증명할 수 있는 방법이다. 예를 들어, '모든 수는 제곱하면 짝수가 나온다'라는 주장을 가정해 보자. 여러분은 이 주장을 믿는가? $4^2 = 16$이므로 정말 짝수가 나온다는 것을 알 수 있다. 하지만 제비 한 마리를 봤다고 봄이 왔다고 믿는 것은 성급한 일이다. $7^2 = 49$는 홀수이다. 이것은 모든 수를 제곱하면 짝수가 나온다는 진술이 거짓임을 의미한다.

보기 7

'p가 자연수이고 $x = p^2 + 1$이면 x는 소수이다'란 명제가 거짓임을 보이시오.

증명 가령 $p = 3$인 경우에 $x = 10$이므로 x는 소수가 아니다. 따라서 주어진 명제는 거짓이다. 이때 $p = 3$을 반례라고 한다.

보기 8

모든 실수 x에 대해 $(x+1)^2 \geq x^2$이 성립하지 않음을 보이시오.

증명 반례를 들어 위의 명제가 거짓임을 증명한다. 가령 $x = -1$일 때 $(-1+1)^2 = 0 < 1 = (-1)^2$이다. 따라서 위의 명제가 성립하지 않는다.

참고로 유클리드의 책 《원론》을 번역하는 과정에서 후세의 수학자들은 증명이 마무리되었음을 알리기 위해 증명의 맨 마지막에 'QED'나 'qed'라고 적었다. 이것은 '증명 끝'이라는 뜻으로, 'quod erat demonstrandum'이라는 라틴어의 약자이다. 요즘에는 안을 가득 채운 정사각형 ■이나 □를 사용한다.

연습문제 17

1 수학적 귀납법을 이용하여 다음 식이 성립함을 보이시오.

(1) $1+3+5+\cdots+(2n-1)=n^2$

(2) $n<2^n$

(3) $n^2<2^n \ (n \geq 5)$

(4) $2^n<n! \ (n \geq 4)$

(5) $(n!)^3<n^n\left(\frac{n+1}{2}\right)^{2n} \quad (n \geq 2)$

(6) $1^3+2^3+\cdots+n^3=\{n(n+1)/2\}^2$

(7) $x, y \in \mathbb{R}$ 에 대하여

$x^{n+1}-y^{n+1}=(x-y)(x^n+x^{n-1}y+\cdots+y^n)$

(8) $\left(\frac{x+y}{2}\right)^n \leq \frac{x^n+y^n}{2} \ (x, y \geq 0)$

2 수학적 귀납법을 이용하여 다음을 보이시오.

(1) 모든 자연수 $n \in \mathbb{N}$ 에 대하여 7^n-4^n은 3의 배수이다.

(2) (베르누이의 부등식) $h>-1$일 때 모든 $n \in \mathbb{N}$ 에 대하여 $(1+h)^n \geq 1+nh$이다.

(3) n이 자연수일 때 7^n-2^n이 5로 나누어진다.

(4) $0 \leq a<1$일 때 임의의 자연수 n에 대하여 $1-a^n \geq (1-a)^n$이다.

(5) 모든 자연수 $n \in \mathbb{N}$ 에 대하여 $n>0$이다.

(6) a, b가 실수일 때 $a-b$가 모든 $n \in \mathbb{N}$ 에 대하여 a^n-b^n의 인수이다.

3 $0<x_1<2$이고 모든 $n \in \mathbb{N}$ 에 대하여 $x_{n+1}=\sqrt{2+x_n}$ 이면 모든 $n \in \mathbb{N}$ 에 대하여 $0<x_n<x_{n+1}<2$임을 보이시오.

1 e는 어떤 수인가?

근삿값이 대략 2.71828인 자연대수 또는 오일러 수라고 부르는 e는 수학에서 가장 위대한 상수이다. 고등학교 교육과정에서 이 수 e는 수열 $\left\{\left(1+\frac{1}{n}\right)^n\right\}$의 극한값으로 정의하고 있다. 즉, 다음과 같다.

$$\lim_{n\to\infty}\left(1+\frac{1}{n}\right)^n = e$$

사실 고등학교에서는 이 수열의 극한이 존재함을 밝히지 않고 있지만, 여기서는 증명을 나중에 제시한다. 이 수는 17세기 초 몇몇 수학자들이 로그(logarithm)+의 개념을 명확하게 하기 위해 머리를 맞대는 과정에서 빛을 보게 되었다. 1727년에 오일러는 자연로그 이론과 관련하여 e라는 표기법을 최초로 사용했다. 이런 의미에서 e를 오일러 수라고도 한다.

e와 유일한 라이벌수 π의 역사가 바빌로니아 시대까지 장대한 세

+ 로그의 발명은 큰 숫자들 사이의 곱셈을 덧셈으로 변환할 수 있게 된 획기적인 사건이었다.

월을 거슬러 올라가는 반면, e의 발견과 활용 역사는 아주 짧다. 하지만 e는 '성장이나 감소'와 관련된 어느 곳에나 나타난다. 인구 증가 또는 감소, 돈이나 다른 물리량에 관한 것이든, 성장이나 감소 이야기가 나오는 곳에는 어김없이 e가 등장한다. 이처럼 경제학, 천문학, 공학, 기상, 통계학 등 지수함수가 필요한 학문은 수없이 많다.

e는 근삿값이 2.71828 정도 되는 수다. π와 마찬가지로 e도 무리수이므로 그 정확한 값을 알지는 못한다. e를 소수 20번째 자리까지 구한 값은 2.71828182845904523536 ⋯ 이다.

지금 수열 $\left\{\left(1+\frac{1}{n}\right)^n\right\}$의 극한값이 존재하고, $e=\sum_{n=0}^{\infty}\frac{1}{n!}$, 그리고 e가 무리수임을 살펴본다.

n	$\left(1+\frac{1}{n}\right)^n$
1	2.00000
2	2.25000
3	2.37037⋯
4	2.44140⋯
⋯	⋯
10	2.59374⋯
100	2.71692⋯
1000	2.71814⋯
10000	2.71826⋯
⋯	⋯
∞	2.71828⋯

정리 1 (단조수렴정리) 임의의 유계인 단조증가 또는 단조감소 수열은 반드시 수렴한다.

1에서 n까지의 모든 자연수를 곱해서 만들어지는 수를 n의 계승이라 하고 $n!$로 나타낸다(n팩토리얼이라고 읽는다).

정리 2 수열 $\left\{\left(1+\dfrac{1}{n}\right)^n\right\}$은 수렴한다.

증명 이항정리에 의하여 다음과 같다.

$$\begin{aligned}a_n &= 1+\frac{n}{1!}\frac{1}{n}+\frac{n(n-1)}{2!}\left(\frac{1}{n}\right)^2+\frac{n(n-1)(n-2)}{3!}\left(\frac{1}{n}\right)^3+\\ &\quad \cdots+\frac{n(n-1)\cdots 3\cdot 2\cdot 1}{n!}\left(\frac{1}{n}\right)^n\\ &= 1+\left(\frac{1}{1!}\right)+\frac{1}{2!}\left(1-\frac{1}{n}\right)+\frac{1}{3!}\left(1-\frac{1}{n}\right)\left(1-\frac{2}{n}\right)+\\ &\quad \cdots+\frac{1}{n!}\left(1-\frac{1}{n}\right)\left(1-\frac{2}{n}\right)\cdots\left(1-\frac{n-1}{n}\right)\end{aligned}$$

마찬가지로

$$\begin{aligned}a_{n+1} &= 1+1+\frac{1}{2!}\left(1-\frac{1}{n+1}\right)+\cdots\\ &\quad +\frac{1}{(n+1)!}\left(1-\frac{1}{n+1}\right)\cdots\left(1-\frac{n}{n+1}\right)\end{aligned}$$

이다. 그러므로

$$a_n < a_{n+1} \quad (n=1,\ 2,\ 3,\ \cdots)$$

이다. 한편, $a_n < 1+\dfrac{1}{1!}+\dfrac{1}{2!}+\dfrac{1}{3!}+\cdots+\dfrac{1}{n!}$이고, $3! > 2^2$, $4! > 2^3$, $\cdots$, $n! > 2^{n-1}$이므로

$$\begin{aligned}a_n &< 1+1+\frac{1}{2}+\frac{1}{2^2}+\cdots+\frac{1}{2^{n-1}}=1+\frac{1-\left(\dfrac{1}{2}\right)^n}{1-\dfrac{1}{2}}\\ &=3-\left(\frac{1}{2}\right)^{n-1}<3\end{aligned}$$

이다. 즉, 수열 $\{a_n\}$은 단조증가 수열이면서 유계수열이다. 따라서 단조수렴정리에 의하여 $\{a_n\}$은 수렴한다. ■

위 정리에 의하여 오일러 수 e는 수열 $\left\{\left(1+\frac{1}{n}\right)^n\right\}$의 극한값으로 정의한다. 즉, 다음과 같이 쓸 수 있다.

$$\lim_{n\to\infty}\left(1+\frac{1}{n}\right)^n = e$$

$n \geq 1$이면 $n! = 1 \cdot 2 \cdot 3 \cdots n$이고 $0 \neq 1$이라 한다.

$$\begin{aligned} S_n &= 1+1+\frac{1}{1\cdot 2}+\frac{1}{1\cdot 2\cdot 3}+\cdots+\frac{1}{1\cdot 2\cdots n} \\ &< 1+1+\frac{1}{2}+\frac{1}{2^2}+\cdots+\frac{1}{2^{n-1}} < 3 \end{aligned}$$

이고 $S_n \leq S_{n+1}$이므로 단조수렴정리에 의하여 $\sum_{n=0}^{\infty}\frac{1}{n!}$는 수렴한다.

오일러 수 e는 다음 정리에 의하여 급수 $\sum_{n=0}^{\infty}\frac{1}{n!}$의 합으로도 표현될 수 있다.

정리 3 $e = \sum_{n=0}^{\infty}\frac{1}{n!}$

증명 $S_n = \sum_{k=0}^{n}\frac{1}{k!}$, $T_n = \left(1+\frac{1}{n}\right)^n$이라 놓자. 이항정리에 의하여

$$\begin{aligned} T_n = &\ 1+1+\frac{1}{2!}\left(1-\frac{1}{n}\right)+\frac{1}{3!}\left(1-\frac{1}{n}\right)\left(1-\frac{2}{n}\right)+\cdots \\ &+\frac{1}{n!}\left(1-\frac{1}{n}\right)\left(1-\frac{2}{n}\right)\cdots\left(1-\frac{n-1}{n}\right) \end{aligned}$$

이므로 $T_n \leq S_n$이다. 따라서

$$e = \lim_{n\to\infty} T_n \leq \sum_{n=0}^{\infty}\frac{1}{n!} \tag{1}$$

이다. 다음으로 $n \geq m$이라면

$$T_n \geq 1+1+\frac{1}{2!}\left(1-\frac{1}{n}\right)+\cdots+\frac{1}{m!}\left(1-\frac{1}{n}\right)\cdots\left(1-\frac{m-1}{n}\right)$$

이다. m을 고정시키고 $n\to\infty$로 하면

$$\lim_{n\to\infty} T_n \geq 1+1+\frac{1}{2!}+\cdots+\frac{1}{m!}$$

이므로 $S_m \leq \lim_{n\to\infty} T_n$이다. 따라서 $m\to\infty$로 하면

$$\sum_{n=0}^{\infty}\frac{1}{n!} \leq \lim_{n\to\infty} T_n = e \tag{2}$$

이 된다. 그러므로 정리는 (1)과 (2)로부터 성립함을 알 수 있다. ■

급수 $\sum_{n=0}^{\infty}\frac{1}{n!}$이 수렴하는 속도는 다음과 같이 평가된다. S_n이 이미 기술한 바와 같이 같은 의미를 갖는다고 하면,

$$\begin{aligned} e-S_n &= \frac{1}{(n+1)!}+\frac{1}{(n+2)!}+\frac{1}{(n+3)!}+\cdots \\ &< \frac{1}{(n+1)!}\left\{1+\frac{1}{n+1}+\frac{1}{(n+1)^2}+\cdots\right\}=\frac{1}{n!n} \end{aligned}$$

이므로

$$0 < e-S_n < \frac{1}{n!n} \tag{3}$$

이다.

정리 4 e는 무리수이다.

증명 e를 유리수라 하고, $e=\frac{p}{q}$ (p, q는 자연수)라 놓으면 위 식으로부터

$$0 < q!(e - S_q) < \frac{1}{q}$$

이고 가정에 의해 $q!e$는 자연수이다. 또한

$$q!S_q = q!\left(1 + 1 + \frac{1}{2!} + \cdots + \frac{1}{q!}\right)$$

도 자연수이므로 $q!(e - S_q)$는 자연수이다. $q \geq 1$이므로 부등식 (3)은 0과 1 사이에 자연수가 있음을 나타내어 모순된다. ■

참고 지수함수 $y = e^x$의 테일러 급수는

$$e^x = 1 + x + \frac{x^2}{2!} + \frac{x^3}{3!} + \frac{x^4}{4!} + \cdots + \frac{x^n}{n!} + \cdots = \sum_{n=0}^{\infty} \frac{x^n}{n!}$$

이므로 이 급수에서 $x = 1$일 때 $e = \sum_{n=0}^{\infty} \frac{1}{n!}$임을 알 수 있다.

2 저축 이자의 복리계산

은행에 예금을 하면 일정한 기간 뒤에 이자(interest)라고 하는 보수를 받게 된다. 처음 투자한 자금을 **원금**(principal)이라 한다. 자금을 투자한 후 어느 시점에서 원금과 이자의 합을 **원리합계**라고 한다.

은행에 예금을 할 때나 대출을 받을 때 먼저 이율이 정해진다. 이자를 계산하는 방법에는 단리법과 복리법이 있다. 단리법은 원금에 대해서만 이자를 계산하는 방법이고, 복리법은 일정한 기간마다 이자를 원금에 합쳐 그 금액을 다른 기간의 원금으로 하여 이자를 계산하는 방법이다.

(1) 단리법

원금을 P, 이율을 i, 기간을 n이라 할 때 단리법에 의한 이자 I와 원리합계 S는 각각

$$I = Pin,\ S = P + I = P(1 + in)$$

이다.

보기 1

1,000만 원을 연이율 3%의 단리로 은행에 예금하고 100일 뒤에 찾기로 하였다. 100일 뒤의 원리합계를 구하시오(단, 10원 미만은 버린다).

풀이 $10{,}000{,}000(1 + 0.03 \times 100/365) = 10{,}082{,}190$원

(2) 복리법

원금을 P, 이율을 i, 기간을 n이라 할 때 복리법에 의한 n기 말의 원리합계 S_n은 다음과 같다.

제1기 말의 원리합계 $S_1 = P(1+i)$

제2기 말의 원리합계

$$S_2 = S_1(1+i) = P(1+i)(1+i) = P(1+i)^2$$

$$\vdots$$

제n기 말의 원리합계 $S_n = P(1+i)^n$

보기 2

원금 100만 원을 2년 동안 연 4%의 복리로 은행에 예금하였을 때 만기일의 원리합계를 구하시오.

풀이 $1{,}000{,}000(1 + 0.04)^2 = 1{,}081{,}600$원

(3) 이자 복리계산과 오일러 상수 e

1년 동안 100%라는 놀라운 금리로 종자돈(원금) 1달러를 예금한다고 생각해보자. 물론 예금에서 이자를 100% 주는 일은 거의 없지만, 이 수치를 이용하는 것이 설명이 편하고, 나중에 수치를 실질적인 금리인 6%나 7%로 바꿔주기만 하면 개념을 똑같이 적용할 수 있다. 마찬가지로, 실제 원금이 10,000달러 정도라고 하면, 우리가 얻는 값에 10,000을 곱해주면 된다.

① 원금 1달러를 100%의 예금금리로 1년이 지나면 이자는 1달러가 된다. 따라서 원금과 이자를 합하면 2달러가 된다.

② 이제 금리는 50%로 내리는 대신, 반년씩 따로 두 번 적용한다고 가정하면 첫 반년 동안 이자로 50센트를 벌게 되어, 반년이 지나면 원금은 1.5달러로 불어난다. 그리고 나머지 반년이 지나면 이 원금에 이자가 75센트 붙게 된다. 따라서 원금 1달러가 1년이 지난 후에는 2.25달러로 불어나게 된다! 별로 큰 액수가 아닌 것처럼 보이지만, 만약 처음에 투자한 돈이 10,000달러라고 하면 이자로 2,000달러가 아니라 2,250달러를 벌어들이게 된다. 반년씩 복리로 계산함으로써 250달러를 추가로 더 벌어들인 것이다.

③ 다시 금리는 25%로 내리는 대신, 1년을 4분기로 나누고 금리는 각 분기마다 25%를 적용한다고 가정하면 위의 계산과 비슷하게 진행하여 1달러는 2.44141달러로 불어난다.

④ 벌어들이는 이자가 점점 커지는 것을 보니, 달러를 저축할 생각이면 가능한 한 년을 더 작은 시간단위와 금리로 나누어 적용하는 것이 유리하다는 사실을 알 수 있다.

⑤ 이렇게 계속하면 이자가 무한정 늘어나서 부자가 될 수 있을까? 1년을 점점 더 작은 단위로 계속 쪼개어 나가면, 위 표에서 보듯이 그 값이 점차 하나의 고정값으로 수렴한다. 물론 복

복리계산 주기 원금 이자 합

1년	$2.00000
반년	$2.25000
4분기(3개월)	$2.44141
월	$2.61304
주	$2.69261
일	$2.71457
시	$2.71813
분	$2.71828
초	$2.71828

리를 적용할 수 있는 현실적인 단위는 하루 단위다(은행에서도 이렇게 한다). 여기서 등장하는 수학적 메시지는, 수학자들이 오일러 수 'e'라고 하는 이 극한값은 1달러를 연속적으로 복리로 계산했을 때 나오는 값에 해당한다는 것이다. 과연 복리는 좋은 것일까? 여러분은 이미 그 답을 알고 있을 것이다. 돈을 저금하고 있다면 '그렇다', 돈을 빌리고 있다면 '아니다'.

연이율 x에 대하여 이러한 계산을 해보자. 우선 반년마다 $\frac{x}{2}$만큼 이자를 붙일 경우, $\frac{1}{3}$년마다 $\frac{x}{3}$만큼 이자를 붙일 경우, $\frac{1}{4}$년마다 $\frac{x}{4}$만큼 이자를 붙일 경우, …와 같은 식으로 차례차례 계산해가면 결과는 다음과 같다.

기간을 세분할 때 1년 뒤 이자율과 원리합계

$$\left(1+\frac{x}{2}\right)^2 = 1+x+\frac{1}{4}x^2$$

$$\left(1+\frac{x}{3}\right)^3 = 1+x+\frac{1}{3}x^2+\frac{1}{27}x^3$$

$$\left(1+\frac{x}{4}\right)^4 = 1+x+\frac{3}{8}x^2+\frac{1}{16}x^3+\frac{1}{256}x^4$$

$$\vdots$$

$$\left(1+\frac{x}{100}\right)^{100}=1+x+\frac{1}{2!}\left(\frac{99}{100}\right)x^2+\frac{1}{3!}\left(\frac{99}{100}\cdot\frac{98}{100}\right)x^3+\cdots$$

$$\vdots$$

$$\left(1+\frac{x}{n}\right)^{n}\sim 1+\frac{x}{1!}+\frac{x^2}{2!}+\frac{x^3}{3!}+\frac{x^4}{4!}+\cdots=e^x$$

이 다항식은 흥미롭게도 일정한 급수인 지수함수로 수렴한다. 이 식에서 x에 1을 대입하면 오일러 수가 된다. 즉, 이자율이 연이율 100%이면 연리를 1년을 점점 더 작은 단위로 무한히 계속 쪼개어 그 짧은 기간을 단위로 복리계산할 경우 1년 후의 원리합계는 원금에 고정값인 오일러 수 e를 곱한 값이 된다. 연이율 100%로 돈을 빌릴 경우에 1년 후의 부채총액도 마찬가지로 계산할 수 있다.

3 세상을 놀라게 한 아름다운 공식

지수함수 $y=e^x$를 미분하면 그대로 $\frac{dy}{dx}=y'=e^x$이 되는 특성을 갖고 있다. 오일러는 수학의 여러 분야에서 수많은 공식을 만들어냈는데, 대표적인 것은 지수함수와 삼각함수를 연결하는 **오일러의 공식**이라 부르는 식

$$e^{i\theta}=\cos\theta+i\sin\theta=\mathrm{cis}\theta$$

에서 $\theta=\pi$로 놓으면

$$e^{\pi i}+1=0$$

을 얻을 수 있다. 이것은 수학의 모든 분야에 있어서 가장 아름다운

방정식이다. 이 식에서 가장 중요한 연산(덧셈, 곱셈과 지수), 등호와 수학에서 가장 중요한 5개의 상수 0, 1, e, π, i가 결합된 관계식이다.

4 e는 왜 중요한가?

(1) 혈중 약의 농도

감기, 알레르기성 비염, 치통, 위염 등으로 인해 의사의 처방을 받은 약을 구입할 때 약사는 환자에게 '약을 식전이나 식후, 4시간이나 6 시간마다 약을 드셔야 한다'고 말한다. 약을 복용했을 때 약의 효과가 얼마나 지속될 필요가 있는지가 중요하다. 복용한 약이 몸 속에서 어느 정도의 농도가 되는지를 조사하는 것이 중요하므로 '반감기'라는 지표를 사용한다. 반감기는 어떤 물질의 양이 시간이 지남에 따라 감소할 때 그 양이 최초의 절반이 되기까지 소요되는 시간을 말한다. 대부분의 약은 반감기의 4~5배의 시간이 지나면 대사가 되어서 효과가 사라진다고 한다. 따라서 약의 반감기를 알면 대략적인 작용시간도 알 수 있어 하루에 몇 번 먹으면 되는지를 알 수 있다. 참고로 약의 효과를 알려면 혈액 속의 양의 농도인 '혈중 농도'를 계산해야 한다.

혈중 농도란 혈액 속에 있는 약의 성분의 농도이다. 이것이 일정 수준 이하이면 어떤 효과가 나타나지 않고, 너무 높으면 부작용을 초래하게 된다. 약을 복용하여 어떤 일정 시간 t에서 혈중 농도 C의 공식은 다음과 같다.

$$C = C_0 \times e^{-kt} = C_0 \times \exp(-kt)$$

여기서 C_0는 초기의 혈중 농도, k는 소실 속도 상수이다.

보기 3

혈중 농도의 반감기가 6시간인 약을 먹었을 때 초기 혈중 농도 200 μg/mL일 경우 12시간 후의 혈중 농도는 몇 μg/mL가 되는가?

풀이 반감기가 6시간이므로 반감기일 때의 상태를 식에 적용한다. 경과시간 $t=6$, 혈중 농도는 최초 농도의 절반이므로 $C=200\div 2=100$이다. 이것을 식에 대입하면

$$100=200\times e^{-6k}$$

이므로 $e^{-kt}=1/2$이다. 따라서 12시간 후의 혈중 농도는

$$C=200\times e^{-12k}=200\times(e^{-6k})^2=200\times\left(\frac{1}{2}\right)^2=50(\mu\text{g/mL})$$

이다. 이 약의 경우는 약을 먹고 12시간이 지나면 혈중 농도가 최초 농도의 $\frac{1}{4}$이 되는 것이다.

참고로 약을 먹은 뒤에 몸 속에서 어떻게 흡수, 대사, 배설되는지 연구하거나 유효성 또는 안전성을 계산하려면 지수 외에도 로그나 미적분의 수학을 이용해야 한다. 사람의 몸에 직접 작용하는 약이므로 면밀한 계산이 필요하다.

(2) 방사능 물질과 지수의 관계와 고고학의 활용

지난 2011년 3월 11일에 발생한 일본 후쿠시마 원자력 발전소 사고에 관한 뉴스에서 반감기라는 용어를 들어본 기억이 있을 것이다. 방사능 물질은 원자가 파괴되어 방사선을 방출하면서 다른 원소로 변화한다. 그리고 더 이상 파괴할 수 없는 상태에 이르면 방사선을 방출하지 않게 된다. 이 경우에 반감기는 그 방사선을 방출하는 능력(방사능)의 최초의 절반이 될 때까지 걸리는 시간이다. 감소량은 방사성 물질의 종류에 따라 다르지만, 감소 추세는 지수함수적이다.

방사능 물질과 지수의 관계는 고고학이나 인류학에서도 사용되고 있다. 방사성 탄소 연대 측정법이 그 예이고, 이 측정법을 개발한 공로로 리비(Libby, W. F., 1908~1980)는 1960년에 노벨 화학상을 수상하였다. 식물은 공기를 통해 이산화탄소를 흡수하고 동물도 먹이사슬을 통해 반감기가 5730년인 탄소의 방사성 동위원소 ^{14}C를 흡수한다. 식물이나 동물이 죽으면 탄소의 교환이 멈추고 생물 속에 있는 ^{14}C 전체는 세월의 경과와 함께 방사성 붕괴를 통해 점점 감소한다. 생물 속에 있는 방사성 물질이 뼈나 나뭇조각 속에 남아 있는 방사성 물질을 측정함으로써 그 생물체의 사후 경과 시간을 조사한다. 이때 방사성 물질의 양과 그 생물이 살아있던 연대의 관계는 거의 지수함수로 나타낸다.

지수함수적 붕괴의 대상(방사는 물질)이 되는 양을 N으로 나타낼 때, 시간 t에서의 N의 값은 식 $N(t)=N_0e^{-\lambda t}$으로 나타낸다. 여기서 N_0는 N의 초깃값이고 붕괴 상수 λ는 양의 상수이다. 이처럼 e를 바탕으로 해서 방사성 붕괴 모형을 만드는 데 사용하는 곡선도 이것과 관련이 있다.

(3) 개체군 증가, 인구 증가와 질병의 감염

시각 t에서 개체군 모집단의 크기를 $P(t)$라 할 때 '증가율 $\frac{dP}{dt}$는 모집단의 인구 $P(t)$에 비례한다'고 가정하면

$$\frac{dP}{dt}=kP \text{ 또는 } \frac{1}{P}\frac{dP}{dt}=k \quad (\text{단, } k\text{는 비례상수})$$

로 표현할 수 있다. $\frac{d}{dx}\log f(x)=\frac{f'(x)}{f(x)}$를 상기하여 양변을 적분하면

$$\log P = kt + C_o \ (\text{단, } C_o\text{는 적분 상수이다}).$$

이다. 따라서 $P(t)$를 구하면 다음과 같다.

$$P(t) = P_0 e^{kt} \text{ (단, } P_0 = e^{C_0}\text{는 } t = 0\text{에서 모집단의 크기)}$$

인구의 증가 상황에서 인구 증가율은 인구의 크기에 비례한다고 가정할 때 인구의 성장 공식은 $P = P_0 e^{rt}$이다. 여기서 P_0는 초기의 인구, r은 인구 증가율, t는 기간을 나타낸다.

전체 인구 중에서 시각 t에서 어떤 질병에 감염된 사람의 수를 p라 하고, 감염률이 이미 감염된 사람의 수에 비례한다고 가정한자. 그러면 $\frac{dp}{dt}$가 p에 비례하게 된다. 즉, $\frac{dp}{dt} = kp$를 얻게 된다. 여기서 k는 어떤 양의 상수이다. 위와 같이 이 미분방정식의 해는 $p(t) = p_0 e^{kt}$로 표현할 수 있는데, p_0는 발병 초기인 $t = 0$일 때의 감염자의 수이다.

(4) 친환경 자동차 제작

지구 온난화와 대기오염, 미세먼지 등 지구 환경에 관한 관심이 날로 높아가고 있다. 기술이 발전해 우리의 생활이 편해질수록 지구 환경이 파괴된다니, 참으로 슬픈 일이다. 그래서 세계 각국은 지구 환경을 생각한 친환경 기술을 개발하는 데 투자하고 있다. 전기차나 수소차 또는 친환경 자동차 개발도 그중 하나이다. 자동차 배기가스에는 탄화수소, 일산화탄소, 질소 산화물 같은 환경오염 물질이 들어 있기 때문이다. 자동차의 배기가스를 정화하기 위해 촉매가 이용되고 있다. 촉매란 어떤 화학 반응을 촉진하는(또는 늦추는) 물질이며, 그 자체는 반응 전후에 변화하지 않는 것이다.

화학 반응의 속도는 온도 등 다양한 조건에 따라 변화한다. 그리고 온도에 대한 반응속도를 예측하기 위해서 다음 아레니우스 공식을 사용한다.

$$k = A\exp\left(-\frac{E_a}{RT}\right)$$

여기서 k는 반응속도 상수, A는 온도와 관계없는 상수(빈도 인자), E_a는 활성화 에너지(1 mol당), R은 기체 상수, T는 절대 온도이다.

아레니우스 식으로 활성화 에너지를 구할 수 있으며, 어떤 촉매를 사용하면 화학 반응을 일으킬 수 있는지 조사할 수 있다.

화학의 세계에서 화학 반응을 효율적으로 일으킬 수 있게 해주는 촉매를 자주 사용한다. 이런 촉매를 이용해 환경에 이로운 자동차도 개발하고 있다.

(5) 현수교 설계

현수선(catenary)은 굵기와 무게가 균일한 줄의 양 끝을 같은 높이에 고정시켰을 때 그 사이에서 줄이 처진 모양이 이루는 곡선이다. e는 현수선의 방정식 $y=\frac{a}{2}(e^{\frac{x}{a}}+e^{-\frac{x}{a}})$에도 등장한다. 이 방정식에서 $a=1$이면 $y=\frac{1}{2}(e^{x}+e^{-x})$가 된다. 이 그래프는 $y=\frac{e^{x}}{2}$와 $y=\frac{e^{-x}}{2}$를 합성하면 현수선의 그래프를 얻을 수 있는데 얼핏 보면 포물선의 그래프와 모양이 비슷하다. 미국 미주리 주의 세인트루이스에 있는 게이트웨이 아치는 현수선을 뒤집어 놓은 모양이다. 이처럼 현수교를 지탱하는 케이블곡선의 디자인도 e를 바탕으로 이루어진다. 목록을 뽑자면 끝도 없다.

(6) 통계학

제임스 스털링(James Stirling, 1692~1770)은 계승값 $n!$의 놀라운 근사 공식 $n! \sim \sqrt{2\pi n}\, n^{n}e^{-n}$을 구하였는데, 이 공식에도 e가 들어 있다. 또한 통계학에서 자주 등장하는 정규분포의 '종형 곡선'에도

$$\int_{-\infty}^{\infty} e^{-x^2} dx = \sqrt{\pi}$$

처럼 e가 사용된다.

5 오일러 수의 역사

- 1618년 존 네이피어(John Napier) : 로그와 관련하여 상수 e를 만나다.
- 1727년 오일러 : 로그이론과 관련하여 e라는 표기법을 사용한다.
- 1737년 오일러 : e가 분수가 아닌 무리수임을 증명한다.
- 1748년 오일러 : e를 23자리까지 계산한다. 이즈음에 그는 유명한 공식 $e^{\pi i} + 1 = 0$을 발견한 것으로 생각된다.
- 1840년 조제프 리우빌(Joseph Liouville) : e가 이차방정식의 해가 될 수 없음을 증명한다.
- 1873년 샤를 에르미트(Charles Hermite) : e가 초월수(대수방정식의 해가 될 수 없는 수)임을 증명한다.
- 1882년 페르디난트 폰 린데만 : 에르미트의 방법을 변형해서 π가 초월수임을 증명한다.
- 2007년 : e를 10^{11}자리까지 계산한다.

6 π와 e 사이의 상관관계

π와 e 사이의 상관관계는 정말 매혹적이다. e^{π}와 π^{e}의 값은 비슷하다. 하지만 실제로 값을 계산하지 않아도 $e^{\pi} > \pi^{e}$임을 쉽게 증명

할 수 있다. 계산기로 근삿값을 계산해보면 $e^\pi = 23.14069$이고 $\pi^e = 22.45916$이 나온다.

보기 4

$e^\pi > \pi^e$임을 보이시오.

증명 $x > 0$일 때 $f(x) = e^x - (1+x)$로 두면 임의의 $x > 0$에 대하여 $f'(x) = e^x - 1 > 0$이므로 f는 증가한다. $f(0) = 0$이므로 $x > 0$일 때 $e^x > 1+x$가 성립한다. 위 부등식에 있는 x에 $\pi/e - 1$을 대입하면 $e^{\pi/e-1} > 1 + (\pi/e - 1) = \pi/e$가 성립한다. 따라서 $e^{\pi/e} > \pi$이고 지수 법칙에 의하여 $e^\pi > \pi^e$가 된다.

연습문제 18

1 다음을 증명하시오.

(1) $\lim_{x\to\infty}\left(1+\frac{1}{x}\right)^x = e$ (2) $\lim_{x\to-\infty}\left(1+\frac{1}{x}\right)^x = e$

(3) $\lim_{x\to 0}(1+x)^{\frac{1}{x}} = e$

2 다음 수열의 극한을 구하시오.

(1) $\lim_{n\to\infty}\left(1+\frac{1}{n^2}\right)^{n^2}$ (2) $\lim_{n\to\infty}\left(1+\frac{1}{n^2}\right)^n$

(3) $\lim_{n\to\infty}\left(1+\frac{2}{n}\right)^n$ (4) $\lim_{n\to\infty}\left(1+\frac{1}{2n}\right)^n$

3 다음 극한을 구하시오.

(1) $\lim_{x\to 0}\left(1+\frac{2}{3}x\right)^{\frac{2}{x}}$ (2) $\lim_{x\to\infty}\left(1-\frac{1}{2x}\right)^x$

(3) $\lim_{x\to-\infty}\left(1-\frac{1}{x}\right)^{2x}$

4 함수 $f(x)=\lim_{n\to\infty}\left(1-\frac{x}{n}\right)^n$으로 정의할 때 다음을 구하시오.

(1) $f\left(\frac{1}{2}\right)$ (2) $\lim_{x\to\infty}f(x)$

5 다음을 증명하시오.

(1) $0\le a<b$이면 $\frac{b^{n+1}-a^{n+1}}{b-a}>(n+1)a^n\ (n=1,2,\cdots)$이다.

(2) 위에서 $a=1+\frac{1}{n+1}$, $b=1+\frac{1}{n}$로 취하면

$$\left(1+\frac{1}{n}\right)^{n+1} > \left(1+\frac{1}{n+1}\right)^{n}\left[1+\frac{1}{n+1}+\frac{1}{n}\right] \quad (n=1,2,\cdots)$$

이다.

(3) $n=1,\ 2,\ \cdots$일 때

$$\left(1+\frac{1}{n+1}\right)^{n}\left[1+\frac{1}{n+1}+\frac{1}{n}\right] > \left(1+\frac{1}{n+1}\right)^{n+2}$$

이다.

(4) 수열 $\left\{\left(1+\frac{1}{n}\right)^{n+1}\right\}$은 극한 e를 갖는 감소수열이다.

6 1986년 우크라이나의 체르노빌에서는 원자력 발전소의 사고로 대기 중에 방사성 물질이 유출되었다. 이런 경우 사고가 발생하고 t시간 후에 대기 중에 남아 있는 방사성 물질의 양을 $M(t)$라고 하면

$$M(t)=\frac{k}{r}\left(1-e^{-rt}\right)$$

의 관계식이 성립한다. 여기서 양수 k와 r은 각각 방사성 물질이 유출되는 비율과 붕괴되는 비율을 나타내는 상수이다. 이때, $\lim_{t\to\infty} M(t)$의 값을 구하시오.

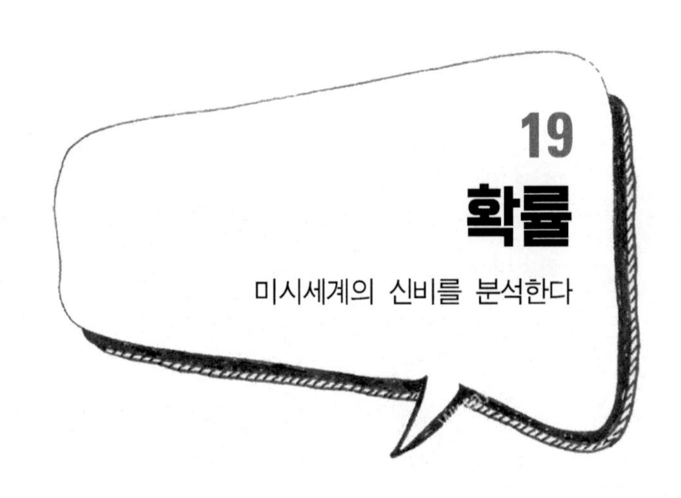

불확실성을 다루는 이론이 어떻게 수량화될 수 있는가

확률(確率, probability)은 어떤 사건이 실제로 일어날 것인지 혹은 일어났는지에 대한 지식 혹은 믿음을 표현하는 방법이며 같은 원인에서 특정한 결과가 나타나는 비율을 뜻하기도 한다. 확률은 불확실성과 관련이 있으며 위험도를 평가할 때 없어서는 안 되는 부분이다. 하지만 불확실성을 다루는 이론이 어떻게 수량화될 수 있을까? 사실 문제는 확률을 어떻게 수량화할 것인가 하는 것이다.

세상에서 간단한 동전 던지기를 생각해보면 동전 앞면이 나올 확률은 얼마인가? 우리는 당장 $\frac{1}{2}$(때로는 0.5 또는 50%)이라고 대답한다. 동전을 보며 그 동전이 앞이나 뒤가 나올 확률이 똑같은 공평한 동전이라고 믿는다. 따라서 앞면이 나올 확률은 $\frac{1}{2}$이라고 가정한다.

동전이나 상자 속의 공 같은 '기계적인' 예에서 나타나는 상황은 비교적 직관적이다. 확률을 결정하는 이론적 방법은 크게 두 가지가 있다. 한 가지는 동전 양면의 대칭성에 주목하는 것이다. 다른 한 가지는 상대적인 빈도를 관찰하는 방법으로, 실험을 아주 여러 번 진행하여 앞면이 나오는 횟수를 세는 것이다. 하지만 대체 얼마만큼 여러 번인가? 보통 뒷면과 비교해서 앞면이 나오는 횟수가 대략 50대50이 될 것이라 생각하기 쉽지만, 이런 비율은 실험을 계속하다보면 바뀔 수도 있다.

하지만 내일 비가 내릴 확률을 측정하는 문제에 접하면 어떨까? 여기서 나올 수 있는 경우의 수도 마찬가지로 두 가지다. 하지만 동전 던지기처럼 양쪽 확률이 비슷한가 하는 문제는 분명하지 않다. 내일 비가 내릴 확률을 평가하려면 당시의 기상조건과 기타 요소를 고려해야 한다. 하지만 이 확률을 정확한 값으로 맞추는 일은 불가능하다. 비록 정확한 수치를 제시하지 못하지만, 비가 올 확률은 '낮다', '보통이다', '높다'는 식으로 '믿음의 정도'만 표현해도 일상생활에서는 아주 쓸모있다.

확률의 최댓값은 1, 최솟값은 0

프랑스 수학자 라플라스(Laplace)는 '확률은 어떤 하나의 시행에서 생길 수 있는 모든 경우의 수가 N이면 이들 N개의 경우는 똑같은 정도의 가능성을 가지고 있다. 이 N개 중 K개가 생기는 확률은 $\frac{K}{N}$이다'고 정의했다. 확률은 어떤 사건에 대한 전체 일어날 수 있는 경우와의 비이므로 확률값은 0과 1 사이의 수치로 주어진다. 일어나는 것이 불가능한 사건의 확률은 0이고, 일어날 것이 확실한 사건의 확률은 1이다. 따라서 A사건이 일어날 확률 $P(A)$는 $0 \leq P(A) \leq 1$이다. 또한 어떤 사건 A가 일어날 확률을 $P(A)$라 하면, 사건 A가 일어나지 않을 확률은 $1-P(A)$이고, 이것을 사건 A에 대한 여사건이라 한다. 0.1이라는 확률은 낮은 확률, 0.9는 대단히 높은 확률을 의미한다.

① 주사위를 던질 때 1에서 6 가운데 어느 것이 나올 확률은 $\frac{6}{6}$이므로 1이다(주사위는 정육면체이며 어느 면도 평등적(같은 모양)으로 만들어져 있다). 주사위를 아무리 던져도 그것이 모 또는 모서리로 설 수는 없다.

② 10원짜리 동전을 던질 때 앞면 또는 뒷면이 나올 확률은 $\frac{2}{2} = 1$이다(동전을 아무리 던져보아도 결코 옆으로 설 수는 없다).

③ 버스 안에 있는 50명의 사람이 남자 또는 여자가 될 확률은 $\frac{50}{50}$이므로 1이다(상식적으로 여자도 아니고 남자도 아닌 인간은 없다). 확률의 최댓값은 '1'이며 최솟값은 '0'이다. 따라서 아무리 확신해도 150%, 즉 1.5라는 확률은 없다.

확률의 기원은 도박

확률의 수학적 이론은 17세기에 수학자 파스칼과 페르마, 그리고 전문도박사 슈발리에 드 메르, 이 세 사람이 도박에 관한 논의를 하는 과정에서 전면에 등장했다. 간단한 게임에서 대단히 헷갈리는 부분에 대하여 슈발리에 드 메르는 다음과 같이 질문을 하였다.

"주사위 1개를 4번 던져서 '6'이 나올 가능성과, 주사위 2개를 24번 던져서 2개 모두 '6'이 나올 가능성 중 어느 것이 더 큰가? 당신이라면 어느 쪽에 판돈을 걸겠는가?"

그 당시 사람들은 24번 던지는 쪽이 던지는 횟수가 많아 아무래도 유리할 것이라 생각했다. 하지만 확률을 분석하자 이런 생각은 깨지고 말았다. 이 확률의 계산 방법은 다음과 같다.

① 주사위 1개 던지기: 한 번 던질 때 6이 나오지 않을 가능성은

$\frac{5}{6}$이므로, 4번 던질 때 모두 6이 나오지 않을 가능성은 $\left(\frac{5}{6}\right)^4$이다. 매번 던질 때 나오는 결과는 서로 영향을 미치지 않으므로 각각의 사건들은 '독립적'이다. 따라서 이 확률은 곱하기가 가능하다. 결국 적어도 한 번 6이 나올 확률은 다음과 같다.

$$1-\left(\frac{5}{6}\right)^4=0.517746\cdots$$

② 주사위 2개 던지기: 한 번 던질 때 두 주사위 모두 6이 나오지 않을 확률은 $\frac{35}{36}$이고, 24번 던질 때의 확률은 $\left(\frac{35}{36}\right)^{24}$이다. 따라서 적어도 한 번 양쪽 주사위 모두 6이 나올 확률은 다음과 같다.

$$1-\left(\frac{35}{36}\right)^{24}=0.491404\cdots$$

종속성과 독립성

사건 A의 발생 여부가 사건 B의 발생 여부에 대한 정보(condition, 조건부 확률)를 제공한다면 두 사건 A와 B는 종속사건이라 한다. 사건 A가 일어나든 일어나지 않든 사건 B가 일어날 확률이 변하지 않을 때 사건 A와 사건 B는 '서로 독립'이라 한다. 마찬가지로 같은 조건 아래서 반복되는 시행의 결과가 서로 영향을 끼치지 않을 경우, 이런 시행을 '독립시행'이라 한다. 예를 들어, 동전을 두 번 던질 때 첫 번째에 동전의 앞면이 나오는 시행과 두 번째에 앞면이 나오는 시행은 서로 영향을 끼치지 않는다. 첫 번째에서 앞면이 나왔다고 해서 두 번째에 앞면이 나올지 뒷면이 나올지는 알 수 없다. 그러므로 이 두 시행은 독립시행이라 할 수 있다.

두 사건이 서로 공통부분이 없다면 겹쳐짐이 없는(disjoint) 또는 서로 배반(mutually exclusive) 사건이라 한다.

- 덧셈 정리 : 두 사건 A, B가 서로 배반사건일 때, 사건 A 또는 사건 B가 일어날 확률 $P(A \cup B)$는 $P(A \cup B) = P(A) + P(B)$이다.
- 곱셈정리 : 두 사건 A, B가 서로 독립일 때, 사건 A와 사건 B가 함께 일어날 확률 $P(A \cap B)$는 $P(A \cap B) = P(A)P(B)$이다.

보기 1

철수, 영수가 활을 쏘는데 철수의 명중률은 $\frac{2}{3}$, 영수의 명중률은 $\frac{3}{5}$이라고 한다. 철수와 영수가 동시에 활을 쏠 때, 두 명 중 한 명만 명중시킬 확률을 구하시오.

풀이 두 명 중 한 명만 명중하는 경우는 다음과 같다.

① 철수는 명중시키고, 영수는 명중시키지 못할 확률

$$\frac{2}{3} \times \left(1 - \frac{3}{5}\right) = \frac{4}{15}$$

② 철수는 명중시키지 못하고, 영수는 명중시킬 확률

$$\left(1 - \frac{2}{3}\right) \times \frac{3}{5} = \frac{3}{15}$$

①, ②에서 구하는 확률은 $\frac{4}{15} + \frac{3}{15} = \frac{7}{15}$이다.

조건부 확률

어떤 사건이 또 다른 사건의 발생여부와 관계있는 경우는 대단히 많다. 예를 들어, 어떤 주머니에 흰 공이 5개, 검은 공이 5개 들어 있다고 하자. 만약 주머니에서 처음 공을 추출하고 이를 다시 집어넣지 않고 다음 공을 추출하는 비복원 추출(without replacement)을 한다면 처

음 공이 무엇이었는가에 따라 다음 공의 추출 확률에 영향을 준다. 이와 같이 어떤 사건 B를 가정한 상태에서 다른 사건 A의 확률을 조건부 확률(conditional probability) $P(A|B)$라고 하고 다음과 같이 정의한다.

$$P(A|B) = \frac{P(A \cap B)}{P(B)}, \quad P(B) \neq 0$$

이러한 조건부 확률은 $B \subseteq A$일 경우 $P(A \cap B) = P(B)$이므로 1이 되며, 만약 $A \cap B = \varnothing$일 경우 0이다. 또한 이 극단적인 경우를 제외하고는 $0 < P(A|B) < 1$이다.

보기 2

다음은 설악산 등반 대회에 참가한 어느 등산 동호회원을 대상으로 등산 모자의 색을 조사한 표이다.

(단위 : 명)

	빨간색	파란색	노란색	합계
남자	8	10	3	21
여자	14	4	6	24
합계	22	14	9	45

이 중에서 임의로 뽑은 한 명의 모자가 노란색이었을 때, 그 사람이 여자일 확률을 p_1, 임의로 뽑은 한 명이 여자였을 때, 그 여자의 모자가 노란색일 확률을 p_2라고 하자. $p_1 - p_2$의 값을 구하시오.

풀이 임의로 뽑은 한 명의 모자가 노란색인 사건을 A, 여자인 사건을 B라고 하면 모자가 노란색이었을 때, 그 사람이 여자일 확률은

$$p_1 = \mathrm{P}(B|A) = \frac{(\text{모자가 노란색인 사람 중 여자의 수})}{(\text{모자가 노란색인 사람의 수})} = \frac{6}{9} = \frac{2}{3}$$

이다. 여자였을 때, 그 여자의 모자가 노란색일 확률은

$$p_2 = \mathrm{P}(A|B) = \frac{(\text{여자 중 모자가 노란색인 사람의 수})}{(\text{여자의 수})} = \frac{6}{24} = \frac{1}{4}$$

이다. 따라서 $p_1 - p_2 = \frac{2}{3} - \frac{1}{4} = \frac{5}{12}$ 이다.

도박에 담긴 기댓값의 허와 실

도박은 카지노 측이 이익을 얻을 수밖에 없는 구조로 되어 있다. 종류를 불문하고 어떤 도박이든 기대금액이 판돈보다 낮게 설정되어 있다.

기댓값이 100%보다 작은 도박을 오랫동안 계속하면 반드시 손해를 볼 수밖에 없다. 기댓값이 100%인 도박이라 해도 많아 봐야 판돈만큼만 얻을 수 있는 것이다. 다시 말하면, 얻는 것과 잃은 것을 모두 합하면 ±0인 상태가 되기 때문이다.

예를 들어, 룰렛에서는 빨강이나 검정에 내기를 걸면 판돈의 2배를 벌 수 있다. 미국식 룰렛의 경우에는 1부터 36까지의 숫자는 빨강과 검정 색깔로 반반씩 채워져 있고, '0'에는 빨강이나 검정색이 칠해져 있지 않다. 따라서 빨강이나 검정에 맞힐 확률, 당첨 확률이 2분의 1보다 낮게 설정된 것이다.

당첨 확률이 2분의1이라면 기댓값은 100%가 되기 때문에(2분의1의 확률로 맞히면 200%의 이익을 얻지만 맞히지 못하면 0%가 되기 때문에 기댓값은 100%가 된다) 계산으로는 손해를 보지 않는다. 하

지만 실제로는 2분의1보다 낮게 설정되어 있기 때문에 기댓값은 약 95% 정도밖에 되지 않는다. 따라서 카지노 측이 항상 유리하다. 결국 도박을 하게 되면 가끔씩은 당첨되거나 이기는 일이 생긴다 해도 오랜 시간을 계속하다보면 결국 손해를 보게 된다.

확률의 활용

확률은 수학, 통계학, 회계, 도박, 과학과 철학에서 어떤 잠재적 사건이 일어날 경우의 가능성과 이 가능성 안에 있는 복잡한 시스템의 구조에 대한 답을 이끌어내기 위해 사용되고 있다.

우리는 만일의 사태에 대비하여 생명보험이나 손해보험에 가입하는데 이런 보험이나 연금을 취급하는 회사에서는 확률이 필수다. 보험 계약을 할 때 환급금이 많고 보장 내용이 좋으면 보험료는 가급적 적게 내는 상품을 선택하려고 한다. 한편 보험회사는 보험료가 높으면서 환급금을 가급적 적은 상품을 만들고 싶은 것이 본심이다. 고객만 이익을 본 결과 보험회사가 파산해서도 큰 일이며, 반대로 보험료가 너무 높아서 고객이 없어도 회사를 경영할 수 없다. 그렇다면 대체 어느 정도의 보험료를 설정해야 회사의 경영도 유지되고 고객도 만족시킬 수 있을까? 이처럼 보험료를 산정할 때 확률이 큰 도움이 된다. 보험회사에서는 신상품의 설계나 보험료 또는 배당 계산 등의 업무를 처리하는 데 수학전문가를 두어 이들이 미래의 리스크 확률 등을 자세히 계산해 회사와 고객 모두 가장 이익이 되는 균형잡힌 보험료와 환급금을 계산한다.

우리가 매일 보는 일기 예보에는 '강수 확률'이 반드시 나온다. 강수 확률이란 어떤 특정 지역에서 일정 시간 내에 1 mm 이상의 비 또는 눈이 내릴 확률의 평균값으로, 과거의 대기 상태와 그 때의 경우 상황을 조사한 다음 수치 예보라는 수법을 이용해 비가 내릴 확률을 구한다.

로또에 당첨될 확률은 얼마인가?

토요일 저녁마다 로또를 추첨하는 모습을 텔레비전을 통해서 볼 수 있다. 45개의 숫자 중에서 6개를 맞히면 1등으로 당첨이 된다. 로또 1등에 당첨될 확률은 얼마나 되는지 계산해 보자. 1부터 45까지 숫자 중에서 하나를 골랐을 때, 고른 숫자가 6개의 당첨 숫자 중에 하나일 경우의 수는 6가지이고, 확률은 $\frac{6}{45}$이다. 그리고 또 하나를 골랐을 때, 그 숫자가 나머지 5개의 숫자 중에 하나일 경우의 수는 5가지이고, 확률은 $\frac{5}{44}$이다. 그 다음에 고른 숫자가 나머지 4개의 숫자 중에 하나일 경우의 수는 4가지이고, 확률은 $\frac{4}{43}$이다. 이런 식으로 각각의 경우의 수를 모두 생각하여 로또 1등에 당첨될 확률을 구하는 식을 세워 보면,

$$_{45}C_6 = \frac{45!}{39!6!} = \frac{6}{45} \times \frac{5}{44} \times \frac{4}{43} \times \frac{3}{42} \times \frac{2}{41} \times \frac{1}{40} = 8,145,060$$

이고, 이 식을 계산하면 로또 1등에 당첨될 확률은 814만5,060분의 1이 된다. 이렇게 확률을 따져 보니 로또 1등에 당첨되는 것이 어느 정도 어려운 일인지 확실히 알게 된다.

확률과 미신

① 입시의 경우 합격 아니면 불합격이라고 해서 확률도 $\frac{1}{2}$일까? 아니다. 그것은 제비로 뽑아서 하는 것이 아니기 때문이다. 합격 여부는 학생의 실력에 달려 있으므로 합격, 불합격의 기회가 수치로 공평하게 주어져 있는 것은 아니다.

② 전쟁에서 살아남는 비결(미신)이 있다. 적의 포탄이 떨어져 파헤

쳐진 구멍에 숨으면 다음 포탄이 맞지 않는다는 것이다. 그러나 처음 포탄이 떨어진 후 그 다음 포탄은 처음 떨어진 포탄과는 전혀 관계가 없다. 그러므로 처음 포탄이 떨어진 것과 같은 확률로 그 다음 포탄이 그 자리에 떨어질 수도 있다.

③ 아들, 딸이 출현하는 확률은 $\frac{1}{2}$이다. 또 그 다음에 태어나는 아이가 남자, 여자가 되는 확률도 $\frac{1}{2}$이다. 처음에 아들이 태어났다고 해서 다음에 태어나는 아이가 여자라는 법은 없다. 10형제 중 모두가 남자인 경우, 또 그 반대로 여자아이만 10명 태어난 실례가 있다(과학동아 1994년 07호).

연습문제 19

1 어느 회사는 같은 제품을 두 공장 A, B에서 각각 전체 제품의 60 %, 40 %를 생산하고 있다. 두 공장 A, B의 불량률은 각각 1 %, 2 %라고 한다. 임의로 선택한 제품이 불량품이었을 때, 이 제품이 B 공장에서 생산되었을 확률을 구하시오.

2 암을 조기에 발견하는 검사법으로 컴퓨터 단층 촬영이 있다. 다음은 이 촬영에 대한 연구 조사 중 일부를 발췌한 것이다.

암에 걸린 사람은 80%의 확률로 정확하게 암이라고 진단을 받고, 암에 걸리지 않은 사람은 5%의 확률로 암이라고 오진을 받는다.

암에 걸린 사람의 비율이 10%인 어떤 집단에서 임의로 한 사람을 택하여 컴퓨터 단층 촬영을 하였더니 암에 걸렸다고 진단받았을 때, 이 사람이 정말로 암에 걸렸을 확률을 구하시오.

3 어떤 의사가 감기에 걸린 사람을 감기에 걸렸다고 진단할 확률은 98%이고, 감기에 걸리지 않은 사람을 감기에 걸리지 않았다고 진단할 확률은 92%라고 한다. 이 의사가 실제로 감기에 걸린 사람 400명과 실제로 감기에 걸리지 않은 사람 600명을 진찰하여 감기에 걸렸는지 아닌지를 진단하였다. 이 중에서 임의로 한 사람을 택하였을 때, 그 사람이 감기에 걸렸다고 진단받을 확률을 구하시오.

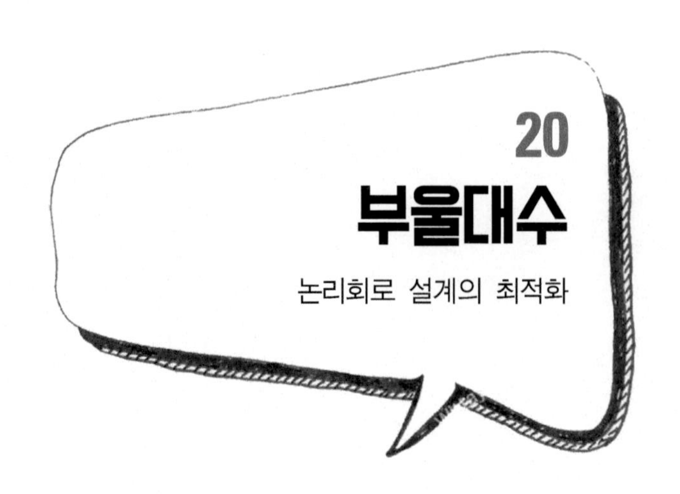

집합에서의 합집합 ∪과 교집합 ∩에 대해서 성립하는 대수 규칙과 명제에서 논리곱과 논리합에 대해서 성립하는 규칙은 동일한 법칙들을 만족시키는 등 유사한 성질을 가진다. 이러한 법칙들을 사용하여 두 가지 상태를 수학적으로 해석하는 방법으로 정의된 부울대수(Boolean algebra)는 1854년에 영국의 수학자 부울(George Boole, 1813~1864)이 창안한 것으로, 논리회로 설계의 기초가 된다. 그는 대수적 방법으로 사고의 양식을 파악하려고 노력했고, 대수적 표기법뿐만 아니라 대수적 구조도 사용해서 논리학에 대수적 취급 방법을 제공했다. 이런 훌륭한 분석은 1854년에 출판된 부울의 책 《논리학과 확률론의 수학적 이론에 근거하는 사고의 법칙에 대한 고찰》에 설명되어 있다.

1938년에 미국의 샤논(C. E. Shannon)은 전기 회로의 스위치가 ON, OFF의 두 상태이므로 부울대수에 의해 표시될 수 있음을 증명하였다. 부울대수의 변수는 참 또는 거짓 중의 한 값을 가지며, 0과 1로서 표현한다. 부울대수의 기본 원리는 논리회로(logic circuit) 또는 2진 디지털회로의 설계 및 컴퓨터 설계에서 회로를 최적화시켜 쉽고 경제적인 회로를 제작할 수 있게 해준다.

1 부울대수란

정의 1 집합 $B=\{0, 1\}$에서 이항연산 $+$(합)와 $\cdot$(곱), 단항연산 $'$(부정, complementation)을 다음과 같이 정의한다.

합 : $0+0=0$, $0+1=1$, $1+0=1$, $1+1=1$

곱 : $0\times0=0$, $0\times1=0$, $1\times0=0$, $1\times1=1$

부정 : $0'=1$, $1'=0$

합, 곱, 부정연산을 갖는 집합 B를 **부울대수**(Boolean algebra)라 한다. 여기서 0과 1은 각각 거짓(false)과 참(true)으로 해석된다. 보통은 기호 $\cdot$를 생략한다.

위의 합연산을 **논리합**이라 하고 $x+y$, $x\vee y$, $x\cup y$, x or y 등으로 나타낸다. 곱연산을 논리곱이라 하고 $x\cdot y$, $x\wedge y$, $x\cap y$, x and y 등으로 나타낸다. 위의 부정연산을 논리부정이라 하고 x의 부정을 $\overline{x}$, x', NOT x 등으로 나타낸다. x'을 x의 **보원**(또는 **여원소**)이라 한다.

이항연산 $+$와 $\cdot$ 및 단항연산 $'$을 각각 합, 곱 및 여라 하고 연산의 순서는 관례대로 괄호 ( )를 우선하고 그 다음 $'$, $\cdot$, $+$ 순이다. 예를 들어, $a+b\cdot c$는 $(a+b)\cdot c$가 아니라 $a+(b\cdot c)$를 의미한다.

부울대수 B의 원소를 **변수**라 하고, 부울대수에서 사용하는 변수는 참, 거짓의 값으로 참을 1, 거짓을 0으로 표시한다. 논리변수는 0, 1을 가지므로 2가 **변수**(2-valued variable)이다.

부울대수의 기본정리 2 a, b, c를 부울대수 B의 원소라 할 때 다음이 성립한다.

[B1] 교환법칙	(a) $a+b=b+a$	(b) $a\cdot b=b\cdot a$
[B2] 결합법칙	(a) $(a+b)+c=b+(a+c)$	(b) $(a\cdot b)\cdot c=b\cdot(a\cdot c)$
[B3] 분배법칙	(a) $a+(b\cdot c)=(a+b)\cdot(a+c)$	(b) $a\cdot(b+c)=a\cdot b+a\cdot c$
[B4] 항등법칙	(a) $a+0=a$	(b) $a\cdot 1=a$
[B5] 여법칙(부정법칙)	(a) $a+a'=1$	(b) $a\cdot a'=0$
[B6] 멱등법칙	(a) $a+a=a$	(b) $a\cdot a=a$
[B7] 유계법칙	(a) $1+a=1$	(b) $0\cdot a=0$
[B8] 흡수법칙	(a) $a+(a\cdot b)=a$	(b) $a\cdot(a+b)=a$
[B9] 이중부정법칙	$(a')'=a$	
[B10]	(a) $0'=1$	(b) $1'=0$
[B11] 드 모르강의 법칙	(a) $(a+b)'=a'\cdot b'$	(b) $(a\cdot b)'=a'+b'$
[B12]	(a) $a+(a'\cdot b)=a+b$	(b) $a\cdot(a'+b)=a\cdot b$

위의 기본정리에서 각 (a), (b)를 잘 살펴보면 쌍대원리가 성립하고 있는 것을 알 수 있다. 즉, 연산 $+$를 $\cdot$으로, 정수 0을 1로, 또한 그 반대로 한 정리도 모두 성립한다. 그리고 위 기본정리에서 a, b, c를 집합 A, B, C로, 연산 $+$를 $\cup$으로, 연산 $\cdot$를 $\cap$으로, 1을 전체집합 U로, 0을 공집합 $\varnothing$로 바꾸면 집합론에서 성립하는 위의 법칙들이 성립한다.

보기 1

부울변수 x, y, z에 대하여 부울식의 값을 이용하여 다음 법칙이 성립함을 보이시오.

(1) 분배법칙 $x(y+z)=xy+xz$

(2) 드 모르강의 법칙 $(x+y)'=x'y'$

풀이 (1) 아래 표와 같이 $x(y+z)$의 열과 $xy+xz$열의 부울식의 값이 같다. 따라서 $x(y+z)=xy+xz$이다.

x	y	z	$y+z$	xy	xz	$x(y+z)$	$xy+xz$
0	0	0	0	0	0	0	0
0	0	1	1	0	0	0	0

(계속)

x	y	z	$y+z$	xy	xz	$x(y+z)$	$xy+xz$
0	1	0	1	0	0	0	0
0	1	1	1	0	0	0	0
1	0	0	0	0	0	0	0
1	0	1	1	0	1	1	1
1	1	0	1	1	0	1	1
1	1	1	1	1	1	1	1

(2) 아래 표와 같이 $(x+y)'$의 열과 $x'y'$의 열의 부울식의 값이 같다. 따라서 $(x+y)'=x'y'$이다.

x	y	x'	y'	$x+y$	$(x+y)'$	$x'y'$
0	0	1	1	0	1	1
0	1	1	0	1	0	0
1	0	0	1	1	0	0
1	1	0	0	1	0	0

또한 부울대수의 항등성을 이용하여 $a+(b\cdot c)=(a+b)\cdot(a+c)$가 성립함을 다음과 같이 보일 수 있다.

$$\begin{aligned}(a+b)\cdot(a+c) &= a+(a\cdot b)+(a\cdot c)+(b\cdot c) && \text{(분배 및 멱등법칙)}\\ &= a\cdot(1+b+c)+(b\cdot c) && \text{(분배법칙)}\\ &= a+(b\cdot c) && \text{(유계법칙)}\end{aligned}$$

2 논리식의 표현과 부울함수의 최소화

논리식은 각 변수에 할당되는 값에 대한 가능한 모든 조합을 만족하는 하나의 식으로 표현한 것이다. 부울대수의 공식을 이용하여 긴 논리식의 간소화가 중요하다. 논리식에 나타낼 각 변수의 값과 이들의 조합에 따른 결과를 진리표로 만들고, 전체 결과를 위한 논리 함수인 관계식으로 유도하는 것을 **논리식의 유도**라 한다.

이제 두 가지 중요한 문제를 설명하려고 한다. 첫째는 부울함수값이 주어질 때, 이에 해당하는 부울식을 찾아내는 문제이다. 이 문제는 변수와 이들의 보수들에 대한 부울곱의 합으로 표현하므로 해결될 수 있다.

둘째는, 부울함수를 표현하는 데 사용될 수 있는 연산자의 종류를 줄일 수 있는지에 대한 문제이다. 부울대수를 이용하거나 **카르노 맵**(Karnaugh map)을 이용하여 부울함수를 최소화할 수 있다. 예를 들어, 계산기 설계에서 계산에 필요한 회로를 제작하는 데 있어 부울대수를 사용하면 동일한 성능에 최소한의 회로를 제작할 수 있다. 최소한의 회로를 제작한다는 것은 그만큼 제작 단가나 비용이 절감된다는 의미가 된다.

보기 2

아래 표에 있는 함수 $f(x, y, z)$와 $g(x, y, z)$를 표현하는 부울식을 구하시오.

x	y	z	f	g
0	0	0	0	0
0	0	1	0	0
0	1	0	0	1
0	1	1	0	0
1	0	0	0	0
1	0	1	1	0
1	1	0	0	1
1	1	1	0	0

풀이 함수 f값은 $x=1$, $y=0$, $z=1$일 때 1이고 그 외의 경우는 0이다. 따라서 $x=y'=z=1$이면 $xy'z=1$이므로 부울식은 부울곱 $f(x, y, z)=xy'z$이다. 한편, 함수 g값은 $x=1$, $y=1$, $z=0$과 $x=0$, $y=1$, $z=0$일 때 1이고 그 외의 경우는 0이다. 즉, 부울곱 xyz'과 $x'yz'$일 때에만 함숫값이 1이 된다. 따라서 부울식은 부울곱 xyz'과 $x'yz'$의 부울합인 $g(x,y,z)=xyz'+x'yz'$이다.

카르노 맵을 이용하여 주어진 부울식과 동치인 더 간단한 부울식을 구하는 문제를 생각한다. 카르노 맵은 2개에서 4개의 변수를 갖는 부울함수의 간단한 논리합 형태를 찾아내는 그래픽한 방법이다. 이는 가장 작은 수의 항을 갖는 논리합 형태를 찾는 데 사용되기도 한다. 다시 말해, 곱의합 표준형이 더 간단한 수식을 구하는 데 사용된다. 카르노 맵은 네모칸의 배열로 배열의 위와 왼쪽에 부울변수와 이들의 보수들의 조합으로 표기되어 있다. 그리고 각 사각형은 부울함수에서 최소항의 존재 유무를 나타낸다. 앞으로 부울식에서 곱연산 ·는 생략한다.

카르노 맵을 이용한 최소화 과정은 다음과 같다.

① 서로 이웃한 '1'들을 묶는다. 묶을 때 맵은 평면이 아닌 '구'로 생각한다.
② 변하지 않는 변수(값이 일정한 변수)를 찾는다.
③ 같은 묶음의 변수들은 곱으로, 다른 묶음의 변수들은 합으로 연결한다.

맵의 종류

2 변수

x \ y	0	1
0		
1		

3 변수

x \ yz	00	01	11	10
0				
1				

4 변수

xy \ zt	00	01	11	10
00				
01				
11				
10				

보기 3

다음 부울식을 부울대수의 기본정리와 카르노 맵을 사용하여 최소화하시오.

(1) $xy+x'y+x'y'$ (2) $xyz+xyz'+x'yz'+x'y'z$

풀이 (1) ① 부울대수의 기본정리를 사용하면 다음과 같이 된다.

$$\begin{aligned} xy+x'y+x'y' &= xy+x'y+x'y+x'y' \ (\text{멱등법칙}) \\ &= (x+x')y+x'(y+y') \ (\text{결합법칙}) \\ &= y+x' \end{aligned}$$

② 카르노 맵을 동그라미처럼 묶어서 $x'+y$로 최소화할 수 있다.

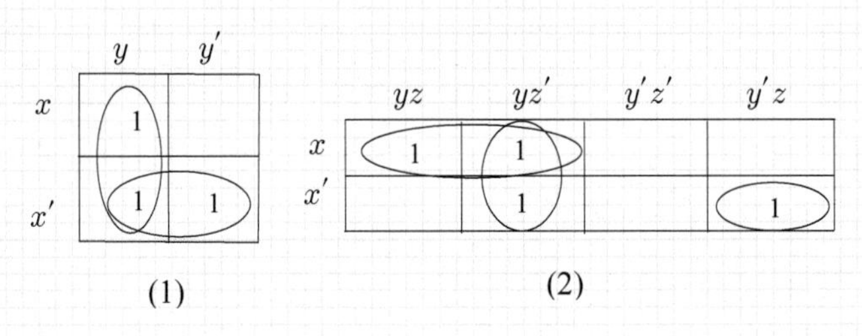

(1) (2)

(2) 동그라미처럼 묶어서 xyz와 xyz'는 카르노 맵에서 인접되어 있으므로 xy로 합성되고, 마찬가지로 yz' 및 $x'y'z$로 합성된다. 따라서 부울식은 $xy+yz'+x'y'z$로 최소화할 수 있다.

3 논리회로

디지털 정보를 부울대수로 표현하는 경우에 논리합, 논리곱 및 부정의 3개 연산의 조합에 의해 표현이 가능하고 부울대수의 기본 원리는 논리회로(logic circuit) 또는 2진 디지털회로의 설계에 이용된다. 논리회로는 현재 우리가 이용하고 있는 컴퓨터 등 여러 가지 전자회로의 설계에 중요한 역할을 하고 있다. 실제로 일반컴퓨터에서는 두 가지 값만을 이용하여 모든 연산을 하거나 두 가지 값의 조합에 의해 모든 자료를 표현하고 있다. 그 이유는 전자회로를 구성하는 소자들의 전기적, 자기적 특성상 두 가지 값만을 다루는 것이, 두 가지 이상의 값을 다룰 수 있도록 하는 것보다 더 안정된 시스템을 구성하기 때문이다.

논리회로는 하드웨어를 구성하는 기본 요소로 2진 정보를 기반으로 AND, OR, NOT 등과 같은 논리 연산에 따라 동작을 수행하는 논리 소자들을 사용하여 구성된 전자회로이다. **게이트**(gate)는 논리회로를 구성하는 작은 단위의 기본 소자이다. 논리 게이트는 보통 2개 이상의 입력단자와 하나의 출력단자로 구성된다. 컴퓨터 시스템은 여러 종류의 논리 게이트가 모아져 조합 논리회로를 구성하는데, 각 게이트들은 서로 다른 모양으로 표현한다. 기본적인 논리기능을 하는 논리 게이트에는 AND 게이트, OR 게이트, NOT 게이트 등이 있고 이들은 부울연산자인 합연산 +, 곱연산 ·, 보수연산 ' 등을 수행한다.

논리회로에서 다루어지는 두 가지 정보인 0과 1은 전압의 높이로 표시된다. 전압으로 논리를 표현할 때 높은 전압으로 1을 나타내는 방법을 **양논리**(positive logic), 양논리와 반대로 낮은 전압으로 1을 표시하는 방법을 **음논리**(negative logic)라 한다. 예를 들어, 두 가지 값을 전압 0볼트와 5볼트로 표현하면 AND 게이트는 회로의 2개의 입력단자에 각각 5볼트의 전압을 걸어 줄 때만 출력단자에 5볼트의 전압이 출력되도록 설계된 전자회로로 구성할 수 있다.

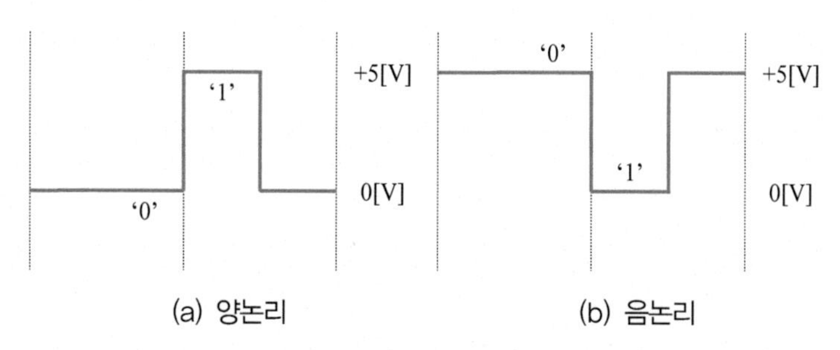

(a) 양논리 (b) 음논리

펄스의 유무와 논리값의 관계

또 대응하는 논리회로는 전자논리 게이트 기호(logic gate symbol)를 이용하여 표현하고, ASA(American Standard Association) 규격에 준하여 기술한다. 그리고 스위치가 닫혀 있는 상태를 논리-1(logical-1), 열린 상태를 논리-0(logical-0)으로 한다.

(1) 논리합(OR) 게이트

논리합을 나타내는 기본 게이트로서, 입력 A, B 중 하나 이상이 1이 되면 출력은 1이 되며, A와 B가 모두 0인 경우에만 0이 된다. 2개의 논리변수 A, B의 논리합 연산은 $A+B$ 또는 $A \vee B$로 표현하고 다음과 같다.

A(스위치)	B(스위치)	출력 $C=A+B$
0(Off)	0	0
0(Off)	1	1
1(On)	0	1
1(On)	1	1

아래 그림처럼 병렬로 스위칭 회로의 2개의 스위치가 접속되어 있어서 어느 한쪽(A 또는 B) 혹은 양쪽의 스위치를 눌렀을 때 전구가 점등하는 경우에 해당한다.

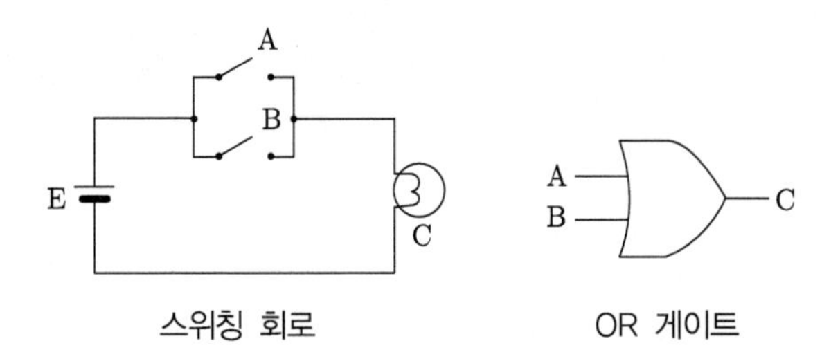

스위칭 회로　　　　OR 게이트

(2) 논리곱(AND) 게이트

논리곱을 나타내는 기본 게이트로서, 입력 A, B가 모두 1인 경우에만 출력은 1이 되며, 나머지의 경우는 모두 0이 된다. 2개의 논리변수 A, B의 논리곱 연산은 AB(또는 $A \cdot B$) 또는 $A \wedge B$로 표현하고 아래와 같이 정의한다.

A(스위치)	B(스위치)	출력 $C=A \cdot B$
0(Off)	0	0
0(Off)	1	0
1(On)	0	0
1(On)	1	1

AND 연산은 통상의 곱의 연산과 같다고 생각해도 좋다.

아래 그림처럼 직렬로 스위치가 접속되어 있어서 양쪽의 스위치를 눌렀을 경우에만 전구가 점등하는 경우에 해당한다. 스위치 회로, 동작 원리에 대한 그림은 아래와 같다.

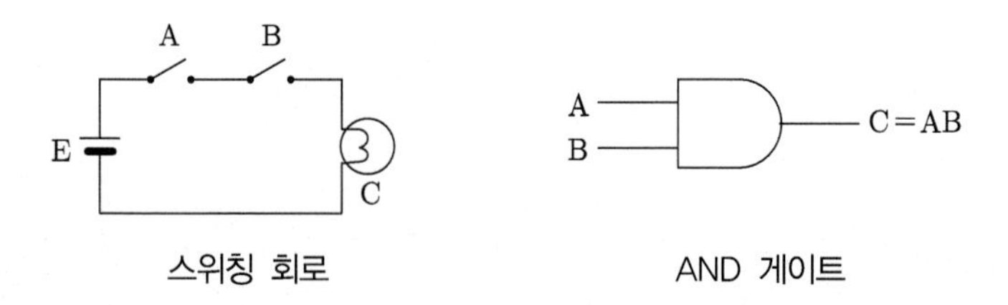

스위칭 회로 AND 게이트

(3) 부정(NOT) 게이트

논리 부정을 나타내는 기본 게이트로서, 2진 정보의 논리 역을 만들어 내는 논리회로이다. 이 회로를 인버터(inverter)라고도 한다. 즉, 논리 부정은 반대의 뜻을 나타내는 것으로, 입력 A가 0이면 출력은 1이 되고, 입력 A가 1이면 출력은 0이 된다. 어떤 논리변수 A의 부정연산은 단항연산(unary operation)이고, $\overline{A}$ 또는 A'로 쓰며, 아래와 같이 정의한다.

A	$F=\overline{A}$
0	1
1	0

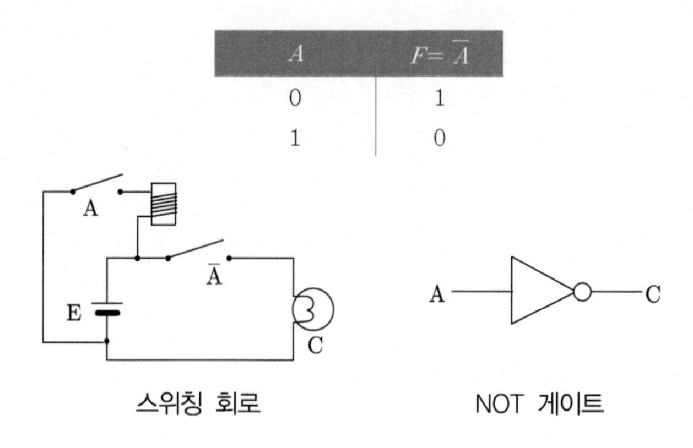

스위칭 회로 NOT 게이트

(4) NAND 게이트

NAND(not-AND) 게이트는 AND 게이트와 NOT 게이트를 결합한 회로이며, 입력신호 중 어느 하나라도 입력이 0 상태가 되면 출력은 1 상태가 되는 논리회로로, NAND 게이트의 진리표와 기호는 다음과 같다.

A	B	$A \cdot B$	$F=\overline{A \cdot B}$
0	0	0	1
0	1	0	1
1	0	0	1
1	1	1	0

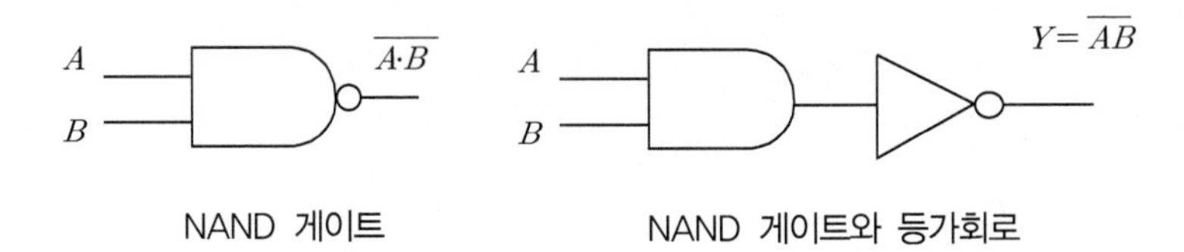

NAND 게이트　　　NAND 게이트와 등가회로

NAND 게이트는 모든 입력이 논리 1일 때만 논리 0의 출력을 부여하는 회로이다. 또 1 입력의 NAND 게이트는 NOT 게이트와 같은 동작을 하므로, 실제로는 이 NAND 게이트만으로 모든 논리 표현을 나타낼 수 있다. 이런 의미에서 NAND 게이트를 만능형이라고 하는 경우도 있다.

OR 게이트가 AND와 NOT 게이트만으로 표현될 수 있다. 이를 위해서는 부울연산의 기본 공식인 드 모르강의 정리를 응용하면 된다. 논리식 $A+B$는 곱과 부정형만의 형으로 변환한다.

$$A+B=\overline{\overline{A+B}}=\overline{\overline{A}\cdot\overline{B}} \quad \text{또는} \quad A\vee B=\overline{\overline{A\vee B}}=\overline{\overline{A}\wedge\overline{B}}$$

이므로 아래 그림과 같이 OR 게이트를 등가인 NAND 게이트로 표현할 수 있다.

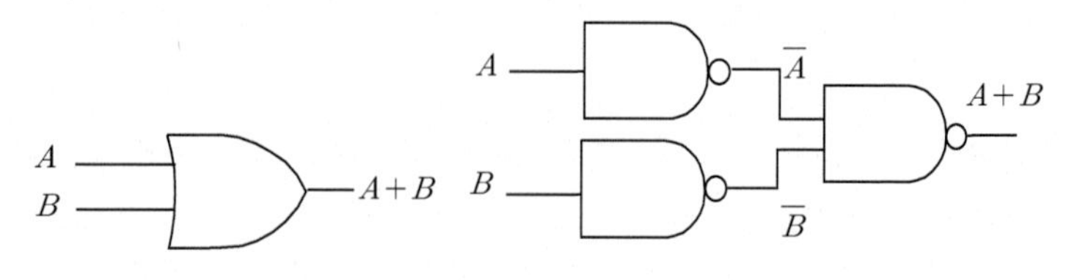

OR 게이트의 AND, NOT 게이트에 의한 표현

(5) NOR 게이트

OR 게이트와 NOT 게이트를 하나로 결합한 회로가 NOR(not-OR) 게이트이며, 모든 입력신호가 0 상태가 되면 출력은 1 상태가 되는 논리회로로, NOR 게이트의 진리표와 기호는 다음과 같다.

A	B	$A+B$	$\overline{A+B}$
0	0	0	1
0	1	1	0
1	0	1	0
1	1	1	0

A
B
C = $\overline{\mathrm{A+B}}$

NOR 게이트기호

NOR 게이트는 모든 입력이 논리 0일 때만 논리 1의 출력을 부여하는 회로이다. 또 1 입력의 NOR 게이트는 NAND 게이트와 같고 NOT 게이트와 같은 동작을 하므로, 실제로는 이 NOR 게이트만으로 모든 논리 표현을 나타낼 수 있다. 이런 의미에서 NOR 게이트를 만능형이라고 하는 경우도 있다. 이들 NAND(또는 NOR) 게이트만의 표현은 논리회로를 구성하는 소자 수는 증가하지만, 단일 소자에 의해 일정한 패턴에 의한 설계가 가능하게 되어, 현재의 IC의 설계 제조기술과 함께 널리 이용되고 있다.

AND 게이트는 OR과 NOT 게이트만으로 표현할 수 있다. 다시

한 번 드 모르강의 정리와 이중부정을 이용한다. 즉, 논리식 AB를 변환하여 다음과 같이 곱과 부정형만의 형으로 변환한다.

$$AB = \overline{\overline{AB}} = \overline{\overline{A} + \overline{B}} \quad \text{또는} \quad A \wedge B = \overline{\overline{A \wedge B}} = \overline{\overline{A} \vee \overline{B}}$$

(6) 배타적 논리합(exclusive OR) 게이트

배타적 논리합(EOR 또는 XOR) 게이트는 2개의 입력신호가 서로 다른 경우에 출력이 1 상태가 되고, 입력이 서로 같을 때 0이 되는 논리회로로서 반일치회로라고도 하며, 2진수의 비교나 착오검출, 코드의 변환 등에도 사용되지만 주로 논리연산회로에 사용된다. XOR 게이트의 진리표와 기호는 다음과 같다.

A	B	$A \oplus B$
0	0	0
0	1	1
1	0	1
1	1	0

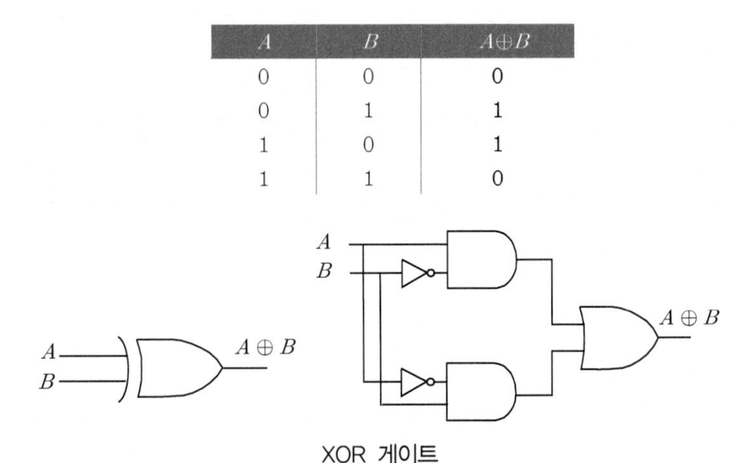

XOR 게이트

보통 OR 연산기호 $\vee$와 구별하기 위해 배타적 논리합(XOR) 연산기호를 $\oplus$로 나타낸다. 즉, 논리식으로는

$$A \oplus B = A\overline{B} + \overline{A}B \quad \text{또는} \quad A \oplus B = (A \wedge \overline{B}) \vee (\overline{A} \wedge B)$$

로 정의된다.

$$A \oplus A = A\overline{A} + \overline{A}A = 0 \quad \text{또는} \quad A \oplus A = (A \wedge \overline{A}) \vee (\overline{A} \wedge A) = 0$$

이므로, 어셈블리 언어 등의 프로그램에 있어서는 최초에 이 XOR 연산을 실행시키고, 레지스터(register)와 카운터의 리셋을 행할 수 있다.

(7) 그 밖의 연산

그 밖의 연산으로는 NXOR(exclusive NOR) 연산, 버퍼(Buffer) 연산이 있다. NXOR 연산은 XOR 연산 결과의 반대값을 출력한다. 2개의 입력이 서로 같을 때만 출력이 1이 되고, 입력이 서로 같지 않을 때는 0이 되는 논리회로를 NXOR(exclusive XOR) 게이트 또는 일치회로라 하며, XOR 게이트의 진리표와 기호는 다음과 같다.

A B	$\overline{A \oplus B}$
0 0	1
0 1	0
1 0	0
1 1	1

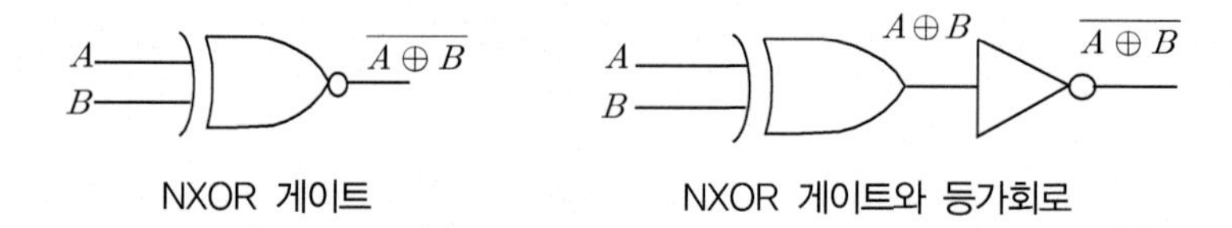

NXOR 게이트　　　　NXOR 게이트와 등가회로

NXOR 연산 기호를 ⊙로 나타내며, 논리식은 다음과 같이 정의된다.

$$A \odot B = \overline{A \oplus B} = AB + \overline{A}\ \overline{B} \text{ 또는 } A \odot B = (A \wedge B) \vee (\overline{A} \wedge \overline{B})$$

버퍼 연산은 입력 정보를 그대로 출력하는 회로이며, 버퍼의 진리표와 기호는 다음과 같다.

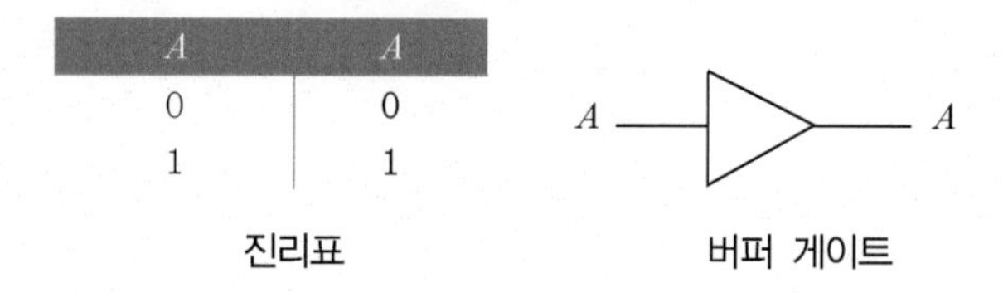

A	A
0	0
1	1

진리표　　　　버퍼 게이트

(8) 조합 논리회로

논리 게이트가 모여서 입력변수에 입력되는 데이터의 어떤 조합에 대해서 일정하게 정해진 특정 출력을 제공하기 위하여 연결된 회로를 조합 논리회로(combination logic circuit)라 한다.

다음 과정으로 조합 논리회로의 설계를 할 수 있다.

① 문제에 나타난 의미를 논리식으로 기술한다.
② 입력변수와 요구되는 출력변수의 수를 결정한다.
③ 입력과 출력변수에 문자기호를 지정(할당)한다.
④ 입력과 출력 사이의 관계를 맺는 진리표를 작성한다.
⑤ 각 출력에 대한 간략화된 부울함수를 얻는다.
⑥ 논리회로를 그린다.

연습문제 20

1 부울식 $\overline{x+y}+\overline{x}yz$에 대한 회로도를 그리시오.

(1) AND, OR, NOT 게이트를 이용

(2) AND와 NOT 게이트만을 이용

(3) NAND 게이트만을 이용

2 다음을 출력하는 회로를 그려리시오.

(1) $xyz+\overline{x}\,\overline{y}\,\overline{z}$

(2) $\overline{(\overline{x}+z)(y+\overline{z})}$

3 다음 각각의 조합회로에 대하여 부울식과 진리표를 작성하시오.

(1)

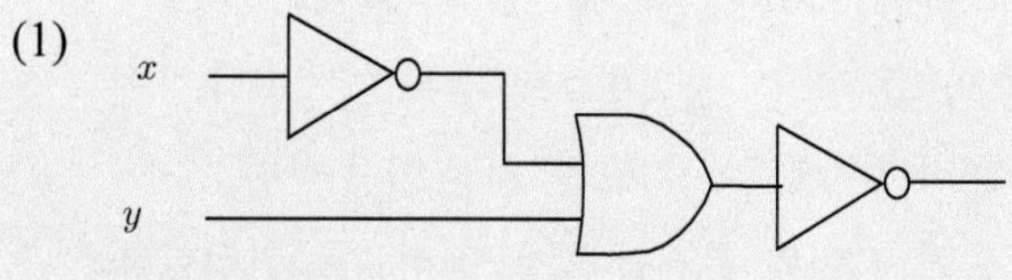

(2)

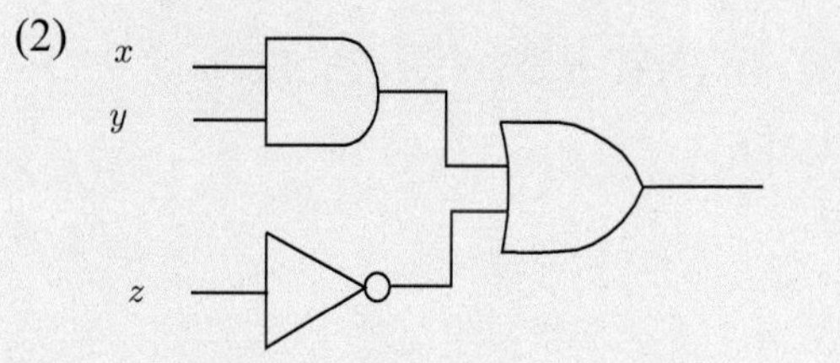

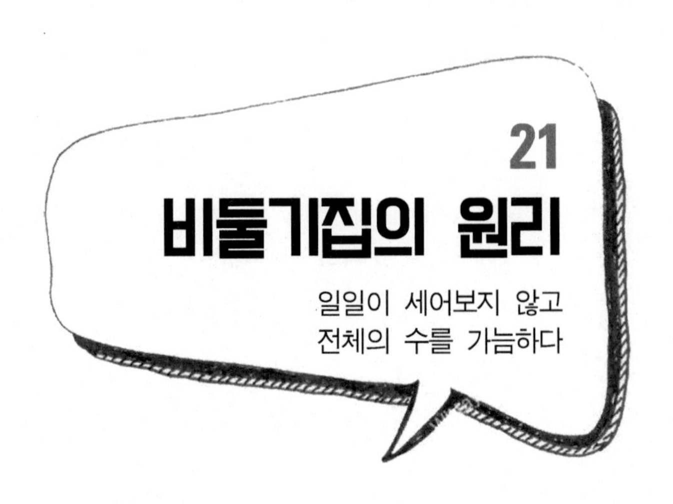

21 비둘기집의 원리

일일이 세어보지 않고 전체의 수를 가늠하다

비둘기집의 원리(pigeonhole principle)는 '비둘기집의 수보다 더 많은 비둘기들이 그 집에 들어갔다면 두 마리 이상 들어간 비둘기집이 적어도 하나 있다'는 원리이다. 이 원리는 디리클레 서랍 원리(Dirichlet drawer principle), 신발장 원리(shoebox principle)라고도 한다. 보기를 통하여 실생활에 비둘기집의 원리가 어떻게 쓰이는지 알아보자.

정리 1 (비둘기집의 원리 I) $n+1$마리의 비둘기를 n개의 비둘기집에 넣었다면, 두 마리 이상의 비둘기가 들어간 비둘기집이 적어도 하나 존재한다.

증명 n개의 비둘기집을 A_1, A_2, $\cdots$, A_n이라 하고, A_i에 들어간 비둘기 수를 $a_i(i=1, 2, \cdots, n)$마리라고 하면

$$a_1+a_2+\cdots+a_n=n+1 \tag{1}$$

이 성립한다.

만일 명제가 성립하지 않는다면 $A_i(i=1, 2, \cdots, n)$에는 단 한 마리의 비둘기가 있거나 또는 전혀 비둘기가 없게 된다. $0 \leq a_i \leq 1(i=1, 2, \cdots, n)$이므로

$$0 \le a_1 + a_2 + \cdots + a_n \le 1 + 1 + \cdots + 1 = n$$

이다. (1)에 의해서 $0 \le n+1 \le n$이 되어 모순이 된다. 따라서 적어도 하나의 i에 대하여 $a_i \ge 2$이다. 즉, 두 마리 이상의 비둘기가 들어간 비둘기집이 적어도 하나 존재한다. ■

위의 원리를 함수의 형식으로 표현하자면 다음과 같다.

X, Y는 공집합이 아닌 두 집합이고, 원소의 개수가 각각 X는 $(n+1)$개, Y는 n개일 때 함수 $f: X \to Y$는 단사함수(injective function)가 아니다.

이 비둘기집의 원리는 수학뿐만 아니라 여러 학문에서 존재성의 증명을 위해 매우 중요하게 사용되고, 그 내용은 단순하지만 많은 다양한 문제에 적용될 수 있는 중요한 원리이다.

보기 1

13명의 사람이 있을 때 같은 달에 태어난 사람이 반드시 존재함을 밝히시오.

풀이 1년은 12개월이므로 1월부터 12월까지의 달을 비둘기집으로, 13명의 사람을 비둘기로 생각하면 12개의 비둘기집에 13마리의 비둘기가 들어가기 위해서는 비둘기집의 원리에 의해서 2마리 이상의 비둘기가 들어가는 비둘기집이 반드시 존재한다. 따라서 생일이 같은 달인 사람이 최소한 2명 이상 존재하게 되는 것을 알 수 있다.

보기 2

1에서 20까지의 자연수 중 11개를 택하면 반드시 서로소인 두 자연수가 포함되어 있음을 밝히시오.

풀이 각 자연수를 비둘기로, 연속된 두 정수씩 묶음, 즉 [1, 2], [3, 4],

[5, 6], ⋯, [19, 20]을 비둘기집이라 하면 비둘기집의 수는 10개이다. 10개의 비둘기집에 11개의 비둘기를 집어넣으면 비둘기집의 원리에 의하여 적어도 한 비둘기집에는 2마리 이상이 들어가야 한다. 따라서 10개의 비둘기집 가운데 적어도 하나에는 두 자연수 이상이 들어가야 한다. 연속된 두 자연수의 최대공약수는 1(서로소)이므로 서로소인 두 자연수가 포함되게 된다.

보기 3

한 변의 길이가 10인 정사각형 내부에 101개의 점이 있다. 이 중 최소한 한 쌍은 두 점 사이의 거리가 $\sqrt{2}$ 이하임을 밝히시오.

증명 정사각형을 다음과 같이 가로, 세로를 10등분하여 100개의 구역으로 나누자. 101개의 점이므로 비둘기집의 원리에 의해 최소한 2개의 점은 같은 구역에 들어가야 한다. 이 두 점 사이의 거리는 한 변의 길이가 1인 이 작은 정사각형의 대각선의 길이 $\sqrt{2}$를 넘지 못한다. 따라서 최소한 한 쌍은 두 점 사이의 거리가 $\sqrt{2}$ 이하가 된다.

보기 4

1부터 100까지의 자연수 중에서 51개를 뽑으면 그 중 하나가 다른 하나로 나누어떨어지는 두 수가 있음을 밝히시오.

풀이 모든 자연수는 $2^k a(k \geq 0,\ a$는 홀수)의 꼴로 나타낼 수 있다. 여기서 선택한 수를 $x_1,\ x_2,\ \cdots,\ x_{51}$이라 하면 각 $i = 1,\ 2,\ \cdots,\ 51$에 대하여 음이 아닌 정수 k_i가 있어서

$$x_i = 2^{k_i} a_i \ \ (k_i \geq 0,\ a_i \text{는 홀수})$$

의 꼴로 표현할 수 있다. 여기서

$$\{a_1,\ a_2,\ \cdots,\ a_{51}\} \subseteq \{1,\ 3,\ 5,\ \cdots,\ 99\}$$

가 성립하므로 비둘기집의 원리에 의하여 $a_i = a_j = a$인 $i,\ j\,(i \neq j)$가 존재한다. $x_i = 2^{k_i} a_i = 2^{k_i} a,\ \ x_j = 2^{k_j} a_j = 2^{k_j} a$이므로 $x_i,\ x_j$중 하나는 다른 하나의 약수가 된다.

다음 정리는 일반화된 비둘기집의 원리이다.

정리 2 (비둘기집의 원리 II) $m \geq n$일 때, m마리의 비둘기를 n개의 비둘기집에 아무렇게나 넣으면 적어도 하나의 비둘기집에는 적어도 k마리 이상의 비둘기가 있게 된다. 여기서

$$k = \begin{cases} \dfrac{m}{n} & (m\text{이 } n\text{으로 나누어떨어질 때}) \\ \left[\dfrac{m}{n}\right] + 1 & (m\text{이 } n\text{으로 나누어떨어지지 않을 때}) \end{cases}$$

이다. 단, $[x]$는 x를 넘지 않는 가장 큰 수를 뜻한다.

증명 A_1, A_2, $\cdots$, A_n을 n개의 비둘기집이라 하고, 각각의 A_i $(i = 1, 2, \cdots, n)$에 들어간 비둘기의 수를 a_i마리라고 하면

$$a_1 + a_2 + \cdots + a_n = m \qquad ①$$

이다.

(1) m이 n으로 나누어떨어지는 경우

명제가 성립하지 않는다면 $i = 1, 2, \cdots, n$에 대하여 $a_i < \dfrac{m}{n}$이다. 따라서

$$a_1 + a_2 + \cdots + a_n < \frac{m}{n} + \frac{m}{n} + \cdots \frac{m}{n} = n \times \frac{m}{n} = m$$

이 되어 식 ①에 모순이다. 따라서 $a_i \geq \dfrac{m}{n}$인 i가 존재하므로 $k = \dfrac{m}{n}$마리 이상의 비둘기가 들어 있는 비둘기집 A_i가 적어도 하나 존재한다.

(2) m이 n으로 나누어떨어지지 않는 경우

이때 자연수 q, r이 존재하여 $m = nq + r\,(0 < r < n)$로 나타낼 수 있다. 명제가 성립하지 않는다면 $i = 1, 2, \cdots,$

n에 대하여 $a_i < \left[\frac{m}{n}\right] + 1$이다. 즉, $a_i \leq \left[\frac{m}{n}\right]$이다.

그런데 $0 < \frac{r}{n} < 1$이므로

$$\left[\frac{m}{n}\right] = \left[q + \frac{r}{n}\right] = q$$

이다. 따라서 $i = 1, 2, \cdots, n$에 대하여 $a_i \leq q$이므로

$$a_1 + a_2 + \cdots + a_n \leq q + q + \cdots + q = nq$$

가 되어 $a_1 + a_2 + \cdots + a_n = m = nq + r > nq$에 위배된다. 따라서 $a_i \geq \left[\frac{m}{n}\right] + 1$인 i가 존재하므로 $k = \left[\frac{m}{n}\right] + 1$마리 이상의 비둘기가 들어 있는 비둘기집 A_i가 적어도 하나 존재한다. ■

주의 3 $m = n + 1$인 경우 비둘기집의 원리 II에 대하여

$$\left[\frac{m}{n}\right] + 1 = \left[\frac{n+1}{n}\right] + 1 = \left[1 + \frac{1}{n}\right] + 1 = 1 + 1 = 2$$

이다. 이는 바로 비둘기집의 원리 I이다. 따라서 비둘기집의 원리 I은 비둘기집의 원리 II의 특수한 경우이다.

일반화된 비둘기집의 원리를 이용하여 다음 문제를 해결하여 보자.

보기 5

A학과 학생 160명이 군청, 우체국, 경찰서에 봉사활동을 가기로 하였다. 봉사활동 장소로 누구든지 세 곳 중에서 한 곳은 가야 하고, 제일 많이 간 사람이라도 두 곳으로 한정한다. 어떤 학생이 봉사활동 장소에 갔을 때 이것을 1이라 하고, 가지 않은 때는 0이라 하고, 수의 조합 $\{a, b, c\}$는 어떤 학생의 견학한 상황을 나타낸다고 하자. 예

를 들어, $a=1$은 군청에, $b=1$은 우체국에, $c=1$은 경찰서에 봉사활동 간 것을 나타내고, $a=0$은 군청에, $b=0$은 우체국에, $c=0$은 경찰서에 봉사활동을 가지 않음을 나타낸다.

① $\{1, 0, 0\}$은 무엇을 나타내는 것일까?

② 누구나 한 곳에는 가게 되어 있고, 가장 많이 가서 두 곳이므로 모든 사람이 봉사활동을 가게 되는 형식은 모두 몇 가지 경우가 있을까?

③ 그러면 적어도 몇 명이 같은 장소에서 봉사활동을 하게 될까?

풀이 ① 어떤 학생은 군청에는 갔지만, 우체국과 경찰서에는 봉사활동을 가지 않음을 나타낸다.

② $\{1, 0, 0\}$, $\{0, 1, 0\}$, $\{0, 0, 1\}$, $\{1, 1, 0\}$, $\{1, 0, 1\}$, $\{0, 1, 1\}$의 6가지

③ $\left[\frac{160}{6}\right]+1=27$명

보기 6

8 게임의 월드컵 축구 경기에서 골이 모두 17 개 들어갔다. 적어도 한 게임에서 골이 적어도 3 개 들어갔음을 밝히시오.

풀이 8 게임의 경기를 8 개의 비둘기집으로 보고, 골 17 개를 이 비둘기집에 넣는 비둘기로 보면, 비둘기집의 원리 II에 의하여 적어도 한 게임에서 골이 적어도

$$\left[\frac{17}{8}\right]+1=\left[2\frac{1}{8}\right]+1=2+1=3(\text{개})$$

가 들어갔음을 알 수 있다.

정리 4 (확장된 비둘기집의 원리 III) 음이 아닌 정수 q_1, q_2, q_3, $\cdots$, q_n에 대하여 $(q_1+q_2+\cdots+q_n+1)$마리의 비둘기가 1부터 n번까지

번호가 매겨진 n개의 집에 넣었다면 적어도 하나의 $i(1 \le i \le n)$에 대해 번호 i가 매겨진 집에 (q_i+1)마리 이상의 비둘기가 들어 있다.

증명 역시 귀류법으로 증명한다. 만약 모든 $i(1 \le i \le n)$에 대하여 i번째 집에 q_i마리 이하의 비둘기가 들어 있다면, 전체 비둘기의 수는 $(q_1+q_2+\cdots+q_n)$마리 이하가 된다. 이것은 가정에 모순이다. 따라서 번호 i가 매겨진 집에 (q_i+1)마리 이상의 비둘기가 있는 경우가 반드시 있다. ■

보기 7

67명의 사람이 있으면 적어도 하나의 $i=1, 2, 3, \cdots, 12$에 대하여 i월에 태어난 사람이 i명 이상 있음을 밝히시오.

풀이 i월에 태어난 사람이 i명보다 항상 적다고 가정하자. 그럼 1월에 태어난 사람은 한 명도 없어야 하고, 2월에 태어난 사람은 1명 이하, 3월에 태어난 사람은 2명 이하, …, 12월에 태어난 사람은 11명 이하가 되어야 한다. 그래서 총 인원이 $0+1+2+\cdots+11=66$명 이하이다. 67명의 사람이 있으므로 이것은 가정에 모순이다. 따라서 문제의 명제가 성립한다.

방법 2 $q_1=0,\ q_2=1,\ q_3=2,\ \cdots,\ q_{12}=11$로 두면 $q_1+q_2+\cdots+q_{12}=66$이 된다. 67명의 사람이므로 남은 한 명이 i월에 태어났다고 했을 때 $q_i=(i-1)+1=i\,(1 \le i \le 12)$가 되어 i월에 태어난 사람이 i명이 된다.

위의 확장된 비둘기집의 원리에서 $q_1=q_1=\cdots\cdot=q_n=k$로 두면 다음 따름정리를 얻을 수 있다.

따름정리 5 (확장된 비둘기집의 원리 I) 비둘기가 비둘기집의 수의 k배보다 더 많으면, $(k+1)$마리 이상의 비둘기가 함께 사는 비둘기집이 적어도 하나 있다. 즉, $(kn+1)$마리의 비둘기들이 n개의 비둘기집에 들어가려면 적어도 한 집에는 $(k+1)$마리 이상 들어가야 한다.

보기 8

50명의 사람들 중에 적어도 8명의 생일이 같은 요일에 있음을 설명하시오.

풀이 한 주는 7일이므로 요일을 비둘기집이라 하여 따름정리 5를 이용하면 $n=7$이고 $50=7\cdot7+1$이므로 $k=7$이 된다. 따라서 적어도 하나의 요일에 $7+1=8$명의 생일이 들어가게 된다.

다음과 같은 것도 비둘기집의 원리의 하나라고 볼 수 있다.

정리 6 (평균과 비교하는 비둘기집의 원리) n개의 음이 아닌 정수 $m_1, m_2, \cdots, m_n$의 평균

$$\frac{m_1+m_2+\cdots+m_n}{n}$$

이 r보다 크면(크거나 같으면/작으면/작거나 같으면), 이들 m_i 중 적어도 하나는 r보다 크다(크거나 같다/작다/작거나 같다).

증명 귀류법에 의해 만약 모든 i에 대해 $m_i \le r$이면,

$$\frac{m_1+m_2+\cdots+m_n}{n} \le \frac{r+r+\cdots+r}{n} = \frac{nr}{n} \le r$$

이므로 이것은 가정에 모순이다. ■

비둘기집의 원리 I과 비둘기집의 원리 II 사이 관계 분석하기

비둘기집의 원리 I과 비둘기집의 원리 II는 어떤 관계가 있는지 분석하기 위하여 비둘기집의 원리 II에 대하여 다음 각 경우를 비교하여

보자.

① $m=n+1$ 인 경우

비둘기집의 원리 II에 대하여 $m=n+1$이면

$$\left[\frac{m}{n}\right]+1=\left[\frac{n+1}{n}\right]+1=\left[1+\frac{1}{n}\right]+1=1+1=2$$

이다. 이는 바로 비둘기집의 원리 I이다. 따라서 비둘기집의 원리 I은 비둘기집의 원리 II의 특수한 경우이다.

② $m=kn+1$ (k는 양의 정수, $n\neq 1$)인 경우

비둘기집의 원리 II에 대하여 $m=kn+1$ (k는 양의 정수)이면 $n\neq 1$일 때,

$$\left[\frac{m}{n}\right]+1=\left[\frac{kn+1}{n}\right]+1=\left[k+\frac{1}{n}\right]+1=k+1$$

이다. 따라서 $(kn+1)$마리의 비둘기를 n개의 비둘기집에 넣으면 적어도 1개의 비둘기집에는 적어도 $(k+1)$마리의 비둘기가 들어 있다.

연습문제 21

1 8명의 사람들 중 적어도 2명의 생일이 같은 요일에 있음을 밝히시오.

2 올해에 우리 대학교 자연과학대학에 390명의 신입생이 입학하였다. 이들 신입생 중 생일이 같은 학생이 적어도 2명 이상이 반드시 있음을 밝히시오.

3 한 변의 길이가 2인 정사각형에 5개의 점이 있으면, 두 점 사이의 거리가 $\sqrt{2}$ 보다 작은 두 점이 반드시 존재함을 밝히시오.

4 한 변의 길이가 1센티미터인 정육각형 안에 임의로 7개의 점을 찍으면 이들 가운데 두 점 사이의 거리가 1 이하인 것이 적어도 한 쌍 있음을 밝히시오.

5 한 줄로 늘어선 12개의 의자에 9명이 앉으려고 한다. 이때, 적어도 3명은 반드시 이웃하여 앉게 됨을 밝히시오.

6 방 안에 6명이 있을 때 이들 중 3명은 서로 알고 있거나 서로 모르고 있음을 설명하시오.

7 1부터 $2n$까지의 정수 중 $(n+1)$개의 수를 임의로 골라내면 그 중 최소한 한 쌍은 서로소임을 밝히시오.

8 3의 거듭제곱끼리 뺀 것 중에는 100의 배수가 반드시 있음을 밝히시오.

9 1부터 10까지의 숫자 중에서 임의로 6개를 뽑을 때, 그들 중 2개의 합이 홀수가 되는 것이 반드시 있음을 밝히시오.

10 임의의 5개의 자연수 중에는 4로 나누었을 때 나머지가 같은 두 수가 반드시 존재한다는 것을 밝히시오.

11 임의의 양의 정수 11개 중에는 두 수의 차가 10의 배수가 되는 짝이 적어도 한 쌍이 있음을 밝히시오.

12 n이 자연수일 때 $2n$을 넘지 않는 홀수가 $(n+1)$개 있다면 그 중 적어도 2개는 같음을 밝히시오.

13 임의의 m개의 자연수가 있다. 이들 가운데 적당히 몇 개를 골라서 그 합이 m의 배수가 되게 할 수 있음을 밝히시오.

14 1에서 $2n$까지의 자연수 중에서 $(n+1)$개를 뽑으면 그 중 하나가 다른 하나로 나누어떨어지는 두 수가 있음을 밝히시오.

15 서로 다른 $(n+1)$개의 정수들 중에 두 정수의 차가 n으로 나누어떨어지는 두 정수의 쌍이 적어도 한 쌍 이상 존재함을 밝히시오.

16 주어진 n개의 자연수 가운데에서 그 합이 n으로 나누어떨어지는 k개의 수(k는 자연수이고, $1 \le k < n$)를 언제나 찾을 수 있음을 밝히시오.

17 좌표평면 위에서 x좌표와 y좌표가 모두 정수인 점을 격자점이라고 한다. 주어진 5개의 격자점에 대하여 이들 사이를 잇는 선분들의 중점 중 적어도 하나는 격자점임을 설명하시오.

18 서로 다른 4개의 실수 중에는 $0 < \dfrac{a+b}{1+ab} < \sqrt{3}$을 만족시키는 2개의 실수 a, b가 존재함을 설명하시오.

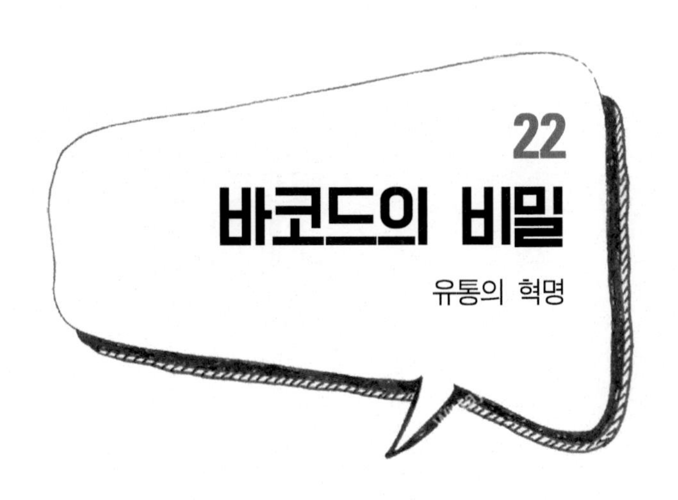

1 바코드란

슈퍼마켓, 백화점과 서점에 진열되어 있는 상품을 보면 거의 모든 상품에 가늘고 굵은 검은 막대가 그려진 그래프 같은 것이 있고 그 밑에 숫자가 쓰여 있는 것을 볼 수 있는데, 이것이 바코드(barcode)이다. 불과 몇 센티미터밖에 안 되는 막대표시에는 그 상품을 제조한 국가번호, 회사번호, 제품번호가 숨겨져 있다.

어떤 물건에 대해 영문자나 숫자로 표시해 컴퓨터가 읽어들일 수 있도록 만든 것을 코드(code 부호)라고 한다. 그런데 물건마다 서로 다른 코드를 매기고, 또 이것을 하나하나 컴퓨터에 입력하는 일은 아

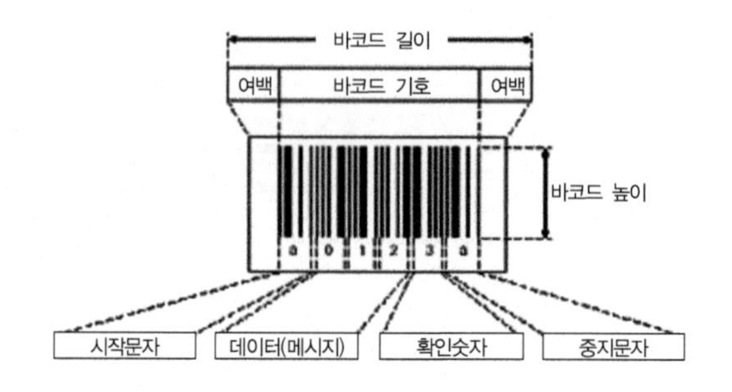

주 번거롭고 힘들다. 이러한 문제를 해결하기 위해서 만든 것이 바코드(bar code)인데, bar(막대선)와 code(코드)를 합쳐 놓은 말이다. 바코드는 1923년에 미국에서 슈퍼마켓의 관리효율을 높이기 위해서 고안되었다.

바코드는 바(bar, 검은색 막대)와 공백(space, 흰색 막대)을 특정한 형태로 조합하여 문자와 숫자, 기호 등을 광학적으로 판독하기 쉽게 부호화한 것으로 숫자를 스캐너로 빨리 읽을 수 있도록 고안해 놓은 것이다. 막대의 굵기에 따라 문자나 숫자를 나타내는 특정한 배열이 마치 상품의 신분증과 같은 역할을 한다.

심벌로지라고 하는 바코드 언어에 의해 바와 공백을 특정하게 배열해 이진수 0과 1의 비트로 바뀌게 되고 이들을 조합해서 정보를 표현하게 된다. 바코드 안에는 제품의 가격이나 크기, 무게 등의 정보가 들어있는 것이 아니고 상품 코드번호만 들어있다. 단지 코드를 빨리 읽기 위해서 사용하는 것 외에는 아무것도 아니다.

2 바코드의 활용

코드번호를 스캐너로 읽어서 자동으로 계산이 되도록 하려면 코드번호에 따른 상품 번호와 가격 등의 정보를 미리 등록해 놓아야 한다. 그러면 계산대에서 이 바코드를 판독하는 감지기에 의하여 계산서에 상품명, 가격, 합계, 거스름돈, 날짜, 상호명 등이 인쇄되어 나오는 것을 볼 수 있다. 붉은색의 레이저 광선을 이용하는 스캐너로 바코드를 읽으면 상품의 가격이 즉시 입력되도록 만들어 놓은 프로그램이 있기 때문에 가능한 일이다.

바코드를 이용하면 물건값을 일일이 입력할 필요 없이 시간을 절약할 수 있을 뿐 아니라 판매 즉시 판매량과 금액 등 판매와 관련된 각종 정보를 컴퓨터로 신속하고 정확하게 집계할 수 있다. 또한 키보드로 숫자를 입력하면서 걸리는 시간도 줄이고 오타도 방지할 수 있다. 따라서 이 바코드는 판매와 재고 관리 업무 분야 등의 유통업체뿐만 아니라 병원의 환자 관리 카드, 서점의 서적 관리, 철도나 항공의 여객 및 화물 관리, 우체국의 우편물 관리 등 대량의 데이터를 신속하고 정확하게 처리하기 위한 많은 분야에서 이용되고 있다.

그런데 바코드가 잘 읽히지 않아 스캐너를 여러 번 접촉시키다가 결국에는 키보드로 숫자를 입력하는 경우를 종종 볼 수 있다. 또한 바코드가 불명확하거나 유통 과정에서 손상되면, 스캐너는 다른 숫자로 읽어 잘못된 정보를 읽을 수도 있다. 이런 문제에 대비해 바코드에는 체크숫자 또는 검사숫자(check digit)라는 안전장치가 되어 있다. 이것은 상품의 정보를 간직한 고유번호가 잘못 읽혀지는 것을 찾아내기 위한 숫자다.

3 상품번호

우리가 사용하고 있는 바코드는 미국을 중심으로 한 UPC(Universal Producer Code)이다. 미국, 유럽, 일본 등의 나라와 호환성이 있는 '공통 상품 바코드 심벌'이라고 볼 수 있다. 미국에서는 가공식품, 잡화, 약품, 의류, 공산품 등 거의 모든 상품에 대하여 제도화되었고 일본에서도 80% 이상 보급되어 있다.

EAN-13

EAN-8

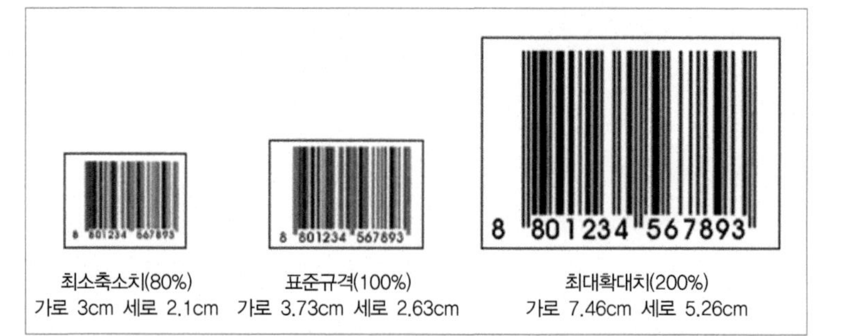

표준규격은 가로 3.73 cm, 세로 2.63 cm으로 0.8배에서 2배까지 축소 확대 가능하다.

우리나라 유통업계에서 사용하는 KAN(Korean Article Number) 바코드는 13자리 수의 표준형과 8자리 수의 단축형이 있으며 그들의 구성은 다음과 같다.

표준형

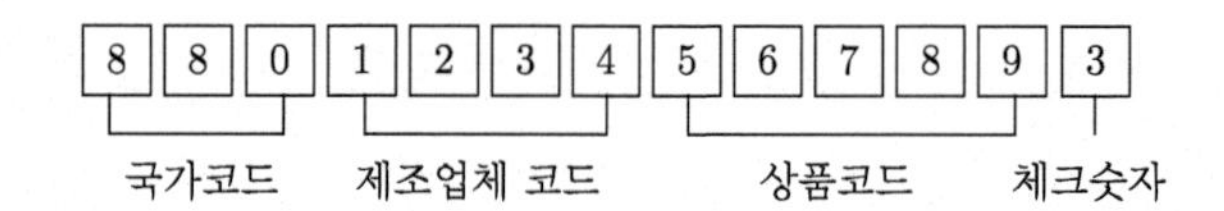

단축형

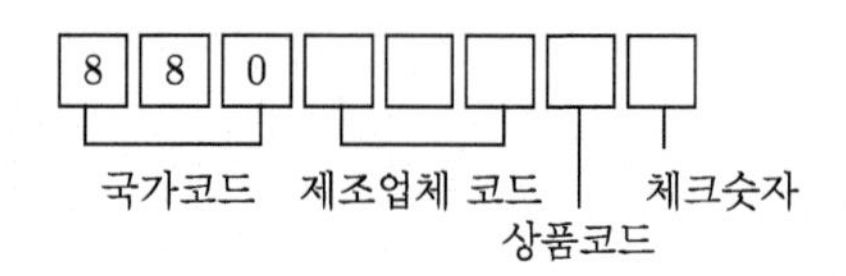

바코드를 좀더 주의깊게 관찰하면 막대 밑에 쓰여 있는 숫자가 13자리(30개의 줄무늬)와 8자리(22개의 줄무늬)의 두 종류(그 외에도 지금은 더 많은 종류가 있음)가 있는 것을 알 수 있다. 앞의 숫자 3자리는 국가 번호, 그 다음 4~7자리까지의 4자리는 상품 제조업체 번호, 8~12자리까지의 다음 5자리는 각 회사의 상품을 나타내는 고유번호, 마지막 한 자리는 입력이 제대로 되었는지 확인하는 검사숫자 또는 체크숫자를 나타낸다.

우리나라는 지난 1988년 국제상품코드 관리기관(EAN)에 회원국으로 가입하여 KAN을 제정하여 사용하기 시작하였다. 우리나라의 국가코드는 880이며, 중국은 690부터 695까지이다.

체크숫자는 어떻게 부여되는가

(1) 표준형

m이 자연수이고 a, b가 정수일 때 $a-b$가 m의 배수이면 $a \equiv b \pmod{m}$로 나타낸다. 예를 들어, $26 \equiv 5 \pmod{7}$이다.

바코드번호가 $x_1x_2x_3 \cdots x_{11}x_{12}x_{13}$일 때, 처음 12개의 숫자는 0, 1, 2, …, 9 중의 하나이고 체크숫자 x_{13}은 다음과 같이 정한다.

$$
\begin{aligned}
S &= \sum_{i=1}^{7} x_{2i-1} + 3\sum_{i=1}^{6} x_{2i} \\
&= (x_1+x_3+x_5+x_7+x_9+x_{11}+x_{13}) + 3(x_2+x_4+x_6+x_8+x_{10}+x_{12}) \\
&\equiv 0 \pmod{10}, \quad 0 \le x_{13} \le 9
\end{aligned}
$$

즉, S가 10의 배수가 되도록 체크숫자 x_{13}을 정한다.

보기 1

바코드번호의 앞 12자리가 880106216023일 때 체크숫자를 구하시오.

풀이 ① 앞에서부터 짝수 번째에 있는 수들의 합에 3을 곱한다.

즉, (8+1+6+1+0+3)×3=57을 계산한다.

② 앞에서부터 홀수 번째에 있는 수들을 합한다.

즉, 8+0+0+2+6+2=18을 계산한다.

③ ①의 결과값과 ②의 결과값을 합한다. 즉, 57+18 = 75를 계산한다.

④ ③에서 구한 수의 일의 자리 수에 더해서 10이 되는 수가 체크숫자이다. 즉, 75의 일의 자리 수 5에 더해서 10이 되는 수는 5이므로 5가 체크숫자이다.

따라서 이 코드번호는 8801062160235가 된다.

(2) 단축형

바코드번호가 $x_1x_2x_3 \cdots x_6x_7x_8$일 때, 처음 7개의 숫자는 0, 1, 2, ⋯, 9 중의 하나이고 체크숫자 x_9은 다음과 같이 정한다.

$$S \equiv 3\sum_{i=1}^{4} x_{2i-1} + \sum_{i=1}^{3} x_{2i}$$
$$\equiv 3(x_1 + x_3 + x_5 + x_7) + (x_2 + x_4 + x_6) \pmod{10}$$

라 할 때 $S + x_8$이 10의 배수가 되도록 체크숫자 x_8을 정한다.

보기 2

바코드번호의 앞 7자리가 8800359인 경우 체크숫자를 구하시오.

풀이 ① 앞에서부터 홀수 번째에 있는 수들의 합에 3을 곱한다.

즉, (8+0+3+9)×3=60을 계산한다.

② 앞에서부터 짝수 번째에 있는 수들을 합한다. 즉, 8+0+5=13을 계산한다.

③ ①의 결과값과 ②의 결과값을 합한다. 즉, 60+13=73을 계산한다.

④ ③에서 구한 수의 일의 자리 수에 더해서 10이 되는 수가 체

크숫자이다. 즉, 73의 일의 자리 수 3에 더해서 10이 되는 수는 7이므로 7이 체크숫자이다.
따라서 이 바코드번호는 88003597이다.

이렇게 체크숫자를 정하면, 1개의 숫자를 잘못 읽은 경우를 모두(100%) 찾아내고, 인접한 두 숫자를 바꾸어 입력한 경우도 '대부분(정확하게는 88.9%)' 찾아낼 수 있다. 이것은 짝수 번째 자리의 숫자에 3을 곱하는 가중치를 둔 효과다.

상품 번호의 약점 중 하나는 인접한 두 숫자의 차가 5일 때, 이 두 숫자를 바꾸어 입력한 경우에는 오류를 찾아낼 수 없다는 점이다. 예를 들어, 바코드 8801037002782의 경우에서 27을 72로 바꾸어 8801037007282로 입력했다고 하자. 그래도 결과는 10의 배수가 되므로 컴퓨터는 오류를 인식할 수 없다. 따라서 제조업자는 상품 번호를 정할 때 이런 경우를 미리 피해야 한다.

4 국제표준 도서번호

국제표준 **도서번호** ISBN(International Standard Book Number)은 전 세계의 서적을 체계적으로 분류하고 도서의 유통관리를 효율적으로 하기 위해 국제공통으로 정한 도서의 고유 코드번호이다. 국제 ISBN 위원회가 작성한 이 번호는 13단위로 구성되어 있다. 2006년까지는 10자리 번호를 사용하였는데 출판물이 많아지면서 13자리로 바뀌게 되었다. 이 번호만으로 어느 나라, 어느 출판사에서 나온 어떤 내용의 책이라는 것을 식별할 수 있도록 되어 있다. 우리나라는 1990년 국제 ISBN 위원회에 가입함으로써 국제 출판정보 및 동향파악, 도서유통의 전산화·정보화 등이 훨씬 손쉬워졌다.

2007년부터 사용하는 13자리 ISBN은 $x_1x_2x_3 \cdots x_{12}x_{13}$으로 표시

할 때 마지막 체크숫자 x_{13}은 다음과 같이 정한다.

$$\sum_{i=1}^{7} x_{2i-1} + 3\sum_{i=1}^{6} x_{2i}$$
$$= (x_1 + x_3 + x_5 + x_7 + x_9 + x_{11} + x_{13}) + 3(x_2 + x_4 + x_6 + x_8 + x_{10} + x_{12})$$
$$\equiv 0 \pmod{10}, \quad 0 \le x_{13} \le 9$$

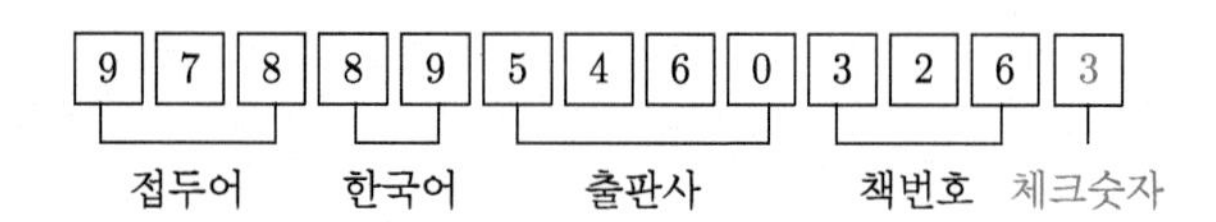

예를 들어, 978-89-5460-326-3이라는 번호가 붙은 책을 생각할 때, 978은 접두부를 나타내고, 89는 이 책에서 사용하는 언어가 한국어를 나타내고, 5460은 출판사를 나타내고, 326은 출판사가 정한 이 책의 번호이다. 끝으로 체크숫자 3은 위의 합동식으로 푼 값이다. 이 도서번호의 체크숫자는 다음과 같이 구한다.

① 앞에서부터 짝수 번째에 있는 수들의 합에 3을 곱한다. 즉, (7+8+5+6+3+6)×3=105를 계산한다.
② 앞에서부터 홀수 번째에 있는 수들을 합산한다. 즉, $9+8+9+4+0+2+x=32+x$를 계산한다.
③ ①의 결과값과 ②의 결과값을 합산한다. 즉, $137+x$를 계산한다.
④ ③에서 구한 수의 일의 자릿수에 더해서 10이 되는 수가 체크숫자이다. 즉, (137의 일의 자릿수 7)+3=10이므로 3은 체크숫자이다.

위의 과정 없이 다음 식

$$(9+8+9+4+0+2+x_{13}) + 3(7+8+5+6+3+6)$$
$$= (32+x_{13}) + 105 = x_{13} + 137 \equiv 0 \pmod{10}$$

으로부터 $x_{13}=3$이 된다.

보기 3

한국에서 발행한 한 책의 ISBN 번호가 978-89-578□-274-4일 때 □ 안의 숫자 x_9를 구하시오.

풀이 13자리의 ISBN에 대한 값을 구하기 위하여 다음과 같이 계산한다.

$$9+3\cdot7+8+3\cdot8+9+3\cdot5+7+3\cdot8+x_9+3\cdot2+7+3\cdot4+4 \equiv 0 \pmod{10}$$

을 풀면 $146+x_9\equiv 0 \pmod{10}$에서 $x_9=4$를 얻는다. 따라서 이 책의 ISBN 번호는 978-89-5784-274-4이다.

5 여권번호

여권번호가 $x_1x_2x_3x_4x_5x_6x_7$일 때 정수 x_7은 다음과 같이 정한다.

$$x_7 \equiv 7x_1+3x_2+x_3+7x_4+3x_5+x_6 \pmod{10},\quad 0\le x_7\le 9$$

보기 4

여권번호의 처음 6자리 숫자가 330011일 때 7번째 자릿수를 구하시오.

풀이 $x_7\equiv 7\cdot3+3\cdot3+1\cdot0+7\cdot0+3\cdot1+1\cdot1=34\equiv 4 \pmod{10}$

이므로 여권번호는 3300114이다.

6 주민등록번호

아기가 태어난 후 출생신고를 하면 '주민등록번호'가 나온다. 이는 국가가 대한민국에 거주하는 모든 국민 개개인에게 부여하는 고유번호를 말한다. 그리고 만 17세가 되면 주민등록번호가 적힌 주민등록증을 발급받는데, 이는 실생활이나 각종 문서, 통신 등에서 본인 확인 용도로 쓰인다. 무심코 지나쳤던 주민등록번호의 각 자릿수가 의미하는 바를 살펴보면 수학의 흥미로운 활용을 알 수 있다.

주민번호	9	4	0	5	1	2	-	2	9	3	2	3	1	?
의미	생년월일							여자	출생지역 코드				번째	검증코드

주민등록번호는 앞 6자리와 뒤 7자리 등 총 13자리로 되어 있다. 1번부터 6번에 해당하는 앞부분의 6개 자리는 생년월일을 나타내고 7번째 자리는 남녀의 성별을 가리킨다. 7번째 자리에서 1과 3은 남자를, 2와 4는 여자를 뜻하는데, 2000년 이후 태어난 남자, 여자에게는 각각 3과 4의 숫자를 부여한다. 8~11번째 자리는 출생지역 조합번호를 뜻하고 자신이 태어난 지역 코드와 출생신고를 한 지역주민센터의 고유번호를 조합한 번호이다. 그리고 12번째 자리의 숫자는 해당 지역에서 출생 신고 접수순서이고, 마지막 13번 자리는 주민등록번호의 오류를 검증하기 위해 지정한 체크숫자이다.

주민번호	9	4	0	5	1	2	-	2	9	3	2	3	1	?
가중값	2	3	4	5	6	7		8	9	2	3	4	5	
곱	18	12	0	25	6	14		16	81	6	6	12	5	

예를 들어, 1994년 5월 12일에 태어난 한 여자의 주민등록번호 940512-293231?의 체크숫자를 구하기 위해서는 위의 표에서 보는

바와 같이 각 번호에 가중값을 곱하여 얻은 총합

$$18+12+0+25+6+14+16+81+6+6+12+5=201$$

을 구한다. $201+x$가 11의 배수(11×19)가 되도록 x를 구하면 $x=8$이다.

7 우편환 번호

우편환은 우체국에서 돈을 송금할 때 이용되고 있다. 이 우편환의 번호는 11자리의 수로 구성되어 있고 마지막 자리의 수는 이 번호가 올바른 체계를 갖추어 만들어진 번호인지 체크숫자로서 앞 10자리 숫자의 합을 9로 나눈 나머지로 결정된다. 즉, 우편환의 번호가 $a_1a_2a_3a_4a_5a_6a_7a_8a_9a_{10}a_{11}$이면 a_{11}은

$$a_1+a_2+a_3+a_4+a_5+a_6+a_7+a_8+a_9+a_{10}$$

을 9로 나눈 나머지이다. 즉,

$$a_1+a_2+a_3+a_4+a_5+a_6+a_7+a_8+a_9+a_{10}\equiv a_{11}\pmod 9$$

이다. 이것을 이용하여 주어진 우편환의 번호가 올바른 것인지 아닌지를 점검할 수 있다. 이처럼 대부분의 신분 또는 물품 확인 번호에는 주어진 번호가 올바른 것인지 아닌지를 판단하는 수를 포함하고 있는데 이런 수를 체크숫자 또는 검사숫자라고 한다.

보기 5

다음 주어진 번호가 올바른 우편환 번호인지 아닌지를 점검하시오.

(1) 21364750192　　　　(2) 11410112530

풀이 (1) $2+1+3+6+4+7+5+0+1+9=38$이고, 38을 9로 나눌 때 나머지는 2로 주어진 번호의 마지막 자리에 있는 수 2와 일치하므로 이 번호는 올바른 우편환 번호이다.

(2) $1+1+4+1+0+1+1+2+5+3=19$이고, 19를 9로 나눌 때 나머지는 1로 주어진 번호의 마지막 자리에 있는 수 0과 일치하지 않으므로 이 번호는 올바른 우편환 번호가 아니다.

8 세계 제품 코드 UPC

세계에서 생산되는 대부분의 제품은 $6-39382-00039-3$과 같은 제품의 정보를 담고 있는 12자리 고유번호 UPC(세계 제품 코드, Universal Product Code)가 부여된다. 제품의 UPC는 간단한 스캐너로 읽혀질 수 있게 제품의 포장에 바코드와 함께 표시되어 백화점이나 편의점에서 일일이 입력하는 불편 없이 그 제품에 관한 모든 정보를 쉽게 알 수 있다.

UPC $a_1-a_2a_3a_4a_5a_6-a_7a_8a_9a_{10}a_{11}-a_{12}$의 각 자릿수는 다음과 같은 정보를 담고 있다.

a_1	제품의 종류
$a_2a_3a_4a_5a_6$	생산자 정보
$a_7a_8a_9a_{10}a_{11}$	생산자가 부여한 일련번호
a_{12}	올바른 번호인지 점검하는 체크숫자

UPC의 마지막 자릿수 a_{12}는 주어진 번호가 올바른 번호인지 점검하는 체크숫자로서

$$3(a_1+a_3+a_5+a_7+a_9+a_{11})+(a_2+a_4+a_6+a_8+a_{10})+a_{12}$$

가 10의 배수가 되도록 결정된다. 예를 들어, 마지막 자릿수를 제외

한 UPC가 6 − 39382 − 00039라면

$$3(6+9+8+0+0+9)+(3+3+2+0+3)=107$$

이므로 $a_{12}=3$이다.

보기 6

다음 주어진 번호가 올바른 UPC인지 아닌지를 점검하시오.

(1) 0 − 14300 − 25433 − 9　　(2) 3 − 81370 − 09213 − 5

풀이 (1) $3(0+4+0+2+4+3)+(1+3+0+5+3)+9=60$은 10의 배수이므로 이 번호는 올바른 UPC이다.

(2) $3(3+1+7+0+2+3)+(8+3+0+9+1)+5=74$는 10의 배수가 아니므로 이 번호는 올바른 UPC가 아니다.

9 신용카드번호

물건을 살 때 현금을 대신하여 자주 이용하는 신용카드번호는 대부분 16자리 $a_1a_2a_3a_4a_5a_6a_7a_8a_9a_{10}a_{11}a_{12}a_{13}a_{14}a_{15}a_{16}$로 되어 있고, 마지막 자릿수 a_{16}은 주어진 번호가 올바른 번호인지 점검하는 체크 숫자로서 다음과 같이 결정된다.

① $2(a_1+a_3+a_5+a_7+a_9+a_{11}+a_{13}+a_{15})$을 계산해 x라 한다.

② a_1, a_3, a_5, a_7, a_9, a_{11}, a_{13}, a_{15}에서 4보다 큰 수의 개수를 y라 한다.

③ $x+y+(a_2+a_4+a_6+a_8+a_{10}+a_{12}+a_{14})+a_{16}$이 10의 배수가 되게 a_{16}을 결정한다.

예를 들어, 주어진 번호가 4128 0012 3456 7896이면

$$x = 2(4+2+0+1+3+5+7+9) = 62$$

이고 4, 2, 0, 1, 3, 5, 7, 9에서 4보다 큰 수는 5, 7, 9이므로 $y=3$ 이다. 따라서

$$\begin{aligned} x+y+&(a_2+a_4+a_6+a_8+a_{10}+a_{12}+a_{14})+a_{16} \\ &= 62+3+(1+8+0+2+4+6+8)+6 \\ &= 100 \end{aligned}$$

은 10의 배수이므로 이 번호는 올바른 신용카드의 번호이다.

보기 7

다음 주어진 번호가 올바른 신용카드의 번호인지 아닌지를 점검하시오.

(1) 3541 0232 0033 2270 (2) 5148 7600 7136 0407

풀이 (1) $x = 2(3+4+0+3+0+3+2+7) = 44$이고 3, 4, 0, 3, 0, 3, 2, 7에서 4보다 큰 수는 7 하나뿐이므로 $y=1$이다. 따라서

$$\begin{aligned} x+y+&(a_2+a_4+a_6+a_8+a_{10}+a_{12}+a_{14})+a_{16} \\ &= 44+1+(5+1+2+2+0+3+2)+0 \\ &= 60 \end{aligned}$$

은 10의 배수이므로 이 번호는 올바른 신용카드의 번호이다.

(2) $x = 2(5+4+7+0+7+3+0+0) = 52$이고 5, 4, 7, 0, 7, 3, 0, 0에서 4보다 큰 수는 5, 7, 7 셋이므로 $y=3$이다. 따라서

$$\begin{aligned} x+y+&(a_2+a_4+a_6+a_8+a_{10}+a_{12}+a_{14})+a_{16} \\ &= 52+3+(1+8+6+0+1+6+4)+7 \\ &= 88 \end{aligned}$$

은 10의 배수가 아니므로 이 번호는 올바른 신용카드의 번호가 아니다.

보기 8

a248 3609 2432 6129는 올바른 신용카드의 번호이다. a의 값을 구하시오.

풀이 $x=2(a+4+3+0+2+3+6+2)=2a+40$이다.

① $a \leq 4$인 경우 : $a, 4, 3, 0, 2, 3, 6, 2$에서 4보다 큰 수는 6 하나뿐이므로 $y=1$이다. 따라서

$$\begin{aligned} x+y+&(a_2+a_4+a_6+a_8+a_{10}+a_{12}+a_{14})+a_{16} \\ &=2a+41+(2+8+6+9+4+2+1)+9 \\ &=2a+41+41=2a+82 \end{aligned}$$

가 10의 배수이므로 $a=4$이다.

② $a>4$인 경우 : $a, 4, 3, 0, 2, 3, 6, 2$에서 4보다 큰 수는 a, 6이므로 $y=2$이다. 따라서

$$\begin{aligned} x+y+&(a_2+a_4+a_6+a_8+a_{10}+a_{12}+a_{14})+a_{16} \\ &=2a+42+(2+8+6+9+4+2+1)+9 \\ &=2a+42+41=2a+83 \end{aligned}$$

이고 이 값은 홀수이기 때문에 10의 배수가 될 수 없다. 즉, 위 $a>4$이면 위 번호는 올바른 신용카드의 번호가 아니다.

연습문제 22

1 다음 상품번호들의 빈칸을 채우시오.

(1) 880-9172-92322-□　　(2) 932-6514-0□833-4

(3) 880-2□89-00378-0　　(4) 880-9132-□4805-5

(4) 49□-0085-21350-3　　(5) 497-□422-02375-1

2 다음 ISBN 번호들의 빈칸을 채우시오.

(1) 978-0-817□-3993-3　　(2) 978-0-03-030□58-6

(3) 978-□-261-05073-6　　(4) 978-0-19-8□3804-9

(5) 978-89-7088-015-□　　(6) 978-90-6191-01□-2

3 다음 여권번호의 빈칸을 구하시오.

(1) 17□3331　　(2) 73173□2　　(3) 01814□1

(4) 0176□58　　(5) 00□6390　　(6) 0185□89

(7) 008□392　　(8) 01□7943　　(9) 330011□

4 다음 우편환 번호의 a값을 구하시오.

(1) $1203296801a$　　(2) $a0218043087$

5 다음 UPC 번호의 a값을 구하시오.

(1) $a-24986-97531-1$　　(2) $1-a2345-67890-1$

6 다음 주어진 번호가 올바른 UPC인지 아닌지를 점검하시오.

(1) $0-50743-11502-1$　　(2) $5-43000-21031-9$

7 $a322$ 4247 2448 7478는 올바른 신용카드의 번호이다. a의 값을 구하시오.

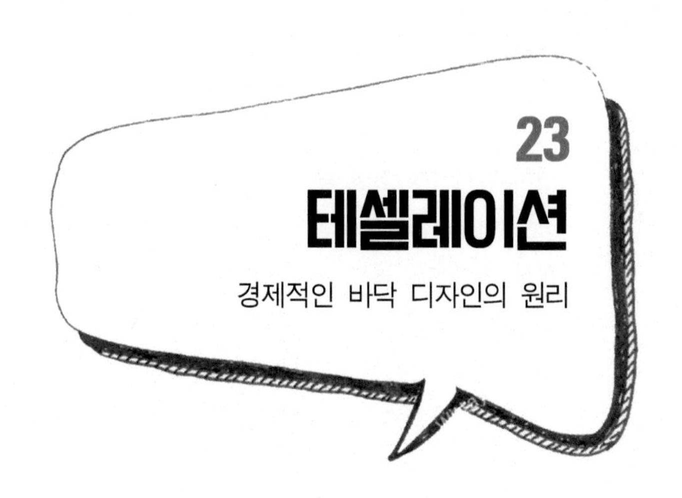

1 테셀레이션이란

테셀레이션(tessellation)이란 마루나 욕실 바닥에 깔린 타일처럼 기하학적 모양을 반복적으로 배열해서 틈이나 겹침 없이 평면이나 공간을 완전하게 덮는 것을 말한다. 이는 그리스어 '테세레스(tesseres)' 또는 라틴어 'tessella'에서 유래된 용어로 고대 로마 모자이크에 사용되었던 작은 정사각형 모양의 돌 또는 타일을 의미한다. 예로는 바닥과 벽에 깔린 타일과 모자이크 등을 들 수 있으며, 순수한 우리말로는 '쪽매 맞춤' 또는 '쪽 맞추기'라 한다.

테셀레이션은 모양을 일정한 거리만큼 움직이는 '평행이동', 거울에 반사된 것처럼 모양을 뒤집는 '반사', 한 점을 중심으로 모양을 돌리는 '회전', 평행이동과 반사를 결합한 '미끄러짐 반사'의 네 가지 변형을 통해 만들 수 있다.

테셀레이션은 역사 속에서 흔히 볼 수 있는데 기원전 4세기에 이슬람 문화의 벽걸이 융단, 퀼트, 옷, 깔개, 가구의 장식, 타일, 아라베스크와 건축물에서 찾아 볼 수 있다. 또한 이집트, 무어인, 로마, 페르시아, 그리스, 비잔틴, 아라비아, 일본, 중국, 한국 등지에서도 발견된다.

한국의 사각형 창살 문양, 보자기 등 같은 것이 대표적인 테셀레이션 문양이다. 길거리나 집안에서 볼 수 있는 보도블록, 욕실의 타일, 조각보, 보자기[+] 등도 모두 테셀레이션을 이용한 것이다. 테셀레이션을 이용한 가장 대표적인 건축물로는 스페인의 에스파냐 그라나다에 있는 이슬람식 건축물인 '알람브라(Alhambra) 궁전'이 꼽힌다. 이곳은 대리석·타일로 장식된 아름다운 방과 아라베스크 무늬로 가득 찬 천장과 벽면이 모두 테셀레이션으로 장식되어 있다. 명품 회사들이 새로운 스카프를 만들 때 디자이너를 출장 보내는 곳이 바로 알

이슬람 사원건물 양식

고대 사원 벽 장식

한국 보자기

보도블럭과 카페트

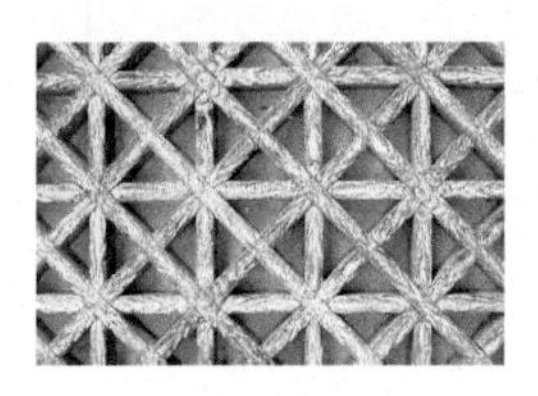

공주 '마곡사' 문살무늬

부산 '범어사' 문살무늬

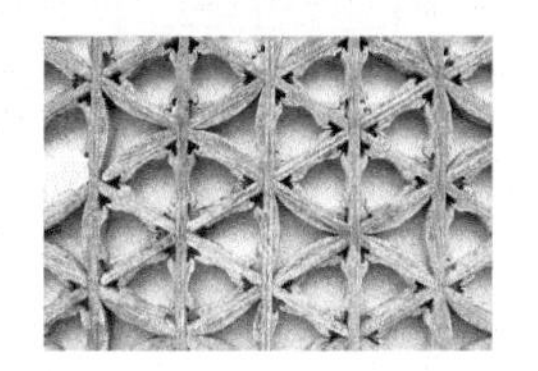

대구 '동화사' 문살무늬

+ 쓰고 남은 천 조각 하나하나를 옛 여인들이 시집가기 전 규방에서 한 땀 한 땀 온 정성을 들여 만든 예술품이다.

람브라 궁전이라고 한다. 왜냐하면 다양한 문양들에서 디자인의 아이디어를 얻을 수 있기 때문이다. 또한 터키의 '톱카피(Topkapi) 궁전'(17C)과 이탈리아 베니스에 위치한 '성 마크의 바시리카 성당'도 테셀레이션의 건축물로 유명하다.

오늘날 우리 일상생활 속에서도 흔히 볼 수 있는데, 길거리의 보도블록이나 거실, 목욕탕의 타일, 상품의 포장지 문양 등 수없이 많다. 이러한 테셀레이션은 우리에게 단지 예술적인 아름다움만을 주는 것이 아니다. 그 속에는 무한한 수학적인 개념과 의미가 들어 있어 흥미있게 도형의 각의 크기, 대칭과 변환, 합동 등을 찾아볼 수 있다.

테셀레이션 속에 내재된 수학적 개념은 크게 다각형의 개념(도형의 모양과 각의 탐구), 대칭과 변환, 패턴(규칙) 등이다. NCTM+(1989)은 '학생들의 다각형에 대한 각과 넓이 개념의 이해는 정다각형을 이용한 테셀레이션의 탐구를 통해 증대될 수 있다'고 하였다. 클라우스(Clauss, 1991)에 의하면 '테셀레이션 패턴을 창조하고 공부하는 것은 각과 다각형의 기본 속성을 탐구할 수 있고, 자와 각도기를 사용하는 기술을 개발할 수 있다'고 하였다.

지간티(P. Giganti)와 M.J. Cittadino는 '테셀레이션은 학습자에게 다각형, 대응변, 평행이동, 대칭변환과 회전변환 같은 변환, 합동 등과 같은 기하하적 개념을 이해하는 데 도움된다'고 했다. 그레인저(N. Granger)는 '독특한 도형의 특성과 어떤 도형이 테셀레이션이 되는 조건에 대해 배우며, 활동하면서 선대칭을 발견하고, 예각과 둔각을 구별할 수 있게 된다'고 했다. 따라서 도형을 조작하여 테셀레이션을 만드는 활동은 도형에 대한 이해와 생각을 향상시키며 창작으로 발전한다.

+ National Council of Teachers Mathematics

2 예술과 테셀레이션

수학의 아름다움은 기하학적 양식이라고 할 수 있다. 기하학은 주변 세계에서 관찰할 수 있는 시각적 양식의 일부를 묘사하며 형태에 대한 수학적 연구가 가장 분명한 분야이다.

예술 작품에 테셀레이션을 가장 많이 사용한 작가는 네덜란드 화가 모리츠 코르넬이스 에셔(M.C. Escher, 1898~1972)이다. 그는 평소 수학에 관심이 많아 착시현상이나 펜로즈 삼각형 등을 직접 자신의 예술 작품에 사용하였고, 수학적 원리를 이용하여 독창적이고 매혹적인 그림을 많이 그렸다. 에셔는 수준 높은 수학을 본격적으로 배울 기회를 갖지 못했지만, 기하학적으로 특이한 모양과 공간 착시 현상, 그리고 현실적으로는 불가능한 장면을 사실적으로 묘사하여 주목을 받아왔다. 특히 그는 '테셀레이션'이라는 것을 미술의 한 장르로 정착시키는 데도 크게 공헌했다. 반복되는 기하학적 패턴을 이용하여 대칭의 미를 느낄 수 있는 작품을 많이 남겼다.

에셔 역시 알람브라 궁전의 타일 모자이크에 감명을 받았으며, 알람브라 궁전은 그에게 풍부한 예술적 감상을 제공하는 원천이 되었다고 회고했다. 에셔가 테셀레이션 작품에 몰두하게 된 것도 그 영향이 지대했다고 할 수 있다.

대표작으로는, 〈반사구를 들고 있는 손〉(Hand with Reflecting Sphere, 1935), 〈도마뱀〉(Reptiles, 1943), 〈손을 그리는 손〉(Drawing Hands, 1948), 〈상대성〉(Relativity, 1953), 〈폭포〉(Waterfall, 1961), 〈뫼비우스의 띠 II〉(Möbius Strip II, 1963) 등이 있다. 특히, 에셔는 3차원의 세계를 2차원에 담아낸 것으로도 유명하다.

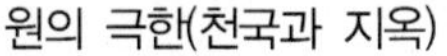

원의 극한(천국과 지옥) 원의 극한 Ⅲ

위 그림들은 에셔의 〈원의 극한〉, 〈원의 극한 Ⅲ〉+이라는 작품들이다. 〈원의 극한 Ⅲ〉++은 가운데 흰 선이 있는 물고기 모양이 기본 도형이다. 가장 중앙, 물고기 지느러미 4개가 만나는 부분에서는 물고기 지느러미 각도가 90°이므로 정규 테셀레이션 중 정4각형으로 만든 테셀레이션처럼 한 점에서 만날 수 있는 것이고, 물고기 여섯 마리가 머리와 꼬리를 교차하여 맞대고 있는 점에서는 각각 360/6 = 60, 즉 60°를 이루고 있으므로 정규 테셀레이션 중 정3각형으로 이루어진 테셀레이션을 변형한 것이다. 또한 이 작품은 원 내부의 모든 피조물의 크기는 똑같으며 원주에 접근함에 따라 피조물의 크기는 축소되고 여기서 쌍곡기하학이 나타난다. 이처럼 그는 반복되는 기하학적 패턴을 이용하여 대칭의 미를 느낄 수 있는 작품을 많이 남겼다.

에셔의 작품 〈도마뱀〉은 도마뱀 형태의 테셀레이션이다. 이 도마뱀들은 다양한 배열로 있는데, 머리끼리 모인 부분도 있고, 뒷다리끼리 모인 것도 있다. 머리끼리 모인 부분에는, 한 점에서 만나는 부분이 360/3 = 120, 즉 120°이고, 다리끼리 모인 부분에도 한 점에서 만나는 부분은 같은 120°이다. 2차원 평면에서 나와 3차원 입체로 옮겨갔다가 다시 2차원 그림 속으로 들어간다. 또 그 바닥은 동일한 모양으로 평면을 덮은 테셀레이션으로 되어 있고, 책 옆에는 정다면

+ http//www.mi.sanu.ac.yu/vismath/dunham1/index.html
++ Amanda Barth, Tessellations: The Link Between Math and Art, 2007.

도마뱀(1943)

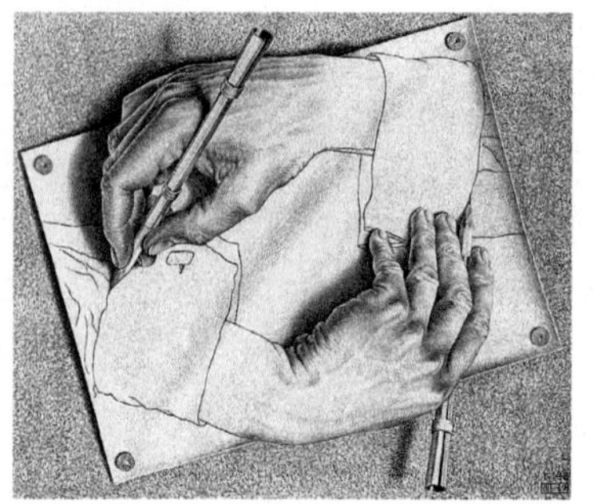

그리는 손(1948)

체의 하나인 정12면체가 놓여 있다.

〈그리는 손〉에는 서로를 그리는 두 손이 있다. 공간이 꽉 차 있지는 않지만 자기유사성과 반복성을 나타내고 있다.

3 테셀레이션의 종류

테셀레이션 활동은 매우 다양하다. 정다각형을 이용한 테셀레이션, 일반 다각형을 이용한 테셀레이션, 오목다각형을 이용한 테셀레이션, 크기를 다르게 한 테셀레이션, 틈(gap)을 이용한 테셀레이션, 겹침(overlap)을 이용한 테셀레이션, 쌍대(dual)를 이용한 테셀레이션, 변환을 이용한 테셀레이션 등 매우 다양한 형태가 존재한다.

테셀레이션 작품을 만들 때 도형의 변환을 이용하여 꾸밀 수도 있지만, 각각 도형이 만나는 점에서 어떠한 규칙으로 배열되어 있는가를 이용하여 꾸밀 수도 있다. 이것은 전개도로 입체도형을 만드는 방법도 있지만 한 점에 도형이 어떻게 배열되어 있는지를 통해서 입체도형을 만들 수 있는 밑거름이 되기도 한다.

바닥을 덮는 방법에는 정다각형으로 덮는 방법과 일반 다각형으로 덮는 두 가지 형태가 있다. 전자는 한 가지 정다각형을 사용하여 어떤 꼭짓점에서도 규칙적으로 배열하는 정규 테셀레이션(regular tessellation),

몇 가지 정다각형을 사용하여 어떤 꼭짓점에서도 규칙적으로 배열하는 준정규 테셀레이션(semiregular tessellation), 몇 가지 정다각형을 사용하여 두 가지 이상의 규칙으로 배열하는 반정규 테셀레이션(demiregular tessellation)이 있으며, 후자는 일반적인 다각형으로 주로 변환을 이용하여 바닥을 덮는다.

현대의 테셀레이션은 동일한 도형의 단순 반복이 아니라 대칭이나, 회전, 반사 등의 수학적 원리를 사용하여 좀 더 다양한 반복을 시도하게 되었다. 오늘날에는 변형한 모양으로 타일을 깔기도 한다.

(1) 정규 테셀레이션 또는 정다각형 테셀레이션

한 가지 정다각형을 사용하여 어떤 꼭짓점에서도 한 가지 배열을 갖는 테셀레이션을 정규 테셀레이션이라 한다. 한 가지 정다각형을 이용하는 테셀레이션은 다음과 같은 세 가지 경우만 가능하다. 그 이유는 정다각형의 한 내각의 크기를 생각하면 쉽게 이해할 수 있다.

아래의 첫 그림과 같이 한 꼭짓점을 중심으로 6개의 정삼각형을 가지고 빈틈이나 겹침이 없이 평면을 덮을 수 있다. 이는 정삼각형의 한 내각의 크기는 60°이므로 한 꼭짓점을 중심으로 정삼각형 6개가 360°에 꼭 맞게 배열될 수 있기 때문이다. 같은 방법으로 평면을 채워나가면 정삼각형 테셀레이션이 된다. 여기서 (3,3,3,3,3,3)이란 한 꼭짓점을 중심으로 연속적으로 6개의 정삼각형이 배열되는 것을 의미하며, 이런 표현을 계속 사용하기로 한다.

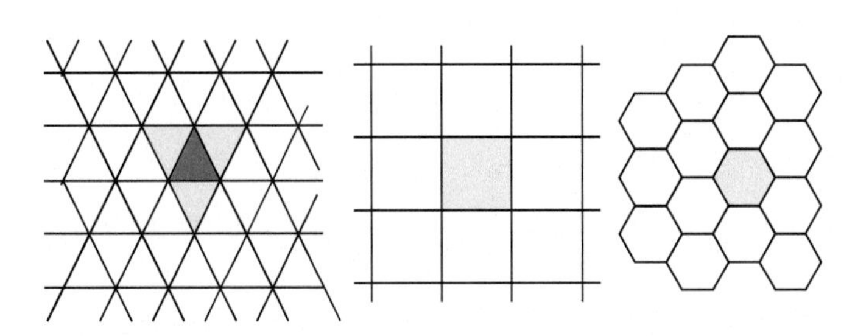

정다각형을 이용하여 테셀레이션을 만들 때는 도형의 성질을 이용하면 실제로 조각을 배열해보지 않고도 계산을 통해 테셀레이션의 가능 여부를 판단할 수 있다. 예를 들어, 정오각형의 경우 한 내각의 크기가 108°임을 이용하면 한 꼭짓점에 3개의 조각을 모으면 그 합이 324°가 되고, 4개의 조각을 모으면 그 합이 432°가 되어 정오각형 조각만으로는 테셀레이션이 불가능할 것임을 짐작할 수 있다. 이를 통해 주어진 조각을 이용했을 때 1개의 조각만을 이용하여 테셀레이션을 할 수 있는 정다각형은 무엇이 있을지 짐작해보도록 할 수 있으며, 여러 모양의 정다각형을 조합하여 배열할 경우에도 어떤 조합이 가능할지 짐작해볼 수 있다.

참고 아래 그림과 같이 n각형은 한 꼭짓점에서 $(n-3)$개의 대각선을 그을 수 있으므로 $(n-2)$개의 삼각형으로 나누어진다.

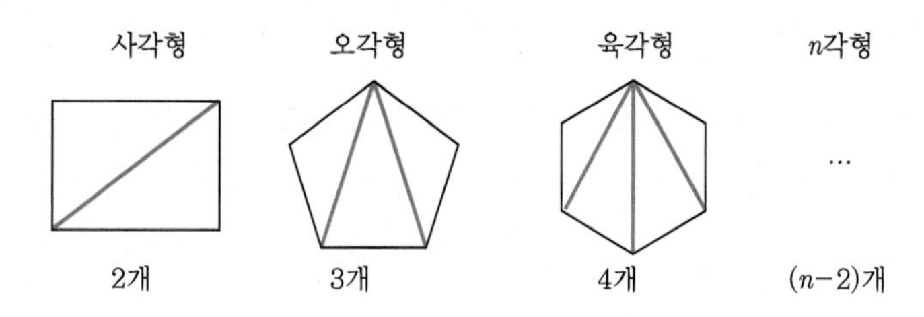

이때, 삼각형의 내각의 크기의 합이 180°이므로 n각형의 내각의 크기의 합은 $180° \times (n-2)$이다. 또 정n각형의 내각의 크기는 모두 같으므로 정n각형의 한 내각의 크기는 내각의 크기의 합을 n으로 나누면 된다. 즉, $\dfrac{180° \times (n-2)}{n}$이다.

정리 평면을 정다각형의 타일로 붙이는 방법은 세 가지뿐이다.

증명 합동인 정다각형에 의한 평면 쪽 맞추기에 대하여 생각하자. 정n각형을 $(n-2)$개의 삼각형으로 분할하면 정n각형의 내각의 합은 $(n-2) \times 180°$이다. 따라서 정n각형의 한 내각의 크기는 $\frac{(n-2)\times 180°}{n}=\left(\frac{1}{2}-\frac{1}{n}\right)\times 360°$이고 외각의 합은 360°이다. 한 꼭짓점 주위에 m개의 정n각형이 모였을 때 360°가 되는 것은 $\left(\frac{1}{2}-\frac{1}{n}\right)\times 360°\times m = 360°$이다. 이 식에서 $\frac{1}{m}+\frac{1}{n}=\frac{1}{2}$이 성립한다. $n \geq 3$이므로

$$0<\frac{1}{2}-\frac{1}{m}=\frac{1}{n}\leq\frac{1}{3}$$

이다. 따라서 $3 \leq m \leq 6$이다.

① $m=3$일 때 $n=6$, ② $m=4$일 때 $n=4$, ③ $m=5$일 때 정숫값 n은 없고, ④ $m=6$일 때 $n=3$이다. 따라서 정6각형(한 내각의 크기는 120°) 3개, 정4각형(한 내각의 크기는 90°) 4개, 정3각형(한 내각의 크기는 60°) 6개로 타일을 까는 세 가지 방법 밖에 없다.

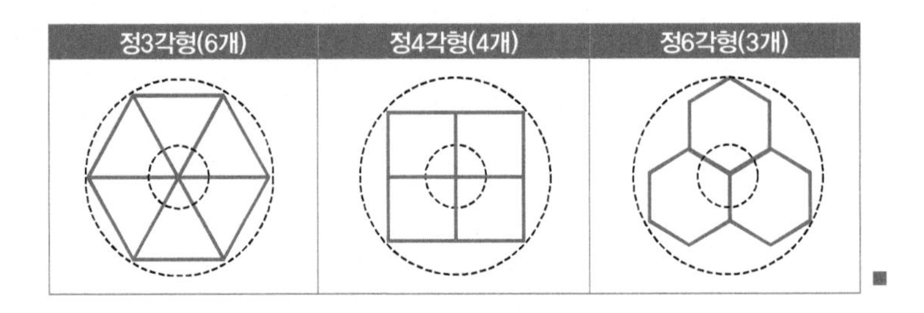

■

위의 사실에 의하여 정규 테셀레이션이 가능한 배열은 다음과 같다. 이것은 패턴블록으로 모두 만들 수 있다.

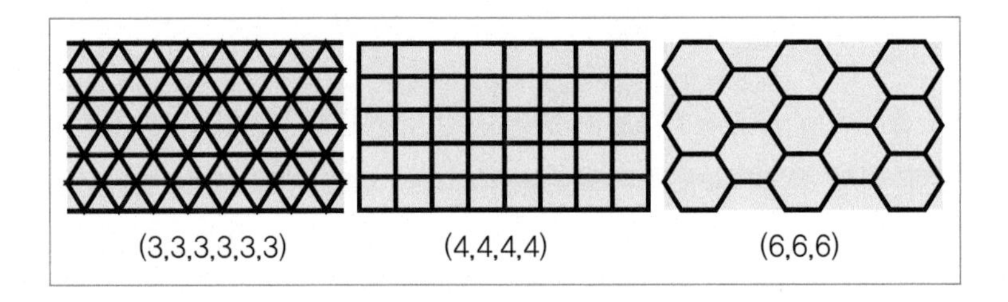

(2) 최소의 재료로 최대의 넓이

정다각형의 한 변의 길이를 1로 고정하고 정삼각형, 정사각형, 정육각형의 둘레와 넓이를 구하면 다음과 같다.

정다각형	정삼각형	정사각형	정육각형
한 변의 길이	1	1	1
둘레	3	4	6
넓이	$\frac{\sqrt{3}}{4}$	1	$\frac{3\sqrt{3}}{2}$

정삼각형의 둘레를 1로 하여 $\frac{1}{3}$로 줄이면 이에 대응하는 넓이는 $\left(\frac{1}{3}\right)^2=\frac{1}{9}$배가 된다. 따라서 정삼각형의 둘레가 1일 때 넓이는 $\frac{\sqrt{3}}{4}\times\frac{1}{9}=\frac{\sqrt{3}}{36}$이다. 마찬가지로 정사각형의 둘레가 1일 때 넓이는 $\left(\frac{1}{4}\right)^2=\frac{1}{16}$이다. 끝으로 정육각형의 둘레가 6일 때 넓이는 $\frac{3\sqrt{3}}{2}$이다. 따라서 정육각형의 둘레가 1일 때 넓이는 이전 넓이의 $\frac{1}{36}$배가 되므로, $\frac{3\sqrt{3}}{2}\times\frac{1}{36}=\frac{\sqrt{3}}{24}$이다. 이들 세 가지 경우의 대소를 비교하면 $\frac{\sqrt{3}}{36}<\frac{1}{16}<\frac{\sqrt{3}}{24}$이다. 즉, 정다각형의 둘레가 일정할 때 넓이가 가장 큰 것은 정육각형이고, 그 다음이 정사각형, 정삼각형 순이다.

(3) 준정규 테셀레이션

두 종류 이상의 정다각형들이 모든 꼭짓점에서 같은 형태로 만나는 경우에 이런 쪽 맞추기를 '준정규 테셀레이션' 혹은 '아르키메데스 테셀레이션'이라 한다. 이것이 가능한 조합에는 8개밖에 없다.

	정3각형 (60°)	정4각형 (90°)	정6각형 (120°)	정8각형 (135°)	정12각형 (150°)	테셀레이션
1	1	2	1	0	0	(4,3,4,6)
2	3	2	0	0	0	(3,3,4,3,4)
3	3	2	0	0	0	(3,3,3,4,4)
4	0	1	0	2	0	(4,8,8)
5	4	0	1	0	0	(3,3,3,3,6)
6	2	0	2	0	0	(3,6,3,6)
7	0	1	1	0	1	(4,6,12)
8	1	0	0	0	2	(3,12,12)

가능한 조합에는 삼각형을 제외한 홀수각형이 없다. 그리고 가능한 조합에 있는 삼각형의 좌우에 같은 종류의 정다각형이 온다.

우선, 한 꼭짓점에 3개의 정다각형이 모이는 경우를 살펴본다. 그 정다각형들을 각각 a각형, b각형, c각형이라고 한다. 그러면 각각의 한 내각의 크기는

$$\frac{(a-2)\times 180}{a}(\text{도}),\quad \frac{(b-2)\times 180}{b}(\text{도}),\quad \frac{(c-2)\times 180}{c}(\text{도})$$

이다. 이들의 합은 360°이므로 위 세 식의 합이 360이 된다. 양변을 180으로 나누고 정리하면 $\frac{1}{a}+\frac{1}{b}+\frac{1}{c}=\frac{1}{2}$이 된다. 이 부정방정식의 해는

$$(a,b,c)=(3,12,12),(4,8,8),(4,6,12)$$

이다. 따라서 3개의 정다각형으로 이루어지는 준정규 테셀레이션은 이들 세 가지뿐이다.

마찬가지로 4개의 정다각형, 5개의 정다각형이 모이는 경우의 해는

(3,6,3,6), (3,4,6,4), (3,3,4,3,4), (3,3,3,4,4), (3,3,3,3,6)

이 된다. 따라서 준정규 테셀레이션이 가능한 배열은 모두 8가지이다[+]. 스페인 세비야에 위치한 세비야 대성당의 바닥면은 (3,4,6,4)의

+ https://pubweb.eng.utah.edu/~cs6710/slides/Tessellationsx2.pdf

준정규 테셀레이션을 이용하고 있다.

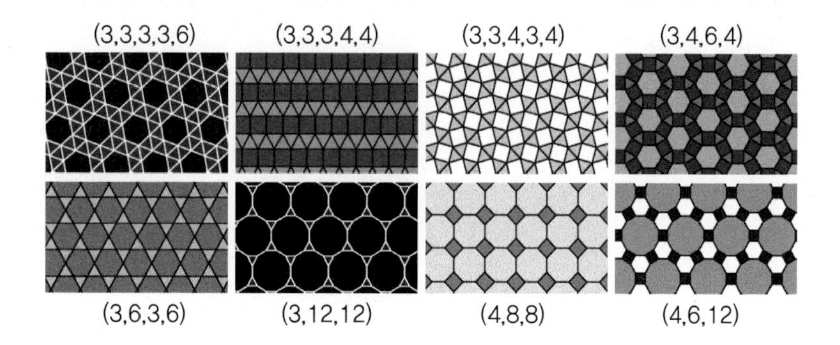

예를 들어, 위의 테셀레이션 (4,8,8)은 한 꼭짓점에서 정사각형 1개와 정8각형 2개의 배열로 만나는 대표적인 준정규 테셀레이션이다. 준정규 테셀레이션의 특징은 도형은 여러 가지로 이루어져 있지만, 한 꼭짓점에서 만나는 배열은 한 가지인 것이다. 이 테셀레이션은 정8각형의 한 내각의 크기는 135°, 정4각형의 한 내각의 크기는 90°이다. 따라서 $135+135+90=360°$이므로 정8각형과 정4각형으로 테셀레이션을 이룰 수 있는 것이다.

(4) 반정규 테셀레이션

정다각형의 배열 순서가 꼭짓점마다 다른 테셀레이션도 가능하다. 아래 테셀레이션에서 서로 다른 배열로 구성된 두 종류의 꼭짓점을 확인할 수 있다.

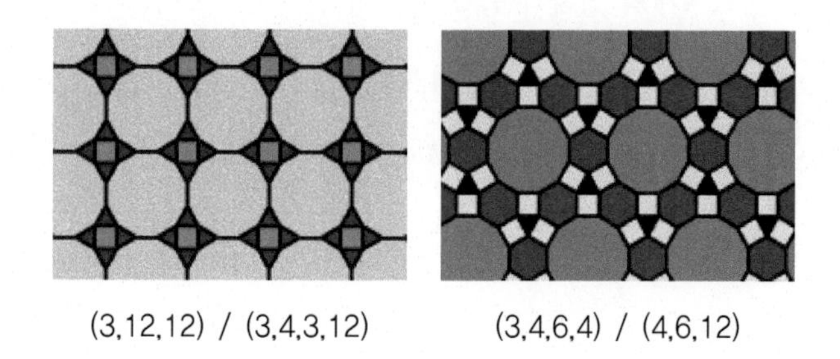

(3,12,12) / (3,4,3,12)　　(3,4,6,4) / (4,6,12)

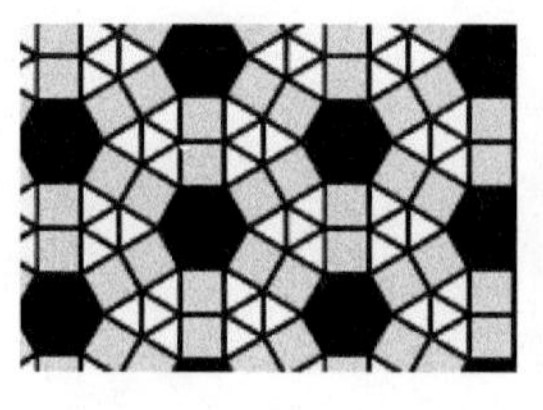

(3,3,3,4,4) / (3,4,6,4) (3,3,3,3,3,3) / (3,3,4,12)

또한 세 종류의 서로 다른 배열을 가지는 꼭짓점도 생각할 수 있다.

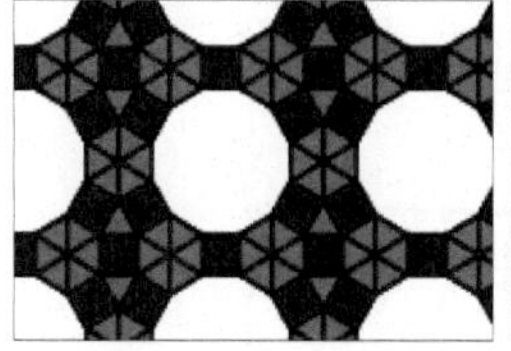
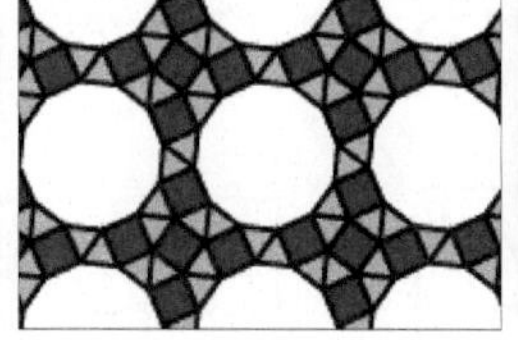
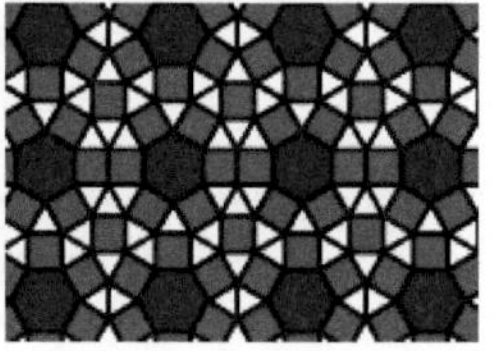

(3,3,3,3,3,3)/(3,3,4,12)/(3,3,4,3,4) (3,3,4,3,4)/(3,3,4,12)/(3,4,3,12) (3,3,3,4,4)/(3,3,4,3,4)/(3,4,6,4)

예를 들어, (3,3,3,4,4)/(3,4,6,4)은 꼭짓점에서 만나는 배열이 (3,4,6,4), (3,3,4,3,4)로 두 가지이고, 사용한 도형도 정3각형, 정4각형, 정6각형 세 가지가 사용된 반정규 테셀레이션 중의 하나이다. (3,4,6,4)의 배열에서는 $60+90+90+120=360°$가 되고, (3,3,4,3,4)의 배열에서는 $60+60+60+90+90=360°$이므로 역시 테셀레이션을 이루고 있다.

세 종류의 배열을 가지는 것들 중에는 두 가지 방법으로 테셀레이션이 가능한 것도 있다.

(3,3,3,3,3,3)/(3,3,3,4,4)/(3,3,4,3,4) (3,3,3,3,3,3)/(3,3,3,4,4)/(3,3,4,3,4)

연습문제 23

1 다음 테셀레이션을 보고 특징(모양의 수, 도형 종류와 크기, 빈 틈없이 바닥 채우기 등)을 찾아보시오.

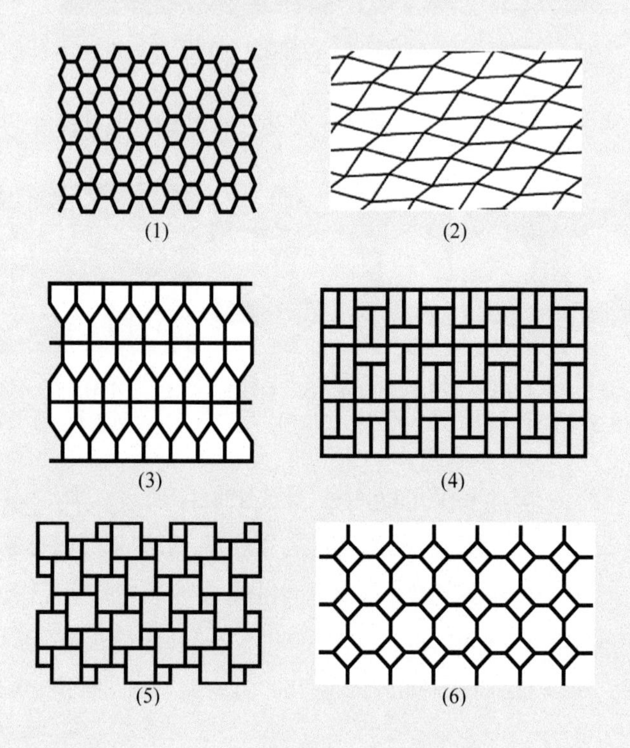

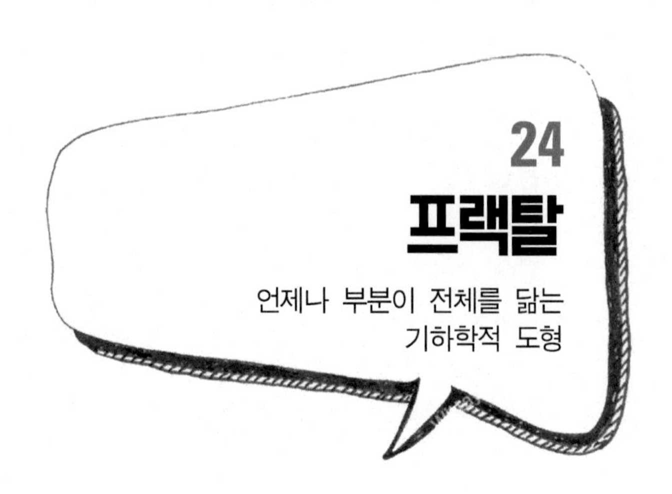

1 프랙탈의 기원

IBM 연구원으로 있던 프랑스 과학자 만델브로트(B. Mandelbort) 박사가 1975년에 출판한 책 《프랙탈한 대상 모양, 우연, 차원》에서 '프랙탈(fractal)'이라는 용어를 소개하였다. 이것은 수학과 과학 세계에 충격을 주었고, 프랙탈은 1970년대 말부터 물리학, 지리학, 건축학, 미술학, 철학 등의 분야에서 주목을 받았다. 프랙탈에 대한 관심을 갖게 된 것은 컴퓨터의 발달과 더불어 프랙탈 도형을 많은 사람들이 즐길 수 있게 된 것과, 물리학과 관측기술의 진보가 자연 속에 있는 프랙탈의 모양을 만드는데 성공한 데 원인이 있다.

만델브로트는 프랙탈에 대해 많은 연구를 처음 시작한 사람으로 자신이 생각한 형상, 차원 및 기하학에 대한 새로운 명칭이 필요하다고 생각하여, 라틴어로 '부서진다'는 의미로 동사 '프란게리(frangere)'의 형용사형인 '프락투스(fractus)'를 어원으로 'fractal'을 착안했다.

만델브로트의 프랙탈에 대한 새로운 수학적 사고의 전환점은 영국 서부의 리아스식 해안선이었다. 그는 당시 '영국 서부 해안선의 길이는 얼마나 될까'라는 물음에 고민했다. 굴곡진 해안선 안에 수많은

바위들의 세세하게 꼬불꼬불한 굴곡과 조약돌 등이 계속됐고, 1 m 단위의 자나 1 cm 단위의 자 등 자의 단위 크기에 따라 전체 해안선의 길이를 측정할 때에 엄청난 차이가 나왔기 때문이다. 그가 프랙탈 구조를 이용하여 계산한 해안선의 길이는 놀랍게도 '무한대'였다. 복잡한 해안선, 산의 능선과 계곡, 눈송이 등과 같이 기존 기하학에서 이런 자연현상이 중요한 이유는 이들이 통계학적으로 자기닮음, 다시 말해 부분이 전체와 같기 때문이다.

2 프랙탈이란

프랙탈이란 전체를 부분으로 나누었을 때 부분 안에 전체의 모습을 갖는 무한단계에서의 기하적인 도형이다. 우리가 보는 것은 유한단계의 그림을 보는 것이다. 프랙탈은 단순한 구조가 끊임없이 반복되면서 복잡하고 묘한 전체 구조를 만드는 것으로, 즉 언제나 부분이 전체를 닮는 '자기닮음(자기 유사성, self-similarity)', '순환성(recursiveness)'과 축소에 대한 불변(independent of scale)이라는 특징을 가지고 있다. 여기서 자기닮음이란 도형의 부분들에 전체의 모습과 닮은 부분들이 포함되어 있는 것을 말한다. 예를 들어, 해안선의 일부를 지정하여 확대해도 구불구불한 해안선이 여전히 나타나므로 해안선 안에 해안선이 들어 있는 것이다.

축소에 대한 불변은 도형을 축소해도 구불구불함의 정도, 불규칙성의 정도는 변하지 않음을 말한다. 고전 기하학에서 곡선을 확대하면 직선이 되지만, 산이나 구름, 해안선의 구불구불함은 아무리 확대해도 없어지지 않는다. 그 크기를 축소하더라도 구조의 변화가 없다.

이것이 바로 축소에 대한 불변이다.

다시 말해, 작은 구조가 전체 구조와 비슷한 형태로 끊임없이 되풀이 되는 것이 프랙탈이다. 작은 구조는 큰 구조의 축소판이다. 프랙탈은 컴퓨터의 재귀적이거나 반복적인 작업에 의한 반복되는 패턴으로 이루어진다.

다음 그림은 프랙탈이 아니다. 프랙탈은 무한단계의 그림이다. 실제 존재하지 않는다.

고전적 기하학은 점, 선, 삼각형, 평면, 원, 구 등의 도형을 사용한다. 만델브로트는 유클리드 기하학이 규칙적, 불규칙적인 자연현상을 설명하는 데에는 한계가 있다는 것을 인식하고 자연을 모델링하는 새로운 도구로 프랙탈을 소개하며 "구름은 구가 아니고, 산은 원뿔이 아니며, 해안선은 원이 아니다. 여러 가지 자연의 패턴은 불규칙적이다. 자연은 고도로 복잡하고, 복잡한 정도는 모두 다르다."라고 했다.

프랙탈은 부러지고 주름지고 울퉁불퉁한 자연에서 발견되는 불규칙한 모양을 다루는 기하학이다. 프랙탈이 고전적인 유클리드 기하보다 자연현상을 더 잘 표현할 수 있는 이유는 자기닮음 때문이다. 자연에는 자기유사성의 특징이 많다. 일정 기간의 날씨 패턴은 긴 주기의 날씨 패턴과 닮았다. 나뭇가지는 나무와 닮았고, 바위는 산과 닮았다.

3 자연에서 프랙탈의 사례

프랙탈은 해안선의 구조, 구름의 모습, 번개, 산맥의 모습, 눈의 결정, 지진의 분포, 고사리 잎의 모습, 브로콜리, 파슬리, 나뭇가지 모양, 은하계의 분포, 달의 분화구, 공작의 깃털무늬 등 자연 속에서 쉽게 발견된다. 그러나 이 세상에서 완전히 똑같은 것은 없다. 다만 우리가 같은 류에 관한 자기닮음을 직관적으로 인식하기에 같은 것으로 보이는 것이다.

구름은 지구에서 가장 균일한 프랙탈 물체이다. 하늘에 떠 있는 뭉게구름은 어떤 척도에서 보더라도 똑같은 모양을 하고 있다. 구름은 작은 물방울이 생기면, 주변의 작은 물방울들이 더 많이 끌어당기게 된다. 산의 겉넓이는 원뿔보다 훨씬 더 넓은 겉넓이를 가진다. 실제 산은 어떤 것이든 그 일부를 확대하면 금방 수많은 굴곡이 나타난다. 아무리 작은 산이라도 '봉우리'와 '골짜기'로 구성되어 있다.

고사리는 많은 잎들을 가지고 있는데, 이 수많은 잎들 중 1개의 잎이 전체를 닮는다. 상추 잎의 가장자리는 우글쭈글하게 주름이 져 있다. 줄기 부분에서 다시 그 우글쭈글한 구조를 볼 수 있고, 그 안에서도 역시 3~4회 정도 다시 반복되어 나타난다. 나무는 나무 몸통에서 큰 가지를 키우고, 그 큰 가지가 작은 가지를 키운다. 생성 초기의 강은 유속이 빠르고 그래서 강줄기는 직선형으로 된다. 시간이 지남에 따라 가는 모래더미가 퇴적되어 강의 형태는 구불구불하게 되고 지류의 수도 증가한다. 강줄기도 구불구불하여 규칙이 없는 것처럼 보이지만 작은 강줄기들의 형상은 모두 비슷하며 이러한 강줄기들이 모여 만든 큰 강줄기도 작은 강줄기의 형상과 같은 규칙적인 모습이 보인다. 번개는 하늘에서 한 번에 번쩍하고 내려오는 것이 아니라 같은 길을 반복해서 계단을 이루듯이 구불구불하게 내려오면서 나뭇가지 모양처럼 매우 복잡한 가지치기를 한다. 산호는 균체들이 응집을 통해 밖으로 생장하는데, 그것은 안쪽에서 바깥쪽으로 가지

를 쳐 나가면서 자라는 나무와 아주 유사해 보인다. 눈의 결정체도 그 일부분만 보아도 전체의 모양을 알 수 있는 자기닮음성을 가지고 있다.

4 프랙탈 도형의 예

완벽한 수학적인 프랙탈 도형의 예로 시어핀스키 삼각형, 시어핀스키 사면체, 정사각형 양탄자, 프랙탈 나무, 코흐 곡선 등을 들 수 있다.

프랙탈 도형을 만들려면 최초의 직선이나 도형이 필요하다. 이것을 **시초자**(initiator)라 한다. 여기에 프랙탈을 만드는 규칙이 주어졌을 때 생기는 도형을 **생성자**(generator)라 한다. 이 생성자를 어떻게 반복하느냐에 따라서 다른 프랙탈 도형을 얻는다.

(1) 코흐 곡선 만들기

스웨덴의 수학자 헬게 폰 코흐(Helge von Koch)는 1904년에 발표한 논문에서 넓이는 유한하지만 그 영역을 둘러싸고 있는 둘레는 무한히 긴 도형을 소개하였다. 이 도형은 이 논문에 처음 등장하여 코흐의 이름을 따서 **코흐 곡선**(Koch curve)이라고 한다. 코흐 곡선은 수학적 곡선으로 가장 처음 나온 프랙탈 도형 중 하나이다.

시작하는 도형이 정삼각형인 경우 **코흐 눈송이**라 하고 다음과 같은 규칙으로 만든다.

① (0단계) 하나의 정삼각형을 그린다.

② (1단계) 정삼각형의 각 변을 3등분하여 가운데 부분을 지운 다음, 그 길이를 한 변의 길이로 하는 정삼각형을 바깥쪽으로 그려서 변을 연결한다.

③ (2단계) 1단계의 과정을 반복한다.

다음 그림은 위의 과정을 세 번 반복한 것이다.

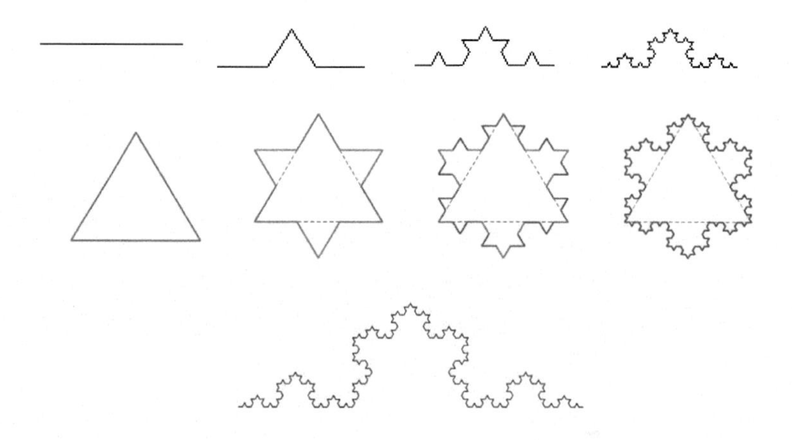

이런 과정을 한없이 계속할 때 만들어지는 도형을 그의 이름을 붙여서 **코흐 눈송이 곡선**(Koch snowflake curve)이라 한다. 이 곡선은 길이

는 무한하고, 이 곡선에 의하여 둘러싸인 도형의 넓이는 유한이 되는 특성을 가진 프랙탈 도형이다.

코흐 눈송이를 만드는 과정에서 둘레와 내부의 넓이를 관찰해보자. 원래 정삼각형의 한 변의 길이를 1이라 하면 0단계에서 정삼각형 둘레는 3이다. 1단계에는 각 변마다 길이가 $\frac{1}{3}$인 선분이 4개 생기고 그런 변이 모두 3개이므로 그 둘레는 $3\times4\times\frac{1}{3}=4$이다. 2단계에서는 각 변마다 길이가 $\frac{1}{3^2}$인 선분이 4^2개 생기고 그런 변이 모두 3개이므로 도형 전체 둘레는 $3\times\left(\frac{4}{3}\right)^2$이 된다. 3단계에서 도형의 둘레는

$$3\times4\times4\times4\times\frac{1}{27}=3\times\left(\frac{4}{3}\right)^3=\frac{64}{9}$$

이다. 일반적으로 n단계에서 도형의 둘레는 $3\times\left(\frac{4}{3}\right)^n$임을 알 수 있다. 이처럼 단계가 많아질수록 도형의 둘레는 계속 증가하면서 무한히 길어져간다. 반면에 코흐 곡선은 2단계에서 만들어진 정육각형에 외접하는 원 속에 만들어지기 때문에, 코흐 곡선이 둘러싸고 있는 영역의 넓이는 이 원의 넓이보다 작다. 따라서 코흐 곡선이 둘러싸고 있는 영역의 넓이는 유한하다.

탐구문제 1

눈송이 곡선의 길이를 계산하기 위하여 처음 삼각형의 한 변의 길이가 어떻게 변하는지 알아보자.

풀이 앞의 그림에서 알 수 있듯이 각 단계에서 변의 길이가 $\frac{4}{3}$배씩 증가하므로 첫 번째 단계의 변의 길이를 a라고 하면 n번째 단계에서 변의 길이는 $\left(\frac{4}{3}\right)^{n-1}a$가 된다. 이것은 공비가 $\frac{4}{3}$인 무한등비수열이므로

$$\lim_{n\to\infty}\left(\frac{4}{3}\right)^{n-1}a=\infty$$

임을 알 수 있다. 따라서 코흐의 눈송이 곡선의 길이는 무한대로 발산하게 된다.

탐구문제 2

삼각형의 한 변의 길이가 81일 때 코흐 눈송이 곡선에 숨어 있는 수의 규칙을 찾아보자. 각 단계마다 규칙성이 있는가? 시행을 거듭할수록 삼각형의 한 변의 길이는? 변의 개수는? 둘레는? 넓이는?

	삼각형 한 변의 길이	변의 개수	둘레	넓이
주어진 삼각형	81	3	243	a
1회 시행	27	3×4		$a+\frac{3}{4}a$
2회 시행	9	3×4×4		
3회 시행	3	3×4×4×4		
4회 시행	1	3×4×4×4×4		

---

(2) 시어핀스키 삼각형

시어핀스키 삼각형은 폴란드의 수학자 시어핀스키(W. Sierpinski, 1882~1969)가 만든 프랙탈 도형이며, 이를 **시어핀스키 개스킷**(Sierpinski gasket)이라고도 한다. 자동차의 엔진에서 가스가 새는 것은 막기 위해 엔진의 본체와 헤드 사이에 끼우는 개스킷처럼 구멍이 숭숭 뚫려 있다고 해서 이런 이름이 붙은 것 같다.

시어핀스키 삼각형은 다음과 같은 규칙으로 그린 도형이다.

① (0단계) 하나의 정삼각형을 그린다.

② (1단계) 정삼각형의 세 변의 중점을 이으면 원래의 정삼각형 안에 4개의 작은 정삼각형이 만들어진다. 이들 작은 정삼각형 중에서 가운데 정삼각형을 제거한다.

③ (2단계) 남은 정삼각형들에 대해서도 ②의 과정을 실행한다. 이 규칙을 각각의 정삼각형에 적용하면 각 정삼각형은 원래 삼각형보다 작고 모양은 같은 3개의 정삼각형을 생성한다.

④ 반복 과정을 통하여 각각의 단계마다 가운데 정삼각형을 제거하고 남은 모든 정삼각형에 이런 규칙을 무한히 되풀이한다.

다음 그림은 위의 과정을 세 번 반복한 도형이다.

일반적인 시어핀스키 도형의 특성은 다음과 같다.

① 시어핀스키 삼각형의 변의 길이의 합은 무한대이다. 처음 정삼각형의 둘레를 1이라 할 때, 1단계의 변의 길이는 1.5배가 된다. n단계에서 변의 길이는 $\left(\frac{3}{2}\right)^n$이다. 이를 무한대 반복하면 길이는 $\lim_{n\to\infty}\left(\frac{3}{2}\right)^n=\infty$(무한대)가 된다.

② 1단계에서 정삼각형의 수는 3개이고, 규칙을 한 번 적용할 때마다 정삼각형의 개수가 3배씩 늘어난다. 따라서 n단계에서는 3^n개의 정삼각형이 존재한다.

③ 시어핀스키 삼각형의 넓이는 0이다. 처음 정삼각형의 넓이를 S라 할 때, 첫 번째 과정에서는 $\frac{3}{4}S$가 된다. 따라서 이를 무한대 반복하면 넓이는 $\lim_{n\to\infty}\left(\frac{3}{4}\right)^n S=0$이 된다.

탐구문제 3

시어핀스키 삼각형을 만드는 과정에서 둘레와 넓이를 비교하시오.

(1) 0단계에서 출발하여 차례로 실행하여 아래 표를 적절한 수로 채워보자.

단계	0	1	2	3	4	5	…	n
색칠한 정삼각형의 수	1							
각 단계에서 제거된 정삼각형의 수	0							
각 단계에서 제거된 정삼각형의 총수	0							

(2) 0단계에 정삼각형의 넓이를 S라 할 때 아래 표를 적절한 수로 채워보자.

단계	0	1	2	3	4	5	…	n
색칠한 부분의 넓이	S							

(3) 시어핀스키 카펫(양탄자)

시어핀스키 카펫(Sierpinski carpet)은 명칭에서 알 수 있듯이 시어핀스키가 고안한 프랙탈 도형이다.

시어핀스키 카펫은 다음과 같은 규칙으로 구성할 수 있다.

① (0단계) 하나의 정사각형을 그린다.

② (1단계) 정사각형의 각 변을 3등분하여 9개 조각의 정사각형을 만들고, 한 가운데에 있는 정사각형을 지운다.

③ (2단계) 남은 8개의 조각의 정사각형들에 대해서도 ②의 과정을 실행한다. 이 규칙을 각 정사각형에 적용하면 각 정사각형은 원래 정사각형보다 작고 모양이 같은 8개의 정사각형을 생성한다.

④ 이런 반복 과정을 통하여 각각의 단계마다 한 가운데 정사각형을 제거하고 남은 모든 정사각형에 이런 규칙을 무한히 되풀이한다.

정사각형 1개로 시작하여 다음 단계를 넘어갈 때마다 생성되는 작은 정사각형의 한 변의 길이는 전 단계 정사각형의 $\frac{1}{3}$배이고, 넓이는 $\frac{1}{9}$로 축소된다. 이런 작은 정사각형이 전 단계의 정사각형 각각에 8개씩 생기게 된다. 따라서 원래 정사각형의 넓이를 1이라 할 때 n단계에서 시어핀스키 카펫의 넓이는 $\left(\frac{8}{9}\right)^n$이고 $\lim_{n\to\infty}\left(\frac{8}{9}\right)^n=0$이다. 따라서 시어핀스키 카펫에는 무한이 많은 정사각형들이 있지만 그 넓이의 극한값은 0이다.

탐구문제 4

시어핀스키 카펫을 만드는 각 단계에서 둘레와 넓이를 비교하시오.

(4) 멩거 스펀지

오스트리아의 수학자 멩거(K. Menger, 1902~1985)는 재미있는 프랙탈 도형인 '멩거 스펀지(Menger sponge)'를 만들었다. 다음 쪽 그림처럼 정육면체의 각 변을 3등분하여 가운데 정육면체를 제거하면, 20개의 똑같은 정육면체가 생긴다. 이것을 한없이 되풀이하면 멩거 스펀지가 만들어진다. 이런 과정을 반복하면 내부에 크고 작은 공간이 생기므로 결국 부피는 한없이 작아지고 겉넓이는 한없이 커지게 된다.

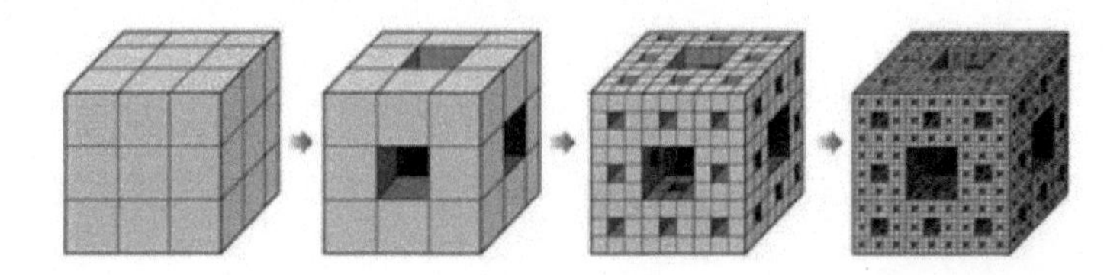

한 변의 길이가 1인 정육면체를 생각하자. 먼저 각 면의 가로와 세로를 3등분하면 이 정육면체는 27개의 똑같은 작은 정육면체로 분할하고 각 면의 가운데를 도려낸다. 그러면 27개의 정육면체에서 20개의 작은 정육면체만 남게 되고, 분할된 정육면체의 한 변의 길이는 $\frac{1}{3}$이 된다. 따라서 남아 있는 입체의 부피는 $20\times\left(\frac{1}{3}\right)^3=\frac{20}{27}\fallingdotseq$ 0.74가 된다. 이런 과정을 20개의 작은 정육면체에 대해서도 같은 방법으로 반복한다. 즉, 1단계에서 남은 20개의 정육면체에서 다시 작은 정육면체가 각각 20개씩 만들어지고, 각 모서리의 길이는 1단계 정육면체의 한 모서리의 길이의 $\frac{1}{3}$이 된다. 따라서 2단계에서 남아 있는 입체의 부피는 $20\times20\times\left\{\left(\frac{1}{3}\right)^2\right\}^3=\frac{400}{729}\fallingdotseq0.55$가 된다. 한 번 더 반복하면 남아 있는 입체의 부피는 약 0.41이 되고 이런 과정을 계속하면 부피는 점점 작아져 0에 가까워진다.

우리가 탈취제로 널리 사용하고 있는 숯은 멩거 스펀지와 동일한 구조를 가진 물질이다. 또한 바다의 어족 자원과 해초들이 잘 자랄 수 있도록 멩거 스펀지와 비슷한 구조물을 제작하여 바다에 투하한다. 겉넓이가 크면 클수록 기체나 액체를 표면에 더 많이 달라붙게 하거나 반응할 수 있으므로 그 기능은 크게 향상될 수 있다.

탐구문제 5

멩거 스펀지를 만드는 과정의 n단계에서 남아 있는 입체의 부피와 겉넓이를 구하시오.

(5) 뒤러 오각형

아래 그림은 16세기 르네상스 시대 독일의 화가 뒤러(A. Durer, 1471~1528)가 고안한 것으로, 정오각형이 바탕이 된 프랙탈 도형이다. 따라서 이 도형의 창시자는 정오각형이고 생성자는 창시자의 대각선의 연장선 위에 만들어지는 작은 오각형 5개로 이루어진 것이다.

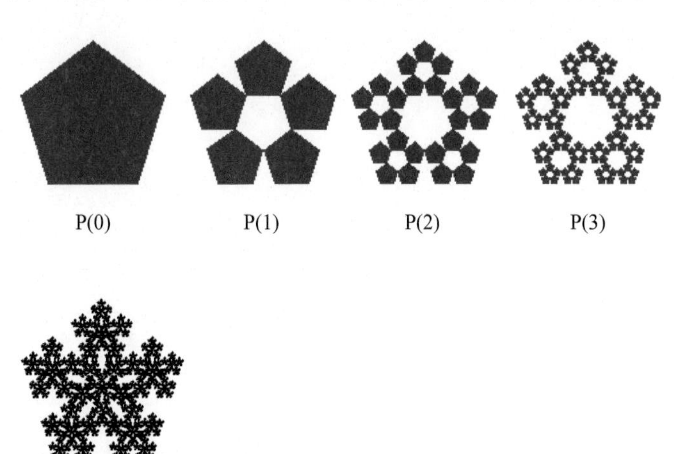

이 생성자를 축소해서 5개의 작은 오각형으로 대신 바꾸어 넣는다. 이런 과정을 무한히 반복하면 된다. 또한 한 가지 생성자의 한 가운데의 작은 오각형까지 바꾸어 넣으면 좀 더 촘촘한 프랙탈 도형이 된다.

(6) 칸토어 집합

집합론을 창시한 독일의 수학자 칸토어(G. Cantor, 1845~1918)는 다음과 같은 집합을 착안했다. 길이가 1인 선분을 3등분하여 가운데 부분을 제거하고, 다시 남은 각 선분을 3등분하여 가운데 부분을 제거한다. 이런 과정을 무한히 계속하여 남은 집합을 칸토어 집합(Cantor set)이라 한다.

칸토어 집합은 다음과 같은 규칙으로 얻을 수 있다.

① 단위 길이의 선분 $E_0=[0,1]$을 3등분하여 가운데 부분 $\left(\frac{1}{3}, \frac{2}{3}\right)$를 제거한다. 남아 있는 2개의 닫힌 구간들의 총 길이는 $\frac{2}{3}$이다.

② 2개의 남은 선분들을 다시 3등분하여 가운데 부분을 제거하면 다음과 같이 4개의 닫힌 구간이 되고 이들의 합집합을 E_1이라 한다. 여기서 남아 있는 닫힌 구간들의 총 길이는 $\left(\frac{2}{3}\right)^2$이다.

$$\left[0, \frac{1}{9}\right], \left[\frac{2}{9}, \frac{1}{3}\right], \left[\frac{2}{3}, \frac{7}{9}\right], \left[\frac{8}{9}, 1\right]$$

④ 이런 반복 과정을 통하여 각각의 단계마다 가운데 선분을 제거하고 남은 모든 닫힌 구간에서 위와 같은 과정을 되풀이한다. n번째 단계에 길이가 $\frac{1}{3^n}$이고 2^n개의 서로소인 닫힌 구간들을 얻을 수 있고, 이들의 합집합을 E_n이라 한다. E_n에서 2^n개의 닫힌 구간들의 총 길이는 $\left(\frac{2}{3}\right)^n$이다. 또한 모든 E_n은 $[0,1]$의 부분집합이므로 E_n은 유계집합이고 닫힌 집합이다. 따라서 E_n은 콤팩트 집합(compact set)이다. 집합 $C=\cap_{n=0}^{\infty} E_n$을 칸토어 집합이라 정의한다. 칸토어 집합 C는 공집합이 아닌 콤팩트 집합이고 번호 붙일 수 있는 집합이 아닌 대표적인 집합이다. 사실 길이가 1인 줄의 중간 부분 1/3씩을 잘라내는 일을 무한히 반복하면 길이는 0인 무수한 점들만 남는다.

탐구문제 6

중간 부분을 계속하여 자른다면 잘라낸 후 남은 부분의 길이의 총합은 1임을 보이시오.

탐구문제 7

칸토어 집합은 얼마나 많은 점으로 구성되는가? 그리고 칸토어 집합의 점은 어떤 형태의 무한소수로 표현할 수 있는가?

(7) 피타고라스 나무

피타고라스 나무는 피타고라스의 정리를 이용해서 만든 나무 모양의 프랙탈 도형이다. 이 나무에서는 피타고라스의 정리가 끝없이 이어져 있다.

'피타고라스 나무'란 다음과 같은 규칙으로 그린 아래 그림과 같은 프랙탈 도형이다.

① (1단계) 정사각형을 그린 후 정사각형의 한 변을 빗변으로 하는 직각삼각형을 그린다.

② (2단계) 직각삼각형의 나머지 두 변을 한 변으로 하는 정사각형을 각각 그린다.

③ (3단계) 2단계에서 그려진 두 정사각형의 한 변을 각각 빗변으로 하는 직각삼각형을 1단계에서 그린 직각삼각형과 닮음이 되도록 그린다.

④ (4단계) 2단계와 3단계를 계속 반복하여 그린다.

탐구문제 8

'피타고라스 나무'의 일부분인 아래 그림에서 직각삼각형 ABC의 세 변의 길이가 각각 a, b, c이고, 정사각형 7개의 넓이의 합이 75일 때, $2abc$의 최댓값은 얼마인가?

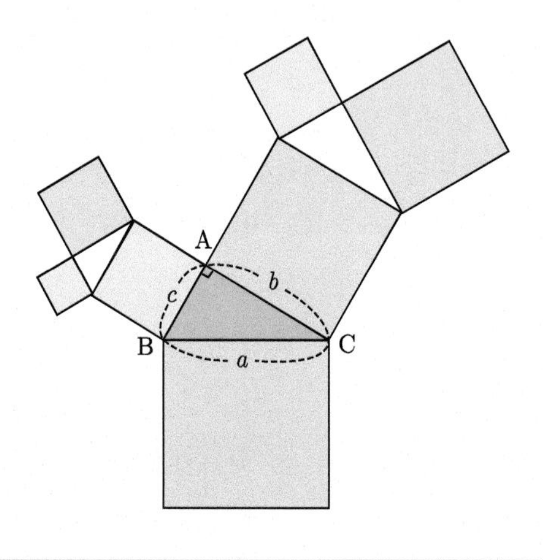

5 프랙탈 차원 - 축소에 대한 불변

유클리드 도형의 차원은 정수로 표시된다. 예를 들어, 구면이나 정육면체나 그 밖의 입체들은 3차원이고, 정사각형이나 다각형이나 원은 2차원이며, 직선과 곡선은 1차원이고, 점들은 0차원이다. 그러나 일반적인 프랙탈 도형들은 전체를 보아도 그 일부분을 보아도 프랙탈 차원은 똑같다. 프랙탈 도형의 특징은 프랙탈 차원을 갖는다는 것이다. 프랙탈 차원은 비정수적 차원이다. 즉, 프랙탈 차원이란 자기유사성을 가진 기하학적인 구조들의 꾸불거리는 정도, 속이 비는 비율 등을 정량화시키는 정수가 아닌 소수로 정해지는 값이다. 따라서 프랙탈 곡선은 얼마나 많이 움직이느냐에 따라 1차원과 2차원 사이의 어느 차원이나 될 수 있다. 곡선이 직선과 유사할수록 더 매끄럽고 프랙탈 차원은 1에 가까워진다. 거칠게 움직여 거의 평면을 채워가는 곡선은 2에 가까운 프랙탈 차원을 가진다.

프랙탈 차원은 자연 속의 불규칙하고 복잡한 물체나 도형을 상대적으로 비교하고 모델링하는 수단이 된다. 한 예로 길이와 폭이 무한하고 완벽하게 평평한 은박지가 있다고 하자. 이때의 평평한 상태의 은박지는 2차원이다. 하지만 이 은박지를 점점 구겨서 완전히 뭉친다면 표면의 복잡도가 증가하고 결국에는 3차원의 구가 된다. 즉, 은박지가 평평한 상태에서 구와 같은 상태로 변할 때, 점점 구겨짐에 따라 은박지 표면의 복잡도가 증가하고 이 복잡도를 이상적으로 측정한다면 프랙탈 차원은 2에서 3까지 변한다.

이처럼 프랙탈 차원은 꼬불꼬불한 해안선의 길이와 같은 명확히 정의할 수 없는 성질, 즉 어떤 물체의 거칠거칠한 정도, 부서진 정도, 혹은 불규칙한 정도를 측정하는 방법이 된다.

펠릭스 하우스도르프(Felix Hausdorff)는 비례와 관계가 있는 혁신적인 방식으로 차원을 착안했다. 선을 3배로 확대하면 그 이전보다 3배 더 길어진다. 3은 3^1이므로 이 선은 1차원이다. 만약 속이 꽉 찬 정사각형의 한 변을 3배로 확대하면 그 넓이는 그 전보다 9배 또는 3^2배 커진다. 따라서 정사각형은 2차원이다. 선, 정사각형, 정육면체 모두에서 이런 하우스도르프차원의 값은 유클리드 기하에서 차원과 같다.

일반적으로 프랙탈 차원은 다음과 같이 정의한다.

N은 조각의 개수, D는 프랙탈 차원, r은 축소율을 나타낼 때

$$N = \left(\frac{1}{r}\right)^D, \text{ 즉 } D = \frac{\log N}{\log(1/r)}$$

이다.

도형	조각의 개수(N)	축소율(r)	차원(D)
선분	3(길이 1인 선분을 3등분 했을 때의 개수)	1/3(길이 1인 선분을 3등분했을 때의 길이)	log3/log3 =1
	6	1/6	log6/log6 =1
	9	1/9	log9/log9 =1
정사각형	$9=3^2$(각변을 3등분)	1/3	log9/log3 =2
	$36=6^2$(각변을 6등분)	1/6	log36/log6 =2
정육면체	$27=3^3$	1/3	log27/log3 =3
	$216=6^3$	1/6	log216/log6 =3
코흐 곡선	4	1/3	log4/log3=1.26
	16	1/9	log16/log9=1.26
	4^k	$1/3^k$	$\log 4^k/\log 3^k$=1.26

코흐 눈송이 곡선의 1단계에서 2단계로 변화하는 모습을 보면 _/_의 모양이 $\frac{1}{3}$의 크기로 규모가 작아지면서 4개의 프랙탈 조각이 생기는 것을 알 수 있다. 그러므로 $r=\frac{1}{3}$이고 $N=4$이므로 코흐의 눈송이 곡선의 차원은 $\frac{\log 4}{\log 3} \fallingdotseq 1.26$이고 그 일부분의 차원도 역시 약 1.26이다. 이처럼 프랙탈 도형은 대역적인 차원과 국소적인 차원이 일치한다. 또한 코흐 곡선의 차원은 선의 원래 차원인 1차원보다 크다.

보기 1

시어핀스키 삼각형의 차원은 $D=\frac{\log 3}{\log 2}$임을 보이시오.

풀이 시어핀스키 삼각형을 만들 때 1단계의 삼각형과 2단계의 맨 위에 있는 삼각형을 비교해 보면 1단계의 삼각형이 $\frac{1}{2}$로 축소되어 있다는 사실을 알 수 있다. 또한 2단계에서는 1단계의 삼각형이 축소되어 3조각이 된다는 것을 알 수 있고, 이후의 삼각형에서도 같은 현상이 반복된다. 즉 $r=\frac{1}{2}$, $N=3$이므로 시어핀스키 삼각형의 차원은 $D=\frac{\log 3}{\log 2}$이다. $1<\frac{\log 3}{\log 2}<2$이므로 시어핀스키 삼각형은 소수 차원을 갖는다.

보기 2

해안선의 모양은 프랙탈이기 때문에 그 길이는 '자'(척도)에 따라서 얼마든지 늘어날 수 있고, 궁극적으로 그 길이는 무한대가 되어 버린다. 이 섬의 해안선의 차원을 생각해 보면 다음과 같다.

롱다리와 숏다리의 보폭을 비교해 보면 20:1이고 그 보폭 때문에 걸음걸이의 수의 비는 1:60이 된다. 따라서 롱다리가 한 걸음에 걷는 해안선의 길을 숏다리는 평균 60걸음을 걸어야 한다. 즉, 해안선을 20등분했을 때, 원래와 닮은 해안선이 60개가 나온다는 이야기이다. 따라서 해안선의 프랙탈 차원은 $\frac{\log 60}{\log 20}=\frac{\log 6}{\log 2}>1$이다. 즉, 1차원의 '자'(척도)보다 차원이 크기 때문에 1차원의 '자'(척도)로 길이를 잰다면 무한대가 될 것이다. 즉, 해안선의 길이를 정확히 재기 위해서는 1차원의 '자'(척도)로 길이를 잴 수는 없고, 적합한 차원의 '자'(척도)를 따로 준비해야 한다.

6 무궁무진 프랙탈의 활용

오늘날 프랙탈은 과학, 의학, 컴퓨터, 공학, 경제학, 예술 등 많은 응용되는 분야에서 지속적으로 확대되고 있다. 프랙탈은 식물의 성장이나 구름의 형상 같은 자연적 대상들의 모델을 만드는 데 수학적 매체로 사용된다. 이미 산호나 해면 같은 해양생물의 성장에도 적용된 바 있다. 또한 현대 도시의 확장도 프랙탈 성장과 유사하며, 경제학에서 가격변동, 소득분포 등과 같은 경제현상 설명, 공학에서 소음이 나는 현상 분석, 의학 분야에서 뇌, 혈관이나 폐 구조나 활동의 모델을 만들어 응용, 과학에서 브라운 운동과 같이 불규칙한 입자의 운동을 설명하거나 은하의 분포를 설명에 이용한다. 그리고 주식 시장이나 외환거래 시장의 프랙탈 관련 특성도 연구되고 있고, 예술 분야에서도 프랙탈을 이용하여 새로운 디자인을 개발하고 있다.

나이를 먹음에 따라 프랙탈 차원이 증가해 가는 것이다. 종이도 처음에는 평평한 2차원이지만 점점 구겨지면서 주름이 만들어지고 차원은 증가한다. 이것은 프랙탈 차원의 측정은 그 대상의 연륜에 대한 측정이라는 것을 의미한다. 프랙탈 차원 속에 그러한 기하학적 구조를 낳은 동력학적 과정에 대한 과거의 정보가 담겨 있다. 자연의 들쭉날쭉한 프랙탈적 본성 내에 그것을 만든 힘과 환경에 대한 단서가 들어 있다. 그러므로 자연의 프랙탈 기하학에 관한 연구는 실제 진화과정에 대한 연구로 볼 수 있다.

가장 놀라운 것은 프랙탈을 이용한 생물의 구조이다. 생물에 있어서 기능의 효율성은 크기를 일정하게 유지하면서 어떻게 하면 외부와의 접촉면을 최대화할 것인가 하는 것이다. 뇌의 주름, 허파에서 동맥이 갈라져서 실핏줄을 이루는 구조나 우리 몸속의 기관지 구조, 뇌조직, 신경 조직, 심장 구조 등 인체에서도 프랙탈이 발견된다. 프랙탈은 유기체가 생존하기에 유리한 기하 구성의 원리라고 보여진다. 예를 들어, 허파 속의 혈관들은 나뭇가지가 뻗는 모양을 하여 더 많은 산소량을 동화한다.

인체의 기관, 바이러스, 파킨스병 등에서 프랙탈의 구체적 적용사례를 살펴보자+.

① **뇌의 주름** 뇌의 커다란 주름을 자세히 들여다보면 다시 더 작은 주름이 계속되어 간다. 뇌의 주름도 규칙성이 없는 듯이 꼬불꼬불한 것이 아니라, 작은 규칙성을 보여준다. 이처럼 뇌가 프랙탈 구조를 갖는 이유는 좁은 공간 안에 되도록 많은 뇌세포를 배치하기 위해서이다. 만약 이 주름들을 평평하게 편다면

+ 권영철, 구자홍, 디자인과 수학 강의 지침서.

신문지 한 장만한 넓이가 된다. 뇌가 주름 속에서 주름을 많이 갖고 있는 것은 좁은 공간 속에서 가능한 한 넓은 겉넓이를 확보해서 최대한 많은 뇌세포를 배치하기 위해서이다. 머릿속 뇌의 쭈글쭈글한 주름은 2.75차원이다. 개인에 따라 주름진 정도가 다를 수 있으나 대체적으로 2.75~2.79차원의 값을 가진다. 머리를 쓰면 쓸수록 이 주름으로 인한 뇌의 차원이 더 높아져서 지능이 개발되며 한없이 개발될 가능성이 있다는 의미가 된다. 우리의 뇌는 기록된 신호보다 해상도가 훨씬 높은 상을 만들어낸다.

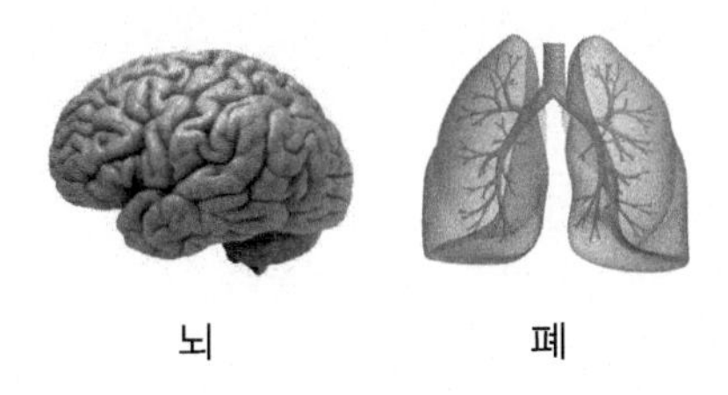

뇌　　　　　폐

② **폐의 구조**　폐는 텅 빈 공기주머니가 아니다. 큰 가지가 점점 작은 가지로 갈라지면서 폐포에서 종결되는 수지상 구조로 되어 있다. 폐를 펼쳐보면 테니스 경기장보다도 더 넓을 정도이다. 폐 안에 분포되어 있는 모세혈관과 동맥, 정맥 역시 프랙탈 구조로 우리 몸에 존재한다. 산소는 폐의 세포벽과 접촉해야만 적혈구에 의해서 흡수될 수 있기 때문에 폐는 우리 가슴의 좁은 공간 속에서 가능한 많은 산소를 흡수할 수 있어야 한다. 따라서 폐의 표면이 되도록 많은 공기와 접해야 한다. 그러기 위해서는 겉넓이가 가능한 최대가 되어야 하고 폐의 미로와 같은 기관지가 동맥과 정맥에 효과적으로 결합되도록 사방팔방으로 뻗어 있는 것이다.

④ **심장의 박동** 심장의 박동 역시 프랙탈 차원을 따르고 있다. 이러한 심장 박동의 프랙탈 차원을 얻어 내어 심장병을 가진 환자들에게 도움을 줄 수도 있고 엄마 뱃속에서 자라나는 아기의 심장에 이상이 있는지를 미리 알 수도 있다.

⑤ **바이러스와 세균** 모든 바이러스와 세균의 표면에 있는 수용체 분자 구조 역시 프랙탈이다. 에이즈 바이러스가 인체 내에서 나타내는 동역학도 프랙탈 기하학으로 그 모형을 만들 수 있다. 프랙탈 기하학은 에이즈 바이러스의 긴 잠복기에 대한 답을 제공한다. 많은 환자들이 HIV(인간면역결핍바이러스)에 대해 길게는 10년 동안이나 양성 반응을 보이면서도 아무 문제없이 살아가다가 어느 날 갑자기 증상이 나타나기 시작하면 에이즈(AIDS)가 발병한다. 면역체가 붕괴하기 시작하면서 에이즈 바이러스가 카오스적 행동을 보이기 시작한다. 이 단계에서 에이즈 바이러스를 연구한 결과, 그 프랙탈 구조에 큰 변화가 일어난다는 사실이 밝혀졌다.

⑥ **암세포** 암세포의 표면 구조도 주름 투성이로 뒤덮여 있다. 이 복잡하게 얽힌 구조는 프랙탈적 성질을 나타내는데, 암세포의 생장 단계에 따라 큰 차이를 보인다. 몸속에서 암세포를 조기에 찾아내는 데 프랙탈 기하학이 이용되고 있다. 암세포의 프랙탈 차원은 건강 간 세포의 프랙탈 차원보다 더 높다. 그래서 MRI 진단이 양성 세포와 악성 세포를 구별하는 능력을 향상시킬 수 있는 프랙탈 차원 측정 방법을 연구하고 있다.

⑦ **파킨스병** 파킨슨병 환자의 걸음걸이, 심장의 박동, 우울증 환자의 뇌파에서도 프랙탈이 발견된다. 그것을 파악하는 것은 환자들의 치료에 활용될 뿐 아니라 미리 병을 알아내는 데도 큰 도움이 된다. 신경 퇴행성 질환인 파킨슨병에 걸리면 팔, 다리 등 온몸이 떨리고 뻣뻣해져 몸동작이 느려질 뿐 아니라

몸의 중심을 잘 잡지 못하며 말도 제대로 하지 못한다. 이 병의 가장 큰 증상은 첫걸음을 떼기가 어렵고 일단 걷기 시작했더라도 보폭이나 속도가 매우 불규칙하다. 몇 분 동안 관찰한 걸음걸이가 하루 종일 관찰한 것과 매우 비슷하다. 환자의 몸에 센서를 부착해 걷는 속도와 보폭 등의 데이터를 수집하고 이것을 토대로 차원을 얻어낸 결과 보통의 정상인이 1.3차원인데 비해 이 환자들의 경우는 1.48차원인 것이 밝혀졌다. 이러한 프랙탈 차원을 이용하면 파킨슨병의 증세가 얼마나 심해졌는지 알아낼 수 없고 이 수치에 따라 약을 투여할 시간을 조절할 수 있기 때문에 치료와 부작용을 줄이는 데 크게 도움을 줄 수 있다.

⑧ 위의 여러 인체 기관에서 적용되는 똑같은 원리가 우리 몸의 순환계에도, 소화관에도, 신경계에도 적용되고 있다. 순환계는 산소와 영양을 세포에게 신속히 공급하는 역할을 해야 한다. 그러기 위해서는 세포 바로 인근에 혈관이 분포해 있지 않으면 안된다. 만일 이것을 보통의 방식으로 설계하고자 한다면 그것을 충족시키기 위해 우리 몸을 혈관으로 완전히 채우지 않으면 안될 것이다. 최소의 부피를 차지하면서 몸의 모든 부분과 속속들이 접촉을 유지하는 방법은 프랙탈적 구조 외에는 없다.

⑩ '프랙탈 패턴을 활용한 다공성 보도블록 디자인'이 '2013 서울 보도블록 공모전' 최우수상에 선정됐다. 프랙탈의 실용성을 보여준 작품이다. 이것은 멩거 스펀지의 원리를 활용한 작품이다.

도로의 다공성 보도블록

7 자기닮음의 수학적인 정의

실수의 집합 $\mathbb{R}$에 대하여 $\mathbb{R}^n(n=1,\ 2$ 또는 $3)$의 부분집합을 S라 하자. 이때 S의 두 원소 a, b에 대하여 a, b 사이의 거리를 $d(a,\ b) = |a-b|$로 나타내기로 하자.

정의 (닮음) 함수 $f: S \to S$와 모든 $x,\ y \in S$에 대하여 $|f(x)-f(y)| = r|x-y|$를 만족하는 상수 $r\ (0 < r < 1)$이 존재할 때 $f: S \to S$를 S의 닮음(similarity)이라고 한다. 이때 r을 f의 닮음 상수(similar constant)라고 한다.

연습문제 24

1 **시어핀스키 피라미드의 패턴 탐구** 시어핀스키 피라미드(정삼각형 4개로 구성된 정사면체) 모서리의 중점을 연결하여, 꼭짓점에 새로 만들어진 4개의 작은 피라미드는 그대로 두고 나머지 부분은 제거한다. 구성하는 0~4단계이다. 단계를 진행함에 따라 피라미드는 점점 작아진다. 다음 그림을 사용하여 시어핀스키 피라미드에서 나타나는 수 패턴을 찾아보시오.

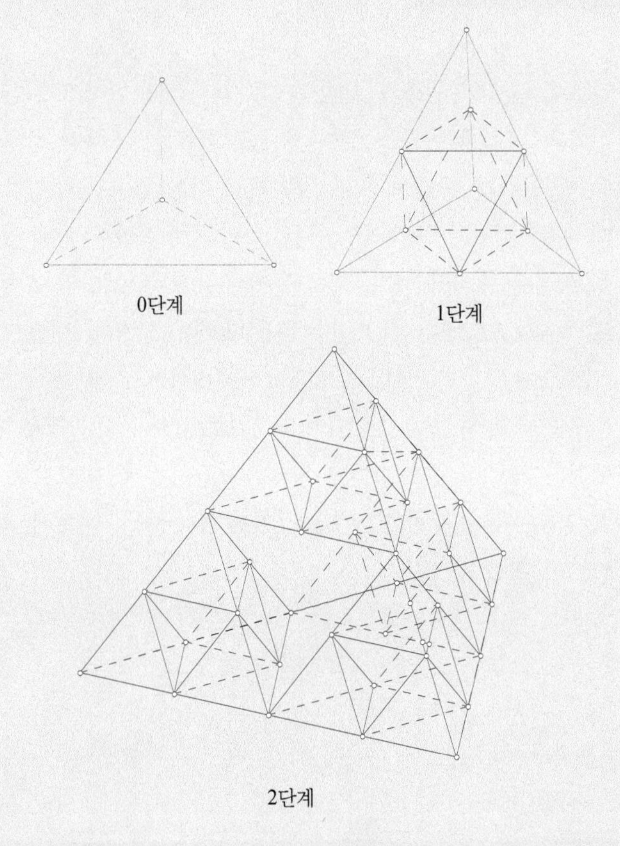

2단계

(1) 0단계에서 출발하여 차례로 실행하여 아래 표를 적절한 수로 채우시오.

단계	0	1	2	3	4	5	⋯	n
피라미드 기본 도형의 개수	1							

(2) 0단계의 피라미드의 모서리의 길이를 1이라 할 때 각 단계에서 높이를 구하시오.

단계	0	1	2	3	4	5	⋯	n
피라미드의 높이		$\frac{\sqrt{6}}{3}$						

2 칸토어 집합의 원소가 끝점인지 아닌지를 구별하기 위해 칸토어 집합의 원소에 이름을 부여하자. 구간 [0, 1]로부터 칸토어 집합을 만드는 각 단계에서 구간을 3등분하여 가운데 구간을 빼냈을 때 왼쪽에 있는 구간의 이름을 L이라 하고 오른쪽에 있는 구간의 이름을 R이라 하자. 예를 들어, 0은 각 단계마다 L에 있으므로 $0 = LLLLL\cdots$이고 1은 각 단계마다 R에 있으므로 $1 = RRRRR\cdots$이다. 또한 $1/3$은 1단계에서는 L에 있고 2단계 이후부터는 R에 있으므로 $1/3 = LRRRRR\cdots$이고 $2/3$은 1단계에서는 R에 있고 2단계 이후부터는 L에 있으므로 $2/3 = RLLLL\cdots$이다. $RLLRLLRLLRLL\cdots$라는 이름에 대응하는 칸토어 집합의 원소를 쓰시오+.

+ 2016학년도 논술전형의 변화 분석과 대비 전략

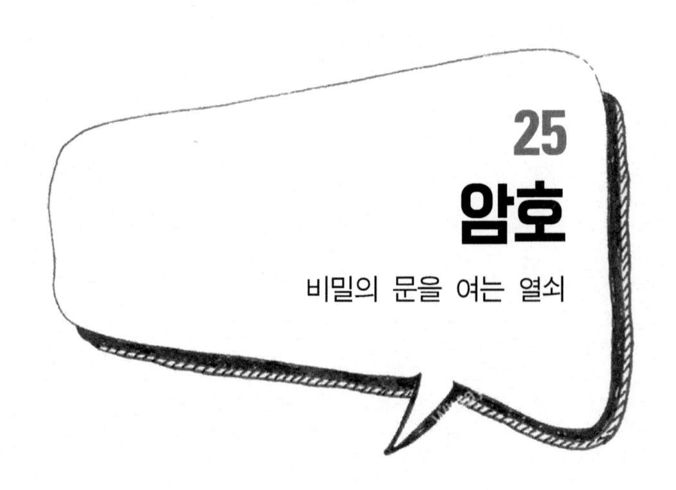

1 암호란

오늘날 21세기를 디지털정보화시대라고 한다. 지난 세기에 탄생한 컴퓨터가 짧은 시간에 눈부신 발전을 거듭하면서 인간의 생활양식을 급격히 변화시키고 있다. 그러한 변화 중 가장 중요한 것이 바로 인터넷의 출현이라고 할 수 있다. 컴퓨터와 통신 기술의 발달에 따라 컴퓨터 통신, 전자우편, 전자상거래, 은행 간 대금 결제, 국방 보안 등에 쓰이는 암호가 널리 쓰이기 시작했다. 신용카드나 현금카드의 비밀번호는 아무에게나 알려 줄 수 없는 중요한 정보이다. 전산망을 통해 신용카드번호 등을 보낼 때 누군가가 이 정보를 도청이나 해커하여 사용하면 큰 손해를 볼 수 있다. 은행카드의 비밀번호를 생각하면 정보화 사회에서 정보가 곧 재산이라는 점이 피부에 와닿는다. 따라서 정보화 사회가 될수록 정보를 필요한 사람에게만 비밀리에 전달하는 방법이 점점 더 중요해지고 있다.

국가, 회사, 단체 또는 개인이 반드시 보호해야 하는 비밀정보가 보호되지 못한다면 큰 문제가 될 것이다. 거꾸로 그러한 비밀정보를 반드시 알아내야 하는 쪽에서는 그 정보를 알아내기 위하여 필사적인 노력을 경주할 것이다. 이러한 정보전쟁에서 우리가 어느 편에 속하게 될지는 모르는 일이다. 우리가 개발한 신기술 정보를 지켜야 하는 입장이 될 수도 있고, 테러집단의 비밀정보를 알아내야 하는 입장이 될 수도 있는 것이다.

암호(暗號, cryptography)는 이처럼 비밀정보를 교환하기 위하여 생겨났다. 처음에는 주로 군사용으로 사용되었으나 최근에는 전자상거래를 비롯하여 전자우편이나 휴대전화에 이르기까지 그 응용범위가 확대되고 있다. 수학은 이러한 암호의 이론적 토양을 제공할 뿐만 아니라 다양한 암호체계를 만들고 이렇게 만들어진 암호체계의 효용성과 안전성을 분석하는 암호기술의 핵심적인 도구 역할을 담당하고 있다. 이러한 이유로 암호이론과 기술은 이제 수학의 한 분야로 간주되고 있다.

2 고전 암호체계

암호의 효시는 이집트 나일강변에 있는 미네쿠프란 마을에서 처음 시작되었다. 4000여 년 전 한 문필가가 통치자의 일생을 기록하기 위해 석판에 상형문자를 남긴 게 암호의 시초다. 이때 그 문필가는 문장에 위엄과 권위를 담기 위해 성형문자 속에 암호의 한 방법인 환자(換字)를 사용하였는데, 결과적으로 내용을 숨긴 것이므로 암호의 효시로 여겨진다고 한다.

오랜 암호의 역사를 보면 암호는 주로 군사 외교적인 목적으로 사용되어 왔다. 기록에 의하면 이미 로마시대에 카이사르가 부하 장군들과 암호로 된 편지를 주고받았다고 하니 암호의 역사는 적어도 2000년은 된 셈이다. 어쨌든 전신(電信)이 사용되기 이전인 19세기 말까지의 암호를 제1세대 암호라고 할 수 있다. 제1세대의 대표적인 암호로는 이동암호, 대치암호, 아핀 암호, 비게네르 암호 등이 있다.

(1) 이동암호

이동암호(shift cipher)는 기원전 100년경에 로마의 장군 카이사르가 썼던 암호로, 시저암호라고도 불린다. 그 당시 '암살자를 조심하라(Be careful for assassinator)'라는 암호문을 전달하기 위해 사용되었다고 한다.

시저암호는 영문자 알파벳 각각을 세 자리 뒤의 다른 알파벳, 즉 A는 D로, B는 E로, ⋯, Y는 B, Z는 C로 대치하여 암호화하고 복호화는 그 반대로 한다. 이처럼 카이사르 암호를 이동암호라고 한다. 예를 들어, 평문 'RENAISSANCE'는 'UHQDLVVDQFH'로 암호화된다. 따라서 알파벳의 A~Z까지를 0부터 25까지 대응시킬 때 시저암호는 0부터 25까지 정수들의 집합 $\mathbb{Z}_{26}$에서 $\mathbb{Z}_{26}$로 가는 함수

$$f(a) \equiv a + 3 \pmod{26}$$

로 표현될 수 있다.

영문자	A	B	C	D	E	F	G	H	I	J	K	L	M	N	O	P	Q	R	S	T	U	V	W	X	Y	Z
숫자화	0	1	2	3	4	5	6	7	8	9	10	11	12	13	14	15	16	17	18	19	20	21	22	23	24	25
암호화	D	E	F	G	H	I	J	K	L	M	N	O	P	Q	R	S	T	U	V	W	X	Y	Z	A	B	C
숫자화	3	4	5	6	7	8	9	10	11	12	13	14	15	16	17	18	19	20	21	22	23	24	25	0	2	3

(2) 대치암호

대치암호(substitution cipher)는 각 문자를 다른 문자로 바꾸는 암호방식이다. 즉, 평문의 각 문자를 적당한 일대일 함수 f(열쇠)에 의해 대응되는 다른 문자로 바꾸는 암호체계이다. 영문자의 숫자화 0, 1, 2, ⋯, 25를 뒤섞은 순열을 하나 택한다. 예를 들어, 순열 21, 4, 11, ⋯, 9를 택하였다면,

$$0 \mapsto 21,\ 1 \mapsto 4,\ 2 \mapsto 11,\ \cdots,\ 25 \mapsto 9$$

로 대체함으로써 암호화하고 복호화는 그 반대로 한다. 이동암호는 대체암호의 한 종류로 볼 수 있다. 예를 들어, 순열 3, 4, 5, ⋯, 2를 택하면 카이사르 암호가 된다.

시저가 사용했던 시저암호는 영문자 알파벳에 순서를 두어 키만큼 해당 문자의 위치를 옮기는 암호로써 암호화 함수 $f: \mathbb{Z}_{26} \to \mathbb{Z}_{26}$ 는 다음과 같은 수식으로 표현된다.

$$f(a) \equiv a + k \pmod{26}$$

여기서 a는 영어 문자에 대응하는 정수이고 k는 키(열쇠)에 해당하는 정수이다. 이 암호화 함수 f의 복호화 함수 f^{-1}는 $f^{-1}(a) \equiv a - k \pmod{26}$이 된다.

보기 1

시저암호에서 $k=4$인 경우에 평문 'LOVE YOU'은 암호문 'PSZI CSY'로 암호화된다. 이 암호화 함수 f의 복호화 함수 f^{-1}는

$$f^{-1}(x) \equiv x - 4 \pmod{26}$$

이 된다.

(3) 아핀 암호

하나의 키를 이용하여 덧셈의 방식으로 알파벳을 암호화하는 이동암호는 노출되기 때문에 등장한 것이 곱셈과 덧셈을 결합하여 암호화하는 아핀 암호(affine cipher)이다.

x는 각 영문자에 대응하는 0과 25 사이의 정수일 때 k와 a는 키로써 0과 25 사이의 정수로 $\gcd(a, 26) = 1$을 만족하게 선택하면, 평문의 영문자는 다음과 같은 아핀 변환에 의해 암호화될 수 있다. 즉, 평문의 알파벳에 해당하는 수를 a배하고 k만큼 더한 후 26으로

나눈 나머지에 해당하는 알파벳으로 암호화하는 것이다.

$$f(x) \equiv ax + k \pmod{26}$$

이와 같이 암호화 함수 $f: \mathbb{Z}_{26} \to \mathbb{Z}_{26}$가 주어진 암호를 **아핀 암호**라 한다. 특히 $k=0$인 아핀 암호를 **선형암호**(linear cipher)라 하고 $a=1$인 아핀 암호를 이동암호라 한다. 아핀 암호도 대치암호의 일종이다.

복호화는 다음과 같이 한다. a는 26과 서로소이므로 $0 < a^* \le 25$이고 $a^* a \equiv 1 \pmod{26}$을 만족시키는 정수 a^*가 존재한다.+ 이런 a^*를 이용하여 다음과 같이 x를 복원한다.

$$a^*(x-k) \equiv a^*(am) \equiv (a^*a)m \equiv 1 \cdot m \equiv m \pmod{26}$$

만약 a와 26이 서로소가 아니라면, $f(x) \equiv ax + k \pmod{26}$에 의해 치환시킬 때 여러 개의 영문자가 한 영문자로 대응될 수 있기 때문이다. 예를 들어, a를 26과 서로소가 아닌 수 2로, k를 1로 하여 $2x+1 \pmod{26}$으로 치환한다고 하자. 이 아핀 변환에 의해 1에 대응하는 영문자 B는 3(D)으로 암호화되고, $f(14) = 29 \equiv 3 \pmod{26}$이므로 14에 대응하는 N 역시 3(D)으로 암호화된다. 이처럼 B와 N은 같은 영문자로 암호화되므로 혼란의 여지가 생기게 되어 반드시 a는 26과 서로소가 되어야 한다.

암호화를 만드는 방법은 모두 몇 가지일까? a는 26과 서로소이므로 1, 3, 5, 7, 9, 11, 15, 17, 19, 21, 23, 25의 12가지가 있지만 $a=1$이면 이동암호와 같으므로 11가지를 사용할 수 있다. 그리고 k는 0과 25 사이의 정수이므로 26가지가 가능하다. 따라서 아핀 암호를 만드는 방법은 $11 \times 26 = 286$가지가 된다.

+ $\gcd(a, m) = 1$이면 $a^*a \equiv 1 \pmod{m}$, $0 < a < m$을 만족시키는 정수 a^*가 유일하게 존재한다.

보기 2

$a=3$이고 $k=5$이면 $f(a)\equiv 3a+5 \pmod{26}$에 의해 'RENAISSANCE'를 암호화하면 'ERSFDHHFSLR'가 된다.

평문	R	E	N	A	I	S	S	A	N	C	E
x	17	4	13	0	8	18	18	0	13	2	4
$3x+5$	56	17	44	5	29	59	59	5	44	11	17
$3x+5(\mathrm{mod}26)$	4	17	18	5	3	7	7	5	18	11	17
암호문	E	R	S	F	D	H	H	F	S	L	R

(4) 비게네르 암호

단순대치암호는 평문의 각 문자가 다른 문자로 하나씩 대치되는 암호이기 때문에 평문의 단문자 분포가 대응되는 문자의 빈도와 같게 된다. 하나의 알파벳을 특정한 알파벳으로 고정하여 바꾸기보다는 여러 개의 알파벳으로 바꾸는 다중대치암호가 유리하다.

비게네르 암호(Vigenère cipher)는 16세기 프랑스의 암호학자 비게네르(Blaise de Vigenere)가 만든 암호로 시저암호를 이용한 주기적 대치 암호이다. 키 수열은 $K=k_1k_2\cdots k_d$ (각 k_i는 0과 25 사이의 정수)라 할 때 키 수열 K에 의하여 암호화된 비게네르 암호는 다음의 수식으로 표현된다.

$$f_i(x)=x+k_i \pmod{26}$$

단, x는 영문자에 대응하는 0과 25 사이의 정수이다.

보기 3

열쇠 BAND를 이용하여 평문 'RENAISSANCE'를 비게네르 암호로 변환하시오.

풀이

평문	R	E	N	A	I	S	S	A	N	C	E
x	17	4	13	0	8	18	18	0	13	2	4
키	B	A	N	D	B	A	N	D	B	A	N
k_i	1	0	13	3	1	0	13	3	1	0	13
$x+k_i$	18	4	26	3	9	18	31	3	14	2	17
암호문	S	E	A	D	J	S	F	D	O	C	R

열쇠가 'BAND'이므로 $k_1 = 1, k_2 = 0, k_3 = 13, k_4 = 4$이다. $f_1(a) \equiv a+1 \pmod{26}$이므로 $f_1(\mathrm{R}) = \mathrm{S}$, $f_1(\mathrm{I}) = \mathrm{J}$, $f_1(\mathrm{N}) = \mathrm{O}$이다. $f_2(a) \equiv a \pmod{26}$이므로 $f_2(\mathrm{E}) = \mathrm{E}$, $f_2(\mathrm{S}) = \mathrm{S}$, $f_2(\mathrm{C}) = \mathrm{C}$이다. $f_3(a) \equiv a+13 \pmod{26}$, $f_4(a) \equiv a+3 \pmod{26}$이므로

$$f_3(\mathrm{N}) = \mathrm{A}, f_3(\mathrm{S}) = \mathrm{F},\ f_3(\mathrm{E}) = \mathrm{R},\ f_4(\mathrm{A}) = \mathrm{D}, f_4(\mathrm{A}) = \mathrm{D}$$

이다. 따라서 암호문은 'SEAD JSFD OCR'이다. 이 암호를 해독하려면 4를 법으로 i번째 암호문자의 함수

$$f_1(a) \equiv a-1 \pmod{26},\ f_2(a) \equiv a \pmod{26},$$
$$f_3(a) \equiv a-13 \pmod{26},\ f_4(a) \equiv a-3 \pmod{26}$$

을 이용하면 된다.

다중대치암호의 종류에는 비게네르 암호, 힐(Hill) 암호, 플레이페어 암호, 뷰포트(Beaufort) 암호, Running Key 암호, Vernam 암호(One-time pad) 등이 있다.

애니그마와 콜로시스

암호는 두 번의 세계대전을 치르면서 급속도로 발전하였다. 제2차 세계대전 중에 독일의 '수수께끼'라는 뜻의 암호화 장치 애니그마(Enigma)를 발명했다. 애니그마는 알파벳 26개를 다른 알파벳으로 바

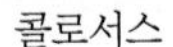
콜로서스 애니그마 하겔린(Hagelin)

기계 암호에 쓰인 기계들

꾸도록 설계된 전기회로를 내장한 원통을 여러 개 이어 붙인 다중치환암호 기계이다. 독일군은 애니그마를 통해 복합적인 방식으로 암호화하였고, 일본은 애니그마를 구입하여 전쟁 기밀을 암호화하였다. 일본은 1941년 진주만 공습을 성공시킴으로써 미국과의 태평양 전쟁에서 우위를 차지하였으나, 1942년 미드웨이해전에서는 참패하였다. 미드웨이 섬의 미군 기지를 공격한다는 일본의 작전 암호문이 미국 정보국에 의해 해독되었기 때문이다.

연합군이 승리한 가장 중요한 요인 중의 하나가 독일과 일본의 정교한 암호를 해독하는 데 성공했다는 것이다. 제2차 세계대전 중에 사용된 기계암호를 해독하기 위해서는 엄청난 계산을 수행해야 했다. 연합군은 독일군의 애니그마에 대응과 엄청난 계산을 위하여 초기 컴퓨터의 일종인 콜로서스(Colossus)를 개발하였다.+ 이 콜로서스의 개발 책임자가 바로 '컴퓨터를 창안한 수학자'로 유명한 앨런 튜링(Alan Turing)으로서 그가 당시 영국군의 암호해독 책임자였다는 사실은 컴퓨터의 발명이 암호해독 방법의 연구와 밀접한 관련이 있었음을 말해준다. 그의 이름에는 '컴퓨터의 아버지', '세계 최초의 해커', '인공지능의 선구자' 등 많은 찬사가 따라 다닌다.

이 시기에 사용되었던 제2세대 암호들은 수학적으로도 약간은 진보하였으나, 암호해독을 위해 엄청난 계산을 할 수 있도록 복잡한 기

+ 1943년에 개발된 이 전자식 해독기는 초당 25,000자를 해독할 수 있었다.

계들을 사용하였다.[+] 이러한 기계암호는 한국전쟁 때까지 사용되었다고 하는데[++] 컴퓨터의 출현과 함께 무용지물이 되고 말았다.

3 현대 암호학

제2차 세계대전이 끝난 후 샤논(Shannon)이 발표한 두 편의 논문은 현대 암호학(現代 暗號學)의 시작을 알리는 신호탄이 되었다.[+++] 특히 컴퓨터와 통신기술이 비약적으로 발달한 1970년대부터 샤논의 이론과 이를 바탕으로 발전한 각종 이론들이 이를 뒷받침하는 기술과 합쳐지면서 다양한 첨단 암호기술들이 개발되기 시작하였다.

이들 제3세대 암호의 특징으로 먼저 정수론, 유한군론, 타원곡선, 가환대수, 대수기하, 조합이론, 그래프이론, 격자이론, 확률론, 수리논리 등 다양한 고급 수학이론 등을 사용한다는 점을 들 수 있다. 그리고 많은 경우 암호화 알고리즘을 공개하여 그 장단점에 대한 학문적 공론화 과정을 거침으로써 효율성과 안전성을 검증받기도 하였다. 제3세대 암호의 또 하나의 특징으로 전자산업 및 통신산업의 놀라운 발전과 함께 비군사용 암호의 사용이 급격히 늘어났다는 점을 들 수 있을 것이다. 암호는 이제 전자상거래, 은행 간 대금결제, 스마트카드, 전자화폐, 전자입찰 및 경매, 전자투표, 전자우편, 휴대전화 등 우리의 일상생활 전반에 걸쳐 광범위하게 사용되고 있다.

현대 암호체계는 크게 블록 암호, 스트림 암호, 그리고 공개키 암

+ 회전기기(rotor machine)라 불리는 기계로 독일의 Enigma, 미국의 Hebern, 스위스의 Hagelin, 일본의 Purple 등이 유명하다.

++ 한국전쟁에서 미국이 사용한 기계암호는 Hagelin C-36으로 스위스에서 개발되었다.

+++ 〈A mathematical theory of communication〉(1948), 〈Communication theory of secrecy systems〉(1949). 샤논은 이 두 논문에서 엔트로피(entropy)의 개념을 도입하여 정보를 정량적으로 다룰 수 있는 이론체계를 정립하였다.

호의 세 종류로 나눌 수 있다. 이러한 암호들을 소개하기 전에 현대적인 암호체계의 기본 개념을 수학적으로 설명해보자.

평문 전체의 집합을 P, 암호문 전체의 집합을 C라 하자. 암호화 과정은 임의의 평문 $m \in P$에 대하여 암호문 $c \in C$를 만드는 알고리즘으로 볼 수 있다. 이 알고리즘을 f라 부르자. 이제 K라는 키 공간(key space)을 생각하자. 이 집합 K는 키(열쇠)라고 불리는 원소들로 이루어진 집합이다. 송신자가 $e \in K$를 선택하면, 이 암호화 키 e에 대하여 암호화 함수 $f_e : P \to C$가 대응되고 이 함수를 이용하여 평문 m에 대한 암호문 $c = f_e(m)$을 만들게 된다. 이 암호문 c의 수신자는 f_e의 역함수 f_e^{-1}를 이용하여 평문 m을 복원할 수 있다. 복호화 알고리즘을 g라 하면, 암호화 키 e에 대하여 복호화 키 $d \in K$가 존재하고 d에 대응되는 복호화 함수를

$$g_d : C \to P$$

라 하면 $g_d = f_e^{-1}$이다. 물론 수신자는 g_d를 알고 있거나 쉽게 구할 수 있어야 한다.

$$g_d(c) = g_d(f_e(m)) = f_e^{-1}(f_e(m)) = (f_e^{-1} \circ f_e)(m) = \mathrm{id}(m) = m$$

현대 암호체계는 암호화 키와 복호화 키가 서로 '같은가' 또는 '다른가'에 따라 크게 두 가지로 분류한다. 암호화 키와 복호화 키가 서로 같은 경우 비밀키(혹은 대칭키) 암호체계라 하고, 서로 다른 경우 공개키(혹은 비대칭키) 암호체계라 한다.

(1) 비밀키 암호체계

비밀키 암호체계(secret-key cryptosystem)에서는 암호화 키와 복호화 키가 같으므로 이 키들을 비밀로 해야 한다. 따라서 이 비밀키를 송수신자가 공유해야 한다는 어려움이 있다. 또한 인증기능이 약하다는

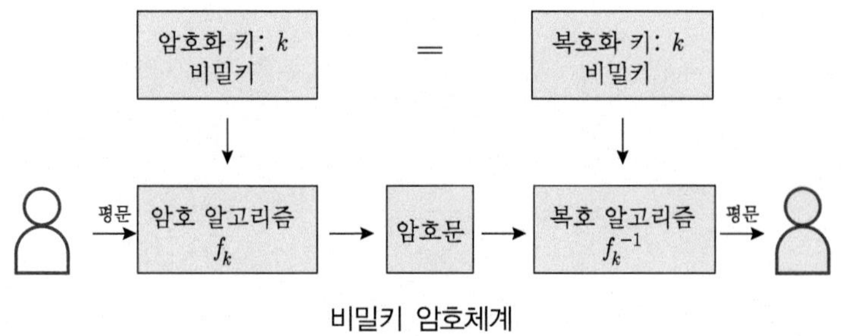

비밀키 암호체계

단점이 있다. 공개키 암호체계와 비교할 때, 안전성은 떨어지지만 효율성은 매우 높다. 비밀키 암호는 암호화하는 단위에 따라 '블록 암호'와 '스트림 암호'가 대표적인 비밀키 암호체계이다.

블록 암호(block cipher)는 긴 평문을 일정한 길이의 블록으로 나누어 블록 단위로 암호화하는 방식으로, 64비트+ 단위로 암호화하는 DES(data encryption standard)와 128비트 단위로 암호화하는 AES (advanced encryption standard) 등이 대표적인 블록 암호체계이다.

스트림 암호(stream cipher)는 평문을 1비트 단위로 암호화하는 방식을 말한다. 스트림 암호는 키를 키스트림 생성기라는 알고리즘에 입력하여 발생되는 1비트 키의 무한수열로 평문을 암호화한다. OTP(one-time pad)도 스트림 암호의 일종이며, 축소 생성기(shrinking generator) 등 다양한 키스트림 생성기들이 사용되고 있다. 이 스트림 암호는 1960년대 미국과 옛 소련 간의 핫라인에 이용되기도 하였다. 블록 암호에 들어가는 암호화 키와 복호화 키는 물론 같다.

(2) 공개키 암호체계

공개키 암호체계(public-key cryptosystem-PKC)는 1976년 위트필드 디피(Whitfield Diffie), 마크 헬만(Mark Hellman), 랄프 메클(Ralph Merkle)이 처

+ bit = binary digit, 즉 2진법 자릿수라는 뜻으로써 컴퓨터 입출력 값의 기본 단위이다.

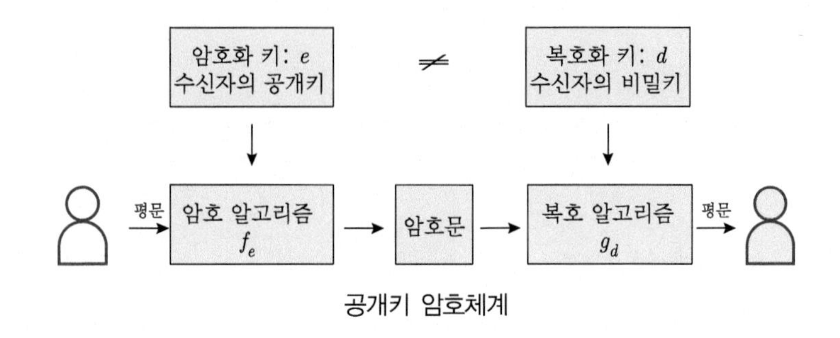

공개키 암호체계

음으로 소개하였다.+ 개개인이 비밀 통신을 할 경우에 비밀키 암호를 사용할 수 있지만, 다수가 통신을 할 때에는 키의 개수가 급증하게 되어 보안에 큰 어려움이 따른다. 이런 어려움을 극복하기 위해 나타난 것이 공개키 암호이다. 암호화 키(잠그는 열쇠)와 복호화 키(여는 열쇠)가 다르기 때문에 암호화 키는 공개하고 복호화 키는 각 개인마다 다르게 비밀로 갖게 하면 되므로 다수의 사용자가 사용하기 편리하다. 예를 들어, 은행이 수많은 인터넷 뱅킹 이용자 개개인과 모두 다른 암호화 키를 나누어 가질 수 없기 때문에 공개된 암호화 키로 잠그고, 이용자는 각자 자신만의 복호화 키로 열게 된다. 또한 키의 교환, 인증, 전자서명 등의 기능이 좋다. 비밀키 암호체계와 비교할 때, 안전성은 강한 것으로 믿어지지만 효율성은 매우 낮기 때문에 아직은 비밀키 암호체계가 더 많이 사용되고 있다. 소수의 성질을 이용한 RSA 암호체계, 유한 체의 성질을 이용하여 타헤르 엘가말(ElGamal)이 고안한 ElGamal 암호체계, 타원곡선의 성질을 이용한 타원곡선 암호체계 등이 대표적인 공개키 암호체계이다.

4 RSA 암호체계

RSA 암호는 1978년에 수학자 리베스트(R. Rivest), 세미르(A. Shamir),

+ '암호의 새로운 방향'(New Directions in Cryptography)이라는 세미나 논문에서 공개

아델만(L. Adleman)이 소수의 성질을 이용하여 만든 최초의 공개키 암호체계로, 암호의 개념을 획기적으로 바꾼 것으로 평가되고 있다. RSA는 세 수학자의 성을 본떠 만든 용어이다. 이 세 수학자는 RSA 암호에 대한 연구로 2002년 컴퓨터공학에서 노벨상이라 부르는 튜링상을 받았다. RSA 암호체계는 아직도 가장 많이 사용되고 있는 공개키 암호체계이며 관련 보안소프트웨어 회사인 RSA security는 엄청난 성공을 거두고 있다.

(1) 오일러 정리와 페르마 정리

RSA 암호체계를 설명하기에 앞서 자연수 m을 법으로 하는 멱승의 계산에 관한 오일러의 정리와 페르마 정리를 소개한다. 이 정리의 증명은 단 몇 줄로 끝날 만큼 간단하지만 그 내용은 매우 심오하고 유용하다.

오일러의 정리 자연수 n에 대하여 a가 n과 서로소이면

$$a^{\phi(n)} \equiv 1 \pmod{n}$$

이다. 여기서 $\phi(n)$은 n과 서로소인 0과 n 사이의 자연수의 개수를 나타내는 기호이다.+

페르마의 작은 정리 만약 n이 소수 p이면

$$a^{p-1} \equiv 1 \pmod{p}$$

이다.

만약 n이 소수 p이면 $\phi(p) = p-1$이므로 오일러의 정리에서 페르마의 작은 정리 $a^{p-1} \equiv 1 \pmod{p}$를 얻을 수 있다. 예를 들어,

+ $n = p_1^{e_1} p_2^{e_2} \cdots p_t^{e_t}$가 n의 소인수분해이면

$$\phi(n) = p_1^{e_1-1}(p_1-1)p_2^{e_2-1}(p_2-1)\cdots\ p_t^{e_t-1}(p_t-1).$$

$2^{10} \equiv 1 \pmod{11}$, 즉 $2^{10} = 1024$를 11로 나누면 나머지가 1이다. 이 예에서는 직접 계산을 하여도 많은 시간이 걸리지 않지만, 비슷한 계산을 매우 큰 p에 대해서 할 경우 엄청난 시간을 절약할 수 있음을 알 수 있다.

(2) RSA 암호화 과정

RSA 암호체계의 구성은 다음과 같다.

① 사용자가 몇 명이든 상관없이 각각의 사용자는 2개의 큰 소수 p와 q를 선택하여 비밀로 한다. $n = pq$를 계산한다. n이 공개되더라도 p와 q를 알 수 없게 하기 위해서, p와 q를 자릿수가 100자리 이상 되는 것으로 선택한다.

② $\phi(n) = \phi(pq) = \phi(p)\phi(q) = (p-1)(q-1)$이다. 암호키로 쓰이는 수 e는 $\phi(n)$과 서로소인 수 가운데 하나의 수를 선택하고 n과 마찬가지로 e를 공개한다.

③ 다음을 만족하는 수 d를 역원 계산 알고리즘을 사용하여 계산하고 비밀키(해독키)로 하여 감추어 놓는다.+

$$ed \equiv 1 \pmod{\phi(n)},\ 0 < e,\ d < \phi(n) = (p-1)(q-1)$$

이제 법으로 쓰일 n과 암호화 키 e는 공개하되 p와 q, 그리고 복호화 키 d는 비밀로 한다. 물론 공개된 n, e는 사용자마다 다르며 d도 다르다.

④ 평문을 숫자로 표시하여 M이라 하면 수취인에게 정수 M $(0 \le M \le n-1)$을 보내기 위해 송신자는 $M^e \equiv C \pmod{n}$를 계산하여 암호문 C를 보낸다.

+ $\gcd(e, \phi(n)) = 1$, $0 < e < \phi(n)$이면 $ed \equiv 1 \pmod{\phi(n)}$, $0 < d < \phi(n)$을 만족시키는 d가 유일하게 존재한다.

⑤ 암호문을 받은 사람이 복호화하기 위해서는 $ed \equiv 1 \pmod{\phi(n)}$을 만족하는 키 d가 필요하다. 그런데 d는 n, e와 달리 비밀키이다. 암호문 C를 받은 사람은 복호화 키 d를 이용하여 다음과 같이 M을 복원할 수 있다.

$$C^d \equiv (M^e)^d \equiv M^{ed} \equiv M^{k\phi(n)+1} \equiv (M^{\phi(n)})^k M \equiv M \pmod{n}$$

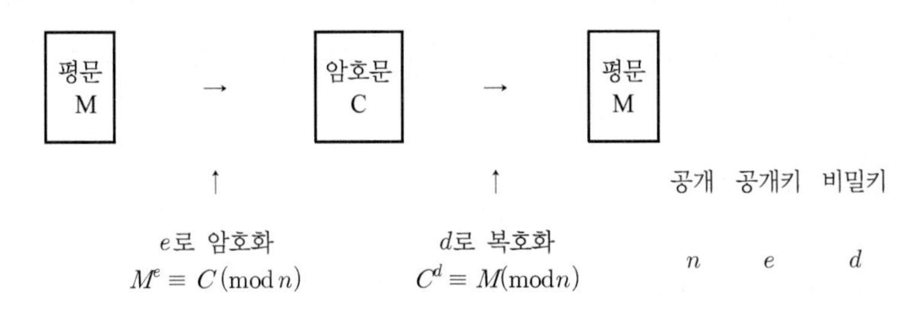

구체적인 수를 가지고 위의 과정을 확인해보자. 송신자가 $M = 123 =$ '즉시탈출'이라는 지령을 적국에 있는 정보원에게 보낸다고 하자. 두 소수 p와 q를 각각 19와 23를 선택하면 $n = 437 = 19 \times 23$이고 $\phi(n) = 18 \times 22 = 396$이다. 정보원의 공개정보를 $(n, e) = (437, 13)$이라 두자. $13 \times 61 = 793 = 2 \times 396 + 1$이므로 $d = 61$이다. M을 암호화 키 $e = 13$을 이용하여 계산하면

$$123^{13} \equiv 386 \pmod{437}$$

이므로, $C = 386$이라는 암호문을 얻고 이 암호문을 정보원에게 전송한다. 암호문 $C = 386$을 받은 정보원은 자신의 복호화 키 $d = 61$을 이용하여

$$386^{61} \equiv 123 \pmod{437}$$

을 얻고, 지령대로 '즉시탈출'을 시도한다.

이 방법의 핵심은 제3자인 도청자도 정보원의 공개정보 (n, e)를 알고는 있지만 p와 q를 모른다. 따라서 $\phi(n) = (p-1)(q-1)$을 계

산할 수 없으므로 d를 알아낼 수가 없다는 점이다.+ 이런 암호체계의 보안을 위협하는 것은 단 한 가지 뿐으로, 큰 정수의 소인수분해이다. $\phi(n)$을 알면 복호화 키인 d를 구할 수 있다. 그러나 $\phi(n)$을 계산하기 위해서는 n을 소인수분해 할 수 있어야 한다. n이 매우 큰 수일 경우에 이 계산은 소인수분해에 대한 획기적인 수학적 발견 없이는 현실적으로 불가능하다.++

(3) 소인수분해와 RSA 암호

RSA 암호체계의 안전을 보장하는 소인수분해에 대해 알아보자. 소수는

$$2,\ 3,\ 5,\ 7,\ 11,\ 13,\ 17,\ 19,\ 23,\ 29,\ \cdots,$$
$$2^{6972593}-1,\ \cdots,\ 2^{13466917}-1,\ \cdots$$

등과 같이 특별한 규칙 없이 소수는 끝없이 계속된다. 정수론의 기본정리에 의하여 모든 자연수는 소수들의 곱으로 소인수분해될 수 있으며, 주어진 수의 소인수분해 방법이 단 한 가지뿐임을 알고 있다.

하지만 실제로 주어진 정수의 소인수분해를 찾는 것은 생각보다 훨씬 더 어렵다. 따라서 '실용적'으로 소수의 가장 중요한 문제는 ① 주어진 수가 소수인지 알아내는 효과적인 방법과 ② 주어진 수를 효과적으로 소인수분해하는 방법이다.

전자는 암호체계를 만들기 위해 필요한 것이고, 후자는 암호체계를 깨뜨리기 위해, 또한 암호체계가 얼마나 안전한지 알아보기 위해 필요하다. '효과적'이란 말은 숫자의 크기에 비해 계산의 횟수가 너무 빨리 증가하지 않는다는 뜻이다. 얼마 전까지만 해도 위의 두 문

+ 물론 예에서 사용한 $n=437$은 작은 수이므로 쉽게 소인수분해 하여 p와 q를 알 수 있지만 일반적으로 큰 n을 사용하면 p와 q를 알아내기가 매우 어렵다.

++ n의 소인수분해를 알면 RSA를 해독할 수 있는데, 그 역도 참인지는 아직 모른다.

제에 대한 해답은 매우 '비효과적'인 방법들뿐이었다. 주어진 수의 소인수를 찾아내거나, 그 수가 소수임을 알아내는 가장 직접적인 방법은 '나누어 보는 것'인데 이 방법은 물론 매우 비효과적이다. 일초에 백만 번의 계산을 할 수 있는 컴퓨터로 30자리 수를 이렇게 계산하는 데에는 하루, 40자리 수는 백만 년, 그리고 50자리 수를 계산하는 데에는 우주의 역사보다도 긴 시간이 필요하다!

지난 이십여 년간 많은 수학자들이 효과적인 소인수분해 방법을 연구한 결과 상당히 유용한 방법들이 개발되었다. 현재까지 알려진 가장 빠른 방법으로 계산하면, 75자리 수는 한 달, 100자리 수는 백 년 정도가 소요된다고 한다. 소수판정법에도 많은 발전이 있었다. 많은 수학자들의 노력으로 효과적인 소수판정법들이 실용화되어 100자리 수를 판정하는 데 약 45초, 200자리 수는 약 6분 정도면 충분하다고 한다.+ 결국 RSA 암호체계는 소수판정은 빨리 할 수 있지만 소인수분해에는 많은 시간이 걸리는 현실을 이용한 암호체계이다. 물론 이러한 시간이 컴퓨터의 발달로 어느 정도 줄어들 수는 있지만, 근본적인 해결책이 될 수는 없다. 새로운 수학적 발견만이 유일한 근본적인 해결책이다.

최근 네델란드 수학자 렌스트라(H. Lenstra)가 타원곡선 이론을 이용하여 획기적인 소인수분해 방법을 발견한 것은 그러한 좋은 예라고 할 수 있다. 렌스트라의 방법은 기존의 방법과는 전혀 다른 방법이어서 수학계에 충격과 희망을 주고 있다. 그의 방법은 현재까지 알려진 가장 빠른 방법으로, 인수가 3개 이상이거나 차이가 큰 2개의 인수가 있을 때, 특히 효과적인 것으로 알려져 있다.++

+ 이러한 소수판정법들은 그러나 확률적인 방법들로써 잘못 판정할 확률이 0은 아니다. 그러나 워낙 작은 확률이라 실제 사용하는 데에는 별 문제가 되지 않는다.

++ 따라서 RSA 암호체계에서 $n=pq$를 정할 때, p와 q를 자릿수가 비슷한 소수로 택하는 것이 가장 좋다. 요즈음엔 p와 q로 150자릿수 정도의 소수들을 사용한다.

연습문제 25

1 4개의 알파벳으로 된 메시지 $P_1P_2P_3P_4$를 주어진 알파벳 코드표에 의하여 숫자로 바꾼 (m_1, m_2, m_3, m_4)를 평문이라 한다. 평문의 네 숫자들을 1열부터 차례로 배열하여 만든 행렬 $M = \begin{pmatrix} m_1 & m_2 \\ m_3 & m_4 \end{pmatrix}$와 암호화 행렬 K를 사용해 얻어지는 행렬의 곱 $MK = \begin{pmatrix} n_1 & n_2 \\ n_3 & n_4 \end{pmatrix}$를 순차적으로 나열한 (n_1, n_2, n_3, n_4)를 암호문이라 한다.

P_i	A	B	C	D	E	F	G	H	I	J	K	L	M	N	O	P	Q	R	S	T	U	V	W	X	Y	Z
m_i	0	1	2	3	4	5	6	7	8	9	10	11	12	13	14	15	16	17	18	19	20	21	22	23	24	25

(1) 'GAME'이라는 메시지에 암호화 행렬 K를 사용하면 암호문 $(12, 6, 44, 24)$를 얻을 수 있었다고 한다. 이때 사용된 암호화 행렬 K를 구하고, 이 암호화 행렬을 이용하여 'BEST'라는 메시지를 보냈을 때 받게 되는 암호문을 구하시오.

(2) 평문 (m_1, m_2, m_3, m_4)와 그에 대응하는 암호문 (n_1, n_2, n_3, n_4) 한 쌍으로부터 암호화 행렬을 찾아낼 수 있는 경우와 그렇지 못한 경우에 대해 논하시오+.

+ 2006 이화여대 논술 예시(암호화 행렬)

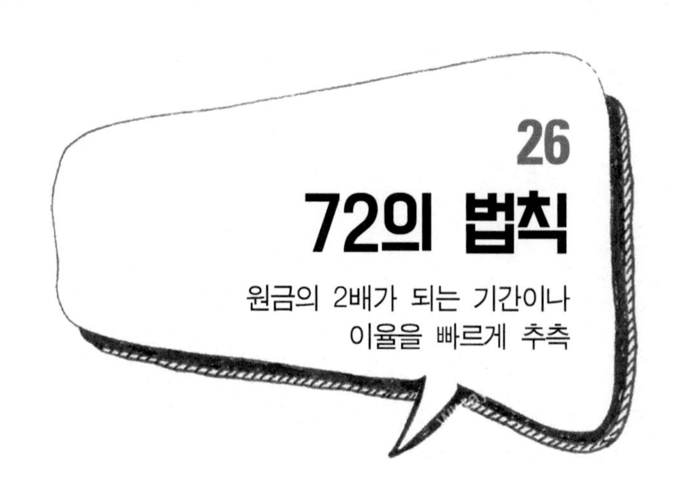

72의 법칙이란

금리는 계산방법에 따라 단리와 복리로 나뉜다. 단리는 원금에 대한 이자만 계산하는 방식이고, 복리는 원금에 대한 이자뿐만 아니라 이자에 대한 이자도 함께 계산하는 방법이다.

72의 법칙 또는 70의 법칙은 특정 복리금리로 투자한 돈이 원금의 2배가 되는 기간을 쉽고 빠르게 추측하는 산출방법이다. 다시 말해, 72를 복리기준의 금리로 나누어 원금이 2배가 되는 데 소용되는 대략적 기간을 산출한다. 공식은 간단하게 '$\text{시간} = \dfrac{72}{\text{이율}}$'이다. 예를 들어, 연이율이 6%이면 투자금을 2배로 만드는 데 걸리는 시간은 $72/6=12$년이다. 이 법칙은 아주 간편한 공식이므로 어림잡기에는 몹시 유용한 법칙이지만 정밀하지는 않다. 이 법칙은 정확한 해에 대한 근삿값을 산출할 뿐이다.

원리합계 공식

원금 P이고 연이율 i일 때 복리예금의 n년간의 원리합계(원금과 이자의 합계) S는 $S=P(1+i)^n$이다.

연이율 6%로 투자금을 2배로 만드는 데 걸리는 시간 자세히 구하기

원금이 P이고 연이율 i일 때 복리예금의 n년간의 원리합계는 $S=P(1+i)^n$이므로 이 원리합계가 $2P$가 되는 데 걸리는 시간을 구하면 된다. 따라서

$$P(1+i)^n=2P,\ \text{즉}\ (1+i)^n=2$$

에서 n값을 구하면 된다. 여기서 연이율이 6%이면 등식

$$2=1(1+0.06)^n$$

에서 정확한 답 n을 구해야 한다. 변수 n은 지수이므로 로그를 사용하여 구해야 한다. 답을 구하는 과정은 아래와 같다.

괄호 안을 계산하면 $2=1.06^n$이다. 양쪽에 로그를 취하면 $\log 2=\log(1.06)^n$이고, 로그의 성질에 의하여 $\log 2=n\log(1.06)$이 된다. 양변을 $\log(1.06)$으로 나누면

$$\frac{\log(2)}{\log(1.06)}=n$$

이므로, 최종 결과는 약 $n=11.9$이다.

앞에서 산출한 12년은 로그를 사용하여 얻은 값 11.9와 거의 같으면서도 훨씬 쉽게 나온 값이므로 '72의 법칙'은 아주 쓸만하다고 할 수 있다. 하지만 여기에는 어느 정도의 오차가 있다. 이 경우에 근삿값은 12년인데, 정확한 값은 11년 327일 혹은 약 한 달이 빠진 12년이다. 그렇지만 144개월과 143개월로 놓고 비교하면 그 차이는 커 보이지 않는다.

얼마나 정확한가

'72의 법칙'으로 구한 근삿값과 로그를 사용한 정확한 답은 이율이 대략 7.85%일 때 일치한다. 근삿값의 오차는 이율이 6.30 ~ 0.43%이면 한 달 이내이고, 5.26 ~ 15.66%이면 두 달 이내다. 따라서 72의 법칙을 쓰면 이자율이 7.85%보다 낮을 경우 투자금을 2배로 불리는 데 소요되는 시간은 실제보다 더 길게 나온다. 나중에 만기가 되어 돈을 받을 때는 투자 기간에 비해 수익률이 적다고 울적할 수 있겠지만, 실제로 소요된 시간은 72의 법칙으로 계산한 것보다 더 짧기 때문에 약간의 위안이 될 수는 있다.

근삿값과 정확한 값의 비교

연이율이 각각 8%와 4%일 때 투자금의 2배가 되는 데 필요한 기간의 근삿값과 실제로 소요되는 정확한 기간도 구해보자.

연이율	8%	4%
근삿값	시간 = $\frac{72}{8}$ 이므로 9년	시간 = $\frac{72}{4}$ 이므로 18년
정확한 값	$2 = 1.08^n$ $\log 2 = \log 1.08^n$ $\log 2 = n \log 1.08$ $\frac{\log 2}{\log 1.08} = n$ $n = 9.01$	$2 = 1.04^n$ $\log 2 = \log 1.04^n$ $\log 2 = n \log 1.04$ $\frac{\log 2}{\log 1.04} = n$ $n = 17.67$

이렇게 8%일 때 72의 법칙으로 계산해보면 약 2~3일 정도 적게 나온다. 9년이라는 시간을 감안하면 그리 큰 차이는 아니다. 4%일

때 72의 법칙은 약 120일, 즉 4달 정도 시간이 많이 걸리는 것으로 많은 오차가 발생했지만 예상보다 적은 시간이 걸리니 좋은 일 아닌가? 눈치 챘겠지만 정확한 시간을 계산하는 식은 항상 log2를 log(1+이율)로 나누는 것으로 귀결된다.

아래 도표에서 보듯 정확한 계산을 통해 얻는 수치와 다소 차이가 있기 때문에 사실 연이율이 2%에 가까울 경우 70의 법칙을 사용하고, 8%에 더 가까울 경우 72의 법칙을 사용함으로써 오차를 약간 줄일 수 있다.

i(%)	정확한 n값	$i \times n$	n의 추정값(72/i)	N값의 추정값(70/i)
2%	35.0	70.0	36.0	35.0
3%	23.45	70.3	24.0	23.3
4%	17.67	70.7	18	17.5
5%	14.21	71.0	14.4	14.4
6%	11.90	71.4	12	11.7
7%	10.24	71.7	10.3	10.3
8%	9.01	72.1	9	8.8
9%	8.04	72.4	8	7.8
10%	7.27	72.7	7.2	7.0
12%	6.12	73.4	6.0	5.8
15%	4.96	74.4	4.8	4.7
20%	3.80	76.0	3.6	3.5

반대로 계산하기

2008년 1월에 처음으로 집을 구입했는데 2018년 1월 무렵 그 집은 10년 전에 지불했던 가격의 2배가 되었다. 기분이 좋아진 나는 수익률을 계산하고 싶었다. 72의 법칙을 사용하면 '$\text{수익율} = \frac{72}{\text{시간}}$'로 계산하여 연복리 7.2%의 이익을 얻었다는 것을 알 수 있다. 예를 들어, 매년 5%씩 물가가 상승할 경우 현재의 물가수준 P가 그 2배인 $2P$로 되는 데 몇 년이 걸리느냐를 생각해보자. 2년 후에는

$$P(1+0.05)+P(1+0.05)\times 0.05=P(1+0.05)^2$$

가 된다. 이것은 복리로 이자 지급되는 예금 P원의 2년 후 원리금을 구하는 경우와 계산상 동일하다.

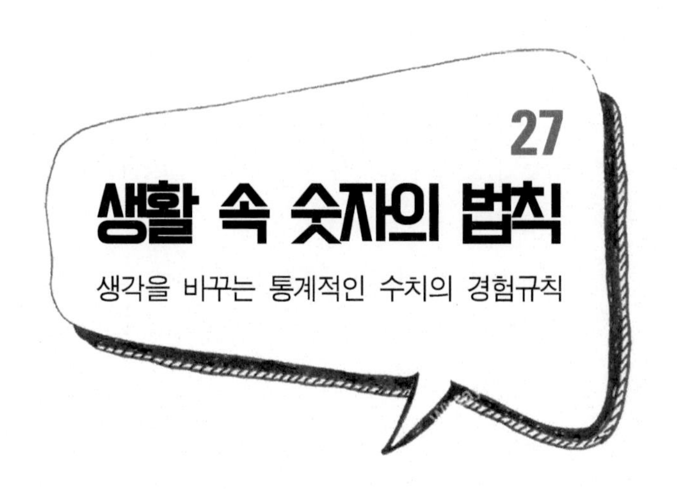

일상생활에서 숫자로 나타내면 상황을 좀 더 쉽게 파악할 수 있다. '대부분 사람들은 찬성하고 있다'는 말보다 '100명 중에 90명이 찬성하고 있다'고 말하면 더욱 알기 쉽다. 또한 숫자를 이용해 표현하면 상대방을 설득하기가 좀 더 쉽다. '아마 안전할 것이다'라고 말하는 것보다 '99% 안전합니다'라고 말하는 것이 설득력이 높은 것처럼 느낀다. 이 절에서 법칙은 수학에서 정리나 공식처럼 증명하여 성립되는 것이 아니라, '경험에서부터 나온 통계적인 수치에 기반한 경험규칙'이다. 이 경우에는 항상 정해진 법칙에 따라 경험의 결과가 나타난다고 단정하기가 어렵지만, 그렇다고 해서 그 예측된 결과를 벗어나는 일이 자주 일어나는 것도 아니다. 이 절에서 법칙 내용 대부분은 노구치 데츠노리의 책 《생각의 틀을 바꾸는 숫자의 힘 숫자의 법칙》에서 발췌하였다.

1 80대20 법칙 또는 파레토의 법칙 - 100을 이끄는 20의 힘

이탈리아의 경제학자 빌프레도 파레토(Vilfredo Pareto, 1848~1923)는 가장 유명한 80대20 법칙을 처음으로 발견했다. 파레토가 19세기 영국의 부와 소득의 유형을 연구하다가 발견한 부의 불균형 현상은 다음과 같았다.

> '전 인구의 20%가 전체 부의 80%를 차지하고, 10%의 인구가 65%의 부를, 그리고 5%의 인구가 50%의 부를 차지하고 있다는 사실이다.'

파레토가 놀란 사실은 어떤 시대 어떤 나라를 분석해 봐도 이러한 부의 불균형 패턴이 유사하게 존재한다는 사실이었다. '80대20 법칙'이라는 불균형 분포가 사회 현상의 여러 통계에서 자주 발견된다. 하지만 모든 사회 현상이 '80대20 법칙'으로 명쾌히 설명되지는 않는다. 그 대표적인 예는 다음과 같다.

- 전체 상품 중 20%의 상품이 80%의 매출액을 차지한다.
- 전체 매출의 80%는 상품이나 고객 전체의 20%에서 나온다.
- 전체 매출액의 80%는 종업원의 20%가 만들어낸다.
- 전체 실패의 80%는 모든 원인의 20% 때문에 발생한다(원인과 결과).
- 고객 불만의 80%가 고객의 20%에서 발생한다.
- 가치의 80%가 노력의 20%에 의해 달성된다.
- 인생에서 느끼는 행복의 80%가 20%에서 나온다.
- 20%의 운전자가 전체 교통위반의 80% 정도를 차지한다.
- 20%의 범죄자가 80%의 범죄를 저지르고 있다.
- 20%의 조직원이 그 조직의 80%의 일을 수행하고 있다.
- 전체 주가상승률의 80%는 상승기간의 20%의 기간에서 발생한다.
- 전체 성과의 80%는 근무시간 중 집중력을 발휘한 20%의 시간에 이뤄진다.
- 두뇌의 20%가 문제의 80%를 푼다.
- 우수한 20%의 인재가 80%의 문제를 해결한다.

하버드 대학의 조지 K. 지프 박사는 1949년에 사람, 물건, 시간, 기술 등 생산적인 자원은 스스로 노동을 최소화하도록 조정하려는 경향이 있어서 20~30%의 자원이 70~80%의 결과를 이루어낸다는 최소노력의 법칙인 '지프의 법칙'을 발표하였다.

또한 세계 최초의 품질 컨설턴트로 인정되는 미국 엔지니어 조셉 주란은 1951년에 출간한 품질관리 핸드북에서 80대20 법칙의 다양한 예를 소개하였는데, 특히 품질저하의 분포에도 적용함을 강조하였다. 불량원인 중 20%의 요인이 80%의 불량품을 만들기 때문에 20%의 불량요인을 없애는 데 집중하면 큰 효과를 얻을 수 있다는 것이다.

80대20 법칙의 활용에 중요한 것은 가장 효과적인 20%를 파악하고 여기에 에너지를 집중하고 아울러 열등한 80%를 우수한 80%로 바꿀 수 있는 방법을 모색해야 한다는 교훈을 준다. 전체 실패의 80%가 20%의 원인에서 발생하고 있다면 실패의 원인이 되는 20%를 깔끔하게 제거하면 된다.

시간을 많이 투입한다고 결과가 정비례해서 좋아지는 것은 아니기 때문에 투입량 대비 산출량의 질과 양을 고려하여 효과적인 노력을 전개할 필요가 있으므로, 비즈니스 환경에서도 전략적인 접근이 필요하다.

2 2대6대2 법칙 - 부지런한 개미의 법칙

'2대6대2 법칙'은 80대20 법칙을 좀 더 세분한 법칙으로 '부지런한 개미의 법칙'으로 불린다. 생태학자들이 개미를 유심히 관찰한 결과 분주하게 줄을 지어 움직이는 개미 중에 열심히 일하는 개미는 20%에 불과했다. 그리고 그냥 왔다 갔다 하는 개미가 60%인 반면, 완전히 게으름을 피우는 개미가 20%나 됐다. 그래서 열심히 일하는 개미만 따로 모아 보았더니 시간이 지나면서 거기서도 똑같은 비율의 현상이 나타났다는 것이다. 마찬가지로 20%의 부지런한 개미를 제거해도 남은 개미 무리에서 20%의 부지런한 개미들이 새롭게 나타난다는 것이다. 또한 개미의 무리에서 게으름을 피우는 20%를 솎아내면, 남은 개미에서 20%의 게으른 개미들이 새롭게 생긴다.

개미 무리처럼 회사에서도 20%의 우수한 사원과 60%의 평범한 사원, 20%의 게으른 사원이 있다. 이런 현상은 회사와 같이 여러 사람들인 모인 조직에서 비슷한 결과가 나타남을 확인할 수 있다.

부지런함이 반드시 효율성이나 창의성과 같은 덕목으로 이어지는 것은 아니다. 오늘날 4차산업혁명 시대의 기업문화에서는 성실함과 근면함 못지않게 효율성과 창조성을 강조한다.

3 란체스터 법칙

영국의 항공기 엔지니어인 프레더릭 란체스터(1868~1946)가 1차와 2차 세계대전 당시 연합군과 독일군 간의 공중전 결과를 분석해서, 두 군대가 전투할 경우 수적으로 우위에 있는 쪽이 수적 격차의 제곱만큼 유리하다는 사실을 분석하여 정리한 것이 '란체스터 법칙'이다. 란체스터는 당시 공중전을 치르는 전투기의 성능과 대수를 통해 전투 결과를 분석하여 다음 2개의 법칙을 도출하였다.

- (제1법칙) 1:1 대결의 법칙 ⇒ 전투력 = 무기성능×병력 수
- (제2법칙) 집중효과의 법칙 ⇒ 전투력 = 무기성능 ×병력 수 제곱

제1법칙은 칼, 창 등을 사용한 '개인대 개인'의 1:1 전투와 같은 접근전을 상정한 것이다. 이 경우에는 단순하게 병력 수가 많거나 아니면 보유하고 있는 무기의 성능이 우수할수록 전투에서 이길 가능성이 높다. 예를 들어, 칼이나 창만을 가지고 있는 병사끼리 근접전

투를 벌이면 병력 수가 많을수록 승기를 잡기가 쉬운 것이다.

또한 적군이 칼이나 창 밖에 가진 것이 없는 것에 반해, 아군이 활이나 소총을 가지고 있다면 아군의 숫자가 적군보다 적다고 해도 적군과 대등하거나 아니면 유리하게 전투를 이끌 수 있다는 것이다.

제2법칙은 연합군과 독일군의 공중전에서처럼 대규모 병력이 원격전을 벌이는 경우를 상정한 것이다. 총이나 대포로 서로의 진지를 포격하거나 현대전처럼 전투기나 미사일을 사용하는 전투가 여기에 해당한다. 이 경우에 무기의 성능이 같고 병력 수가 적의 2배이면 전투력은 4배(병력 수의 제곱)가 되고, 병력 수가 적의 3배이면 전투력은 9배가 된다.

란체스터 법칙은 전쟁 후에 비즈니스 분야나 경영분야에서 시장전략으로 적용되었다. 시장전략에서 제1법칙은 '약자의 전략', 제2법칙은 '강자의 전략'으로 불린다. 예를 들어, 종업원 수가 많고 자금력이나 인지도가 있는 대기업이면 강자의 전략이 적합하고, 이 법칙은 전 세계를 목표로 펼치는 일종의 물량 전략으로 나타난다. 경쟁업체 제품과 비슷한 제품을 대량으로 시장에 투입하고 반복적인 광고를 실시해서 힘으로 시장을 장악하는 것이다(강자의 전략).

이에 반해 종업원 수가 적고 자금력이나 인지도가 적은 중소기업이면 제1법칙인 약자의 전략이 적합하다. 그 이유는 대기업을 상대로 정면승부를 벌이더라도 승리하는 것이 불가능에 가깝기 때문이다. 따라서 중소기업은 판매 영역을 정하고, 대기업이 진출하지 않은 틈

란체스터 법칙을 응용한 시장전략

약자의 전략(란체스터 제1법칙)	강자의 전략(란체스터 제2법칙)
틈새시장이나 타킷을 좁힌 국지적인 게릴라전(직접 판매 등의 접근전, 개별전)	전 세계나 한국 전역의 시장으로 하는 광역전(다수의 적군을 상대하는 넓은 영역의 원격전)
차별화된 한 곳에 집중적으로 상품 투입	경쟁 상품과 유사한 제품을 대량 투입하는 물량 작전
제한된 광고, 입소문 마케팅	대대적인 광고

새시장이나 타깃을 좁힌 시장에서 차별화된 상품을 집중적으로 투입하는 것이 유리하다(약자의 전략).

약자와 강자의 경계선은 26.1%

란체스터 법칙을 연구했던 미국 수학자 O. 쿠프먼(1900~1981)이 제안한 방정식에 바탕을 두고 나온 시장점유율 모델이 '쿠프먼 목표값'이다. 이 목표값에 따르면 26.1%가 시장점유율에서 하나의 기준값이다. 시장에서 이 기준값 이상을 점유하면 더욱 안정적인 위치를 차지할 수 있다는 것이다. 위의 내용을 정리하면 다음 표와 같다.

구프먼 목표값

6.8%	존재감 있는 시장점유율	소비자까지는 아니더라도 경쟁 회사가 당사의 존재나 제품을 알고 있는 정도의 점유 상태
10.9%	인지력 있는 시장점유율	소비자가 당사의 존재나 제품을 알고 있는 정도의 점유 상태
19.3%	병열적이고 경쟁적인 시장점유율	우열을 가리기 어려울 정도로 시장을 나란히 점유하고 있는 상태
26.1%	영향력 있는 시장점유율	일반적으로 시장에서 강자로 불릴 수 있는 수치, 경쟁업체마다 우선 이 수치를 목표로 한다.
41.7%	안정적인 시장점유율	강자의 안정적인 위치, 1개 회사가 1위 자리를 한동안 계속해서 지킬 수 있는 목표값
73.9%	독점적 시장점유율	절대적으로 안정적인 위치, 1개 회사가 시장을 독점

4 3대1 법칙(사정거리 이론)-3등과 격차를 벌이다 보면 어느 새 1등이 눈앞에

'역사는 1등만을 기억한다!' '역사는 2등을 기억하지 않는다!' 자유 경제 시장에서는 어느 누구도 2등을 기억하지 않는다. 시장에서 1등을 나누는 기준은 시장점유율이다. 1등에게는 시장에서 '가격'을 결정할 수 있는 엄청난 권한이 주어진다. 시장 논리에 의하면 가격은 자유로운 경쟁을 통해 합리적으로 정해져야 하지만 1등은 공정한 경쟁을 통한 합리적인 가격을 좋아하지 않는다.

누구도 넘볼 수 없는 1등으로서의 지위를 영원히 누리기 위해서는 얼마의 점유율을 가져야 하는가? 예를 들어, A회사가 70%, B회사가 30%의 점유율을 가진다면 두 회사는 1대1 싸움이므로 란체스터의 제1법칙을 고려할 수 있다. 여기서 A회사가 점유율을 확대해서 73.9%(독점적 시장점유) 이상이면 B회사는 시장에 영향을 미칠 수 있는 하한선 목표값인 26.1%(시장 영향 점유)를 밑돌게 된다. 따라서 B회사는 A회사를 따라잡기가 매우 어려운 상황에 처하게 된다.

$$73.9 : 26.1 \fallingdotseq 3:1$$

즉, 두 회사 간의 시장점유율의 차이가 3배 이상이 되면 전세 역전이 현실적으로 불가능하게 된다. 이를 '3대1 법칙' 또는 '사정거리 이론'이라 말한다.

둘 이상의 기업이 시장에서 경쟁할 때에는 란체스터의 제2법칙을 고려할 수 있다. 제2법칙에서 병력 수의 제곱을 하듯이 제곱해서 나온 시장점유율 값이 3배 이상, 즉 $\sqrt{3} \fallingdotseq 1.73$ 이상으로 차이가 벌어지면 전세 역전은 힘들게 된다. 예를 들어, 3개 회사의 시장점유율이 A회사 50%, B회사 25%, C회사 20%라면, A의 시장점유율은 B의 2배, B의 시장점유율은 C의 1.25배이므로 충분히 따라 잡힐 수 있다. 따라서 2등인 B는 1등을 따라잡을 것을 목표로 삼을 것이 아니라 뒤따라오는 C에 역전당하지 않기 위한 전략을 수립해야 한다.

2등은 자신의 위치를 정확히 인지하고, 3등과의 격차를 열심히 벌여 나가다 보면 어느새 1등 턱밑까지 따라붙었거나 혹은 이미 1등이 되어 있을 수도 있다.

5 1대5 법칙(마케팅 경험법칙)-새 고객을 찾을 것인가, 기존 고객을 맞을 것인가

마케팅에서 신규 고객의 획득이나 신규 고객에게 판매하는 비용이 기존 고객의 획득이나 기존 고객에게 판매하는 비용의 5배가 든다는 경험법칙이다. 예를 들어, 1만 원의 비용을 들여 기존 고객으로 상품을 구매할 수 있게 했다면 신규 고객에게는 5만 원의 비용을 들여야 신규 고객이 상품을 구매할 수 있다. 따라서 기존 고객이 이탈하지 않도록 미리 방지하는 것이 중요하다. 잡은 물고기에도 먹이를 줘야 한다! 간단히 말하면, 신규 고객을 유치하는 것보다 기존 고객을 유지하는 것이 효율적이라는 뜻으로 자기만의 이미지를 각인시키고 유지하는 것도 이와 같다고 볼 수 있다.

80대20 법칙에 따르면 전체 매출액의 80%는 전체 고객의 20%에서 나온다고 하므로 기업 입장에서는 20%의 고객을 VIP, VVIP로 관리가 중요하다. 기존 고객의 중요성을 보여주는 경험법칙이 '5대25 법칙'이다. 이 법칙에 따르면 고객 이탈을 5% 개선하면 최소한 25%의 이익이 늘어난다고 한다. 실적 악화를 반복하는 기업은 대체로 기존 고객은 등한시하고 신규 고객에만 비용을 쓴다.

6 자욘스 법칙과 세븐 히트 이론

인간에게는 접촉하는 횟수가 많아질수록 그 대상에 대한 친근감이나 호감도가 커지는 습성이 있다. 1968년경 미국의 심리학자 로버트 자욘스(1923~2008)는 한자를 모르는 미국 대학생들에게 지속적으로 한자를 보여주고 어떤 의미인지 추론하게 하는 실험을 진행했다. 학생들은 자주 본 한자의 뜻을 이해하는 데 훨씬 적극성을 보였다. 자욘스는 이 실험을 통해 '인간은 합리적으로 사고하기보다는 직관과 친숙함에 의존해 의사결정을 내린다'는 결론을 도출했다. 이것을 '자욘스 법칙'이라 한다.

자욘스 법칙을 가장 잘 활용하는 곳은 광고업계이다. TV, 인터넷 등에서 한 브랜드를 반복적으로 보여주면 그 상품에 대한 선호도가 높아진다는 점을 들어 광고를 하는 것이다. 라디오, TV, 인터넷 등 다양한 매체를 통해 등장하는 광고를 별다른 생각없이 자꾸 보다보면 사람들은 자신도 모르는 사이에 그 상품 또는 사람에게 친근함을 느끼게 된다. 방문판매 등 맨투맨 세일즈에서도 자욘스 법칙이 적극 활용된다. 예를 들어. 보험이나 화장품이나 자동차 판매원이 수시로 고객의 집이나 회사를 찾는 이유는 예비 고객과 더욱 친밀한 관계를 맺기 위함이다.

'세븐 히트 이론'은 '자욘스 법칙'과 비슷하다. TV, 인터넷 등에서 해당 상품에 관한 광고를 3회 보면 그 상품의 존재를 인지하고, 7회 보면 그 상품을 구입할 가능성이 높아진다. 이 수치는 마케팅에서 나타나는 경험법칙을 통해 얻어진 값이다. 이 이론은 마케팅 수단으로 활용된다. '7'은 행운의 숫자이고 '히트'는 대박을 의미한다.

7 보급률 16% 이론-신상품을 히트시키는 조건

오늘날 21세기는 혁신의 세기라고 한다. 스마트폰, 컴퓨터, TV, 세탁기, 냉장고 등 신상품을 내놓으면서 '기술혁신'의 꼬리표를 달지 않은 상품들이 없다. 또한 정치, 경제, 교육, 예술도 혁신하지 않으면 도태된다는 강박관념에 사로잡혀 있다.

1962년 미국 스탠포드 대학교 출신 사회학자 에버리트 M. 로저스(1931~2004)는 혁신이 언제 발생하고 어떤 과정을 통해 시간의 흐름에 따라 사회 체계 속으로 스며드는지를 사회문화적 관점에서 연구·분

5개의 소비자군 분류

이노베이터(혁신가) 시장 전체의 2.5%	새로운 상품이나 서비스를 본인 스스로 알아서 구입하거나 이용, 새로운 것을 매우 좋아하는 사람들로, 상품의 편리성은 그다지 중요하게 여기지 않음
얼리어답터 (초기 소비자) 시장 전체의 13.5%	유행에 민감하고 정보수집력도 있으며, 구매상황을 스스로 판단. 상품의 편리성을 중시하며, 다른 소비자에게 막대한 영향력 행사, 신상품 보급에 열쇠 같은 존재
얼리머조리티 (전기 일반 소비자) 시장 전체의 34%	신중하지만 새로운 것에 관심 많음. 얼리어답터로부터 영향 많이 받음. 신상품 보급에 매개자 같은 존재
레이트머조리티 (후기 일반 소비자) 시장 전체의 34%	신상품에 그다지 관심없음. 해당 상품을 구매하는 사람들이 많아야만 그제서야 물건을 구입. 흔히 '추종자'(팔로어)로 불림
래가드(laggard) (최후 소비자) 시장 전체의 16%	새로운 것에 보수적이며 유행에도 관심없음. 어지간해서는 신상품을 사지 않음. 아무리 상황이 변해도 끝까지 구매하지 않는 사람도 있음

석했다.

로저스는 혁신 기술이 채택되는 시간에 따라 소비자를 5개 군(혁신가 전체의 2.5%, 초기 소비자 13.5%, 전기 일반소비자 34%, 후기 일반소비자 34%, 최후 소비자 16%)으로 분류했다. 최후 소비자 16%는 기존에 사용해온 물건을 더 이상 사용하는 것이 곤란할 때까지 신상품 구입을 완강하게 미루기 때문에 혁신 제품의 '최후의 승부처'라고도 불린다.

특히 중요한 것은 이노베이터(2.5%)와 얼리어답터(13.5%)를 합한 수치인 16%를 소비자군에게 상품을 집중적으로 노출하는 것이 시장 확대에 결정적인 역할을 한다는 점이다. 단순히 기술적인 우위를 지닌 혁신만으로 시장을 사로잡을 수는 없다. 보급률 16% 달성이 신상품을 성공적으로 출시하는 일종의 분기점이 된다는 것이다. 이런 이유로 로저스의 '혁신확산론'을 가리켜 '보급률 16% 이론'이라고 한다.

8 1대29대300 법칙(하인리히 법칙)–큰 재난을 사전에 어떻게 방지할 것인가

1931년 보험회사의 평범한 직원이었던 허버트 윌리엄 하인리히(Herbert William Heinrich)가 출간한 책 《산업재해 예방 : 과학적 접근》에서 소개된 법칙이다. 하인리히는 산업재해 사례 분석을 통해 하나의 통계적 법칙을 발견하였다. 산업재해가 발생하여 중상자가 1명 나오면 그 전에 같은 원인으로 발생한 경상자가 29명, 같은 원인으로 부상을 당할뻔한 잠재적 부상자가 300명 있다는 통계모형의 내용이다. 이 경험법칙은 '하인리히 법칙' 또는 '1대29대300 법칙'이라 부른다. 즉, 큰 재해와 작은 재해, 그리고 사소한 사고의 발생 비율이 1:29:300이라는 것이다.

큰 사고는 우연히 또는 어느 순간 갑작스럽게 발생하는 것이 아니라 그 이전에 반드시 경미한 사고들이 반복되는 과정 속에서 발생한다는 것을 실증적으로 밝힌 것으로, 큰 사고가 일어나기 전 일정 기간 동안 여러 번의 경고성 징후와 전조들이 있다는 사실을 입증하였다. 다시 말하면, 큰 재해는 항상 사소한 것들을 방치할 때 발생한다는 것이다.

기업들이 노동 현장에서 사소한 문제가 발생하였을 때 이를 면밀히 살펴서 그 원인을 파악하고 잘못된 점을 시정하면 대형사고나 실패를 방지할 수 있지만, 징후가 있음에도 이를 무시하고 방치하면 돌이킬 수 없는 대형사고로 번질 수 있다는 것을 경고한다.

'하인리히 법칙'은 다양한 손해보험의 상품 개발이나 기업들이 노동현장에서 안전관리에 신경을 쓰도록 하는 계기에 일조했다. 기업마다 손해보험 가입에 적극적이었고 이로 인해 보험 산업의 규모도 커지게 되었다. 최근 들어 이 법칙은 하자 있는 상품에 대한 소비자들의 클레임을 조기에 수습하는 방법으로 활용되고 있다. 예를 들어,

어떤 자동차나 상품에 대한 사소한 결함에 대한 일부 소비자들의 클레임을 방치하게 되면 대량 리콜 사태나 집단소송으로 이어질 수도 있기 때문이다.

거래처의 신용도 체크에도 활용된다. 파산을 앞둔 기업은 1년 전부터 서서히 경영악화의 징후를 보인다. 협력업체에 결제를 계속 연기한다거나 직원들의 임금 또는 은행으로부터 대출이자의 연체가 빈번해진다면 그 해당 업체의 경영상황을 유심히 관찰할 필요가 있다.

9 메라비언 법칙-왜 당신의 사죄가 상대방을 분노하게 만드는가

'미안합니다'라고 사과를 해도 상대방으로부터 '별말씀을요. 괜찮습니다' 대신 퉁명스러운 반응이 돌아올 때는 난처하다. '도대체 뭐가 잘못된 거지?'라며 혼란에 빠지곤 한다.

사람들은 어떤 말을 할 때 듣는 상대방보다 말을 하는 자신의 입장에서 먼저 생각한다. 그 말투가 상대방에 어떻게 수용될지는 그 다음 문제이다. 하지만 말의 내용보다도 말하는 방법과 태도 등이 오히려 더 중요할 때가 있다. 말의 본질보다는 말투와 표정 때문에 본의 아니게 오해를 불러오는 예가 적지 않기 때문이다.

미국 심리학자 앨버트 메라비언은 1971년 《침묵의 신호》 책에서 상대방에게 의사표현을 할 때 중요도를 분석해 수치로 발표하였다. 상대방에게 의사표현을 할 때 중요도는 표정이나 태도 등의 자세 55%, 말투나 목소리는 38%지만 말의 내용은 7%에 불과하다는 연구 결과를 얻었다. 즉, 소통에 있어서 말의 내용보다는 그것과 직접적으로 관계가 없는 요인들(표정이나 말투 등)이 무려 93%나 차지한다.

말의 기술을 자유자재로 다루는 사람들은, 오히려 말로는 꾸지람을 늘어놓으면서도 태도나 말투로는 상대방을 격려할 수 있다. 반대인 경우도 있다.

10 3대3대3 법칙－첫인상은 처음 만나서 3분 안에 결정된다

처음 만난 상대방에 대한 평가는 3초, 30초, 3분이라는 시간이면 충분하다는 이론이 있다. 처음 보는 상대방과 얼굴을 마주하고 있다고 하자. 그러면 3초 안에 상대방의 외모나 복장 등의 외적인 것을 통해 첫인상이 결정된다. 이어서 30초 안에 상대방의 목소리나 대화방법 등에서 두 번째 인상이 결정된다. 그리고 3분 안에 상대방의 인상을 종합하여 마음에 드는지 안드는지 결정된다. 이처럼 처음 만나서 3분의 시간은 그 사람의 이미지를 결정하는 매우 중요한 순간의 시간이다. 바로 3분이 처음 만난 사람에 대한 평가기준이 될 수 있다. 심리학에서는 이것을 '초두효과(primary effect)'라고 한다. 즉, 머릿속에 비슷한 정보들이 계속해서 기억될 경우 가장 처음에 기억된 정보가 기억에 오래 남는 현상을 말한다. 첫사랑을 잊지 못하는 것도 초두효과로 이해할 수 있다.

반대로 가장 최근에 얻은 정보가 오랫동안 기억에 남는다는 '최근효과'가 있다. '초두효과'와 '최근효과' 중 어떤 것에 더 민감한지는 사람마다 다르다. 초두효과에 민감한 사람은 첫사랑을, 최근효과에 민감한 사람은 마지막 사랑을 잊지 못한다.

또한 '득실효과(gain-loss effect)'는 상대방에게서 받았던 인상의 차이가 클수록 처음보다는 나중에 받은 인상이 더 큰 영향력을 행사하는 것을 말한다.

11 지프 법칙(n분의 1 법칙)

미국의 언어학자 조지 킹슬리 지프(George Kingsley Zipf, 1902~1950)가 영어 단어의 출현 빈도를 분석하면서 일종의 경험법칙인 '지프 법칙'

을 발견했다. 1949년 지프는 영문학 작품이나 신문기사 등을 분석하면서 그 무렵 사용되고 있던 영어 단어의 출현 빈도에 어떤 규칙적인 패턴이 존재한다는 사실을 찾았다. 출현 빈도가 높은 단어들을 순서대로 살펴보면 1위 'the', 2위 'of', 3위 'and', 4위 'to' 등이다. 이런 단어들의 출현 빈도에는 출현 빈도와 출현 순위의 곱이 일정한 패턴을 유지한다는 것이다. 출현 빈도가 1위인 'the'의 출현율이 10%이면, 2위인 'of'의 출현율은 5%($5\% \times 2 = 10\%$), 3위 'and'의 출현율은 3.3%($3.3\% \times 3 =$ 약 10%)처럼 '순위×출현율'이 같아진다는 것이다. 바꿔 말하면, 2위는 1위의 2분의 1, 3위는 1위의 3분의 1처럼 n순위는 1위의 n분의 1의 비율로 나타난다. 예를 들어, 기업의 총 수익이나 매출액을 살펴보면, 어떤 업계에서 2위인 기업의 매출액은 1위 기업의 2분의 1이고, 3위인 기업은 1위인 기업의 3분의 1이 되는 것이다.

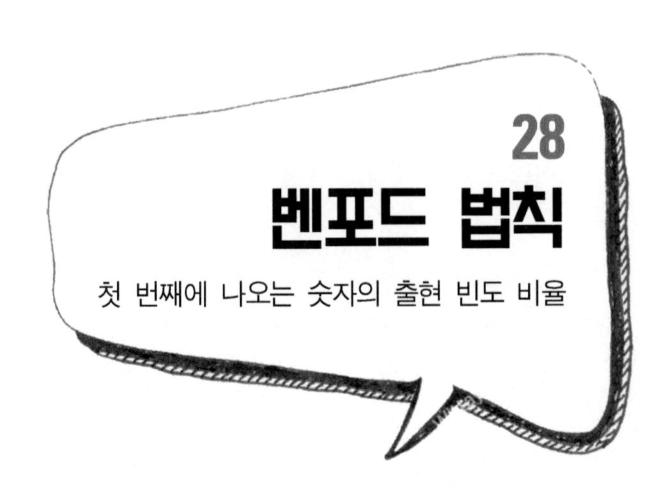

천문학자 뉴컴의 발견

뉴컴

세상에는 숫자가 넘쳐난다. 얼핏 보기에 무질서하게 존재할 것 같은 숫자들 사이에도 일관된 법칙이 있다는 것을 처음 발견한 사람은 미국의 천문학자 사이먼 뉴컴(Simon. Newcomb, 1835~1909)이다. 1881년에 그는 도서관에서 로그표(상용로그) 관련 책을 보면서 1쪽이나 2쪽은 너덜너덜해져 있지만+, 뒤쪽으로 갈수록 비교적 깨끗한 상태였다. 이를 본 뉴컴은 로그표를 이용하는 사람들은 첫 번째 자리의 숫자가 1이나 2로 시작하는 숫자 계산을 많이 한다고 생각했다. 대부분의 사람들은 1~9까지의 숫자가 같은 비율(확률)로 나타난다고 생각하기 쉽지만, 뉴컴은 실제로 유독 자주 등장하는 숫자가 있을 거라고 생각했다. 그래서 조사해보았더니 아래 표에서 보는 바와 같이 1 → 2 → 3 → 4 → 5 → 6 → 7 → 8 → 9의 순서로 출현 비율이 제각각임을 알아냈다.

+ 로그 계산법은 전자계산기가 없었던 시절, 곱셈을 간단한 덧셈으로 변환하기 위해서 찾아낸 계산방법이다.

뉴컴은 첫 번째 자리에 오는 숫자의 출현 빈도를 계산하는 방법을 고안해서 해당 숫자의 출현 비율을 다음과 같이 계산했다.

첫 번째 자리에 나오는 숫자의 출현 빈도

k	1	2	3	4	5	6	7	8	9	합계
확률 $P(k)$	0.301	0.176	0.125	0.097	0.079	0.067	0.058	0.051	0.046	1
비율 %	30.1	17.6	12.5	9.7	7.9	6.7	5.8	5.1	4.6	100

벤포드가 재발견하다

1928년경 미국의 물리학자 프랭크 벤포드(Frank Benford, 1883~1948)는 독자적인 방법을 통해서 뉴컴의 방식을 재발견했다. 로그표에서 문제의식을 느낀 벤포드는 강 335개의 넓이, 물리학 상수 104가지, 분자 중량 1800가지 등 20개 분야 자료 등 수많은 자료를 수집하고 분석해서 뉴컴의 방식을 수학적으로 다시 증명했다. '벤포드 법칙(Benford's law)' 또는 '첫 자리 법칙(first-digit law)'에 따르면 어떤 분야의 수치들에서 1부터 9까지의 수 n이 첫 자릿수가 될 확률은 다음과 같다.

$$P(n) = \log_{10}(n+1) - \log_{10} n = \log_{10}\left(1 + \frac{1}{n}\right)$$

첫 자릿수가 1일 확률은 $P(1) = \log_{10}(1+1/1) = \log_{10} 2 \fallingdotseq 0.301$, 즉 30.1%이고, 첫 자릿수가 2일 확률은 $P(2) = \log_{10}(1+1/2) = \log_{10} 1.5 \fallingdotseq 0.1761$, 약 17.6%가 된다.

경제 지표들에 나타나는 숫자, 주소에 있는 숫자, 어떤 회사의 회계 장부에 있는 숫자 등 세상에 있는 숫자에는 그 첫 번째 자리의 숫자로 1로 시작하는 경우가 참 많다. 예를 들어, 신문이나 뉴스를 접하다 보면 '1년 사이에 2배', '15개월 동안', '세계 100대 기업', '국내 10대 재벌', '검색순위 1위', '1위 후보곡', '예상투표 1위' 등등 1로 시작하는 숫자가 자주 등장한다. 특히 '10대 종목', '10가지 방법', '10주년 행사' 등 사람들이 일상적으로 가장 많이 사용하는 단위는 '10'이다. 이것은 수학의 10진법과 무관하지는 않다. 벤포드는 바로 이 점에 주목하여 자료의 10진법 값에서 첫 자리가 1인 경우가 많다는 사실을 밝혀낸 것이다. 앞의 표에서 보듯이 1로 시작하는 경우는 30.1%나 된다.

피보나치 수열과 벤포드 법칙

피보나치 수열도 벤포드 법칙과 관련이 있다. 피보나치 수열은 1, 1, 2, 3, 5, 8, 13, 21, 34, 55, 89, …과 같이 첫째 항과 둘째 항을 1로 놓고 셋째 항부터는 앞의 두 항을 더해서 만드는 수열이다. 652066항까지 구한 뒤 각 항의 첫 자릿수 분포를 조사하면 다음 표와 같이 대략적으로 벤포드 법칙을 따른다.

피보나치 수의 첫 자릿수	1	2	3	4	5	6	7	8	9
비율 %	30.1	17.61	12.49	9.69	7.92	6.69	5.8	5.12	4.52

회계 장부 조작, 벤포드 법칙은 알고 있다

숫자로 된 세상의 모든 자료가 벤포드 법칙을 따라 나타나는 것은 아니다. 1995년 미국 조지아 공대교수이자 수학자인 시어도어 힐(Theodore Hill)은 벤포드 법칙이 성립하는 조건을 처음으로 통계를 활용해 정의했다. 그에 따르면 세상의 수많은 통계 자료(그 자체로는 벤포드 법칙이 성립되지 않는 통계 자료도 상관없다)의 숫자를 무작위로 뽑더라도, 그 결과는 벤포드 법칙에 따라 나타난다는 것이다.[+] 그는 벤포드 법칙이 자료의 조작탐지와 횡령, 탈세자 탐지 등과 같은 데에 사용될 수 있는 놀랍도록 강력한 도구라고 확신하는 수학·통계학자들 중 한 명이었다. 마을이나 도시의 인구 또는 주식시황 등의 자료처럼 벤포드 법칙을 뒷받침하는 사례는 현실에서 많이 나타난다.

2001년에 미국 수학자 마크 니그리니(Mark Nigrini)가 당시 미국에서 가장 혁신적인 기업으로 손꼽히던 '엔론'이 회계 장부를 조작했다는 사실을 벤포드 법칙으로 밝혀내면서 단숨에 유명해졌다. 니그리니 교수는 회계 장부에 나타난 첫 자릿수 숫자의 빈도를 구한 뒤 벤포드 법칙과 비교했다. 그러자 첫 자리에 1이 나오는 경우는 매우 드물었고, 7, 8, 9가 너무 많았다. 그는 장부 조작을 의심했고 회계 감사팀에 보고해 본격적으로 조사했다. 그 결과 회계 장부가 조작으로 밝혀지면서, 엔론은 파산하고 말았다. 이를 계기로 미국에서는 회계와 세무를 벤포드 법칙으로 검사하는 일명 '벤포드 검사법'이 생겼다.

이처럼 자료 조작을 밝혀낼 수 있는 건 많은 자료가 벤포드 법칙을 따르기 때문이다. 주식 가격, 예상 기온, 인구 수, 선거 결과, 유전체 자료, 피보나치 수열, 2의 거듭제곱 수 등 무수히 많다. 벤포드 법칙은 기업의 회계 부정이나 가격 담합 등을 적발하는 데도 이용된다. 만약 어떤 기업에서 부정한 방식으로 수치를 조작하면 1부터 9까지의 수를 무작위로 균등하게 분포시킬 가능성이 높다. 그렇게 되면 첫 자릿수의 빈도가 1에서 9로 갈수록 낮아지는 벤포드 법칙에 위배된다. 이를 이용해 미국의 국세청(IRS)이나 금융감독 기관은 기업이 조작한 단서를 잡는다.

+ 시노자키 나오코, 일하는 수학-수학으로 일하는 기술, 타임북스, 2016.8.

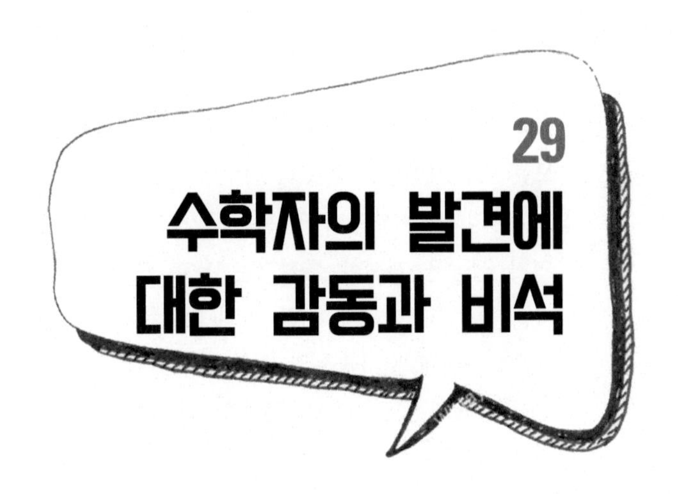

1 아르키메데스의 비석-구, 원기둥 부피의 비의 아름다움에 감동

18세기에 활동했던 뉴턴, 가우스와 함께 '역사상 3대 수학자'로 꼽히는 아르키메데스의 학구열과 집념을 보여주는 대표적인 일화다. 그가 죽기 전 모래사장에 도형을 그려 놓고 문제 풀기에 골몰했다는 설도 있다. 아르키메데스는 모래알로 우주를 채우면 10의 56제곱하면 된다는 생각을 할 만큼 '큰 수'나 모래에 관심이 많아 '모래를 세는 사람'이라는 별명을 얻기도 했다. 그 때문에 오르티자의 유일한 모래사장에는 요즘도 그의 마지막 모습을 회상하려는 수학자와 관광객들의 발길이 끊이지 않는다.

시라쿠사는 기원전 212년 로마의 속주로 전락하기 전까지 약 500년간 그리스의 해외 식민지 중 가장 번성했던 곳 중 하나였다. 시라쿠사에서 나고 자라 사망한 아르키메데스는 다양한 무기를 발명해 로마로부터 시라쿠사를 지키려 한 영웅으로 추앙받고 있다.

6개의 대형 오목렌즈를 둥그렇게 붙인 요면경(凹面鏡)은 햇빛을 한 점에 모아 바다로 접근하는 로마 해군 선박에 불을 일으켜 태웠다. 현재 시라쿠사의 명문 과학고인 '리코 과학 코르비노'의 실내 현관에는 요면경을 끼고 먼 바다에 있는 로마군의 배가 불타는 모습을 바라보는 아르키메데스의 조각상이 서 있다. 조각상 기단에는 '거울 발명, 로마의 배를 태우다'라는 문구가 새겨져 있다.

그가 성능을 개선한 투석기는 유효 거리가 200 m 이상으로 당시 로마군 투석기보다 2배 이상 멀리 나가는 가공할 만한 전투장비였다. "나에게 지렛대와 지렛점을 주면 지구를 움직여 보이겠다"는 말을 남긴 아르키메데스는 지렛대 원리를 응용한 다양한 투석기를 제작했다.

아르키메데스의 '다연발' 활은 탄력을 얻기 위해 구부리는 나무판이 여러 겹인 데다 사거리가 다양한 여러 개의 화살을 동시에 쏠 수 있다. 적이 볼 수 없는 참호나 성 안에서 쏘면 많은 병사가 있는 것처럼 착각을 불러일으켜 로마군의 혼을 빼놓았다고 한다. "한 사람의 두뇌가 로마 4개 군단과 맞먹는다"('로마인 이야기')는 칭송을 들었다.

아르키메데스가 수학사에 남긴 가장 큰 업적 중 하나는 지금도 그대로 쓰고 있는 '원주율 3.14($\pi = 3.14$)'이다. 아르키메데스는 원의 둘레는 원에 내접하는 정다각형보다는 크고 외접하는 정다각형보다는 작다는 원리에 착안했다. 그는 내·외접하는 정96각형을 각각 그려 원의 둘레를 계산했다. '원의 둘레$= 2 \times \pi$(원주율)$\times r$(반지름)'이다. 따라서 지름 $2r$을 1이라고 하면 원의 둘레가 바로 π에 해당한다. 아르키메데스는 이를 활용해 원주율은 223/71(내접 다각형 길이)$< \pi <$ 22/7(외접 다각형 길이) 사이의 수라고 계산했다. 다만 223/71, 22/7라는 수가 어떻게 나왔는지에 대해서는 구체적인 설명을 남겨놓지 않았다. 이를 소수로 변환해 보면 $3.14084507 < \pi < 3.14285714$이다. 현재 사용하는 원주율 3.14159265도 이 범주에 들어간다.

'물체를 유체에 넣으면 물체와 같은 부피의 유체만큼 가벼워진다'는 사실과 '아르키메데스의 원리'라고도 알려진 부력도 그가 발견했다. 이는 당시의 기행(奇行)과 함께 널리 알려져 있다.

아르키메데스는 시라쿠사의 왕 하에론으로부터 연금술사에게 받은 왕관이 순금인지를 알아내라는 의뢰를 받는다. 목욕을 하면서도 이를 궁리하던 그는 몸이 물을 밀어내는 것을 지켜보면서 부력의 원리를 알아낸 후 "유레카 유레카(알았다 알았다)"라고 외치며 벌거벗은 몸으로 목욕탕에서 뛰쳐나갔다고 한다. 서로 다른 물질은 같은 무게라고 해도 부피가 다르다는 점을 깨달은 것이다. 그는 왕관과 같은 크기의 순금 왕관을 물에 넣어 밀어내는 물의 양이 다르다는 것을 비교해 본 후 연금술사의 왕관이 가짜임을 알아냈다.

아르키메데스는 생전에 자신의 비석에는 '원통에 구(球)를 넣은 모양'을 조각해 달라고 유언한 것으로 유명하다. 원기둥과 원기둥에 내접하는 구의 부피의 비(3 : 2)를 처음 알아낸 기쁨을 묘비에까지 새기고 싶어 했던 것이다. 시라쿠사를 점령한 로마의 장군 마르켈루스는 아르키메데스를 존경했던 인물로 그가 허망하게 살해된 것을 아쉬워하며 소원을 들어줬다고 한다.

지금은 그의 무덤과 묘비를 찾을 수 없다. 기원전 1세기 로마의 정치가, 법률가, 웅변가인 마르쿠스 키케로는 시라쿠사를 방문했을 때 "가시덤불에 덮여 있는 아르키메데스의 무덤을 발견했다. 그의 유언은 전설이 아닌 사실이다"라고 적었다. 그의 영향으로 가우스, 뉴턴 등 상당수의 후대 과학자들도 자신의 묘비에 업적을 새겼다.

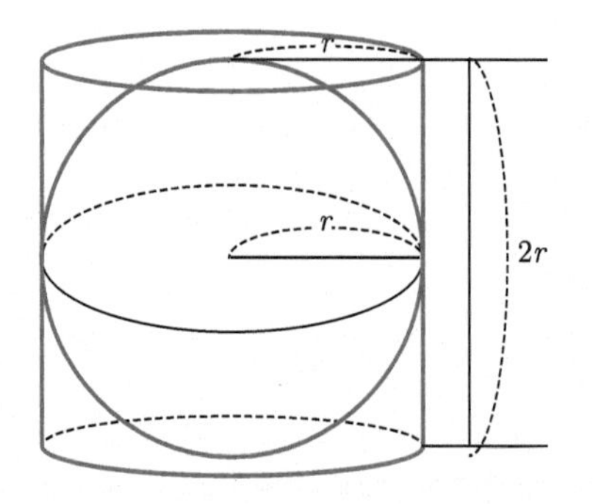

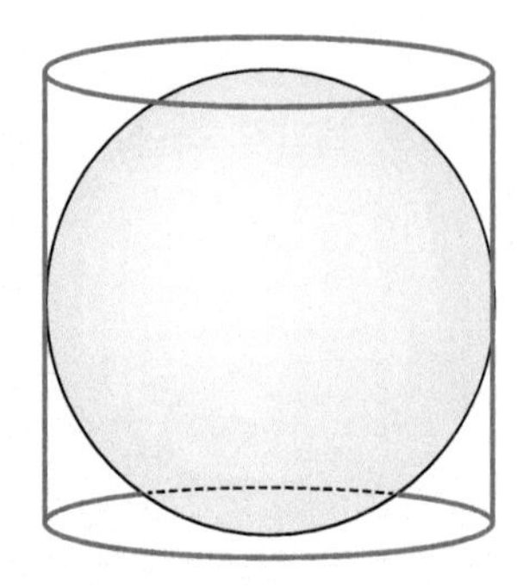

지렛대의 이론, 부력의 원리, 구분구적법 등에 큰 업적을 남긴 아르키메데스의 묘비에는 원기둥에 내접하는 구의 그림이 새겨져 있었다. 그가 발견한 '원기둥의 부피는 그것에 내접하는 공의 부피의 1.5배이다'라는 공식을 자랑하고 싶어서였을까.

2 대수의 아버지 디오판토스의 묘비문

고대 그리스의 수학자 디오판토스(Diophantos)가 활동하던 시기는 일반적으로 250년경(200?~284?)으로 보는데, 대수의 아버지로 불릴 만큼 업적도 많지만 편지로 전해진 묘비명으로 더 유명하다. 묘비명에 쓰인 방정식을 풀면 나이를 구할 수 있다. 묘비명을 옮겨보면 아래와 같다.

지나가는 나그네여!
이 비석 밑에는 디오판토스가 잠들어 있노라.
신의 축복으로 태어나 생의 6분의 1을 소년으로,
생의 12분의 1을 청년으로 보내고 수염을 기르더니,
다시 생의 7분의 1을 보낸 후에야
아름다운 여인과 결혼하여 5년 만에 귀한 아들을 얻었구나.
불쌍한 자식, 애비의 반밖에 살지 못하고 가슴에 묻히니,
애비도 애간장 녹아 4년 후에 생을 마감하네.

디오판토스의 생애를 x라 하면 묘비의 내용은 아래의 식과 같다.

$$\frac{x}{6}+\frac{x}{12}+\frac{x}{7}+5+\frac{x}{2}+4=x$$

이 분수식을 풀기 위해 7과 12의 최소공배수 84를 양변에 곱하여 정리하면

$$75x + 9 \times 84 = 84x$$

이므로 이 식을 풀면 $x = 84$(세)이다. 그는 33세에 결혼하여 38세에 아들을 낳았는데, 아들은 아비에 앞서 42세에 세상을 떠났고 아비는 애간장을 녹이며 4년을 더 살았다는 것이다.

3 베르누이의 묘비문과 황금나선 모양

일설에 의하면 스위스 수학자 야곱 베르누이(Jakob Bernoulli, 1654~1705)는 특별한 등각나선+(황금나선)의 연구에 상당한 정열을 바쳤다. 그는 이 나선형에서 자기 누적과 자기 재생의 성질을 밝혀 이 나선형에 '나는 변할지라도 나는 항상 똑같이 다시 일어설 것이다(Eadern mutata resurgo)'라는 좌우명을 붙여 주었다(아마도 기하학 도형에 좌우명이 붙은 것은 이것이 유일할 것이다). 그는 황금나선의 성질에 깊은 감명을 받아 자신의 무덤에 황금나선 모양과 좌우명을 새겨줄 것을 부탁했다. 불행하게도, 석공은 실수로 아르키메데스 나선형++을 새겨 넣고 말았다. 아마도 그 석수는 두 나선형 사이의 중요한 차이점을 몰랐거나, 베르누이가 요청한 나선형을 기하학적으로 작도하는 방법을 몰랐을 것이다. 묘비에까지 수학을 새기고자 하는 수학에 대한 애착이 그들을 위대한 수학자로 만들었을지 모르겠다.

\+ 등각나선은 회전 수에 관계없이 곡선 위의 점에서 나선에 그은 접선과 반지름벡터가 이루는 각이 항상 일정한 곡선이다. 등각나선의 가장 선명하고 아름다운 예는 앵무조개(Nautilus)의 껍질이다.

++ 아르키메데스의 이름에서 딴 아르키메데스 나선은 점으로부터의 거리가 일정한 비율로 증가하는 나선형이다. 즉, 반지름벡터가 극좌표의 극점 O 주위를 일정한 속도로 운동하고 있다면 그 위를 일정한 속도로 운동하고 있는 점 P가 그리는 궤적이 아르키메데스 나선이다. 즉, $r = a\theta$ 형태의 곡선이다.

4 가우스의 비석 모양－정17각형의 작도법 발견

가우스는 1777년 4월 30일 독일 브라운슈바이크에서 가난한 집안의 외아들로 태어났다. 그는 어려서부터 어학과 수학에서 뛰어난 재능을 보였고, 브라운슈바이크 공작의 재정적 후원하에 중등교육과 대학교육을 마쳤다. 1795~1798년까지 괴팅겐 대학교에서 수학을 공부했고 1799년 헬름슈테트 대학교에서 박사학위를 받았다. 학위논문의 주제는 〈대수학의 기본정리〉인 "계수가 복소수인 모든 대수방정식은 복소수해를 갖는다"는 것이었다. 이 논문은 수학사에 가장 뛰어난 업적의 하나로 평가된다.

가우스는 세계 3대 수학자 아르키메데스, 뉴턴, 가우스 중 한 사람이다. 괴팅겐 대학에 재학할 당시 그는 여러 학문에 매력을 느끼고 있었다. 그 당시 풀리지 않던 문제였던 정17각형을 컴퍼스와 자만 가지고 작도할 수 있는 작도법을 그는 잠을 자던 중 꿈에서 발견하게 되고 꿈에서 깨어 작도법을 완성하게 된다. 가우스는 이 작도법으로 인해 수학자의 길을 가기로 결정하고 차후에 묘지 비석에 17각형을 그려달라고 하는 등의 작도법에 특별한 애착을 갖게 된다.

그가 말한 유명한 격언인 "수학은 과학의 여왕이고, 산술은 수학의 여왕이다"는 과학에서 차지하는 수학의 중요성을 잘 대변하고 있다.

5 독일의 수학자 루돌프의 비문－원주율 값

독일의 수학자 루돌프(Ludolph van Ceulen, 1540~1610)는 그의 전 생애를 바쳐 원주율 계산을 했다. 원에 내접하는 정다각형과 외접하는 정다각형을 그려서 원주율을 소수점 아래 35자리까지 계산하였다. 그는 죽을 때, 그가 한평생 계산하여 얻은 원주율 값을 그의 묘비에 새겨

줄 것을 유언했다고 한다. 처음에는 이러한 방법으로 원주율의 완전한 값을 구할 수 있을 것이라 생각했으나 16세기 중엽에 이르러서 프랑스의 수학자 프랑수아 비에타(1543~1603)가 원주율은 일정한 법칙에 따라 끝없이 계산할 수 있는 수라는 것을 증명했다.

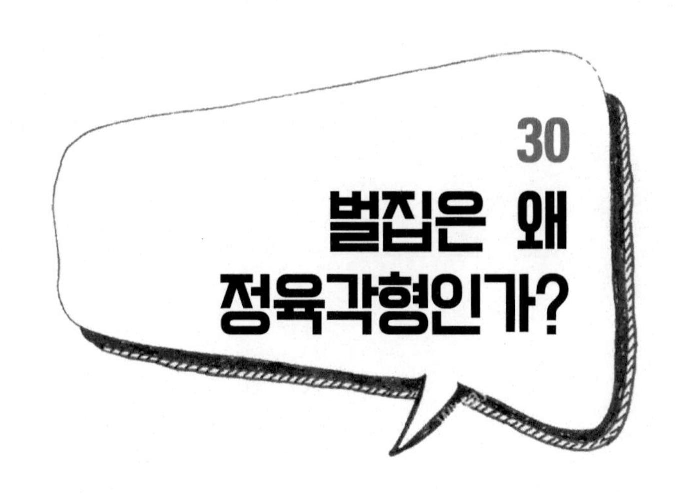

꿀벌이 꿀을 저장하면서 살아가는 벌집을 살펴보면 정육각기둥으로 만들어져 있다. 왜 정육각형의 도형을 선택하였을까? 꿀벌의 그 놀라운 능력을 수학적으로 살펴보자.

첫째, 수많은 도형 중 한 꼭짓점을 둘러싼 공간을 빈틈없이 채울 수 있는 정다각형은 정삼각형, 정사각형, 정육각형의 세 가지 뿐이다. 왜냐하면 한 꼭짓점을 둘러싼 도형의 각의 합은 360°가 되어야 하기 때문이다. 따라서 정다각형의 한 내각의 크기가 360의 약수가 되어야 하는데, 정다각형 중에서 한 내각의 크기가 360의 약수가 되는 것은 정삼각형(60°), 정사각형(90°), 정육각형(120°)뿐인 것이다.

둘째, "똑같은 양의 재료를 가지고 보관 장소를 만들 때, 가장 많은 양의 꿀을 보관할 수 있는 도형이 어떤 도형인가" 하는 문제이다. 동일한 길이의 끈을 가지고 정삼각형, 정사각형, …과 같이 계속 변의 개수가 많아지도록 도형을 만들어보면 그 넓이는 정삼각형일 때 가장 작고, 원일 때 가장 커진다. 예를 들어, 길이 12 cm인 끈으로 만들어진 각 도형의 넓이를 구하여 비교하여 보자.

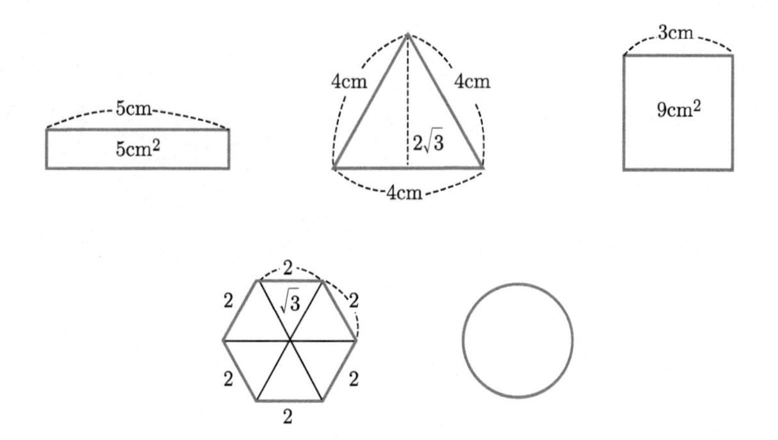

위 직사각형의 넓이는 5 cm^2, 정삼각형의 넓이는 $4\sqrt{3}$ cm^2, 정사각형의 넓이는 9 cm^2, 정6각형의 넓이는 $S=6\cdot\frac{1}{2}\cdot2\cdot\sqrt{3}=6\sqrt{3}\fallingdotseq10.392$ cm^2이고 둘레가 12 cm인 원의 넓이는 $S=\pi r^2=\pi\left(\frac{6}{\pi}\right)^2=\frac{36}{\pi}\fallingdotseq11.495$ cm^2이다. 따라서 둘레가 같은 정삼각형, 정사각형, 정육각형, 원의 넓이 비를 구해 보면 약 1.0 : 1.3 : 1.5 : 1.7이 된다. 따라서 변이 많은 도형일수록 넓이가 커지므로 정삼각형, 정사각형, 정육각형 중에서 정육각형을 택하는 것이 꿀을 가장 많이 보관할 수 있는 것이다. 또한 정삼각형은 같은 크기의 공간을 만드는 데 정육각형에 비해 재료가 많고, 정사각형은 정육각형에 비해 구조가 튼튼하지 못하다. 따라서 최소의 재료로 가장 튼튼한 최적의 공간을 만들려면 정육각형이 가장 적합하다고 할 수 있다.

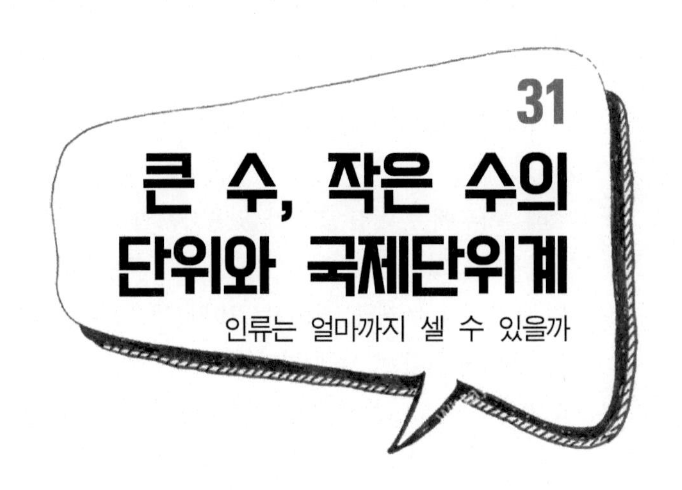

1 인간은 얼마까지 큰 수와 작은 수를 셀 수 있을까

경제 규모가 커지면서 일(一, 1), 십(十, 10), 백(百, 10^2), 천(千, 10^3), 만(萬, 10^4), 억(億, 10^8)을 넘어 '조' 단위 숫자까지는 간혹 보았다. 2018년 하반기에 중국의 국유 기업(금융회사 제외한 일반기업)의 부채는 총 118조5000억 위안(1경9400조 원)에 이른다고 중국 정부의 보도를 접했지만, 보통 일상생활에서 '경'과 '해' 숫자를 접해 볼 일이 없으므로 보통 그 다음의 숫자 단위를 알지 못한다. 큰 숫자를 전문적으로 다루는 은행원도 '해' 이후의 숫자를 쉽게 접하지 못할 것 같다.

유전자 연구에 많이 쓰이는 어떤 대장균은 약 20분마다 그 수가 2배로 증가한다고 하는데, 이는 한 마리의 대장균이 10시간 만에 10억 마리 이상으로 증식할 수 있을 정도의 빠른 속도이다. 한편, 대장균의 DNA는 약 3800000개의 염기쌍을 포함하고, 분자량은 약 0.00000000256이라고 한다. 이와 같이 미생물학 분야에서는 아주 큰 수와 아주 작은 수들을 만날 수 있는데, 3.8×10^6, 2.56×10^{-9}

과 같이 지수를 이용하여 그 수들을 나타내면 이해하기도 쉽고, 계산하기도 쉽다.

'해' 이후에는 어떤 숫자가 있을까? 인간은 얼마까지 큰 수를 셀 수 있을까? 조(兆)는 10의 12제곱이다. 1 뒤에 0이 12개 붙은 꼴이다. 경(京)은 10의 16제곱, 해(垓)는 10의 20제곱이다.

이처럼 단위가 바뀔 때마다 0이 4개씩 더 붙는다. 해(垓) 다음은 자, 양(穰), 구(溝), 간(澗), 정(正), 재(載), 극(極), 항하사(恒河沙), 아승기(阿僧祇), 나유타(那由他), 불가사의(不可思議), 무량수(無量數)의 단위가 있다. '상식으로는 도저히 생각할 수 없는 것'을 의미로 사용되는 '불가사의'는 10의 64제곱이다. 그리고 '도저히 그 양을 짐작할 수 없을 만큼 큰 수'라는 뜻의 '무량수'는 10의 68제곱이다.

우리가 사용하고 있는 수의 이름은 고대 중국 수학서적인 《수술기유》(2세기), 《산학계몽》(13세기)에서 유래하였다. 하지만 극부터 무량수까지는 불교의 영향을 받아 불경인 화엄경에서 그 용어를 빌려와 수의 이름을 정했다고 한다.

그럼 화염경에 나오는 '불가설불가설전'보다 더 큰 수는 없을까? 옥스퍼드 등 서양의 모든 영어사전에 수록된 큰 수로 구골(Googole)과 구골플렉스(Googolplex)를 들 수 있다. '검색한다'는 일반적인 의미로 사전에 등재될 정도로 세계적으로 유명한 인터넷 검색엔진인 구글(Google)은 검색의 무한성을 나타나기 위해 10^{100}을 의미하는 'googol'을 어원으로 했다. '구글(google)'은 미국 캘리포니아의 마운틴 뷰에 본사를 둔 세계 최대의 인터넷 검색 서비스 기업이다. 2004년 기업공개 당시 구글의 규모는 27억1천828만1천828달러였는데, 이는 바로 e billion(2.718281828×10억)이다. 이름에서부터 수학적 배경을 가지고 있는 회사답게, 기업 공개 규모를 오일러 수 e를 토대로 산정한 것이다. 매일 10억 건 이상의 검색이 구글을 통해서 이루어진다. 창업자 래리 페이지가 회사 이름을 구골(googol)로 지으려다가 철자를 헷갈리는 바람에 구글(google)이 되었다고 한다.

구골플렉스(googolplex)는 1 뒤에 구골 개의 0이 붙은 값이다. 사람이 읽을 수조차 없는 1포인트 크기의 글자를 한 줄로 구골플렉스만큼 인쇄하면, 그 길이가 관측 가능한 우주의 지름 약 8.80×1026미터(930억 광년)를 초과하고도 남는 숫자이다. 구골플렉스를 상상하는 것은 놀라움을 넘어 섬뜩함을 느낄 정도이다. 물론 구골플렉스보다 더 큰 그레이엄수(Graham's number), 큐머드 R 등 무시무시한 크기의 숫자가 있기도 하다.

무량수, 불가설불가설전, 구골플렉스, 그레이엄수처럼 큰 수는 더 큰 수를 낳을 뿐 세상에서 가장 큰 수는 존재하지 않는다.

10^n	접두어	10^n	접두어
$10^{10^{100}}$	구골플렉스(Googolplex)	10^{-4}	사(絲)
10^{100}	구골(Googol)	10^{-5}	홀(忽)
10^{68}	무량대수(無量大數)	10^{-6}	미(微)
10^{64}	불가사의(不可思議)	10^{-7}	섬(纖)
10^{60}	나유타(那由他)	10^{-8}	사(沙)
10^{56}	아승기(阿僧祇)	10^{-9}	진(塵)
10^{52}	항하사(恒河沙)	10^{-10}	애(埃)
10^{48}	극(極)	10^{-11}	묘(渺)
10^{44}	재(載)	10^{-12}	막(莫)
10^{40}	정(正)	10^{-13}	모호(模糊)
10^{36}	간(澗)	10^{-14}	준순(逡巡)
10^{32}	구(溝)	10^{-15}	수유(須臾)
10^{28}	양(壤)	10^{-16}	순식(瞬息)
10^{24}	자(仔)	10^{-17}	탄지(彈指)
10^{20}	해(垓)	10^{-18}	찰나(刹那)
10^{16}	경(京)	10^{-19}	육덕(六德)
10^{12}	조(兆)	10^{-20}	허공(虛空)
10^{-1}	분(分)	10^{-21}	청정(淸淨)
10^{-2}	리(厘)	⋮	
10^{-3}	모(毛)	10^{-47}	천재일우(千載一遇)

참고로 모호, 찰나, 허공, 청정, 천재일우 등 이러한 수의 단위는 불교에서 나온 것이다. 진, 애는 모두 먼지를 뜻하는데, 가장 적은 양을 나타내는 인도의 말이다.

2 거시 세계와 미시 세계의 크기

우주에는 인간에 비해서 훨씬 큰 거시 세계와 훨씬 작은 미시 세계가 공존한다. 인간은 거시 세계와 미시 세계의 중간에 해당하는 존재로서, 망원경이나 현미경 없이는 이러한 세계를 볼 수가 없다. 대표적인 거시 세계와 미시 세계의 크기를 우리가 주로 사용하는 길이 단위인 미터(m)를 이용하여 비교해보자.+

① 거시 세계 (1광년≒10조 km = 10^{16} m)

태양에서 가장 가까운 별인 프록시마 센타우리까지의 거리는 약 4.3×10^{16} m이다. 우리 은하계의 지름은 약 10^{21} m(10만 광년)이다. 우리 은하에서 맨눈으로도 관측할 수 있는 안드로메다 은하까지의 거리는 약 2.2×10^{22} m(220만 광년)이다. 현재, 도구를 사용하여 인류가 관측할 수 있는 가장 먼 거리에 있는 천체인 퀘이사 중에는 거리가 약 1.4×10^{26} m(140억 광년)인 것도 있다. 이것이 현재의 인간이 인지할 수 있는 가장 먼 거리라고 한다.

② 미시 세계

우리의 눈은 정상 상태에서 크기가 10^{-4} m인 물질까지 볼 수 있다. 동물이나 식물을 구성하는 세포의 크기는 10^{-5}~10^{-4} m이다.

+ 민영기, 우주와 인간, 까치, 2005.

원자의 크기는 10^{-10} m이고, 원자의 거의 모든 질량이 모여 있는 원자핵의 크기는 10^{-14} m이며, 핵에는 크기가 10^{-15} m인 양성자와 중성자가 들어 있다. 또한 양성자와 중성자는 쿼크라고 불리는 10^{-18} m 크기의 작은 소립자 3개로 이루어져 있다. 이것이 현재의 인간이 인지할 수 있는 가장 작은 물질이다.

3 국제단위계

방사선은 원자가 붕괴되면서 양이온과 전자를 한 쌍으로 방출하는데, 이렇게 방출된 입자나 전자기파는 각 인체 조직의 전기적 안정성을 깨뜨린다. 또한 방사선은 피폭된 양뿐만 아니라 방사선을 일으키는 선원의 종류와 피폭된 부위에 따라 세포의 증식과 생존에 필수적인 DNA에 화학적 변성 등을 초래하여 암이나 기형아 출산 등을 유발하거나 유전병을 일으킨다. 방사능의 단위로는 베크렐(Bq)과 시버트(Sv)가 있다. 베크렐은 1초에 원자 1개가 붕괴하는 단위를 나타내며, 시버트는 인체가 방사선에 노출된 방사선량의 측정 단위로 아주 적은 양의 방사선량을 나타낸다.

과학은 측정에서 비롯되며 측정은 어떤 물리량을 재는 것을 말한다. 물리량에는 길이, 넓이, 부피, 질량, 무게, 속도, 온도, 힘, 에너지, 압력, 전기, 소리 등 여러 가지가 있다. 이러한 물리량에 의미를 부여한 것이 단위이다.

1789년 프랑스 혁명을 계기로 불합리한 단위체계를 하나로 통일하게 되는데, 이것이 '미터법'이다. 미터법 단위계는 1875년 파리에서 체결된 미터조약에 의해 제정된 이래 세계 각국에 보급되어 관측이나 측정 분야에 널리 이용되어 정치, 경제, 사회 모든 분야에서 불평등을 해소하고, 신뢰할 수 있는 사회를 만드는 데 큰 기여를 하게 된다.

1954년 제10차 국제 도량위(CGPM) 총회에서는 실용적인 관측 단위계의 기본 단위로써 길이, 질량, 시간, 전류, 열역학적 온도, 광도의 6개 물리량을 채택하였으며, 1960년 제11차 CGPM 총회에서는 전류의 단위인 암페어(A)를 기본단위로 한 MKSA 단위가 국제통일단위로 결정되었다. 동시에 열역학 온도는 켈빈(K), 광도는 칸델라(cd)로 기본단위가 선정되었고, 이 단위체계를 '국제단위계(SI)'라고 이름 지었으며, 접두어, 유도단위 및 추가 단위에 대한 원칙을 확립하였다.

1971년 회의에서는 7번째의 기본단위인 몰(mole)이 추가되었고, 국제단위(SI)계 물리량으로 센티미터(cm), 그램(g), 초(s)로 나타낸 것을 CGS 단위, 미터(m), 킬로그램(kg), 초(s)로 나타낸 것을 MKSA 단위라 정하였다. 우리나라의 계량법도 SI에 준해서 규정하고 있다.

(1) 단위의 정의

① 미터는 빛이 진공에서 1/299 792 458초 동안 진행한 경로의 길이이다. 이 결과로 빛의 속력은 정확히 299 792 459 m/s이다.

② 킬로그램은 질량의 단위이며 국제킬로그램원기의 질량과 같은 것으로 정의한다.

③ 초는 세슘 133 원자(^{133}Cs)의 바닥 상태에 있는 두 초미세 준위 사이의 전이에 대응하는 복사선의 9 192 631 770 주기의 지속시간이다(절대온도 0도에 있는 세슘 원자 기준).

④ 암페어는 무한히 길고 무시할 수 있을 만큼 작은 원형 단면의 넓이를 가진 2개의 평행한 직선 도체가 진공 중에서 1미터의 간격으로 유지될 때, 두 도체 사이에 미터당 2×10^{-7}뉴턴(N)의 힘을 생기게 하는 일정한 전류이다.

⑤ 켈빈은 물의 삼중점에 해당하는 열역학적 온도의 1/273.16이며, 그 기호는 'K'로 한다.

⑥ 몰은 탄소 12의 0.012킬로그램에 있는 원자의 개수와 같은 수의 구성요소를 포함한 어떤 계의 물질량이다. 그 기호는 'mol'이다.

⑦ 칸델라는 진동수 540×10^{12}헤르츠(Hz)인 단색광을 방출하는 광원의 복사도가 어떤 주어진 방향으로 스테라디안당 1/683와트(W)일 때 이 방향에 대한 광도이다.

(2) 국제단위계의 기본단위

국제단위계에서는 7개의 기본단위가 정해져 있다. 이것을 SI 기본단위(국제단위계 기본단위)라고 한다.

물리	이름	기호
길이	미터	m
질량	킬로그램	kg
시간	초	s
전류	암페어	A
온도	켈빈	K
물질량	몰	mol
광도	칸델라	cd

(3) 국제단위계의 유도단위

7개의 SI 기본단위들을 물리적인 원리에 따라 곱하거나 나누어서 조합하면 아래와 같은 SI 유도단위들을 얻을 수 있다. 아래 유도단위들

유도량	이름	기호
넓이	제곱미터	m^2
부피	세제곱미터	m^3
속력, 속도	미터 매 초	m/s
가속도	미터 매 초 제곱	m/s^2
밀도	킬로그램 매 세제곱미터	kg/m^3
농도	몰 매 세제곱미터	mol/m^3
광휘도	칸델라 매 제곱미터	cd/m^2

은 별도의 기호없이 기본단위의 조합 자체를 기호로 사용하는 유도 단위이다.

위에서 언급하지 않은 각도 rad(라디안), 각속도 rad/s(초당 라디안), 힘 N(뉴턴), 압력 Pa(파스칼), 일 또는 에너지 J(줄), 일률 W(와트), 주파수 Hz(헤르츠), 전하량 C(쿨롬), 전기저항 Ω(옴), 조명도 lx(럭스), 방사능 Bq(베크렐) 또는 Sv(시버트) 등의 유도단위들이 있다.

라디안(radian)은 한 원의 원둘레에서 그 원의 반지름과 같은 길이의 호를 자르는 두 반지름 사이의 평면각이다. 즉, 원의 반지름과 같은 길이의 원둘레에 대한 중심각이다. 예를 들어, 직각은 $\pi/2$ rad이 된다.

(4) SI 접두어

SI 접두어는 SI 단위의 접두어로 결합해서 사용할 수 있고, SI 단위 값의 배수와 분수를 나타내는 데 사용된다. 흔히 우리가 일상생활에 많이 사용하는 킬로, 메가, 기가 등의 배수 접두어와 센티, 밀리, 마이크로, 나노 등의 분수 접두어 등이 이에 해당되며 전체 접두어를 아래 표에 정리한다. 예를 들어, 1 mg은 10^{-3} g을 뜻한다. 원자력법 시행에 의하면 자연 방사선과 병원 X선 촬영과 같은 의료 방사선을 제외한 일반인에 대한 일상적인 연간 방사능 피폭한도는 1 mSv인데, 이 값은 1 Sv의 $\frac{1}{1000}$이다. 따라서 원자력 발전소에 문제가 생겨서 1시간에 2 Sv의 방사능에 피폭된다면 이것은 1시간 동안 1년 허용치의 2000배에 달하는 2000 mSv의 방사능에 피복된다는 것을 뜻한다.

킬로(kilo)는 1,000배, 메가(mega)는 100만 배, 테라(tera)는 1조 배를 의미하므로 1 kB는 1,000 bytes, 1 MB는 1,000 kB, 1 GB는 1,000 MB, 1 TB는 1,000 GB를 뜻한다.

10^n	접두어	기호	배수	10^n	접두어	기호	배수
10^{24}	요타(yotta)	Y	자	10^{-1}	데시(deci)	d	십분의 일
10^{21}	제타(zetta)	Z	십해	10^{-2}	센티(centi)	c	백분의 일
10^{18}	엑사(exa)	E	백경	10^{-3}	밀리(milli)	m	천분의 일
10^{15}	페타(peta)	P	천조	10^{-6}	마이크로(micro)	μ	백만분의 일
10^{12}	테라(tera)	T	조	10^{-9}	나노(nano)	n	십억분의 일
10^{9}	기가(giga)	G	십억	10^{-12}	피코(pico)	p	일조분의 일
10^{6}	메가(mega)	M	백만	10^{-15}	펨토(femto)	f	천조분의 일
10^{3}	킬로(kilo)	k	천	10^{-18}	아토(atto)	a	백경분의 일
10^{2}	헥토(hecto)	h	백	10^{-21}	젭토(zepto)	z	십해분의 일
10^{1}	데카(deca)	da	십	10^{-24}	욕토(yocto)	y	일자분의 일
10^{0}			일				

연습문제 01

1. (1) CCLXV (2) MMCCLXXXIII (3) MCDXCII
   (4) 200+50+10+5+1+1=CCLXVII
   (5) 1000+1000+1000+100+100+50+10+10+10+1=MMMCCLXXXI
2. (1) 100+100+50=250 (2) 100+100+100+70+6=376
   (3) 600+60+6=666 (4) 1000+900+40+5=1945
   (5) 1000+1000+10+2=2012

연습문제 03

2. 원의 넓이는 원 안의 정육각형의 넓이보다는 크고, 원 밖의 정육각형의 넓이보다는 작다. 원 안의 정육각형의 넓이 = 삼각형 ㄴㅇㄹ의 넓이×6 = 24×6 =144 cm^2, 원 밖의 정육각형의 넓이 = 삼각형 ㄱㅇㄷ의 넓이×6 = 32×6 =192 cm^2이므로 $144\ \text{cm}^2 < \text{원의 넓이} < 192\ \text{cm}^2$.

연습문제 04

6. (1) $p|a$, $p|c$인 소수 p가 존재한다고 가정하면, $p|(c^2-a^2)$이므로 $p|b^2$이다. 이때, p가 소수이므로 $p|b$이다. 이는 $(a, b)=1$에 모순이 되므로 $(a, c)=1$이다. 마찬가지로 $(b, c)=1$이다.

(2) $(a, b)=1$이므로 a, b가 모두 짝수일 수 없다. 한편, a, b가 모두 홀수이면, $a^2 \equiv b^2 \equiv 1 \pmod 4$이므로 $c^2 = a^2 + b^2 \equiv 2 \pmod 4$이다. 따라서 a, b 중 하나는 짝수이고, 다른 하나는 홀수이다.

연습문제 10

3. 학생들을 번호 1, 2, 3, …으로 나타내기로 하고 선물을 줄 학생을 집합으로 표현해보자.

학생수 $n=1$인 경우: $\{1\}$, ϕ 2가지,

학생수 $n=2$인 경우: $\{1\}$, $\{2\}$, ϕ 3가지,

학생수 $n=3$인 경우: $\{1\}$, $\{2\}$, $\{3\}$, $\{1,3\}$, ϕ 5가지($\because$ 2번 학생에게 선물을 줄 경우 1, 3번 학생은 모두 받을 수 없다)

학생수 $n=4$인 경우: $\{1\}$, $\{2\}$, $\{3\}$, $\{4\}$, $\{1,3\}$, $\{1,4\}$, $\{2,4\}$, ϕ 8가지

학생수 $n=5$인 경우 : $\{1\}$, $\{2\}$, $\{3\}$, $\{4\}$, $\{5\}$, $\{1,3\}$, $\{1,4\}$, $\{1,5\}$, $\{2,4\}$, $\{2,5\}$, $\{3,5\}$, $\{1,3,5\}$, ϕ 13가지

이것으로부터 학생 수에 따라 피보나치 수 2, 3, 5, 8, …를 이루고 있음을 알 수 있다. 그 이유는 다음과 같다.

선물을 주는 학생 중에 첫 번째 학생이 포함된 경우와 그렇지 않은 경우가 있다. 첫 번째 학생이 포함된 경우, 두 번째 학생은 들어갈 수 없으므로 세 번째 학생부터 $n-2$명의 학생에게 선물을 주는 경우의 수 A_{n-2}와 같다.

첫 번째 학생이 제외된 경우, 선물을 줄 수 있는 경우의 수는 첫 번째 학생만 제외한 $n-1$명의 학생들에게 선물을 줄 수 있는 경우의 수 A_{n-1}과 같다. 따라서 n명의 학생 중에서 구하는 경우의 수 A_n은 다음과 같은 점화식을 만족한다.

$$A_n = A_{n-2} + A_{n-1} \ (n \geq 3),\ A_1 = 2,\ A_2 = 3$$

즉, 수열 2, 3, 5, 8, …을 이룬다. 따라서 학생 수가 10명의 경우의 수는 이 수열의 10번째 항인 144이다.

5. (1) $n=1$인 경우에는 앞면(H)이 나오든 뒷면(T)이 나오든 게임은 진다. $n=2$인 경우에 가능한 결과는 TT, TH, HT, HH의 4가지이고

이들 중에 이기는 경우는 HH 한 가지이다.
$n=3$인 경우에 가능한 결과는

$$TTT,\ TTH,\ THT,\ HTT,\ HTH,\ THH,\ HHH,\ HHT$$

이므로 8가지이다. 이런 것들 중에 HHT, HHH는 동전을 세 번 던지기 전에 H가 두 번 나와서 게임이 끝나므로 경우의 수에서 제외한다. 이때 이기는 경우의 수는 THH(한 가지)이고, 나머지 5가지 경우는 게임에서 진다.
$n=4$인 경우에 가능한 결과는

$$TTTT,\ TTTH,\ TTHT,\ THTT,\ HTTT,\ TTHH,\ THTH,\ HTTH,$$
$$HHTT,\ HTHT,\ THHT,\ THHH,\ HTHH,\ HHTH,\ HHHT,\ HHHH$$

이므로 총 16가지이다. 이들 중에 6가지는 동전을 네 번 던지기 전에 게임이 끝나므로 제외한다. 이때 이기는 경우의 수는 $TTHH$, $HTHH$의 2가지이고, 게임에서 지는 경우는 나머지 8가지이다. 따라서 위의 결과를 표로 만들면 다음과 같다.

동전을 던지는 횟수(n)	총 경우의 수	이기는 경우의 수	지는 경우의 수
1	2	0	2
2	4	1	3
3	6	1	5
4	10	2	8
5	16	3	13
⋮	⋮	⋮	⋮

일반적으로 이 게임에서 동전을 n회 던졌을 때 이기는 경우의 수를 수열 $\{a_n\}$이라 하고 총 경우의 수를 수열 $\{b_n\}$이라 하자.
먼저 수열 $\{a_n\}$에 대하여 생각해보자. 동전을 n회 던지는 경우에 H가 먼저 나올 수 있고, T가 먼저 나올 수 있다.

① H가 먼저 나오는 경우에 두 번째 던진 동전이 H가 나오면 게임이 끝나므로 T가 나와야 하므로 $n-2$개의 동전을 던졌을 때의 이기는 경우의 수 a_{n-2}와 같다.

② 다음으로 T가 먼저 나오는 경우는 두 번째 던진 동전은 아무 면이 나와도 상관없으므로 이때 경우의 수는 a_{n-1}과 같다.

①, ②에 의하여

$$a_n = a_{n-2} + a_{n-1} \quad (n \ge 2),\ a_1 = 0,\ a_2 = 1$$

이다. 마찬가지로 수열 $\{b_n\}$에 대해서도

$$b_n = b_{n-2} + b_{n-1} \quad (n \ge 2),\ b_1 = 2,\ b_2 = 4$$

이다. 즉, 두 수열은 모두 루카스 수열임을 알 수 있다.

(2) 두 수열의 점화식과 피보나치 수열의 일반항을 구하는 방법을 참고하면 두 수열의 일반항은 다음과 같음을 알 수 있다.

$$a_n = \frac{1}{\sqrt{5}}\left[\left(\frac{1+\sqrt{5}}{2}\right)^{n-1} - \left(\frac{1-\sqrt{5}}{2}\right)^{n-1}\right]$$

$$b_n = \frac{1}{\sqrt{5}}\left[(3+\sqrt{5})\left(\frac{1+\sqrt{5}}{2}\right)^{n-1} - (3-\sqrt{5})\left(\frac{1-\sqrt{5}}{2}\right)^{n-1}\right]$$

(3) n이 무한히 커진다면 귀납적 확률로서 이길 확률은 $\lim_{n\to\infty}\frac{a_n}{b_n} = \frac{1}{3+\sqrt{5}}$이다.

6. n단계에서 A가 받은 전자우편의 개수를 a_n이라 하면,

$$a_1 = 1,\ a_2 = 1,\ a_3 = 2,\ a_4 = 3,\ a_5 = 5,\ \cdots$$

의 규칙을 가지므로 이는 $a_{n+2} = a_{n+1} + a_n$와 같은 점화식을 가지게 된다. 따라서 10단계에서 A가 받은 전자우편의 개수는 $a_{10} = 55$이다.

연습문제 13

3. $f(x)$는 다항함수이므로 닫힌 구간 $[1, 3]$에서 연속이고 열린 구간 $(1, 3)$에서 미분가능하다. 이때 $f(1) = f(3) = 0$이다. $f'(x) = 2x - 4$에서 $f'(c) = 0$이면 $2c - 4 = 0$이므로 $c = 2$이다.

4. 함수 $f(x)$는 감소함수이어야 하므로 $f'(x) = 3ax^2 + 6x + 3a \le 0$이다.

(i) $a = 0$이면 성립하지 않으므로 $a \ne 0$이다.

(ii) $a < 0$일 때, $\frac{D}{4} = 3^2 - 3a \cdot 3a \le 0$에서

$$a^2 \geq 1 \qquad \therefore a \leq -1$$

따라서 구하는 a값의 범위는 $a \leq -1$이다.

5. $f'(x) = 3x^2 + 2ax + 3 \geq 0$이어야 하므로 $\dfrac{D}{4} = a^2 - 9 \leq 0$이다. 따라서 $-3 \leq a \leq 3$이다.

6. $f(x) = x^3 - 3kx^2 + 32$로 놓으면 $f'(x) = 3x^2 - 6kx = 3x(x - 2k) = 0$에서 $x = 0$ 또는 $x = 2k$이다.

   $f(0)f(2k) = 32(-4k^3 + 32) < 0$에서 $k^3 > 8$. 따라서 $k > 2$이다.

8. $f(x) = e^x$는 $\mathbb{R}$에서 미분가능하고 $f'(x) = e^x$, $f'(0) = 1$이므로 $e^{0.05}$의 근삿값은 다음과 같다.

$$e^{0.05} = f(0.05) \doteqdot f(0) + 0.05f'(0) = 1 + 0.05 = 1.05$$

10. $f(x) = \sin x$라 하면 $f'(x) = \cos x$이다. $f(x)$는 구간 $[\alpha, \beta]$에서 연속이고 (α, β)에서 미분 가능하므로 평균값 정리에 의하여

$$\sin\beta - \sin\alpha = (\beta - \alpha)\cos r_1 \ (\alpha < r_1 < \beta)$$

을 만족하는 r_1이 존재한다. $0 < \alpha < r_1 < \beta < \dfrac{\pi}{2}$에서 $0 < \cos r_1 < 1$이다. 따라서 $\sin\beta - \sin\alpha < \beta - \alpha$이 성립한다. 또한 $g(x) = \tan x$라 하면 $g'(x) = \sec^2 x$이다. $g(x)$는 $[\alpha, \beta]$에서 연속이고 (α, β)에서 미분 가능하므로 평균값 정리에 의하여

$$g(\beta) - g(\alpha) = \tan\beta - \tan\alpha = (\beta - \alpha)\sec^2 r_2 \quad (\alpha < r_2 < \beta)$$

을 만족하는 r_2이 존재한다. $0 < \alpha < r_2 < \beta < \dfrac{\pi}{2}$에서 $1 < 1/\cos^2 r_2 = \sec^2 r_2$이다. 따라서 $\beta - \alpha < \tan\beta - \tan\alpha$이 성립한다.

연습문제 17

1. (2) $n = 1$일 때 등식은 분명히 성립한다. $2^k > k$이라 가정하면

$$2^{k+1} = 22^k > 2k = k + k \geq k + 1$$

이므로 수학적 귀납법에 의하여 모든 자연수 n에 대하여 등식은 성

립한다.

(5) $(1^3+2^3+\cdots+n^3)/n > \sqrt[n]{1^3 \cdot 2^3 \cdots n^3} = (n!)^{3/n}$이고

$$1^3+2^3+3^3+\cdots+n^3 = (n(n+1)/2)^2$$

이므로 $n(n+1)^2/4 > (n!)^{3/n}$이다. 양변을 n제곱하면

$$n^n((n+1)/2)^{2n} > (n!)^3$$

이다.

(7) $n=1$일 때 $x^2-y^2=(x-y)(x+y)$이므로 등식은 분명히 성립한다. $n=k$일 때 등식은 성립한다고 가정하면 $x,\ y \in \mathbb{R}$에 대하여

$$\begin{aligned} x^{k+2}-y^{k+2} &= x^{k+2}-xy^{k+1}+xy^{k+1}-y^{k+2} \\ &= x(x^{k+1}-y^{k+1})+(x-y)y^{k+1} \end{aligned}$$

이다. 따라서 가정에 의하여

$$x^{k+2}-y^{k+2}=(x-y)(x^{k+1}+x^k y+\cdots+xy^k+y^{k+1})$$

이다.

(8) $n=1$일 때는 분명하다. 만약 $n=k$일 때 주어진 부등식이 성립한다고 가정하면 $((x+y)/2)^k \le (x^k+y^k)/2$이다. 그러면

$$\begin{aligned} \left(\frac{x+y}{2}\right)^{k+1} &= \left(\frac{x+y}{2}\right)^k\left(\frac{x+y}{2}\right) \le \left(\frac{x^k+y^k}{2}\right)\left(\frac{x+y}{2}\right) \\ &= \frac{x^{k+1}+y^{k+1}+x^k y+xy^k}{4} \le (x^{k+1}+y^{k+1})/2 \end{aligned}$$

을 얻는다. 마지막 부등식은

$$x^{k+1}-x^k y+y^{k+1}-y^k x=(x-y)(x^k-y^k) \ge 0$$

임을 주목하라.

2\. (2) $n=1$일 때 $(1+h)^1=1+h$이므로 부등식은 성립한다. 주어진 부등식이 $n=k(\ge 1)$일 때 성립한다면 $1+h>0$이므로

$$\begin{aligned} (1+h)^{(k+1)} &= (1+h)^k(1+h) \ge (1+kh)(1+h) \\ &= 1+(k+1)h+kh^2 \ge 1+(k+1)h \end{aligned}$$

이다. 따라서 주어진 부등식은 $k+1$에 대해서도 성립한다. 그러므로

수학적 귀납법에 의해 주어진 부등식은 모든 $n \in \mathbb{N}$에 대해 성립한다.

(3) $P(n)$을 $7^n - 2^n$이 5로 나누어진다는 명제라고 하자. $n=1$일 때 $7^1 - 2^1 = 5$이고 5는 5로 나누어지므로 $P(1)$은 참이다. $P(n)$이 참이라 가정하면 $7^n - 2^n$은 5로 나누어진다.

$$\begin{aligned} 7^{n+1} - 2^{n+1} &= 7 \cdot 7^n - 2 \cdot 2^n = 7 \cdot 7^n - 7 \cdot 2^n + 7 \cdot 2^n - 2 \cdot 2^n \\ &= 7 \cdot (7^n - 2^n) + 5 \cdot 2^n \end{aligned}$$

여기서 $7 \cdot (7^n - 2^n)$은 귀납적 가정에 의해 5로 나누어지고 $5 \cdot 2^n$도 5로 나누어지므로 $7^{n+1} - 2^{n+1}$도 5로 나누어진다. 따라서 $P(n+1)$이 참이므로 수학적 귀납법에 의하여 모든 자연수 n에 대해 $7^n - 2^n$은 5로 나누어진다.

연습문제 19

1. A, B 공장에서 생산한 제품이 불량품일 확률을 각각 p_1, p_2라고 하자. 임의로 선택한 한 제품이 불량품인 경우는 다음과 같다.

(i) A 공장에서 생산한 제품이 불량품일 확률은

$$p_1 = \frac{60}{100} \times \frac{1}{100} = \frac{6}{1000}$$

(ii) B 공장에서 생산한 제품이 불량품일 확률은

$$p_2 = \frac{40}{100} \times \frac{2}{100} = \frac{8}{1000}$$

따라서 구하는 확률은 (ⅰ) 또는 (ⅱ)인 경우 중에서 (ⅱ)인 경우의 비율을 의미하므로 다음과 같다.

$$\frac{p_2}{p_1 + p_2} = \frac{\frac{8}{1000}}{\frac{6}{1000} + \frac{8}{1000}} = \frac{4}{7}$$

2. 암에 걸리지 않은 사람의 비율은 $100 - 10 = 90(\%)$이다. 암에 걸린 사람과 암에 걸리지 않은 사람 중에서 암으로 진단받을 확률을 각각 p_1, p_2라고 하자.

(i) 임의로 선택한 한 사람이 암에 걸린 사람이고, 이 사람이 암에 걸렸다고 진단받을 확률은

$$p_1 = \frac{10}{1000} \times \frac{80}{100} = \frac{8}{100}$$

(ii) 임의로 선택한 한 사람이 암에 걸리지 않은 사람이고, 이 사람이 암에 걸렸다고 진단받을 확률은

$$p_2 = \frac{90}{1000} \times \frac{5}{100} = \frac{45}{1000}$$

따라서 구하는 확률은 (i) 또는 (ii)인 경우 중에서 (i)인 경우의 비율을 의미하므로 다음과 같다.

$$\frac{p_1}{p_1 + p_2} = \frac{\frac{8}{100}}{\frac{8}{100} + \frac{45}{1000}} = \frac{16}{25}$$

3. 임의로 선택한 한 사람이 감기에 걸렸다고 진단받는 경우는 다음 두 가지로 분류할 수 있다.

(1) 임의로 선택한 한 사람이 감기에 걸린 사람이고, 이 사람이 감기에 걸렸다고 진단받을 확률은

$$\frac{400}{1000} \times \frac{98}{100} = \frac{392}{1000}$$

(2) 임의로 선택한 한 사람이 감기에 걸리지 않은 사람이고, 이 사람이 감기에 걸렸다고 진단받을 확률은

$$\frac{600}{1000} \times \left(1 - \frac{92}{100}\right) = \frac{48}{1000}$$

(1), (2)에서 구하는 확률은 다음과 같다.

$$\frac{392}{1000} + \frac{48}{1000} = \frac{440}{1000} = \frac{44}{100} \rightarrow 44(\%)$$

연습문제 21

1. 한 주는 7일이다. 8명의 사람을 비둘기로, 7일을 비둘기집으로 비유하면 비둘기집 원리에 의하여 반드시 같은 요일에 생일이 있는 사람이 적어

도 두 명 이상 있음을 알 수 있다.

2. 1년은 365일이고 신입생은 390명이므로 신입생을 비둘기로, 365일을 비둘기집으로 간주하면 비둘기집 원리에 의하여 생일이 같은 학생이 적어도 두 명 이상이 반드시 있음을 알 수 있다.

3.

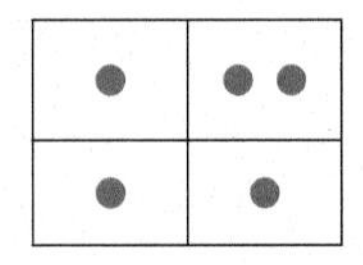

위 그림처럼 한 변의 길이가 2인 정사각형을 한 변의 길이가 1인 4개의 작은 정사각형으로 자르면, 비둘기집 원리에 의하여 5개의 점 중에서 반드시 어떤 두 점은 같은 작은 정사각형 안에 있게 된다. 따라서 그러한 두 점은 두 점 사이의 거리가 $\sqrt{2}$보다 작게 된다.

4. 아래 그림과 같이 정육각형은 한 변의 길이가 1 cm인 6개의 정삼각형으로 나눈다. 그러면 적어도 하나의 정삼각형에는 2개 이상이 들어가게 된다. 따라서 같은 삼각형 안에 있는 두 점 사이의 거리는 1 이하가 된다.

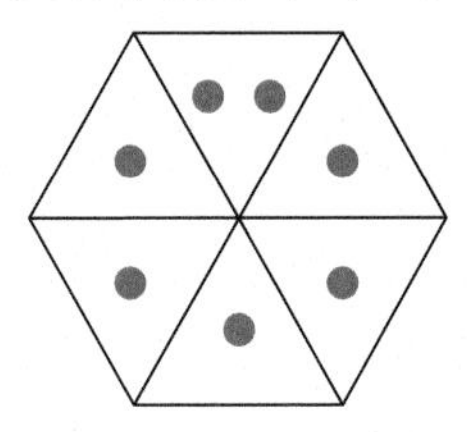

5. 의자를 3개씩 네 그룹(비둘기집)으로 나눈 뒤 각 그룹에 2명씩 앉히면 마지막 1명은 어딘가엔 앉아야 한다.

6. 6명 중 한 사람을 철수라고 하자. 철수는 나머지 5명 중에서 3명을 알고 있거나 모르고 있어야 한다. 그렇지 않으면 문제는 이미 증명된다. 철수가 A, B, C를 알고 있다고 가정해보자. 이때, A와 B가 서로를 안다면 철수, A, B는 서로 아는 사이가 된다.

7. 연속한 두 정수는 언제나 서로소라는 사실을 안다. 1부터 $2n$까지 $2n$개의 정수들을 다음과 같이 둘씩 n개의 조로 나누자.

$$(1,2), (3,4), (5,6), \cdots, (2n-1, 2n)$$

$n+1$개의 수를 고르면, 비둘기집의 원리에 의해 같은 조에서 뽑은 두 수가 있다. 그러면 그 두 수는 연속한 정수이므로 서로소인 두 수가 된다.

8. 100으로 나눌 때 나머지는 0, 1, 2, ⋯, 99의 100가지가 있다. 이때 3의 거듭제곱 1, 3, 3^2, ⋯, 3^{100}을 생각하면 101개이다. 따라서 101개 중 어느 2개는 100으로 나눌 때 같은 나머지를 가져야 한다.
9. 1부터 10까지의 숫자 중에는 홀수가 5개, 짝수가 5개 있다. 따라서 그 중에서 6개를 뽑으면 적어도 1개는 홀수이고 1개는 짝수이다.
10. 5개의 수를 4로 나눈 나머지를 비둘기로 놓고, 자연수를 4로 나누었을 때 나올 수 있는 나머지를 비둘기집으로 생각한다. 자연수를 4로 나눈 나머지는 0, 1, 2, 3이므로 비둘기집은 4개가 되고, 비둘기는 5마리이다. 따라서 비둘기집의 원리에 의해서 4로 나눈 나머지가 같은 두 수가 반드시 존재하게 된다.
11. 임의의 양의 정수의 1의 자리 수는 0부터 9까지 10개(비둘기집의 수)뿐이므로 11개(비둘기 수)의 양의 정수 중에는 비둘기집의 원리에 의하여 1의 자리의 수가 같은 것이 적어도 한 쌍 있다. 이때 이 두 수의 차는 10의 배수이다.
12. $2n$을 넘지 않는 홀수의 개수는 n개이다. 즉, 비둘기집에 $(n+1)$마리의 비둘기가 있는 경우와 같다. 따라서 적어도 2개는 같게 된다.
13. 먼저 m개의 수를 a_1, a_2, ⋯, a_m이라 하고 새로운 m개의 수

$$a_1,\ a_1+a_2,\ a_1+a_2+a_3,\quad a_1+a_2+\cdots+a_m$$

을 만든다. 이를 m개 수 중에서 m의 배수인 것이 있으면 그것이 구하는 수의 합이다.

만일 m의 배수인 것이 없으면 m으로 나눈 나머지는 1, 2, ⋯, $(m-1)$뿐이고, 위에 만든 수는 모두 m개이므로, 위의 수 중에는 나머지가 같은 것이 반드시 있다. 만일 두 수 $a_1+a_2+\cdots+a_i$와 $a_1+a_2+\cdots+a_j$의 나머지가 같다고 하면, 두 수의 차

$$(a_1+a_2+\cdots+a_i)-(a_1+a_2+\cdots+a_j)=a_{i+1}+a_{i+2}+\cdots+a_j$$

가 구하는 m의 배수이다. 예를 들어, $m=5$일 때를 생각해보자. 임의의 5개의 수를 3, 4, 7, 8, 9라 하면 $3+4=7$, $3+4+7=14$, $3+4+7+8=22$, $3+4+7+8+9=31$과 같은 5개의 수를 5로 나누면 나머지는 각각 3, 2, 4, 2, 1이다. 이때 두 수의 차

$$(3+4+7+8)-(3+4)=15$$

는 5의 배수이다. 또 순서를 바꿔서 구하면

$$3+4+8,\ 3+8+9,\ 4+7+9$$

등도 5의 배수임을 알 수 있다.

14. 1에서 $2n$까지 자연수를 $A_1, A_2, \cdots, A_{2n}$이라 하면 임의의 $i(=1, 2, \cdots, 2n)$에 대하여

$$A_i = a \cdot 2^k (a\text{는 홀수, } k \geq 0)$$

의 꼴로 나타낼 수 있다.
1에서 $2n$까지 각 수 A_i에 대해 홀수 a는 1, 3, 5, ⋯, $2n-1$의 n개 중의 하나이다. 여기서 $(n+1)$개를 뽑으면 같은 홀수 a를 갖는 두 수

$$A_i = a \cdot 2^k,\ A_j = a \cdot 2^m (i \neq j,\ k \geq m \geq 0)$$

가 존재한다. 한편, $A_i = 2^{k-m} A_j$이므로 A_i는 A_j로 나누어떨어진다.

15. 서로 다른 $(n+1)$개의 정수(비둘기)를

$$a_1, a_2, a_3, \cdots, a_{n+1}$$

이라 하자. 각 정수들을 n으로 나눌 때 생기는 나머지(비둘기집)는

$$0, 1, 2, \cdots, n-1$$

의 n개다. 비둘기집의 원리에 의하여 나머지가 같은 2개의 서로 다른 정수 a_i, a_j가 존재하여,

$$a_i = n \cdot q_i + r,\ a_j = n \cdot q_j + r (q_i, q_j\text{는 정수, } 0 \leq r < n)$$

이면 $a_i - a_j = n \cdot (q_i - q_j)$이다. 따라서 $a_i - a_j$가 n으로 나누어떨어지는 a_i, a_j의 쌍이 적어도 한 쌍 이상 존재한다.

16. 주어진 n개의 자연수를 $a_1, a_2, a_3, \cdots, a_n$이라 하면 다음과 같이 n개의 합 S_n을 만들 수 있다.

$S_1 = a_1,$

$S_2 = a_1 + a_2,$

$S_3 = a_1 + a_2 + a_3,$

$$\cdots\cdots\cdots\cdots\cdots\cdots\cdots\cdots\cdots\cdots\cdots ,$$

$$S_n = a_1 + a_2 + a_3 + \cdots + a_n$$

$S_k(k=1, 2, \cdots, n)$를 n으로 나누었을 때 나머지는 다음과 같은 두 가지 경우만 있다.

(1) 적어도 하나의 나머지가 0인 경우
(2) 나머지가 모두 0이 아닌 경우

(1)의 경우에 대하여 결론이 성립함은 확실하다.
(2)의 경우에는 나머지가 모두 0이 아니기 때문에 그 나머지는 1, 2, 3, …, $n-1$만 생긴다. 따라서 비둘기집의 원리에 의하여 n개의 합 가운데서 적어도 두 항은 나머지가 같다고 할 수 있다. 이 두 합을

$$S_i = a_1 + a_2 + \cdots + a_i,\ S_j = a_1 + a_2 + \cdots + a_j \text{ (단, } 1 \le i \le j \le n)$$

이라고 하자. 그러면

$$S_i = n \cdot p + r,\ S_j = n \cdot q + r \text{ (단, } p,\ q\text{는 정수, } 1 \le r < n)$$

로 나타낼 수 있다. 따라서 그 차는

$$\begin{aligned} S_j - S_i &= (a_1 + a_2 + \cdots + a_i + a_{i+1} + \cdots + a_j) - (a_1 + a_2 + \cdots + a_i) \\ &= a_{i+1} + a_{i+2} + \cdots + a_j = n \cdot (q-p) \end{aligned}$$

가 되어 n으로 나누어떨어진다. 그러므로 k개의 자연수 a_{i+1}, a_{i+2}, a_{i+3}, …, a_j를 선택한다. 그러면 이 수들의 합은 n으로 나누어떨어진다.

참고문헌

강옥기, 김미진, 조현공, 허난, 수학여행-교양수학의 새로운 여정, 성균관대학교 출판부, 2013
김미자, 임승호, 박미진, 이미정, 황금비, 수학사랑 제4회 Math Festival 워크샵
김병소, 식물은 알고 있다, 경문사, 2003
홀거 담베크, 모든 이를 위한 수학, 배명자 옮김, 라이프맵, 2011
노구치 데츠노리, 생각의 틀을 바꾸는 수의 힘 숫자의 법칙, 허강 옮김, 어바웃어북, 2015
시노자키 나오코, 일하는 수학-수학으로 일하는 기술, 김정환 옮김, 타임북스, 2016
박경미, 박경미의 수학콘서트 플러스, 동아시아, 2013
민영기. 우주와 인간. 까치, 2005
박성일, 역사와 함께 푸는 창의수학, 생각너머, 2013
칼 B. 보이어와 유타 C. 메르츠바흐, 수학의 역사 상·하, 양영오, 조윤동 옮김, 2004
마이클 슈나이더, 자연, 예술, 과학의 수학적 원형, 이충호 옮김, 경문사, 2002
양영오, 해석학 개론, 청문각, 2016
양영오외 4인, 수리적 사고와 논리, 청문각, 2018
아르망 에르스코비치, 수학 먹는 달팽이-자연계에 숨겨진 수학이야기, 문선영 옮김, 까치, 2000
이광연, 자연의 수학적 열쇠-피보나치 수열, 프로네시스, 2006
이광연, 이광연의 오늘의 수학, 동아시아, 2011
이광연, 멋진 세상을 만든 수학-수학없는 세상을 꿈꾸는 이들에게, 문학동네, 2013
전봉희, 황금비가 구현된 무량수전, 과학동화 1999년 5월호
하워드 이브스, 수학사, 이우영, 신항균 옮김, 경문사, 2005
토니 크릴리, 반드시 알아야 할 50 위대한 수학, 김성훈 옮김, 지식갤러리, 2011
토니 크릴리, 수학을 낳은 위대한 질문들, 박병철 옮김, 휴먼사이언스, 2013

한승희, 윤기원, 파스칼의 삼각형을 넓은 눈으로~, 수학사랑 제4회 Math Festival 워크샵

고지마 히로유키, 수학은 세상이다, 허영구 옮김, 해나무, 2012

R. A. Dunlap, The Golden Ratio and Fibonacci Numbers, World Scientific, 1997

S. E. Ganis, Notes on the Fibonacci sequence, Amer. Math. Monthly 66(59), pp 129-130

J. Guest, A Variant to Fibonacci's sequence, Austral. Math. Teacher, vol. 16, 1960, pp. 11-15

N. Levinson, A motivated account of an elementary proof of the prime number theory, Amer. Math. Monthly, **76**(1969), 225-245

R. C. McCann, Introduction to linear algebra, Harcourt Brace Javanovich, Inc. 1984

K. S. Rao, "Some Properties of Fibonacci Numbers," Amer. Math. Soc. Monthly, 60(1953), 680-684.

K. H. Rosen, Elementary Number Theory and its Applications, Addison-Wesley Publ. Co. 1993

찾아보기

|ㄹ|

|ㅁ|

|ㅂ|

|ㅅ|

|ㅇ|

수학으로 세상을 바꾸다

–삶의 지혜와 변화를 주는 수학–

2019년 3월 4일 1판 1쇄 펴냄
지은이 양영오 | 펴낸이 류원식 | 펴낸곳 (주)교문사(청문각)

편집부장 김경수 | 책임편집 안영선 | 본문편집 오피에스디자인 | 표지디자인 유선영
제작 김선형 | 홍보 김은주 | 영업 함승형·박현수·이훈섭

주소 (10881) 경기도 파주시 문발로 116(문발동 536-2) | 전화 1644-0965(대표)
팩스 070-8650-0965 | 등록 1968. 10. 28. 제406-2006-000035호
홈페이지 www.cheongmoon.com | E-mail genie@cheongmoon.com
ISBN 978-89-363-1825-3 (93410) | 값 22,000원

* 잘못된 책은 바꿔 드립니다.
* 저자와의 협의 하에 인지를 생략합니다.

청문각은 (주)교문사의 출판 브랜드입니다.